● 中学数学拓展丛书

本册书是湖南省教育厅科研课题"教育数学的研究"(编号06C510)成果之八

数学建模尝试

SHUXUE JIANMO CHANGSHI

沈文选　杨清桃　编著

哈尔滨工业大学出版社
HARBIN INSTITUTE OF TECHNOLOGY PRESS

内容提要

本书共分七章。第一章数学模型;第二章数学建模的意义;第三章数学建模的逻辑思维方法;第四章数学建模的非逻辑思维方法;第五章数学建模的机理分析方法;第六章数学建模的数据分析方法;第七章数学建模的学科知识方法。

本书可作为高等师范院校教育学院、教师进修学院数学专业及国家级、省级中学数学骨干教师培训班的教材或教学参考书,也可作为广大中学数学教师及数学爱好者的数学视野拓展读物。

图书在版编目(CIP)数据

数学建模尝试/沈文选,杨清桃编著.—哈尔滨:哈尔滨工业大学出版社,2018.4(2022.9重印)

(中学数学拓展丛书)

ISBN 978-7-5603-7232-7

Ⅰ.①数… Ⅱ.①沈… ②杨… Ⅲ.①中学数学课—教学参考资料 Ⅳ.G633.603

中国版本图书馆 CIP 数据核字(2018)第 022586 号

策划编辑	刘培杰 张永芹	
责任编辑	张永芹 聂兆慈	
封面设计	孙茵艾	
出版发行	哈尔滨工业大学出版社	
社　　址	哈尔滨市南岗区复华四道街10号 邮编150006	
传　　真	0451—86414749	
网　　址	http://hitpress.hit.edu.cn	
印　　刷	哈尔滨市石桥印务有限公司	
开　　本	787mm×1092mm 1/16 总印张 20.25 总字数 546 千字	
版　　次	2018年4月第1版　2022年9月第2次印刷	
书　　号	ISBN 978-7-5603-7232-7	
定　　价	48.00元	

(如因印装质量问题影响阅读,我社负责调换)

序

我和沈文选教授有过合作,彼此相熟.不久前,他发来一套数学普及读物的丛书目录,包括《数学眼光透视》《数学思想领悟》《数学应用展观》《数学建模尝试》《数学方法溯源》《数学史话览胜》等,洋洋大观.从论述的数学课题来看,该丛书的视角新颖,内容充实,思想深刻,在数学科普出版物中当属上乘之作.

阅读之余,忽然觉得公众对数学的认识很不相同,有些甚至是彼此矛盾的.例如:

一方面,数学是学校的主要基础课,从小学到高中,12年都有数学;另一方面,许多名人在说"自己数学很差"的时候,似乎理直气壮,连脸也不红,好像在宣示:数学不好,照样出名.

一方面,说数学是科学的女王,"大哉数学之为用",数学无处不在,数学是人类文明的火车头;另一方面,许多学生说数学没用,一辈子也碰不到一个函数,解不了一个方程,连相声也在讽刺"一边向水池注水,一边放水"的算术题是瞎折腾.

一方面,说"数学好玩",数学具有和谐美、对称美、奇异美,歌颂数学家的"美丽的心灵";另一方面,许多人又说,数学枯燥、抽象、难学,看见数学就头疼.

数学,我怎样才能走近你,欣赏你,拥抱你?说起来也很简单,就是不要仅仅埋头做题,要多多品味数学的奥秘,理解数学的智慧,抛却过分的功利,当你把数学当作一种文化来看待的时候,数学就在你心中了.

我把学习数学比作登山,一步步地爬,很累,很苦.但是如果你能欣赏山林的风景,那么登山就是一种乐趣了.

登山有三种意境.

首先是初识阶段.走入山林,爬得微微出汗,坐拥山色风光.体会"明月松间照,清泉石上流"的意境.当你会做算术,会记账,能够应付日常生活中的数学的时候,你会享受数学给你带来的便捷,感受到好似饮用清泉那样的愉悦.

其次是理解阶段.爬到山腰,大汗淋漓,歇足小坐.环顾四周,云雾环绕,满目苍翠,心旷神怡.正如苏轼名句:"横看成岭侧成峰,远近高低各不同;不识庐山真面目,只缘身在此山中."数学理解到一定程度,你会感觉到数学的博大精深,数学思维的缜密周全,数学的简捷之美,使你对符号运算能够有爱不释手的感受.不过,理解了,还不能创造."采药山中去,云深不知处."对于数学的伟大,还莫测高深.

第三则是登顶阶段.攀岩涉水,越过艰难险阻,到达顶峰的时候,终于出现了"会当凌绝顶,一览众山小"的局面.这时,一切疲乏劳顿、危难困苦,全都抛到九霄云外."雄关漫道真如铁",欣赏数学之美,是需要代价的.当你破解了一道数学难题,"蓦然回首,那人却在灯火阑珊处"的意境,是语言无法形容的快乐.

好了,说了这些,还是回到沈文选先生的丛书.如果你能静心阅读,它会帮助你一步步攀登数学的高山,领略数学的美景,最终登上数学的顶峰.于是劳顿着,但快乐着.

信手写来,权作为序.

张奠宙
2016 年 11 月 13 日
于沪上苏州河边

附 文

(笔者编著的丛书,是一种对数学的欣赏.由此,再次想起数学思想往往和文学意境相通,曾在《文汇报》发表一短文,附录于此,算是一种呼应.)

数学和诗词的意境

张奠宙

数学和诗词,历来有许多可供谈助的材料.例如:

> 一去二三里,烟村四五家.
> 亭台六七座,八九十枝花.

把十个数字嵌进诗里,读来琅琅上口.郑板桥也有咏雪诗:

> 一片二片三四片,五片六片七八片.
> 千片万片无数片,飞入梅花总不见.

诗句抒发了诗人对漫天雪舞的感受.不过,以上两诗中尽管嵌入了数字,却实在和数学没有什么关系.

数学和诗词的内在联系,在于意境.李白《送孟浩然之广陵》诗云:

故人西辞黄鹤楼,烟花三月下扬州.

孤帆远影碧空尽,唯见长江天际流.

数学名家徐利治先生在讲极限的时候,总要引用"孤帆远影碧空尽"这一句,让大家体会一个变量趋向于 0 的动态意境,煞是传神.

近日与友人谈几何,不禁联想到初唐诗人陈子昂《登幽州台歌》中的名句:

前不见古人,后不见来者.

念天地之悠悠,独怆然而涕下.

一般的语文解释说:上两句俯仰古今,写出时间绵长;第三句登楼眺望,写出空间辽阔;在广阔无垠的背景中,第四句描绘了诗人孤单寂寞、悲哀苦闷的情绪,两相映照,分外动人.然而,从数学上看来,这是一首阐发时间和空间感知的佳句.前两句表示时间可以看成是一条直线(一维空间).陈老先生以自己为原点,前不见古人指时间可以延伸到负无穷大,后不见来者则意味着未来的时间是正无穷大.后两句则描写三维的现实空间:天是平面,地是平面,悠悠地张成三维的立体几何环境.全诗将时间和空间放在一起思考,感到自然之伟大,产生了敬畏之心,以至怆然涕下.这样的意境,数学家和文学家是可以彼此相通的.进一步说,爱因斯坦的四维时空学说,也能和此诗的意境相衔接.

贵州六盘水师专的杨老师告诉我他的一则经验.他在微积分教学中讲到无界变量时,用了宋朝叶绍翁《游园不值》中的诗句:

满园春色关不住,一枝红杏出墙来.

学生每每会意而笑.实际上,无界变量是说,无论你设置怎样大的正数 M,变量总要超出你的范围,即有一个变量的绝对值会超过 M. 于是,M 可以比喻成无论怎样大的园子,变量相当于红杏,结果是总有一枝红杏越出园子的范围.诗的比喻如此恰切,其意境把枯燥的数学语言形象化了.

数学研究和学习需要解题,而解题过程需要反复思索,终于在某一时刻出现顿悟.例如,做一道几何题,百思不得其解,突然添了一条辅助线,问题豁然开朗,欣喜万分.这样的意境,想起了王国维用辛弃疾的词来描述的意境:"众里寻它千百度,蓦然回首,那人却在灯火阑珊处."一个学生,如果没有经历过这样的意境,数学大概是学不好的.

前言

音乐能激发或抚慰情怀,绘画使人赏心悦目,诗歌能动人心弦,哲学使人获得智慧,科技可以改善物质生活,但数学却能提供以上的一切.

——Klein

数学就是对于模式的研究.

——A. N. 怀特海

甚至一个粗糙的数学模型也能帮助我们更好地理解一个实际的情况,因为我们在试图建立数学模型时被迫考虑了各种逻辑可能性,不含混地定义了所有的概念,并且区分了重要的和次要的因素.一个数学模型即使导出了与事实不符合的结果,它也还可能是有价值的,因为一个模型的失败可以帮助我们去寻找更好的模型.应用数学和战争是相似的,有时一次失败比一个胜利更有价值,因为它帮助我们认识到我们的武器或战略的不适当之处.

——A. Renyi

人们喜爱音乐,因为它不仅有神奇的乐谱,而且有悦耳的优美旋律!

人们喜爱画卷,因为它不仅描绘出自然界的壮丽,而且可以描绘人间美景!

人们喜爱诗歌,因为它不仅是字词的巧妙组合,而且有抒发情怀的韵律!

人们喜爱哲学,因为它不仅是自然科学与社会科学的浓缩,而且使人更加聪明!

人们喜爱科技,因为它不仅是一个伟大的使者或桥梁,而且是现代物质文明的标志!

而数学之为德,数学之为用,难以用旋律、美景、韵律、聪明、标志等词语来表达!

你看,不是吗?

数学精神,科学与人文融合的精神,它是一种理性精神! 一种求简、求统、求实、求美的精神! 数学精神似一座光辉的灯塔,指引数学发展的航向! 数学精神似雨露阳光滋润人们的心田!

数学眼光,使我们看到世间万物充满着带有数学印记的奇妙的科学规律,看到各类书籍和文章的字里行间有着数学的踪迹,使我们看到满眼绚丽多彩的数学洞天!

数学思想,使我们领悟到数学是用字母和符号谱写的美妙乐曲,充满着和谐的旋律,让人难以忘怀,难以割舍! 让我们在思疑中启悟,在思辨中省悟,在体验中领悟!

数学方法,人类智慧的结晶,它是人类的思想武器! 它像画卷一样描绘着各学科的异草奇葩般的景象,令人目不暇接! 它的源头又是那样地寻常!

数学解题,人类学习与掌握数学的主要活动,它是数学活动的一个兴奋中心! 数学解题理论博大精深,提高其理论水平是永远的话题!

数学技能,在数学知识的学习过程中逐步形成并发展的一种大脑操作方式,它是一种智慧! 它是数学能力的一种标志! 操握数学技能是追求的一种基础性目标!

数学应用,给我们展示出了数学的神通广大,在各个领域与角落闪烁着人类智慧的火花!

数学建模,呈现出了人类文明亮丽的风景! 特别是那呈现出的抽象彩虹——一个个精巧的数学模型,璀璨夺目,流光溢彩!

数学竞赛,许多青少年喜爱的一种活动.这种数学活动有着深远的教育价值! 它是选拔和培养数学英才的重要方式之一.这种活动可以激励青少年对数学学习的兴趣,可以扩大他们的数学视野,促进创新意识的发展! 数学竞赛中的专题培训内容展示了竞赛数学亮丽的风采!

数学测评,检验并促进数学学习效果的重要手段,测评数学的研究是教育数学研究中的一朵奇葩! 测评数学的深入研究正期待着我们!

数学史话,充满了诱人的前辈们的创造与再创造的心血机智,让我们可以从中汲取丰富的营养!

数学欣赏,对数学喜爱的情感的流淌.这是一种数学思维活动的崇高情表! 数学欣赏,引起心灵感撼! 真、善、美在欣赏中得到认同与升华! 从数学欣赏中领略数学智慧的美妙! 从数学欣赏走向数学鉴赏! 从数学文化欣赏走向文化数学研究!

因此,我们可以说,你可以不信仰上帝,但不能不信仰数学.

从而,提高我国每一个人的数学文化水平及数学素养,是提高我国各个民族整体素质的重要组成部分,这也是数学基础教育中的重要目标.为此,笔者构思了这套书.

这套书是笔者学习张景中院士的教育数学思想,对一些数学素材和数学研究成果进行再创造并以此为指导思想来撰写的;是献给中学师生,企图为他们扩展数学视野、提高数学素养以响应张奠宙教授的倡议:建构符合时代需求的数学常识,享受充满数学智慧的精彩人生的书籍.

不积小流无以成江河,不积跬步无以至千里,没有积累便没有丰富的素材,没有整合创新便没有鲜明的特色,这套书的写作,是笔者在多年资料的收集、学习笔记的整理及笔者已发表的文章的修改并整合的基础上完成的.因此,每册书末都列出了尽可能多的参考文献,在此,衷心地感谢这些文献的作者.

这套书,作者试图以专题的形式,对中小学中典型的数学问题进行广搜深掘,并以此为线索来写作.

这一本是《数学建模尝试》.

数学建模(Mathematical Modelling)是近些年来随着计算机的普及而谈论得比较多的话题.一切现代科学技术的发展也紧紧地和数学建模联系在一起了.因为一切科学研究都要和模型打交道,模型是对原型的形象化或模拟与抽象而来,是对原型的某(或某些)方面不失真的近似反映.而研究模型,少不了研究其间的空间形式与数量关系,因而这实际上就是要研究并恰当地建立各种各样的数学模型.

运用数学模型,不仅可以定性地研究事物的性质,而且可以定量地研究或描述事物的本质,使其数量化、精确化,这也正是现代科学技术发展的一个重要特征.因而,数学建模活动正在全世界形成一股热潮,这股热潮使得学校教育形成了鲜明的时代特色.例如,强调让学生通过"做数学"来学习数学是近些年来国际上进行数学教育的特色之一,因为数学建模的过程就是一种做数学的过程.

根据中学的数学教育目标,在中学阶段就开始学习并探讨研究有关数学建模的问题是非常必要的,也是十分重要的.在中学数学教学中,介绍数学模型的运用与怎样进行数学建模是学习、探讨研究数学建模的重要途径.显然,通过实例来介绍数学模型的运用,通过实例来介绍怎样进行数学建模,说明如何分清实际问题的主要因素和次要因素,恰当地抛弃次要因素,提出合理的假设,建立相应的数学模型,然后将所得解与实际问题比较,进一步修改、完善模型,使问题得到完满的解决.这样的建模学习可以使读者清楚地认识到:数学建模就是实现实际问题向数学问题的转换,这既是推动数学有意义学习与数学发展的一种强有力的内驱力,又是数学应用研究的重要方面,也是"做数学"的实际行动.宋代诗人陆游讲得好:"纸上得来终觉浅,绝知此事要躬行."学习与研究数学建模也是如此.

进行数学建模教育,不仅是各类高等院校数学教学的重要内容,也应是中学数学日常教学工作的一项内容.以建模思想指导教育改革,用建模观点进行教材分析,学习建模实例充实教学内容,可以落实日常语言变为数学语言的训练,可以落实使每个人从青少年起就受到将实际问题抽象成数学问题的训练,促使学习者学会用数学的眼光透视问题,从数学的角度去思考周围的实际问题,培养用数学的意识,学会用数学的理论、思想方法分析处理问题,培养数学建模能力,落实素质教育的目标.通过数学建模教育,学习者将从不同侧面较快地提高其想象力、洞察力等,逐渐养成一种一眼就能抓住问题本质的习惯,为今后更好地从事创造性学习与工作打下坚实的基础.

衷心感谢刘培杰数学工作室,感谢刘培杰老师,张永芹老师,聂兆慈老师等诸位老师,是他们的大力支持,精心编辑,使得本书以新的面目展现在读者面前!

衷心感谢我的同事邓汉元教授,我的朋友赵雄辉,欧阳新龙,黄仁寿,以及我的研究生们:羊明亮,吴仁芳,谢圣英,彭熹,谢立红,陈丽芳,谢美丽,陈淼月,孔璐璐,邹宇,谢罗庚,彭云飞,叶正道等对我写作工作的大力协助,还要感谢我们的家人对我们写作工作的大力支持!

数学建模不仅是数学走向应用的必由之路,而且是启迪数学思维与心灵的必然之路!

沈文选　杨清桃

2017 年 6 月于岳麓山下

第一章　数学模型

1.1　模型与数学模型 …………………………………………………… 1
　1.1.1　实物模型与理论模型 …………………………………………… 1
　1.1.2　数学模型 ………………………………………………………… 2
1.2　数学知识与数学模型 ………………………………………………… 4
　1.2.1　概念型数学模型 ………………………………………………… 5
　1.2.2　方法型数学模型 ………………………………………………… 5
　1.2.3　结构型数学模型 ………………………………………………… 7
1.3　数学解题与数学模型 ………………………………………………… 9
　1.3.1　模型的概括性使解题思路明快 ………………………………… 10
　1.3.2　模型的直观性使解题思路清晰 ………………………………… 10
　1.3.3　模型的相似性使解题方法简化 ………………………………… 10
　1.3.4　模型的抽象性使解题思路拓宽 ………………………………… 11
1.4　数学发展与数学模型 ………………………………………………… 12
1.5　各类科学与数学模型 ………………………………………………… 13
　1.5.1　物理学等自然科学与数学模型 ………………………………… 13
　1.5.2　工程学的研究与数学模型 ……………………………………… 15
　1.5.3　生物科学与数学模型 …………………………………………… 17
　1.5.4　经济学的研究与数学模型 ……………………………………… 17
　1.5.5　语言学的研究与数学模型 ……………………………………… 25
1.6　数学模型的特性、功能与分类 ……………………………………… 27
　1.6.1　数学模型的主要特性 …………………………………………… 27
　1.6.2　数学模型的主要功能 …………………………………………… 27
　1.6.3　数学模型的分类 ………………………………………………… 28
1.7　中学数学教学与数学模型 …………………………………………… 30
　1.7.1　中学数学的教与学是数学模型的教与学 ……………………… 30
　1.7.2　模型教具教学与逆数学模型法 ………………………………… 31
思考题 ……………………………………………………………………… 32
思考题参考解答 …………………………………………………………… 35

第二章　数学建模的意义

2.1　数学建模与数学模型 …………………………………………………… 45
2.2　建立数学模型的一般要求与一般步骤 ………………………………… 48
　　2.2.1　建立数学模型的一般要求 ……………………………………… 48
　　2.2.2　建立数学模型的一般步骤 ……………………………………… 48
2.3　数学建模过程的心理分析 ……………………………………………… 53
2.4　数学建模中的数学方法 ………………………………………………… 55
2.5　数学建模教育 …………………………………………………………… 65
　　2.5.1　数学建模在高中数学新课程中的地位、特点 ………………… 65
　　2.5.2　数学建模教育的性质 …………………………………………… 68
　　2.5.3　数学建模教育的功能 …………………………………………… 72
思考题 …………………………………………………………………………… 74
思考题参考解答 ………………………………………………………………… 75

第三章　数学建模的逻辑思维方法

3.1　抽象 ……………………………………………………………………… 82
　　3.1.1　哥尼斯堡七桥问题 ……………………………………………… 82
　　3.1.2　超市保安的最少安排问题 ……………………………………… 84
　　3.1.3　"生物钟"调整现象 …………………………………………… 86
3.2　归纳 ……………………………………………………………………… 87
　　3.2.1　地心说与日心论的提出及开普勒三定律的发现 ……………… 88
　　3.2.2　原子量的差异与元素周期律表 ………………………………… 90
3.3　演绎 ……………………………………………………………………… 90
　　3.3.1　万有引力定律的发现 …………………………………………… 90
　　3.3.2　癌细胞的识别问题 ……………………………………………… 92
3.4　类比 ……………………………………………………………………… 94
　　3.4.1　摸彩问题 ………………………………………………………… 94
　　3.4.2　电话系统呼叫问题 ……………………………………………… 96
　　3.4.3　项目反应理论问题 ……………………………………………… 97
3.5　模拟 ……………………………………………………………………… 99
　　3.5.1　中医的计算机计量诊断 ………………………………………… 99
　　3.5.2　容器置物问题 …………………………………………………… 100
3.6　移植 ……………………………………………………………………… 102
　　3.6.1　万有引力模型 …………………………………………………… 102
　　3.6.2　生物控制论的产生 ……………………………………………… 103
思考题 …………………………………………………………………………… 104
思考题参考解答 ………………………………………………………………… 105

第四章 数学建模的非逻辑思维方法

- 4.1 想象 ·· 110
  - 4.1.1 虚数的引进 ··· 110
  - 4.1.2 波利亚解题过程的几何图示的发现 ························ 111
- 4.2 直觉 ·· 116
  - 4.2.1 麦克斯韦方程的建立 ··· 117
  - 4.2.2 复平面及复数应用的发现 ··································· 117
- 4.3 灵感(顿悟) ··· 119
  - 4.3.1 哈密尔顿四元数模型的发现 ································ 119
  - 4.3.2 庞加莱关于富克斯函数存在发现 ·························· 121
  - 4.3.3 一道平面几何问题的证明 ··································· 122
- 思考题 ··· 123
- 思考题参考解答 ··· 124

第五章 数学建模的机理分析方法

- 5.1 比例分析 ··· 125
  - 5.1.1 包装成本问题 ·· 125
  - 5.1.2 包装盒的设计 ·· 126
  - 5.1.3 长沙马王堆一号墓的年代 ··································· 128
- 5.2 位置分析 ··· 130
  - 5.2.1 直线流水工作线上供应点设置问题 ······················· 130
  - 5.2.2 足球射门命中率问题 ··· 131
- 5.3 因素分析 ··· 133
  - 5.3.1 定点投篮问题 ·· 133
  - 5.3.2 推掷铅球问题 ·· 135
  - 5.3.3 行车颠簸问题 ·· 138
  - 5.3.4 人体运动之引体向上问题 ··································· 139
  - 5.3.5 物体的冷却问题 ··· 141
  - 5.3.6 雨中慢走与快跑的淋雨程度问题 ·························· 142
- 5.4 层次(或阶段)分析 ··· 145
  - 5.4.1 公园游览路线问题 ·· 145
  - 5.4.2 公交线路查询问题 ·· 149
  - 5.4.3 住宅选择问题 ·· 152
  - 5.4.4 合理使用企业留成问题 ······································ 155
  - 5.4.5 学习知识层次问题 ·· 155
  - 5.4.6 语言符号的树形图层次模型 ································ 159
- 5.5 图解分析 ··· 160
  - 5.5.1 生产安排问题 ·· 160
  - 5.5.2 导弹核武器竞赛问题 ··· 161

- 5.5.3 市场平衡问题 162
- 5.5.4 横渡大江大河的最佳路线问题 164
- 5.6 实验分析 166
  - 5.6.1 原子的有核模型的建立 166
  - 5.6.2 浴霸的取暖效果问题 168
- 5.7 比较分析 171
  - 5.7.1 洗衣服的问题 171
  - 5.7.2 灌溉问题 173
  - 5.7.3 合适的能源问题 177
  - 5.7.4 设备选购决策问题 178
  - 5.7.5 选择题的分值设定问题 181
- 5.8 公理化分析 184
  - 5.8.1 公平选举程序的可能性问题 184
  - 5.8.2 公平整分方法的存在性问题 187
- 思考题 190
- 思考题参考解答 193

第六章 数学建模的数据分析方法

- 6.1 数字分析 208
  - 6.1.1 我国人口增长趋势问题 208
  - 6.1.2 砝码问题 210
  - 6.1.3 货郎担问题 211
  - 6.1.4 背包问题 212
  - 6.1.5 猜数字问题 215
  - 6.1.6 猜价格问题 216
- 6.2 数式分析 219
  - 6.2.1 蔬菜批发中心调配蔬菜问题 219
  - 6.2.2 开会问题 221
  - 6.2.3 产销周期中的最优化设计问题 223
  - 6.2.4 控制中心室内观察者座位布局问题 224
  - 6.2.5 分期付款中的一个问题 226
  - 6.2.6 探究日影运动轨迹问题 228
  - 6.2.7 人、狗、鸡、米过河问题 231
- 6.3 数表分析 232
  - 6.3.1 耕地减少的限额问题 232
  - 6.3.2 电梯问题 234
- 6.4 回归分析 236
  - 6.4.1 农药菊乐合酯对青虫的半致死量 236
  - 6.4.2 X 射线的杀菌问题 239
- 6.5 矩阵分析 239
  - 6.5.1 玩具的生产成本核算问题 239

  6.5.2 最佳分工方案问题 ································ 241
  6.5.3 服装综合评判的问题 ······························ 242
 6.6 **时序分析** ··· 243
  6.6.1 伏尔特拉的鱼群生态模型 ························ 243
  6.6.2 阶梯式累进水价问题 ······························ 245
  6.6.3 砝码的称量及称量方案模型问题 ··············· 246
思考题 ··· 249
思考题参考解答 ··· 251

第七章 数学建模的学科知识方法

 7.1 **数学学科各分支的知识** ··························· 260
  7.1.1 求解一类排列组合问题的线段染色模型 ······ 260
  7.1.2 应聘的概率知识法决策 ·························· 261
  7.1.3 足球联赛的理论保级分数问题 ·················· 263
  7.1.4 重复性赛制问题 ···································· 266
  7.1.5 体育彩票问题 ······································· 268
  7.1.6 自助沙拉问题 ······································· 274
 7.2 **物理、化学等其他学科的知识** ················· 276
  7.2.1 广告效应问题 ······································· 276
  7.2.2 缉私追击问题 ······································· 279
思考题 ··· 281
思考题参考解答 ··· 282
参考文献 ·· 285
作者出版的相关书籍与发表的相关文章目录 ········ 288
编后语 ··· 289

第一章 数学模型

世界上一切事物都按照一定的客观规律运动、变化着,事物之间亦彼此联系和制约着,无论是从浩瀚的宇宙到渺小的粒子,还是从自然科学到社会科学,事物的变化规律和事物之间的联系规律,必然蕴含着一定的数量关系.所以认为数理(相对于物理、生理、心理、事理等五大学科群而言)是宇宙的根本原理之一,这种思想远自古希腊时期就有了;而运用数学来反映、描述和模拟并阐明各种各样的现象,以及运用数学预测、决策来促进社会生产力的发展与整个人类的文明史一样经历了艰苦曲折的漫长道路,数学是人们认识世界和改造世界必不可少的重要工具,特别是在科学技术飞速发展的今天,这一点就显得更为重要.

数学本身也在描述、阐明现象与广泛应用中得到了极大的发展,以至今天成为人类社会通用的科学语言.一个学科的内容能用数学来分析和表示,这是该学科精密化和科学化的一种表现.利用数学这个有效的工具,可以深刻地认识客观现象的本质,预测未来,促进该学科的发展.数学已是打开各类机会大门的钥匙,已是我们这个时代的看不见的文化.它还以直接的和基本的方式为商业、财政、国防,甚至人类健康等各行各业做出贡献,以至于有"高新技术本质上是一种数学技术""现代化在某种意义上说就是数学化"等说法."数学技术""数学化"实际上就是运用数学表达式描述或模拟各种各样的自然或社会现象的本质特征,实际上也就是善于运用数学模型,还能灵活适当地建立数学模型的代名词.数学模型的大量建立与运用使得人类社会的生活、生产、科研发生了翻天覆地的变化.数学模型使得人类社会的生活、生产、科研与数学结下了不解之缘.

1.1 模型与数学模型

所谓模型就是采用某种形式来近似地描述或模拟所研究的对象或过程的一种结构.
模型大体可分为两类:实物模型(具体模型)和理论模型(抽象模型).

1.1.1 实物模型与理论模型

实物模型又可以分为模拟模型和缩尺(肖像)模型两种.
模拟模型是用其他现象或过程来描述所研究的现象或过程,用模型性质代表原来的性质.例如,可用电流模拟热流、流体的流动,用流体系统模拟车流等.
模拟模型可再分成直接模拟和间接模拟.
直接模拟是指模拟模型的变量与原现象的变量之间存在一一对应的关系.例如,用电系统模拟热传导系统,那么静电容量、电阻、电压、电流分别与热容量、热阻、温压、热流量相对应.由于电系统的参数容易测量和改变,经常用电系统来模拟机械、热学等各种现象和过程.
间接模拟模型的变量与原现象之间不能建立一一对应的关系.虽然如此,但有时间接模型却能非常巧妙地解决一些复杂问题.下面举所谓斯坦纳(Steiner)问题为例,设有若干个工地,为解决相互间的交通问题,将在工地之间修建公路,问线路如何选择使公路的总长度最少,参见图1.1.

用其他的方法来解决是比较麻烦的,我们可以采用如下的办法模拟.将几个钉子按照工地之间的距离成比例地钉在木板上,代表各个工地,再将这块带钉子的木板浸入肥皂液中,然后细心地提出液面,肥皂膜将联结在钉间,由于肥皂膜要取其势能最小的形状,所以使联结在各钉间的肥皂膜总长度最小.像这样的例子还有不少,如将某范围的地面画在质量均匀的板上,再沿边界切开,可用称地图板的质量的办法,按此例计算该范围的面积.

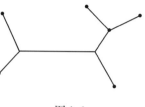

图1.1

缩尺模型是将真实事物按比例缩小或放大的复制品,如飞机模型和风洞是飞机在空中飞行的缩尺模型,船舶模型和水槽是船舶在水中行驶的缩尺模型;在模型实验,化工工艺过程的化学实验等都是缩尺模型.在科技工程中使用缩尺模型还是比较多的.它的优点是对于许多复杂的现象,当很难建立它的精确数学模型进行理论上的分析计算,也找不到适当的模拟模型,而实物又太大或太小,无法直接实验时,采用缩尺模型进行实验是合适的.这种缩尺模型分享原实物的许多性质:它可能有相同的外貌,同样的颜色,甚至和所表示的物体有类似的功能.例如,模型帆船能漂浮并能靠风力推进,由于缩尺模型并不具有"母本"实物的所有性质,因而这种模型操作方便或能确切控制,原物体的大小、质量等特征会妨碍我们对实物进行工作,而缩尺模型则易于掌握,在操纵和研究模型中,可以获得关于母本实物的信息,例如,可用风洞中的模型飞机来决定超音速客机的航空特征,若造一架大小一样的飞机并在风洞中进行测试的办法的代价是惊人的,因而缩尺模型在许多技术领域和工业研究中是一种很有价值的工具.但是采用缩尺模型也存在不少问题,如这种方法还是相当费时间、人力、财力,按缩尺模型得到的结果也不一定就是原实物或现象的结论,其结果还要利用相似理论加以处理,这是很麻烦的.

理论模型既可以是实物、现象、过程的抽象表示形式,也可以是我们所要描述的对象以及分析它们行为方式的抽象表示形式.一个物体、一种现象、某一过程的理论模型是观察者心目中确切表示该物体、现象、过程的一组规则和定律.例如,对土木工程师来说,懂得在荷载下的梁的挠度(弯曲)是重要的.人们可以选一根梁加以荷载并测量其挠度,但这样做费时又费钱.如果有一个荷载下梁的理论模型将更为方便.经过实验、观察和计算,就可以得出这种理论模型,即

$$挠度 = \frac{PL^3}{48EI}$$

其中　　L——梁的长度;

　　　　P——荷载;

　　　　E——与梁的材料有关的弹性模量;

　　　　I——与梁的横截面积有关的惯性矩.

在上述例子中,挠度的模型(理论模型)是一个公式.实际上,大多数重要的公式就是描述的现象的理论模型,因而在科学研究和解决各实际问题中,理论模型是不可缺少的工具.

1.1.2　数学模型

当一个对象的理论模型以数学表示其一组规则和定律时,一个数学模型就呈现出来了.

例如,上述的挠度模型就是一个数学模型.因此,数学模型是关于部分现实世界和为一种特殊目的而做的一个抽象的、简化的、近似表达对象的一种数学结构.

具体说来,数学模型就是为了某种需要或目的,用字母、数字及其他数学符号建立起来的诸如等式或不等式,以及图表、图像、框图等描述客观事物的特征及其内在联系的数学结构表达形式.

由于数学模型是针对或参照某种事物系统的主要特征、主要关系,用形式化的数学语言,抽象概括地、简化近似地表述出来的一种数学结构,所以,从广义上来说,数学模型是从现实世界中抽象出来,对客观事物的某些数学属性的一个近似反映.例如众所周知的哥尼斯堡七桥问题便是大数学家欧拉成功地构造出数学模型得以解决的光辉例子.如果从狭义上来理解,数学模型是由现实问题基本属性抽象出来成为一种数学结构的简化近似反映.

例1 考虑两个物体之间的相互作用时,对于它们之间的相互吸引这种属性,可用数学式子(即牛顿万有引力公式)

$$F = k\frac{m_1 m_2}{r^2}$$

来表示吸引力与其他因素之间的规律,这就是物质相互吸引的数学模型.这个数学模型及其理论是基于大量天文观测数据,由牛顿在17世纪创立的,它解决了大量天文学中的问题.

例2 一个线性弹簧,考查它的形变(x)与弹力(F)之间的关系,也可用数学式子(胡克定理)

$$F = -Kx$$

来表示它们之间的规律,负号表示形变的方向与弹力方向相反.这个数学式子就是它的数学模型.这个模型表示了物理学中的一条重要规律.

一个系统是指按着一定方式互相连接起来的元素的集合.一个系统范围的决定主要取决于我们研究的范围、目的和任务.一般把不属于系统的部分称为环境,从环境向该系统流动的信息称为输入,反之从系统向环境流动的信息称为输出.建立一个系统的数学模型,一般来说是要建立系统输入输出之间的关系式.有时也将所关心的状态变量包含在数学模型之内.要指出的是一个系统的数学模型不是唯一的,要求的近似程度不同,数学模型也有所不同.

例3 考查一个质量为 m 的物体受一个力 F 作用时的运动状况,牛顿第二定律

$$F = ma = m\frac{\mathrm{d}^2 x}{\mathrm{d}t^2}$$

(其中 a 表示加速度,$\frac{\mathrm{d}^2 x}{\mathrm{d}t^2}$ 是位移 x 对时间 t 的二次求导)表达出了力 F 和位移 x 之间的规律,这就是它的数学模型.如果物体速度不大,那么空气阻力(摩擦力)很小可以略去不计,这个数字还是比较精确的.若物体速度较大,就必须考虑空气摩擦力这个因素.由实验得知,黏性阻尼的摩擦力与速度 v 的平方成正比.于是数学式

$$F = m\frac{\mathrm{d}v}{\mathrm{d}t} + kv^2$$

(其中 $\frac{\mathrm{d}v}{\mathrm{d}t}$ 是速度 v 对时间 t 求导,下同)是该系统较为精确的数学模型.如果速度值大得接近光速时,由相对论得知,此时质量就不能看成常数.于是得到更进一步的数学模型

$$F = \frac{\mathrm{d}}{\mathrm{d}t}(mv) + kv^2$$

由上可见,对于同一个系统,根据情况和要求的精确度不同,可有不同的数学模型.

任何数学模型都有现实原型(所反映的客观对象),其原型可以是非数学的具体对象及其性质、关系,也可以是具体的数学对象及其性质、关系. 由于数学模型是数学抽象化的产物,因而数学模型是它所模拟的具体对象的性质、关系的抽象,这就可以使得数学模型本身有严格的逻辑结构. 对一个数学模型建立一套逻辑系统,就得到相应的数学理论.

例4 自然数 $0,1,2,3,\cdots,n,\cdots$ 是最简单的数学模型. 自然数是从现实生活中抽象出来的数学概念. 在人类的众多种语言中不约而同地都有自然数出现,可是总有一些数目,由于很大,而在语言中没有名称. 自然界的具体事物,不管其数量有多大(如沙子、米粒等),总是一个有限数(虽然这个数字,我们没法确切给出),而自然数这个模型不仅能表示很大的数,而且还含有无穷大概念,所谓"自然数结构",指的是定义了普通的自然数相等关系、小于关系、加法与乘法的自然数集合所形成的数学模型,将逻辑运用于此数学模型,就得到自然数理论. 正如大家所熟知的,它给出了素数、合数概念,除 0 与 1 以外的自然数可以表示为素数的乘积,素数有无穷多个,等等. 当然,这个理论还给出了众多有趣的事实. 所有这些事实,都是客观事物某些属性的反映.

例5 欧氏几何也是一个数学模型. 古希腊的《几何原本》是按定义、公设、公理、定理的逻辑结构将直线、三角形、圆等几何图形组织成有机的系统,详尽地推导他们的性质,它的基本图形都是现实生活中一些具体图形(如拉直的绳子、田地的形状等)的抽象.

由上,数学模型从表现形式上看大致可分为数式模型和图形(包括逻辑结构图)模型两种.

数式模型是系统的某种特征的本质的数学表达式,即用数学式子(如函数式、代数方程(组)、不等式(组)、微分方程(组)、差分方程(组)、微积分方程(组)等)来描述(表示、模拟)所研究的客观对象或系统在某一方面的存在规律.

图形模型是用一些图形,如逻辑结构图、方框图、流程图、状态迁移图、数表图等来表示所研究的现象、过程或理论的某种特征、属性或结构. 例如,用地图来表示地理位置,等高线图表示地面的高程,铁路线路图表示铁路连接状态,等等.

总而言之,无论哪一种模型,它都是对真实现象的一种近似表述;而且只是表达真实现象某些方面的特征或属性. 即根据我们的目的,从真实现象中选一部分所关心的特征或属性来进行描述,其他方面的特征将不予考虑,对于其他的一些特性,实际情况与模型甚至可以相差很远. 例如,一般地图,它是大地的一种模型,它保持各地区之间的距离和位置不变. 铁路线路示意图也是大地的一种模型,它只表示铁路线的联结情况,并不保持各点间的距离不变,即是说这种示意图保持拓扑性质不变. 这两种模型是人们为了不同的目的,对大地的不同属性所做的不同的近似描述.

1.2 数学知识与数学模型

数学的概念、公式、定理、问题、方法等数学知识都是由具体问题抽象出其物质性而得到的纯粹形式化或量化的数学模型.

按数学知识的内容可把数学模型分为三类.

1.2.1 概念型数学模型

数学中的基本概念,如整式、代数式、实数、向量、三角形、集合、导数、微分等,基本上是客观事物或现象的直接抽象. 这类数学模型内容单纯,很少单独解决实际问题,它们是构造较复杂的数学模型的基础. 我们常称这类数学模型为概念型数学模型.

例1 导数的概念.

众所周知,计算运动物体在任一时刻的瞬时速度,在历史上是导致微分学研究的一个重要问题.

设有一质点沿直线运动,它在时间 t 内经过的路程 s 为 t 的函数,记为 $s = f(t)$,为了求得该质点在任一时刻 t_0 的瞬时速度,可以按照以下的步骤去进行计算:

(1) 取一个很小的时间间隔 $\Delta t = t_1 - t_2$,容易算得质点在这一时间间隔内通过的路程为
$$\Delta s = f(t_2) - f(t_1)$$

(2) 质点在 Δt 这一时间间隔内运动的平均速度为
$$\bar{v}(t) = \frac{\Delta s}{\Delta t}$$

(3) 容易想到,当 t_1 与 t_0 足够靠拢时,也即所取的时间间隔 Δt 足够小时,所求得的平均速度可以看成质点在 t_0 时刻的瞬时速度的一个很好的近似值,而如果设想时间间隔趋近于 0,所说的平均速度则就转化成了所要求的瞬时速度.

以瞬时速度为现实原型,我们即可通过数学抽象获得如下的导数概念:

设函数 $y = f(x)$,当自变量由 x_0 变到 x_1,即自变量有一个增量 $\Delta x = x_1 - x_0$ 时,函数 y 相应地有一个增量 $\Delta y = f(x_1) - f(x_0)$,如果差商 $\frac{\Delta y}{\Delta x}$ 的极限
$$\lim_{\Delta x \to 0} \frac{\Delta y}{\Delta x} = \lim_{x_1 \to x_0} \frac{f(x_1) - f(x_0)}{x_1 - x_0}$$
存在,则称这个极限为函数 $f(x)$ 在点 x_0 的导数.

将导数概念与瞬时速度的概念加以比较,容易看出,两者的区别主要在于:后者从属于运动这一特定的问题,前者则由于舍弃了其他成分而仅仅着眼于量的关系的分析获得了更为普遍的意义:它不仅适用于运动的研究——瞬时速度即为路程函数关于时间的导数,而且也适用于具有相同量性特征的一类问题,如电流强度是电量关于时间的导数,曲线在其上一点处切线的斜率则是纵坐标关于横坐标的导数等.

从而,与瞬时速度这个物理学中的概念不同,导数的概念就可看成一个模型,它以纯数学的形式表明了一类事物或现象(包括抽象事物)所具有的共同的量性特征.

1.2.2 方法型数学模型

运用数学知识解决问题就是方法,因而,数学中的各种公式及其运算系统、各类方程及其求解方法等是由对象间的数量关系抽象出来的,它们也分别构成了数学模型. 对于方程就有代数方程、函数方程、微分方程等. 运用这些公式、运算系统以及方程可直接解决学习、工作、生产、科研等各方面的实际问题. 人们在解决一类问题中可采用的共同的手段或计策也

构成数学模型. 我们常称这些数学模型为方法型数学模型.

例 2 关系映射反演方法.

例如,为了证明"三角形的三条高交于一点",可以采取如下的"计算方法":

如图 1.2,以 $\triangle ABC$ 的 BC 边为 x 轴,BC 边上的高 AD 为 y 轴建立坐标系. 不失一般性,可设 A,B,C 三点的坐标分别为 $A(0,a),B(b,0),C(c,0)$. 依据解析几何的有关知识可以立即求得 $\triangle ABC$ 三边所在的直线的斜率分别为

$$k_{AB} = -\frac{a}{b}, k_{CA} = -\frac{a}{c}, k_{BC} = 0$$

从而,三条高所在的直线方程分别为

$$AO: x = 0$$
$$BE: cx - ay - bc = 0$$
$$CF: bx - ay - bc = 0$$

这三个方程显然有公共解

$$x = 0, y = -\frac{bc}{a}$$

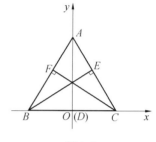

图 1.2

由此就证明了三角形的三条高交于一点.

容易看出,这一解题方法的关键即在于通过建立直角坐标系把原来的几何问题转化成了代数(计算)问题. 由于建立直角坐标系事实上也是一种映射,即是在点(曲线)与数组(方法)之间建立了对应关系,因此,这种方法的实质是通过建立适当的直角坐标系,把几何关系问题映射为代数关系问题,然后通过代数运算,求出未知几何关系的某种代数关系式,把这关系反演,便解决了原来的某个几何关系问题. 即有

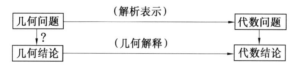

又例如,计算 $(\sqrt{3} - i)^6$.

这里直接计算比较麻烦. 若把复数 $\sqrt{3} - i$ 映射成三角形式,用棣莫弗公式计算它的六次方幂比较简单,然后把结果反演成代数形式,问题便解决了.

由于 $\sqrt{3} - i = 2(\cos\frac{11\pi}{6} + i\sin\frac{11\pi}{6})$,所以

$$[2(\cos\frac{11\pi}{6} + i\sin\frac{11\pi}{6})]^6 = 64(\cos\pi + i\sin\pi) = -64$$

故

$$(\sqrt{3} - i)^6 = -64$$

由此,亦有

```
复数方幂问题  →(映射)→  三角形式问题
     ↓?                      ↓
复数乘方结论  ←(反演)←  三角形式结论
```

在上述两个具体问题中,通过映射、反演不仅较容易地解决了原来的问题,而且建立了一个普遍的模式(或者说一种普遍的方法):在一个数学问题里,常有一些已知元素与未知

元素(都称为"原象"),它们之间有一定的关系,我们希望由此求解得未知元素.如果直接求解比较难或繁,可寻找一个映射,把"原象关系"映射成"映象关系",通过映象关系求得未知元素的映象,最后以未知元素的映象通过"反演"求解得未知元素,即有

这就是求解较繁或较难问题的关系映射反演方法.

1.2.3 结构型数学模型

以数学对象为原型,再抽象所得到的数学模型,我们常称这类模型为结构型数学模型. 例如,一些组合而成的基本图形、一些抽象的函数式、一些数学定理、解数学题的数学思想方法等都可以看作是这类结构型模型;又例如,从一笔画抽象出来的研究点、线结合关系的图论模型,也可以说是一种结构型模型.在高等数学中,这样的模型就更多了,如群、环、域、线性空间、拓扑空间等.像这类在组合与抽象概念的基础上产生出来的数学分支,各自形成逻辑系统,以形成不同的数学结构,抽象出不同的结构型数学模型.

例3 设函数 $f(x)$ 的定义域是关于原点 O 对称,但不包括数 0,并且满足条件:① 在定义域内存在 $x_1 \neq x_2$,使得定义域内的 $x = x_1 - x_2, f(x_1) \neq f(x_2)$;② 对于任何正常数 a,当 $0 < |x_1 - x_2| < 2a$ 时,有 $f(x_1 - x_2) = \dfrac{f(x_1) \cdot f(x_2) + 1}{f(x_2) - f(x_1)}$;③ $f(a) = 1$;④ 当 $0 < x \leq 2a$ 时,$f(x) > 0$. 试证:

(1) $f(x)$ 是奇函数;

(2) $f(x)$ 是周期函数,并求出其周期;

(3) $f(x)$ 在 $(0, 4a)$ 内为减函数.

分析 从题目所给条件来看,此题条件类似于余切函数 $f(x) = \cot x$ 的一些特征,此题要证的结论也类似于 $\cot x$ 的性质.其实,此题就是以余切函数为原型,抽象出来的一类结构型模型函数.

证明 (1) 对定义域中的 x,按题设在定义域中存在 x_1, x_2,使 $x = x_1 - x_2, f(x_1) \neq f(x_2)$,故

$$f(x) = f(x_1 - x_2) = \dfrac{f(x_1) \cdot f(x_2) + 1}{f(x_2) - f(x_1)} = -\dfrac{f(x_2) \cdot f(x_1) + 1}{f(x_1) - f(x_2)} = -f(x_2 - x_1) = -f(-x)$$

从而知 $f(x)$ 为奇函数.

(2) 由 $f(a) = 1, f(x)$ 为奇函数,知 $f(-a) = -1$,于是

$$f(-2a) = f[(-a) - a] = \dfrac{f(-a) \cdot f(a) + 1}{f(a) - f(-a)} = \dfrac{-1 + 1}{1 - (-1)} = 0$$

若 $f(x) \neq 0$,则

$$f(x + 2a) = f[x - (-2a)] = \dfrac{f(x) \cdot f(-2a) + 1}{f(-2a) - f(x)} = \dfrac{1}{-f(x)}$$

$$f(x+4a) = f[(x+2a)+2a] = \frac{1}{-f(x+2a)} = \frac{1}{\frac{1}{f(x)}} = f(x)$$

若 $f(x) = 0$,则

$$f(x+a) = f[x-(-a)] = \frac{f(x) \cdot f(-a) + 1}{f(-a) - f(x)} = -1$$

$$f(x+3a) = f[(x+a)+2a] = \frac{1}{-f(x+a)} = 1$$

$$f(x+4a) = f[(x+3a)-(-a)] = \frac{f(x+3a) \cdot f(-a) + 1}{f(-a) - f(x+3a)} = 0$$

此时,仍有 $f(x+4a) = f(x)$.

从而 $f(x)$ 是以 $4a$ 为周期的周期函数.

(3) 先证在 $(0, 2a]$ 内 $f(x)$ 为减函数.

事实上,若设 $0 < x_1 < x_2 \leqslant 2a$,则 $0 < x_2 - x_1 < 2a$,由条件 ②,④ 知

$$f(x_1) > 0, f(x_2) > 0, \frac{f(x_2) \cdot f(x_1) + 1}{f(x_1) - f(x_2)} = f(x_2 - x_1) > 0$$

于是有 $f(x_1) - f(x_2) > 0$,即有 $f(x_1) > f(x_2)$.

当 $2a < x_1 < x_2 < 4a$ 时,有 $0 < x_1 - 2a < x_2 - 2a < 2a$,且

$$f(x_1 - 2a) > f(x_2 - 2a) > 0, f(x_1) > 0, f(x_2) > 0$$

又由(2)中证明知当 $f(x_1) \neq 0, f(x_2) \neq 0$ 时,有

$$f(x_1) = f[(x_1 - 2a) + 2a] = -\frac{1}{f(x_1 - 2a)}, f(x_2) = -\frac{1}{f(x_2 - 2a)}$$

故

$$f(x_1) - f(x_2) = -\frac{1}{f(x_1 - 2a)} + \frac{1}{f(x_2 - 2a)} > 0$$

故 $f(x)$ 在 $(2a, 4a)$ 内也是减函数.

综上,便证明了 $f(x)$ 在 $(0, 4a)$ 内为减函数.

类似于例3,如果分别以线性函数 $f(x) = cx$ (c 是不为零的常数)、对数函数 $f(x) = \log_a x$ ($a > 0$ 且 $a \neq 1$)、指数函数 $f(x) = a^x$ ($a > 0$ 且 $a \neq 1$)、幂函数 $f(x) = x^m$ (m 为有理数)、正弦函数 $f(x) = \sin x$、余弦函数 $f(x) = \cos x$、正切函数 $f(x) = \tan x$ 为原型,抽象出来如下一系列的结构型模型函数命题:

(1) 设函数 $f(x)$ 对任何实数 x, y 都有 $f(x+y) = f(x) + f(y)$,那么 (ⅰ) $f(0) = 0$;(ⅱ) $f(x)$ 为奇函数;(ⅲ) $f(kx) = kf(x)$ (其中 k 为有理数).

(2) 定义在 $(0, +\infty)$ 上的函数满足条件 $f(xy) = f(x) + f(y)$,那么 (ⅰ) $f(1) = 0$;(ⅱ) $f(x^{-1}) = -f(x)$;(ⅲ) $f(x^\alpha) = \alpha f(x)$ (其中 α 为有理数).

(3) 设函数 $f(x)$ 的定义域为 $\mathbf{R}$,且满足条件:存在 $x_1 \neq x_2$,使得 $f(x_1) \neq f(x_2)$,又对任何 $x, y, f(x+y) = f(x) \cdot f(y)$ 成立,那么 (ⅰ) $f(0) = 1$;(ⅱ) 对任何 $x \in \mathbf{R}, f(x) > 0$;(ⅲ) $f(\alpha x) = [f(x)]^\alpha$ (其中 α 为有理数).

(4) 定义在 $(0, +\infty)$ 上的函数 $f(x)$ 满足条件:存在 $x_1 \neq x_2$,使得 $f(x_1) \neq f(x_2)$,又对任何正数 x 和 $y, f(xy) = f(x) \cdot f(y)$ 都成立,那么 (ⅰ) $f(1) = 1$;(ⅱ) $f(x) > 0$;(ⅲ) $f(x^{-1}) = [f(x)]^{-1}$;(ⅳ) $f(x^\alpha) = [f(x)]^\alpha$ (α 为有理数).

(5) 设函数 $f(x)$ 对于任意实数 x_1 和 x_2 满足

$$f(x_1) + f(x_2) = 2f(\frac{x_1+x_2}{2}) \cdot f(\frac{\pi}{2} - \frac{x_1-x_2}{2})$$

且 $f(0) = 0$,但 $f(x)$ 不恒等于 0,那么(ⅰ)$f(x)$ 以 2π 为周期;(ⅱ)$f(x)$ 是奇函数;(ⅲ)$f(\frac{\pi}{2}) = 1$;(ⅳ)$f(2x) = 2f(x)f(\frac{\pi}{2} - x)$;(ⅴ)$f(x+y) = f(x) \cdot f(\frac{\pi}{2} - y) + f(y) \cdot f(\frac{\pi}{2} - x)$.

(6) 已知函数 $f(x)$ 的定义域为 **R**,且对于任意实数 x_1 和 x_2,有

$$f(x_1) + f(x_2) = 2f(\frac{x_1+x_2}{2}) \cdot f(\frac{x_1-x_2}{2})$$

且 $f(\frac{\pi}{2}) = 0$,但 $f(x)$ 不恒等于 0,那么(ⅰ)$f(0) = 1$;(ⅱ)$f(x+2\pi) = f(x)$;(ⅲ)$f(-x) = f(x)$;(ⅳ)$f(2x) = 2[f(x)]^2 - 1$.

(7) 已知函数 $f(x)$ 的定义域为 $\{x \mid x \neq k\pi + \frac{\pi}{2}, k \in \mathbf{Z}\}$,且对于定义域内的任何 x 和 y,$f(x+y) = \frac{f(x)+f(y)}{1-f(x)f(y)}$ 都成立,那么(ⅰ)$f(0) = 0$;(ⅱ)$f(x)$ 是奇函数;(ⅲ)$f(2x) = \frac{2f(x)}{1-f^2(x)}$;(ⅳ)若 $f(\pi) = 0$,则 $f(x)$ 以 π 为周期.

另外,以其他学科的问题作为原型,化为数学问题,构成一个数学模型,这个数学模型如果是某个方法型或结构型数学模型的一部分(或称为子模型),则可利用已获得的数学手段得其数学结果,最后将此数学结果还原为原来学科的内容;如果它不是已有的数学模型的一部分,那么所获得的是一个新的数学模型,这就有待逻辑地建立起它的理论. 这些就是下一章要讨论的数学建模问题.

通过切断与现实原型的联系而使数学知识获得了独立的存在性,也正因为如此,相对于所说的现实原型而言,通过数学抽象而形成的数学概念或理论、公式、定理、问题和方法就具有更为普遍的意义;它们所反映的已不是某一特定事物或现象的量性或形式特征,而是一类事物或现象在量的方面或形式方面的共同特征. 从而,数学知识事实上就是一个个数学模型. 正如怀特海(A. N. Whitehead)所指出的:"数学就是对于模式的研究." 以及哈代(G. Hardy)把数学家称之为"模式的巨匠". 不过,这里的"模式"比"模型"具有更大的普遍性和概括性.

因而,我们学习数学知识,就是学习前人给我们建立的一个个数学模型和怎样建立数学模型的思想方法,以便应用数学模型解决数学问题以及实际问题,并善于在实际问题中建立数学模型以转化为数学问题而求解.

1.3 数学解题与数学模型

解答数学问题,若就事论事地去处理,在许多情形下往往因纷繁复杂而使人不得要领,但若能恰当地运用数学模型,将问题化归到某一模型上去讨论,往往会大为简化,有时还可

收到出奇制胜的效果.

1.3.1 模型的概括性使解题思路明快

例1 求证：$\dfrac{|a+b|}{1+|a+b|} \leqslant \dfrac{|a|}{1+|a|} + \dfrac{|b|}{1+|b|}$.

分析 观察欲证不等式的左、右两边，各项的式子外形结构呈 $\dfrac{p}{1+p}$ 的形式. 由此引入函数模型 $f(x) = \dfrac{x}{1+x}, x \in [0, +\infty)$.

证明 考虑函数 $f(x) = \dfrac{x}{1+x}, x \in [0, +\infty)$，则经过简单的数学推理知 $f(x)$ 为增函数. 若令 $x_1 = |a+b|, x_2 = |a|+|b|$，则 $x_1 \leqslant x_2$，于是

$$\dfrac{|a+b|}{1+|a+b|} \leqslant \dfrac{|a|+|b|}{1+|a|+|b|} = \dfrac{|a|}{1+|a|+|b|} + \dfrac{|b|}{1+|a|+|b|} \leqslant \dfrac{|a|}{1+|a|} + \dfrac{|b|}{1+|b|}$$

1.3.2 模型的直观性使解题思路清晰

例2 证明：$\cos 6° + \cos 78° + \cos 150° + \cos 222° + \cos 294° = 0$.

分析 剖析题目中角的数量特征，发现这些角都依次相差 $72°$，注意到正五边形的外角也为 $72°$，由此引入几何模型，如图 1.3 所示.

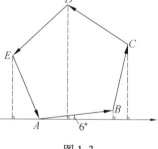

图 1.3

证明 把 $\cos 6°, \cos 78°, \cos 150°, \cos 222°, \cos 294°$ 看作五个复数 Z_1, Z_2, Z_3, Z_4, Z_5 的实部. 建立复平面，则这五个复数对应的向量由图 1.3 中正五边形 $ABCDE$（AB 边与实轴正向成 $6°$ 角）各边所在的向量 $\overrightarrow{AB}, \overrightarrow{BC}, \overrightarrow{CD}, \overrightarrow{DE}, \overrightarrow{EA}$ 表示. 显见

$$\overrightarrow{AB} + \overrightarrow{BC} + \overrightarrow{CD} + \overrightarrow{DE} + \overrightarrow{EA} = \mathbf{0}$$

从而它们的各向量在 x 轴上的分量（射影）之和为零，或这五个复数的和为零，则实部为零，即五个复数实部的和为零. 此即得欲证结论.

1.3.3 模型的相似性使解题方法简化

例3 已知实数 $a_i \neq 0 (i = 1,2,3,4)$，且满足 $(a_1^2 + a_2^2)a_4^2 + a_2^2 + a_3^2 = 2a_2(a_1 + a_3)a_4$.
求证：a_1, a_2, a_3 成等比数列.

证明 以方程

$$(a_1^2 + a_2^2)x^2 - 2a_2(a_1 + a_3)x + a_2^2 + a_3^2 = 0$$

作为相似模型. 易知 a_4 为方程的一个根，又方程可变形为

$$(a_1 x - a_2)^2 + (a_2 x - a_3)^2 = 0$$

注意到 $a_i (i = 1,2,3)$ 及 x 均为实数，即得 $x = \dfrac{a_2}{a_1} = \dfrac{a_3}{a_2}$，故 $a_2^2 = a_1 \cdot a_3$，从而 a_1, a_2, a_3 成等比数列.

例 4 解方程：$\left[\sin^2 x + \sin^2\left(\dfrac{\pi}{3} - x\right)\right]\left[\cos^2 x + \cos^2\left(\dfrac{\pi}{3} - x\right)\right] = \dfrac{3}{4}$.

解 以柯西不等式为相似模型，有

$$\left[\sin^2 x + \sin^2\left(\dfrac{\pi}{3} - x\right)\right]\left[\cos^2\left(\dfrac{\pi}{3} - x\right) + \cos^2 x\right] \geqslant$$

$$\left[\sin x \cdot \cos\left(\dfrac{\pi}{3} - x\right) + \sin\left(\dfrac{\pi}{3} - x\right) \cdot \cos x\right]^2 =$$

$$\sin^2\left(x + \dfrac{\pi}{3} - x\right) = \dfrac{3}{4}$$

当且仅当 $\sin x : \cos\left(\dfrac{\pi}{3} - x\right) = \sin\left(\dfrac{\pi}{3} - x\right) : \cos x$ 时取等号.

故 $\sin 2x = \sin\left(\dfrac{2\pi}{3} - 2x\right)$，从而解得

$$x = \dfrac{\pi}{6} + \dfrac{k\pi}{2}, k \in \mathbf{Z}$$

1.3.4 模型的抽象性使解题思路拓宽

例 5 求方程 $x_1 + x_2 + x_3 + x_4 = 9$ 的非负整数解的组数.

解 将 9 视为 9 个相同的小球，x_1, x_2, x_3, x_4 看作 4 个不同的小盒，由此引入组合模型. 于是，问题变为求 9 个小球投入 4 个小盒的投法种数，显然是 $C_{9+4-1}^{4-1} = C_{12}^{3}$. 故所求方程的非负整数解的组数为 220.

例 6 如图 1.4，$\odot O$ 外接于正方形 $ABCD$，P 为 $\overset{\frown}{AD}$ 上的任意一点. 求证：$\dfrac{PA + PC}{PB}$ 为定值.

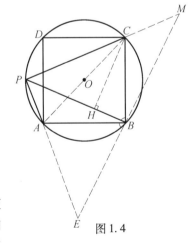

图 1.4

证法 1 引入蝶形模型，联结 AC，得蝶形 $ABPC$，于是，由托勒密定理，有

$$PC \cdot AB + PA \cdot BC = PB \cdot AC$$

四边形 $ABCD$ 为正方形，$AB = BC$，$AC = \sqrt{2} \cdot BC$，从而

$$PC + PA = \sqrt{2} PB$$

故 $\dfrac{PA + PC}{PB} = \sqrt{2}$ 为定值.

证法 2 引入全等三角形模型. 延长 PA 至 E，使 $AE = PC$，联结 BE. 易证 $\triangle AEB \cong \triangle CPB$，于是知 $\angle ABE = \angle CBP$. 又 $\angle CBA = 90°$，则 $\angle EBP = 90°$. 因而 $\dfrac{PE}{PB} = \sqrt{2}$，即 $\dfrac{PA + PC}{PB} = \sqrt{2}$ 为定值.

或过 B 作 $BM \perp PB$ 交 PC 延长线于 M，或延长 PC 至 M，使 $CM = PA$，都可有 $\triangle BMC \cong \triangle BPA$ 即可证（略）.

证法 3 引入相似三角形模型,联结 AC,作 $CH \perp PB$ 于 H. 显然有 $\triangle PAC \sim \triangle HBC$,故

$$\frac{PA}{BH} = \frac{PC}{CH}$$

即 $\frac{PA + PC}{BH + CH} = \frac{PC}{CH}$,注意到 $CH = PH$,有

$$\frac{PA + PC}{PB} = \frac{PC}{CH} = \sqrt{2}$$

证法 4 引入一元二次方程模型,在 $\triangle PAB$ 和 $\triangle PBC$ 中,应用余弦定理,有

$$AB^2 = PA^2 + PB^2 - 2PB \cdot PA \cdot \cos 45°$$
$$BC^2 = PC^2 + PB^2 - 2PC \cdot PB \cdot \cos 45°$$

注意到 $AB = BC$,则 PA, PC 是方程

$$t^2 - \sqrt{2} PB \cdot t + (PB^2 + AB^2) = 0$$

的两个根. 于是 $PA + PC = \sqrt{2} PB$,即 $\frac{PA + PC}{PB} = \sqrt{2}$.

证法 5 引入直角三角形模型,设正方形边长为 a,$\angle PBC = \alpha$. 联结 AC,作 $CH \perp PB$ 于 H. 在 $\text{Rt}\triangle PAC$ 中,$PC = AC \cdot \sin\alpha$,$PA = AC \cdot \cos\alpha$,在 $\text{Rt}\triangle BCH$ 中,$BH = a \cdot \cos\alpha$,$CH = a \cdot \sin\alpha = PH$,即

$$PB = PH + BH = a(\sin\alpha + \cos\alpha)$$

所以

$$\frac{PA + PC}{PB} = \frac{\sqrt{2} a(\sin\alpha + \cos\alpha)}{a(\sin\alpha + \cos\alpha)} = \sqrt{2}$$

证法 6 引入单位圆模型,设正方形 $ABCD$ 的外接圆为单位圆. 又设 $\angle PBC = \alpha$,则 $PC = 2\sin\alpha$,$PA = 2\cos\alpha$,$PB = 2\sin(45° + \alpha) = \sqrt{2}(\sin\alpha + \cos\alpha)$,所以

$$\frac{PA + PC}{PB} = \frac{2(\sin\alpha + \cos\alpha)}{\sqrt{2}(\sin\alpha + \cos\alpha)} = \sqrt{2}$$

综上所述,借助于数学模型解题,新颖别致,简捷明快,更重要的是有助于思维模式的构成,优化思维的品质,培养化归意识.

1.4 数学发展与数学模型

纵观数学的发展历史,数千年来人类对于数学的研究一直是沿着纵横两个方向进行的. 在纵向上,探讨客观世界在量的方面的本质和规律,发现并积累数学知识,然后运用公理化等方法建构数学的理论体系,获得一系列优美的数学结构关系式,拟作为可运用的模型,这是对数学科学自身的研究. 在横向上,则运用数学的知识去解决各门科学和人类社会生产与生活中的实际问题,这里首先要运用数学思想方法建实际问题的数学模型,然后运用数学的理论和方法导出结果,再返回原问题实现实际问题的解决,这是对数学科学应用的研究. 我们大家都知道一句名言:"数学是科学的女王."运用数学来研究种种自然现象,解决各种

实际问题,已经在许多方面取得了意想不到的成果. 例如,数学与生物学的相互渗透,产生了一系列边缘、交叉学科,诸如数学生态学、数量遗传学、数值分类学等,都成为今天具有强大生命力的新兴学科. 这种结合和渗透,一方面促进了生物学更好地揭示生命奥秘,另一方面也给数学的发展带来了极大推动力. 一个以电子计算机、生物技术、遗传工程、计算物理学等高科技为主要标志的新时代正在到来. 21 世纪,人类将逐步进入数学化世纪,这已是人们普遍看得到的发展趋势.

1.5 各类科学与数学模型

科学的发展是离不开数学的,数学模型在其中又起着重要的作用. 无论是自然科学还是社会科学,在进行理论研究时,都不是直接研究现象的,而是研究它们的模型 —— 略去一些次要因素的一种近似写照. 科学就是通过对模型的研究来阐明真实世界的客观规律的.

各学科的许多基本理论都是用数学(式子)模型表示的. 这方面的例子是非常多的. 例如,反映电路理论的基本规律 —— 基尔霍夫定律是用数学式子表示的;又例如,马克思用公式 $I(V+m) = II c$ 来反映社会再生产的基本规律,即社会再生产中第 I 部类与第 II 部类之比等于社会再生产有机构成中的物化劳动与活劳动之比. 因而,数学建模既是各类科学研究的经常性活动,具有方法论的重要价值,又是数学与生产、生活实际相联系的中介和桥梁,这对于数学发挥其社会功能具有重要的作用与意义.

1.5.1 物理学等自然科学与数学模型

数学模型是表达自然科学概念的一种重要手段. 物理学中有许多概念用语言来阐述是很难说清楚的,但用数学表达式却可以清晰而准确地表达它们. 例如,前面提到过的瞬时速度,在没有引进微积分之前,它只能解释成"单位时间内所走过的路程",这对于变速运动就不合适了. 把瞬时速度解释成"假想从某个时刻起物体做匀速运动,此时的平均速度就是瞬时速度"这样的叙述也是含混不清的. 在有了微积分之后,瞬时速度可定义为路程(位移)函数对时间的导数 $v = \dfrac{ds}{dt}$. 显然用导数来表达瞬时速度就比较清楚和准确,又如物理学中的另一概念 —— 功,初等数学的观点认为功等于力与物体在力的方向上通过的距离的乘积,这对于物体受到常力作用且做直线运动的情况是合适的,但对受到变力和曲线运动就不适用. 在初等数学的范围,这个概念是说不清楚的,要更新这个概念,就需要用到高等数学的知识. 功可以定义为力(函数)沿运动曲线的曲线积分. 类似的例子是很多的,可见数学模型(式子)在表达概念方面起着重要的作用.

随着电子计算机的发展,许多学科的计算分支都在迅速发展,这就更需要建立有关系统的数学模型. 换句话说,数学模型是发展各学科计算分支的必不可少的条件. 例如,物理学传统分为理论物理和实验物理两大分支,它们相辅相成地推动着整个物理学科的发展. 但也有许多问题在这两种范围内很难获得满意的解决. 如研究太阳的演化,从理论上它涉及核反应过程、光子输运过程、物质状态变化过程等,问题极为复杂,想用理论分析的办法,求解这类问题也是毫无办法的. 用实验的办法也是不行的,实验室无法模拟如此庞大而复杂的现象. 又如流体力学问题,它牵涉到质量、能量与动量三个守恒定律以及关于压强、密度、温度之间物态方程. 这些方程虽能推导出来,但求解这组非线性偏微分方程也是很困难的. 类似于这样的问题是很多的,如气象、海洋等方面的一些问题,由于情况复杂,很难从理论上或从模拟实验方面获得很好的解决. 电子计算机的问世,促进了物理学的第三个分支——计算物理学的出现和发展,计算物理学现已在天体问题、流体力学问题等许多领域中取得进展. 要对有关物理问题进行计算,必须先建立该问题的数学模型,没有数学模型,计算就不可能进行.

在人类科学史上出现过几位巨人,牛顿、爱因斯坦、海森堡就是数学模型造就的三位巨人.

牛顿将力学法则(即三大定律)用单纯的数学式表达出来了,第一次给出了整个物理世界的统一的图景. 按照这个法则与由他创始的微积分方法,能够通过计算求出从地球的潮汐涨落、流体运动、摆的周期直到天体中行星的运动. 牛顿力学就是以这种意义与数学密切地结合在一起的. 所以,一位著名的科学史专家说:"科学产生于用数学解释自然这一信念."

自从牛顿力学有了光辉的成就以来,在包含物理学在内的自然科学领域中出现了一种趋势:致力于用单纯的数学式表示自然法则,求出它的解,并与实验和观测结果相比较去理解现象. 例如,费马的"光沿着所需通过时间最小的路径前进"这一光学原理是用变分法表示的,也是作为哈密尔顿最小原理的一个力学原理的表述. 像这样在自然科学中出现了尽可能用单纯的数学式与最小限度的法则去解释现象的倾向,以至于电磁学、光学、热力学……用数学作为自己的语言. 到了19世纪末,力学、电磁学、光学、弹性力学、流体力学、热传导……所有这一切学科中的科学的基本定理都写成了一组方程式(数学模型). 仅从这一点,就可以说在这些领域,没有数学化就谈不上科学化.

爱因斯坦的相对论的建立,是数学一方面帮助他解放了思想,另一方面提供了理论框架. 青少年时期的爱因斯坦十分欣赏欧几里得的几何、牛顿的力学和麦克斯韦的电磁学,作为他研究相对论的起点,正是从对欧几里得几何提出了疑问,对牛顿力学和麦克斯韦方程组的不尽完美、不够满意开始的. 在欧氏几何和牛顿力学那里,空间和时间都是绝对的,那么其中的那些假设是"绝对"的吗?他又受欧氏几何的启发,这应当以最原始、最少的假设出发,那么,从逻辑上讲,能不能从更为原始的假设前提出发来演绎呢?这正是爱因斯坦狭义相对论所考虑的问题. 后来,他发现,在速度接近光速时,时间、空间、质量等再不是绝对不变的了,而是成了具有相对性的东西:质量可以随时间而变化,空间可以变小,时间可以变长,可以说欧氏几何的公理化模型方法使得他用最少的两条公理(相对性原理和光速不变原理)做出发点进行演绎,同时数学上的四维张量模型也为爱因斯坦提供了有力的工具,于是,爱因斯坦建立了狭义相对论.

爱因斯坦对其狭义相对论仍感到不完全满意. 因为狭义相对论在同其他运动状态相比较时,仍保留了惯性系运动状态的特殊地位. 他认为,美妙的物理理论,不应当区分任何特别优越的运动状态. 从自然规律表述的观点看,对于任何一个参照系,它同其他参照系都应是等效的. 因此在有限的尺度内一般不存在物理学上需要特别看待的运动状态. 自然规律应当可以通过一组特殊的坐标选择,使这些规律不做实质性变化.

爱因斯坦在解决上述问题时,也是数学帮了他的忙,是黎曼几何为其建立广义相对论提供了数学框架. 19世纪20年代非欧几何在三位伟大数学家(俄罗斯的罗巴契夫斯基,匈牙利的鲍耶·雅诺什父子)手下独立地诞生了,表明了我们所研究的几何空间除欧几里得空间外,还有别的空间,大数学家黎曼在他的名著《论作为几何基础的假设》一文中的结束语中说:"这里我们已经进入了另一门科学即物理学的领域,我们的讲演的性质使我们不能再深入一步了."爱因斯坦认真研究了黎曼和另外一些数学家的著作,从中受益,爱因斯坦自己说,影响他最深的是黎曼的协变理论模型,黎曼的协变理论模型讲的是一种非线性坐标变换.一个在惯性系里不受力作用的质点,在四维空间里如果要用直线表示,那么此直线是一测地线,其长度可用线元度量.在狭义相对论中,是准欧氏测度,即线元 ds 的平方是坐标微分的某种二次函数,此函数各项系数均为常数.在广义相对论中,则是黎曼测度,它的方程在坐标的非线性变换情况下,其形式保持不变,而此时 ds 的平方仍是坐标微分的齐次函数,但系数不再是常数,而与坐标相关了.由此他完成了广义相对论的建立.一句话,非欧几何成了描述广义相对论的数学工具.正如黎曼在他的著作中所说的:"数学帮助物理学的研究不会受到过分局限的概念之妨害,而且不会因传统定见而难于理解事物的联系".

相对论使引力理论建立在十分简单的基础上,使质量与能量统一起来($E=mc^2$),使惯性系统与非惯性系统统一起来,使惯性质量与引力质量统一起来,然而,它还没有使引力场与电磁场统一起来.爱因斯坦开始怀疑可能存在着两种根本不同的空间结构,认为引力场与电磁场一定存在某种和谐的关系.为解决这一问题,爱因斯坦又立即转向寻求一种比黎曼几何更有效的手段,他又一次试图靠数学模型去探索解决重大问题的方案.

爱因斯坦认为,理论物理学家在描述各种关系时,要求尽可能达到最高标准的严格精确性,而这样的标准只有找到并运用数学模型才能达到.

海森堡的量子力学的建立也是自然科学与数学模型这种关系的光辉例证.量子现象在 20 世纪初就已经进入了人们的视野.但是,当时的物理学家还不能理解微观世界的物理规律与宏观世界的如此不同,总是对经典物理的框架加上一些修补,因此不能得到深刻的系统的了解.微观世界有一个非常奇特的现象,称为测不准原理,例如一个电子我们可以多次测量它的位置和速度(即动量),这些测量会有一定的不可避免的误差,而误差又会有一个平均值,大家可能觉得似乎在经典物理领域中也是一样,没有什么奇怪.可是在微观世界中,不论怎样改进仪器,位置误差的平均值乘以动量误差的平均值大于或等于 h,h 是一个十分重要的常数,称为普朗克常数.这样一来,位置和动量不可能同时都相当准确地被测量.位置误差平均值越小,动量误差的平均值就越大,这就叫测不准原理.这是一个使物理学家十分困惑的原理,怎样去理解它呢?量子力学的创始人海森堡找到了一种奇怪的东西,奇怪就在于它的乘法是不可交换的! $A \times B \neq B \times A$,这是什么东西呢?海森堡去请教他的一位懂数学的老师波恩,波恩也大惊失色,原来海森堡找到的东西在数学上早就有了(至少早 70 年),叫作矩阵.测不准原理正是矩阵乘法不可交换的结果.海森堡接受了用矩阵来表示物理量,从而测不准原理就清楚了,于是微观世界的物理学——量子力学就建立起来了.

数学模型的方法就是这样来更新物理概念,就是这样在冗长的数学推导或计算之后来帮助抓住清楚的物理形象.

1.5.2 工程学的研究与数学模型

在工程学的领域内数学模型已被视为与实验同等重要了.这是因为:

(1)设计的时候,选择材料或者确定尺寸时,只靠定性的判断并不充分,必须定量地预测其状态和性能.若不按这样的方法,在化学工业方面,就不能确定装置的大小,原料供给量、催化剂的种类和数量、温度调节方法,以及其他条件.在机械工业方面,决定产品性能、尺寸、切削加工方法等也很困难.

（2）由于系统变得更加性能化或复杂化，若不靠数学模型的方法，单纯的实验已难于使严峻的状况重现出来. 例如，阿波罗卫星返回地球时在高 120 km 左右的大气层上端竟达到 11 km/s 的速度，仅用 30 min 左右就回到地面. 即使要将这样的状态用风洞来重现，也因缺少极大规模的设备而终究不能实现.

（3）有某些种类的东西只有使用数学模型才能明了其状况. 例如，最新的电子仪器或机械零部件性能稳定而且可靠性已非常高，其中包括故障率为百万分之一的极优秀产品. 但谈到人造卫星则因它是汇集了 500 万个以上这种零部件而构成的，所以实际上在发生故障的时候，对这种系统的可靠性就有必要做出故障或可靠度的数学模型. 那是因为故障的出现是极少的现象，因而难于依照多数实验结果做统计处理来确定复杂系统的可靠度.

（4）计算机的性能已经提高，而且计算机也普及了. 目前，甚至可以把计算机看作一个实验装置，同时它是能够用于多目的和多用途的万能实验装置，应用计算机不但能模拟化学反应，对复杂结构的应力计算或物体周围气流的再现也逐渐成为可能的了.

在工程学方面应用数学的目的首先在于理解现象，利用它创造新价值. 再建立起现象的数学模型，然后求解，或者做实验以及调查得到数据，与用数学的方法求得的解相比较，若能很好地说明实验和调查的结果，则此数学模型是正确的，对数学模型求解时，有用分析的方法进行理论计算的情况，也有用数值计算及用计算机模拟（仿真）的情况. 此外，也有在建立数学模型时采用统计的方法从数据中找出模型的情况. 像这样，如果能够理解了现象，那么自然法则就能用一般形式描述出来，以此为基础或者进行设计，或者为了达到某一目的想寻找最优的方法而建立数学模型，这就是最优化法.

例如，1991 年海湾战争时，有一个问题摆在美军作战人员面前：如果伊拉克把科威特的油井全部烧掉，那么冲天的黑烟会造成严重的后果. 这还不只是污染，满天烟尘，阳光不能照到地面时就会引起气温下降，如果失去控制，造成全球性的气候变化，可能造成不可挽回的生态与经济后果. 五角大楼因此委托一家公司研究这个问题. 这个公司利用流体力学的基本方程以及热传递的方程建立了数学模型，经过计算机仿真（求解），得出结论，认为点燃所有油井后果是严重的，但只会波及海湾地区以及伊朗南部、印度和巴基斯坦北部，但不至于产生全球性的后果. 这对美国军方制订海湾战争计划起了相当大的作用，所以有人说："第一次世界大战是化学战（炸药），第二次世界大战是物理战（原子弹），而海湾战争是数学战."

又例如，在飞机制造中，首先要进行飞机设计，飞机的设计过去是要做一些一定比例的飞机模型放到风洞中去做实验. 每改动一次参数（例如翼展、翼形）就要再做一个模型再做一次实验. 这样，不仅耗资巨大，而且耗时（对于许多产品，耗时过多，市场就会丧失，设计得再好也没有意义了）. 这样设计出来的飞机，在进行试飞时还会有风险. 现在由于数学应用的深入研究，对流体的运动规律已经清楚了. 有一组方程式称为纳维埃-斯托克斯方程. 这个理论概括极广，从空气（风、台风、飞机的飞行……）、液体（河流、洋流、水波……）乃至血管中的血液（一种黏性的流体），聚变反应中的等离子体（这时还要研究电磁现象），石油在多孔的岩石中的移动，甚至天空中的银河系等，都可以用它来描述. 近二百多年来，对这个方程进行了深入地数学研究，取得了辉煌的成就. 虽然对这个方程的研究远未完成，但在飞机设计上确实取得了突破. 众所周知，在民航飞机的世界市场上，美国占了最大份额，成了美国经济支柱之一. 现在的喷气民航飞机如波音 747 仍然是亚音速的，但是在设计时一定要做跨音速的考虑.这是气体动力学和数学的一大难题.20世纪60年代美国数学家加拉伯丁首先解决了跨音速气流的计算问题,为民航飞机的设计立下了汗马功劳,最新的波音777,被称为"完全数字化"的飞机.

如上情况不只是在飞机设计中,现代一切武器系统,例如设计一种导弹,其程序是首先做出一个数学模型,然后做计算机仿真,以证明按一定的设计要求做出的导弹确实有效,再根据技术上的可能,再用计算机仿真以确定相应的参数,这样才能进行实际设计,当然在设计、试制、完成以后还是要进行各种试验,包括风洞实验,乃至在试验场上试射,但这已清楚地表明:如果没有这一整套从建立数学模型到进行计算机仿真等,这种设计不知得花多少时间、资金,甚至是不可能的.飞机如此,武器如此,其他高技术产品,特别是大的工程系统也都是如此.

1.5.3 生物科学与数学模型

20世纪中叶之前,生物学研究还主要是靠观察、试验、归纳这样的定性研究方法.但是自20世纪中叶以来,它却极大地加速了现代化进程,这是由于数学知识注入了生物学的研究中,使它获得了新的生机.从古老的数学分支到最新发展起来的比较年轻的分支,从应用性较强的数学分支到高度抽象的数学分支,"十八般兵器"无不在生物学中找到了应用.特别是电子计算机的极大发展,为生物学问题的多变量多因素的数学模型提供了有效的可做大规模运算的工具,极大地改观了生物学领域难以广泛应用数学工具的局面,同时由于控制论、信息论和系统论的发展,促进了生物学观测、推理、分析和成像技术的迅速发展,加速了这门学科的精确化进程,一个在生物学领域中,大规模使用数学模型方法的阶段开始了,生物学和数学的结合运动在前所未有的深度和广度上开展了起来.[4]

人们在研究如何将数学的理论和方法用于表达真实的生态过程或生态系统的行为动态定量关系之中,发展出了数学生态学.由于数学多元分析理论的发展和聚类分析方法的出现,为在生物分类中引用数学知识奠定了基础,加之电子计算机技术的发展和普及,为分类学和数学的结合创造了有利条件,一个新的生物数学分支——数值分类学诞生了,由于概率论和数理统计理论更为广泛和深入地渗透到遗传学领域,逐步形成了群体遗传学和统计遗传学等新分支,而数学模型在这些新分支中发挥了极为重要的作用.诸如应用随机过程模型来模拟飞蛾的趋光特性;应用控制论模型来研究生态系统的调节和管理,以及动物个体行为的飞行定向;应用信息论模型来分析群落生态的多样性与稳定性,以及植物、动物、栖境、生态系统的分类;应用博弈论模型探讨害虫控制对策;应用多元分析的聚类分析模型、判别分析模型和因子分析模型来研究生态地理的特征分类,动物、植物的类群分类;应用系统论的最优化模型来研究害虫的控制与预测,以及水域、森林、草原的合理利用;应用蒙特卡罗模型来模拟种群的生死过程、竞争过程,以及昆虫的飞行轨迹等;应用集合论模型和模糊数学模型来描述生态环境的分类;应用拓扑学模型研究遗传的机制、死亡的机制、视觉和听觉的机制,以及生物钟现象,等等.生物科学运用数学模型工具提出了崭新的课题,获得了独具一格的理论成果,使得生物科学就像春日的花圃,生机盎然,百芳争艳.

1.5.4 经济学的研究与数学模型

在当今日常经济活动中,下面的几个问题已成了人们难以回避的现实问题.[26],[38]

国民经济问题. 在国民经济中,计算经济增长率的问题,调整积累、消费、各产业结构、对外贸易等与国民生产总值之间的关系等问题需要引入表示经济关系的数学模型. 例如,在经济学中,需求函数、供给函数、成本函数、生产函数等都是被研究的主要经济函数. 用函数表示经济关系的目的,并不仅仅是为了用此函数来计算相应的因变量的数值,更重要的是为了构造经济关系的数学模型,以此为根据来分析经济结构,从而用来进行预测、决策各项行动. 例如,计算经济增长率问题应与人口增长结合起来,并分析国民生产总值的增长、人均国民生产总值的增长与人口增长之间的结构关系.

银行业务问题. 与人们日常生活直接有关的银行业务中有许多问题密切联系着数学. 例如,银行储蓄对一年、二年、三年、五年、八年的年利率都是不同的. 时间越长利率越高,但究竟高多少人们往往并不清楚,一笔存款每年转存一次与一次存五年所得利息究竟相差多少? 由于现在存在通货膨胀,银行储蓄还有保值问题. 已知通货膨胀率和银行利率,可计算一下若干年后,一笔存款的实际购买力究竟是原来的多少. 这些人们很关心的问题,就需要运用复利模型、投资决策模型等来指导个人行为. 除个人储蓄外,企业的银行贷款中有更复杂的数学问题. 企业由银行贷款所得到的利润可能是非线性函数,借得太多或太少都会使企业不受益. 这是一个优化问题,除了利率的问题外,还有汇率问题等,这些都是有数学模型可运用的.

在此,我们顺便介绍一下单利、复利、年金终值、年金现值、分期付款等模型.

单利模型:单利是指本金到期后的利息不再加入本金计算. 设一笔资金的本金为 P 元,每期利率为 r,若按单利计息,则利息 I 与本利和 S 可按期数排成的数列分别为

$$I_1 = Pr, I_2 = 2Pr, \cdots, I_n = nPr$$
$$S_1 = P(1+r), S_2 = P(1+2r), \cdots, S_n = P(1+nr)$$

复利模型:若在计算本利和时,把上期产生的利息纳入本期的本金中计算利息,这叫作复利. 设一笔资金的本金为 P 元,每期利率为 r,若按复利计算,则利息 I 与本利和 S 可按期数排成的数列分别为

$$I_1 = Pr, I_2 = Pr(1+r), \cdots, I_n = Pr(1+r)^{n-1}$$
$$S_1 = P(1+r), S_2 = P(1+r)^2, \cdots, S_n = P(1+r)^n$$

例1 某游乐场从银行借款250万元引进游乐器材,按年利率15%的复利计算,从第二年游乐场开业起,每年从增加的利润中归还100万元,试推出第 n 年末应还款的计算公式. 若规定5年还清,问最后一年应还款多少元? 共还本利和多少元?

解 设第 n 年末应还款 y 万元,依题意有

$$y_1 = 250(1+15\%), y_2 = 250(1+15\%)^2,$$
$$y_3 = (y_2 - 100)(1+15\%) = 250(1+15\%)^3 - 100(1+15\%)$$

依此类推,第 n 年末应还款

$$y_n = 250(1+15\%)^n - 100(1+15\%)^{n-2} - 100(1+15\%)^{n-3} - \cdots - 100(1+15\%)$$

当 $n=5$ 时,$y_5 = 103.5$(万元),$S_5 = 403.5$(万元).

年金终值模型:年金是指连续的固定周期的付款,例如每次相同金额的零存整取存款或分期付款,不论是一年一次、半年一次或每月一次均属年金. 年金分年金终值和年金现值,年金终值是指年金的本利和,年金现值是指年金折算成现值的总和.

(1)单利年金终值:单利年金终值是指每期年金为 A,每期利率为 r,共 n 期,单利计息,

所得 n 期的本利和总额. 计算单利年金终值要考虑年金在期初发生还是在期末发生两种情况.

（i）每期初发生年金 A. 在期初发生年金的情况下，最后一期的年金 A 至期末的本利和是 $A(1+r)$，以最后一期往前推，每期的本利和依次为

$$A(1+r)（第\ n\ 期至第\ n\ 期末）$$
$$A(1+2r)（第\ n-1\ 期至第\ n\ 期末）$$
$$\vdots$$
$$A(1+nr)（第\ 1\ 期至第\ n\ 期末）$$

其和就是单利年金终值，这是一个公差为 Ar 的等差数列之和

$$S_n = A(1+r) + A(1+2r) + \cdots + A(1+nr) = nA\left(1 + \frac{n+1}{2}r\right)$$

（ii）每期末发生年金 A. 在这种情况下，最后一期的年金就发生在 n 期末，所以没有利息，从最后一期往前推，每期的本利和依次为

$$A（第\ n\ 期至第\ n\ 期末）$$
$$A(1+r)（第\ n-1\ 期至第\ n\ 期末）$$
$$\vdots$$
$$A[1+(n-1)r]（第\ 1\ 期至第\ n\ 期末）$$

其和就是单利年金终值，也是一个公差为 Ar 的等差数列之和

$$S_n = A + A(1+r) + \cdots + A[1+(n-1)r] = nA\left(1 + \frac{n-1}{2}r\right)$$

例 2 某企业从 1 月份起，每月提存某项基金 5 000 元，存入专户，存款月息 1 厘 5. 单利计息，则年底时的全部本利和是多少？

解 已知 $A = 5\,000, n = 12, r = 1.5‰$. 若月初存入，则年底时的全部本利和为

$$S = 12 \times 5\,000\left(1 + \frac{12+1}{2} \times \frac{1.5}{1\,000}\right) = 60\,585（元）$$

若月末存入，则年底时全部本利和为

$$S = 12 \times 5\,000\left(1 + \frac{12-1}{2} \times \frac{1.5}{1\,000}\right) = 60\,495（元）$$

（2）复利年金终值. 复利年金终值是指每期年金为 A，每期利率为 r，共 n 期，复利计算，所得 n 期的本利和总额. 计算复利年金终值分期初和期末发生两种情形，见表 1.1.

表 1.1

时 间	每期本利和		复利年金终值	
	期初	期末	期初	期末
第 n 期至第 n 期末	$A(1+r)$	A	S_1	S'_1
第 $n-1$ 期至第 n 期末	$A(1+r)^2$	$A(1+r)$	S_2	S'_2
$\vdots$	$\vdots$	$\vdots$	$\vdots$	$\vdots$
第 1 期至第 n 期末	$A(1+r)^n$	$A(1+r)^{n-1}$	S_n	S'_n

其中

$$S_n = A(1+r) + \cdots + A(1+r)^n = A(1+r) \cdot \frac{(1+r)^n - 1}{r}$$

$$S'_n = A + A(1+r) + \cdots + A(1+r)^{n-1} = A \cdot \frac{(1+r)^n - 1}{r}$$

例 3 某企业进行技术改造,有甲、乙两种方案. 甲方案:投资 10 万元,每年末可增加收入 2.5 万元;乙方案:投资 8 万元,每年初可减少费用 2 万元. 使用期都是 10 年,年息 1 分. 试比较哪种方案经济效益更好.

解 以复利年金终值做比较,甲方案每年末收入 2.5 万元,则 10 年收入终值为

$$S'_n(万元) = 2.5 \times \frac{(1+0.01)^{10} - 1}{0.01} = 26.156$$

而投资终值是

$$10 \times (1+0.01)^{10} = 11.046(万元)$$

净收益为 15.11 万元;乙方案每年初减少费用 2 万元,则 10 年收入终值为

$$S_A(万元) = 8(1+0.01)\frac{(1+0.01)^{10} - 1}{0.01} = 21.134$$

10 年投资终值为

$$8 \times (1+0.01)^{10} = 8.837(万元)$$

从而净收益为 12.297 万元,由于甲方案净收益大于乙方案净收益,故甲方案的经济效益更好.

年金现值模型:年金现值是把 n 期末的金额,扣除利息后,折合成现时值.

(1) 单利年金现值. 在单利公式 $S = P(1 + nr)$ 中,本利和 S 称为 P 在 n 期末的终值,反过来 P 称为 S 的现金, $P = \frac{S}{1 + nr}$,若每期年金为 A,每期利率为 r,共 n 期,单利计息,则这 n 期的现值之和称为单利年金现值,用 Q 表示. 计息单利年金现值也分期初和期末发生,见表 1.2.

表 1.2

时间	每期年金现值		单利年金现值	
	期初	期末	期初	期末
第 1 期	A	$\frac{A}{1+r}$	Q_1	Q'_1
第 2 期	$\frac{A}{1+r}$	$\frac{A}{1+2r}$	Q_2	Q'_2
$\vdots$	$\vdots$	$\vdots$	$\vdots$	$\vdots$
第 n 期	$\frac{A}{1+(n-1)r}$	$\frac{A}{1+nr}$	Q_n	Q'_n

其中,期初发生的单利年金现值

$$Q_n = A + \sum_{k=1}^{n-1} \frac{A}{1 + kr}$$

期末发生的单利年金现值

$$Q'_n = \sum_{k=1}^{n} \frac{A}{1 + kr}$$

例 4 某企业租用仓库一座,交付租金的方案有甲、乙、丙三种. 甲方案:年初一次付完

全年租金5 000元;乙方案:每季初付季度租金1 400元;丙方案:每季末付季度租金1 500元. 以单利月息4厘2计算现值. 试比较哪一种方案更经济.

解 由题设知 $Q_甲 = 5\,000$ 元, 则

$$Q_乙(元) = 400 + \frac{1\,400}{1.012\,6} + \frac{1\,400}{1.025\,2} + \frac{1\,400}{1.037\,8} \approx 5\,497$$

$$Q_丙(元) = \frac{1\,500}{1.012\,6} + \frac{1\,500}{1.025\,2} + \frac{1\,500}{1.037\,8} + \frac{1\,500}{1.050\,4} \approx 5\,818$$

由 $Q_甲 < Q_乙 < Q_丙$, 故选择甲方案更经济一些.

(2) 复利年金现值. 在复利公式 $S = P(1+r)^n$ 中, S 称为 P 在第 n 期末的终值, 反过来把 P 称为 S 的现值, $P = \frac{S}{(1+r)^n}$. 若每期年金为 A, 每期利率为 r, 共 n 期, 复利计息, 则这 n 期的现值之和称为复利年金现值, 用 Q 表示, 计算复利年金现值分期初发生和期末发生两种情形, 见表1.3.

表1.3

时间	每期年金现值		单利年金现值	
	期初	期末	期初	期末
第1期	A	$\dfrac{A}{1+r}$	Q_1	Q'_1
第2期	$\dfrac{A}{1+r}$	$\dfrac{A}{(1+r)^2}$	Q_2	Q'_2
⋮	⋮	⋮	⋮	⋮
第 n 期	$\dfrac{A}{(1+r)^{n-1}}$	$\dfrac{A}{(1+r)^n}$	Q_n	Q'_n

其中

$$Q_n = A + \frac{A}{1+r} + \cdots + \frac{A}{(1+r)^{n-1}} = A(1+r)\frac{1-(1+r)^{-n}}{r}$$

$$Q'_n = \frac{A}{1+r} + \frac{A}{(1+r)^2} + \cdots + \frac{A}{(1+r)^n} = A \cdot \frac{1-(1+r)^{-n}}{r}$$

例5 某企业拟增添新设备一台, 每年可增加收益8万元. 使用10年报废, 购买该设备的价值为25万元. 若租借该设备则每年初付租金3万元, 以复利年息8分计算. 试求两种方案的净收益现值.

解 由题设知

$$Q'_n(万元) = 8 \times \frac{1-(1+0.08)^{-10}}{0.08} \approx 53.68$$

$$Q_n(万元) = 3 \times 1.08 \times \frac{1-(1+0.08)^{-10}}{0.08} \approx 21.74$$

净收益是

$$53.68 - 25 = 28.68(万元)$$
$$53.68 - 21.74 = 31.94(万元)$$

故租借比购买更合算.

分期付款模型:某人向银行贷年利率为 r 的 M_0 元用于购物, 按复利计算, 并从借款后次

年年初开始每次 x 元等额归还,第 n 次全部还清. 求 x 与 M_0,r,n 之间的关系式.

此时用 M_n 表示几年后的欠款数,则

$$M_1 = (1+r)M_0 - x$$
$$M_2 = (1+r)M_1 - x = (1+r)^2 M_0 - x[(1+r)+1]$$
$$\vdots$$
$$M_n = (1+r)^n M_0 - x[(1+r)^{n-1} + \cdots + (1+r) + 1]$$

因为 $M_n = 0$,则可求得

$$x = \frac{r(1+r)^n M_0}{(1+r)^n - 1}$$

例如,若 $r = 0.1, M_0 = 2(万元), n = 10$,则求得 $x = 3\,254.9(元)$. 若 $n = 15$,其余照样,则 $x \approx 2\,629(元)$.

注: x 也可以用如下模型求得,即

$$M_0 = x\left[\frac{1}{1+r} + \frac{1}{(1+r)^2} + \cdots + \frac{1}{(1+r)^n}\right]$$

下面再看一个银行存款问题:

例6 中国人民银行公布银行存款利率从某年某月某日起调整,调整后的整存整取年利率见表 1.4.

表 1.4

一年期	二年期	三年期	五年期
5.67%	5.94%	6.21%	6.66%

若有一位刚升入初一的学生,家长欲为其存 1 万元,以供 6 年后上大学使用. 若此期间利率不变,问采用怎样的存款方案,可使 6 年后所获收益最大?最大收益是多少?

解法1 一年期存两次(按复利计算)获利金额为(四舍五入精确到分)

$$P_{1\times 2}(元) = 10^4(1+5.67\%)^2 - 10^4 = 1\,166.15$$

两年期存一次获利金额为

$$P_2(元) = 2 \times 10^4 \times 5.94\% = 1\,188.00$$

则
$$P_2 > P_{1\times 2}$$

存一次一年期再存一次两年期获利金额为

$$P_{1+2}(元) = 10^4(1+5.67\%)(1+2\times 5.94\%) - 10^4 = 1\,822.36$$

三年期存一次获利金额为

$$P_3(元) = 3 \times 10^4 \times 6.21\% = 1\,863.00$$

则
$$P_3 > P_{1+2}$$

又存一次两年期再存一次三年期的获利金额为

$$P_{2+3}(元) = 10^4(1+2\times 5.94\%)(1+3\times 6.21\%) - 10^4 = 3\,273.32$$

五年期存一次的获利金额为

$$P_5(元) = 5 \times 10^4 \times 6.66\% = 3\,330.00$$

则
$$P_5 > P_{2+3}$$

三年期存两次的获利金额为

$$P_{3\times 2}(\text{元}) = P_{3+3} = 10^4(1 + 3 \times 6.21\%)^2 - 10^4 = 4\,073.08$$

两年期存三次的获利金额为

$$P_{2\times 3}(\text{元}) = 10^4(1 + 2 \times 5.94\%)^3 - 10^4 = 4\,044.17$$

则 $$P_{3\times 2} > P_{2\times 3}$$

存一次五年期再存一次一年期的获利金额为

$$P_{5+1}(\text{元}) = 10^4(1 + 5 \times 6.66\%)(1 + 5.67\%) - 10^4 = 4\,085.81$$

则 $$P_{5+1} > P_{3+3}$$

又 $P_{n+m} = P_{n+m}(m, n \in \mathbf{N})$,故由上述计算推知:存一次五年期一次一年期所获收益最大,为 $4\,085.81$ 元.

解法 2 直接计算 $P_{1\times 6}, P_{1\times 4+2}, P_{1\times 2+2\times 2}, P_{2\times 3}, P_{1\times 3+3}, P_{1+2+3}, P_{3\times 2}, P_{1+5}$ 进行比较,得 P_{1+5} 最大.

证券市场问题 证券对人们的日常生活影响极大,例如,上海市有 500 多万股民,几乎影响到每个家庭. 其他各大城市的股民数也都有数百万人. 许多人天天关心股市行情,而每天的股市行情是典型的"时间序列". 股票的期望报酬、风险、相关系数以及证券买卖的技术分析等都涉及概率统计模型.

保险问题 保险现在与人们的日常生活的关系越来越密切. 坐船、坐车、坐飞机要保险,买辆自行车也要保险,家里要财产保险,个人要人寿保险. 概率论的发展原来就与保险公司的需要关系密切,现在我们也可利用有关函数模型来了解各种保险计算是怎么一回事.

日常消费和市场预测问题 现在个人的收入和物价都在变化,这就为更好地进行日常消费带来很多数学问题. 例如,蔬菜在淡旺季的价格相差较大,肉类食品的价格也常变化,怎样在保证营养的条件下,以最少的花费来购买副食品;又如,已知有几类不同收入的家庭对某几类日用品的消费量及其消费弹性(价格或收入变化时使消费量变化的比例),试求收入或价格变化对市场的影响等. 对于这些问题的研究也离不开收益最大化模型、弹性分析模型等数学模型的运用.

广告、有奖销售、彩票等问题 许多人对广告的作用认识不清,不知道广告对销售起多大作用,也不知道广告的费用为什么那么大. 有些彩票、有奖销售实际上是骗局. 这些问题都涉及许多数学知识,也涉及有关的数学模型.

例 7 在一些旅游景点常见有人设摊点,摆出几件奖品,吆喝"免费抽奖,抽到什么,奖什么",招揽游客抽奖. 一些摊点摆出的抽奖模具或奖品虽然不一样,但抽奖条件是大同小异,一个典型的抽奖条件如下:

一个布袋内装 20 个乒乓球(或玻璃球),白、黄各 10 个,游客从布袋随意抓出 10 个球,如抓到:

① 10 个同颜色的,10 白或 10 黄,可得奖金 200 元(即一等奖);

② 9 个同颜色的,9 白 1 黄或 9 黄 1 白,可得奖金 50 元(即二等奖);

③ 8 个同颜色的,8 白 2 黄或 8 黄 2 白,可得奖金 2 元(即三等奖);

④ 7 个同颜色的,7 白 3 黄或 7 黄 3 白,可得奖金 1 元(即四等奖);

⑤ 6 个同颜色的,6 白 4 黄或 6 黄 4 白,可得奖金 0.5 元(即五等奖);

⑥ 抓到 5 个白球 5 个黄球时罚 5 元.

抽奖条件似乎很优惠,六种抽奖结果中有五种对游客挺有利,可得奖,其中一等奖金额还挺高,只有一种结果不利,赔 5 元钱. 难怪有那么多人以为有利可图,参加抽奖,结果赔了钱,还自以为运气不好.

这个抽奖条件有很大的欺骗性,也有较大的诱惑力. 其实,我们若运用排列组合知识的数学模型来分析一下便可明白. 看看摊主与游客之间的对局对谁有利,有多大的利. 从 20 个相同的球中,随意抽出 10 个球有 $C_{20}^{10} = 184\ 756$ 个可能的结果. 这 184 756 个可能的结果,每个结果出现的可能性都是相同的,它们可分为 11 组,其中第 i 组的结果由包含 i 个白球和 $10-i$ 个黄球组成,第 i 组的结果数等于从 10 个白球中取 i 个球的组合数乘以从 10 个黄球中取 $10-i$ 个球的组合数,即 $C_{10}^{i} \cdot C_{10}^{10-i}$,其中 $i = 0,1,2,\cdots,11$. 11 个组的结果数的和为 C_{20}^{10}.

$$C_{10}^{0} \cdot C_{10}^{10} + C_{10}^{1} \cdot C_{10}^{9} + C_{10}^{2} \cdot C_{10}^{8} + \cdots + C_{10}^{9} \cdot C_{10}^{1} + C_{10}^{10} \cdot C_{10}^{0} = C_{20}^{10}$$

即 $1^2 + 10^2 + 45^2 + 120^2 + 210^2 + 252^2 + 210^2 + 120^2 + 45^2 + 10^2 + 1^2 = 184\ 756$

亦即 $1 + 100 + 2\ 025 + 14\ 400 + 44\ 100 + 63\ 504 + 44\ 100 +$
$14\ 400 + 2\ 025 + 100 + 1 = 184\ 756$

重新组合一下上式左边的 11 个数,第一个数与倒数第一个数合并,第二个数与倒数第二个数合并,……,得到

$$2 + 200 + 4\ 050 + 28\ 800 + 88\ 200 + 63\ 504 = 184\ 756$$

上述等式左边 6 个数分别对应于"10 个球同色""9 个球同色"……"5 个球同色"6 种抽奖结果.

以上分析表明每抽奖 184 756 次,平均有 2 次得一等奖,有 200 次得二等奖,有 4 050 次得三等奖,有 28 800 次得四等奖,有 88 200 次得五等奖,有 63 504 次被罚. 也就是说,每抽奖 184 756 次,平均可得奖金

$$2 \times 200 + 200 \times 50 + 4\ 050 \times 2 + 28\ 800 \times 1 + 88\ 200 \times 0.5 = 91\ 400(元)$$

平均挨罚

$$63\ 504 \times 5 = 317\ 520(元)$$

因此,每抽奖 184 756 次,抽奖人损失 $317\ 520 - 91\ 400 = 226\ 120$(元),平均每抽一次奖损失 $\frac{221\ 620}{184\ 756} = 1.199\ 528$(元). 对于一个公平的对局来说,得失应持平,即奖金和罚金总数应相等.

有的摊主把一等奖的金额提得很高,来引诱游人抽奖,高额奖金对他的平均进账影响不大,反而因抽奖人增多抽奖次数增多而大大增加收入.

将上述例子的数学模型运用到地下彩票、有奖销售中,不也就看出了这些实际上是一些骗局吗?

把数学用到经济和管理的具体活动上去,用于生产的组织和管理中已开始受到越来越多的人关注. 随着生产的发展,随着市场竞争越来越激烈,原来的生产组织和管理模式也越来越不能适应需要了. 例如,过去一个新产品投入市场,总要走设计 —— 试生产 —— 修改设计的道路,还不用说生产车间、生产工具的重新配置乃至建设,既耗资又费时,特别是,等到新产品投放市场,市场已经变了. 又例如,过去在设计、基建、生产管理等部门各管一头,在每一个环节上似乎都是优化的,但总体说来并没有取得最优的结果. 再如现在不容许只就经济效益讲生产,现在必须把环境因素考虑在内. 还有,我们不但要考虑今天市场的需求,还希

望在设计过程中就考虑到明天的需求. 产品不应单一应是多品种小批量 —— 多品种的生产组织和单一品种的生产组织,其复杂性不是同一数量级的问题. 设计的精度和工艺、材料的选用等要保证做出来的产品之性能与设计要求一致,至少是八九不离十. 总之,生产的要求是整体化,有预见,精确化,灵活反应,……,没有这一切就没有市场竞争力. 而这一切只有依靠数学模型、计算机仿真等才能做到,才能使生产的管理和组织适应社会经济发展,在激烈的市场竞争中立于不败之地. 例如,美国的鞋类生产,本来已一蹶不振,市场几乎全被国外(包括中国)占领了. 于是美国的一些厂家采用计算机管理,多品种小批量生产高档产品,结果在高档产品上又争回了相当的市场份额. 再例如,美国联合航空公司,每年都有相当一批涡轮片要修理. 如果去买,则叶片型号多,不一定能及时买到,买上一大批备件,又占了相当的仓储(仓库是很费钱的,生产高技术产品的生产费用中这占了很大的比例,所以现代化的大生产中很讲究零储备),还占用了流动资金. 如果自己建厂修理,建一个修理厂同样有这个问题. 于是公司计划人员考虑自己建一个叶片制造厂,投资要 1 500 万美元. 在可行性分析时,考虑从投资、库存和生产周期来看是否建一个新厂更好. 为此构建了一个数学模型,包括各种叶片损坏的情况,这些坏叶片的来源和修理点的分布,建一个新厂的生产进度等因素. 这个模型告诉了人们应当选用合理的操作工具,当工厂建起来以后再利用实际运行的数据做进一步的仿真,这样来提高整体运行效率,其结果是为公司节约了几亿美元的开支.

1.5.5 语言学的研究与数学模型[40]

法国数学家阿达玛(J. Hadamard)曾经说过:"语言学是数学和人文科学之间的桥梁." 阿达玛不愧是一位有远见卓识的学者,他清楚地看出了语言学(语言学历来被看作典型的人文科学)在人文科学中是容易与数学建立联系的.

在语言学研究中运用数学模型,人们经历了由自发到自觉的阶段.

19 世纪中叶,人们开始提出了用数学方法来研究语言现象的想法. 1847 年,俄国数学家布尼亚柯夫斯基(В. Я. Буляковский)认为可以用概率论进行语法、词源及语言历史比较的研究. 1894 年,瑞士语言学家索绪尔(De Saussure)指出:"在基本性质方面,语言中的量和量之间的关系可以用数学公式有规律地表达出来." 后来,他在其名著《普通语言学教程》(1916 年)中又指出,"语言学好比一个几何系统,它可以归结为一些待证的定理." 1904 年,波兰语言学家博杜恩·德·库尔特内(Baudouin de Courtenay)认为,"语言学家不仅应该掌握初等数学,而且还有必要掌握高等数学." 他表示坚信,"语言学将日益接近科学,语言学将根据数学的模式,一方面'更多地扩展量的概念',一方面'将发展新的演绎思想的方法'." 1933 年,美国语言学家布龙菲尔德(L. Bloomfield)提出了一个著名的论点:"数学不过是语言所能达到的最高境界." 学者们不仅只是提出这些颇具新意的想法,还有许多学者用数学方法对语言进行了实际的研究. 1851 年,英国数学家德·摩根(A. de Morgan)曾把词长作为文章风格的一个特征进行过统计研究. 1867 年,苏格兰学者坎贝尔(L. Campbell)用统计方法来确定柏拉图著作的执笔时期. 1881 年,德国学者迪丁贝尔格(W. Dittinberger)进一步用统计方法把柏拉图著作的执笔时期分为前期、中期和后期三个阶段. 1887 年,美国学者门登荷尔(T. C. Mendenball)对不同时期的英国文学著作进行过统计分析,特别是研究了莎士比亚的作品. 1898 年,德国学者凯定(F. W. Karding)编制了世界上第一部频度词典《德语频度词典》,用以改进速记的方法. 1913 年,俄国数学家马尔科夫(A. A. Mapkob)研究了普希金叙事长诗《欧根·奥涅金》中俄语字母序列的生成问题,提出了马尔科夫随机过程论. 1925 年,我国教育家陈鹤琴发表了第一部汉字频率统计的著作《语体文应用字汇》. 1935 年,美国语文学家齐夫(G. K. Zipt)发表了齐夫定律. 同年,加拿大学者贝克(E. Varder Beke)提出了词的分布率的概念,认为词典选词时,应以分布率为主要标准,频度为辅助标准. 1944年,英国数学家尤勒(G. U. Yule)发表了《文学词语的统计分析》一书,大规模地使用概率和统计方法来研究语言.

  1946 年第一台电子计算机问世后,人们开始考虑把翻译、检索浩如烟海的科技文献等繁重的工作交给计算机去做,这就提出了机器翻译、机器自动做文摘、机器自动检索科技文献等自然语言信息处理的问题. 在用计算机进行自动翻译的时候,必须进行原语词法、句法和语义的自动分析以及译语句法和词法的自动生成. 这就首先要把这些问题用数学的语言加以描述,从而建立语言的数学模型. 在用计算机自动做文摘和检索时,要求把科技文献的信息储存在计算机中,建立数据库. 数据库可以按照人们的要求,在其所储存的信息范围内,对人们提出的问题自动地做出回答. 在这种数据库中用以存储信息的语言,在内容上应该是严格的、精确的,在形式上应适于数据库储存形式的要求,这当然也要求用精密的数学方法对自然语言进行描述. 由于自动化和计算技术的发展,人们正迅速地解决生产过程自动化问题,用自然语言进行"人机对话",让电子计算机理解自然语言,这就要用数学方法来研究句法结构和语义结构的形式化表达方式,以及知识的形式表示技术. 又因为自动化的办公室要用微型计算机来编辑和处理各种书面文件,这也就要求对语言文字进行严格的形式化的描述. 还由于通信技术的发展,要求对负荷信息的语言找最佳编码方法,要求提高信道的传输能力,以便在保持意义不变的前提下,最大限度地压缩所传输的文句,在单位时间内传输最多的信息,这也就要对语言的统计特性进行精密的研究.

  由于机器翻译和自动情报检索等工作蓬勃兴起,需要进行词的切分、词的构成法研究,从而促进了形态学的研究. 在自动形态分析中,数学方法起着重要的作用. 例如,学者们采用离散数学中有限自动机理论来设计自动形态分析模型,从而控制单词的形态切分过程. 后来,机器翻译时不仅要找出两种语言的词汇对应关系,还要进行句法分析,也就是要用句对句翻译来代替词对词翻译,这就促进了自动句法分析的研究. 在句法的形式化分析研究中,苏联数学家库拉金娜(О. С. Кулагина)用集合论方法建立了语言模型,精确地定义了一些语法概念,这一模型成为苏联科学院数学研究所和语言研究所联合研制的法俄机器翻译系统的理论基础.

  总之,电子计算机的出现和广泛使用,就像催化剂一样促进了数学和语言学的结合,数学渗透到了形态学、句法学、词汇学、语言学、文字学、语义学等语言学的各个分支部门,促进了语言学的数学化,产生了数理语言学. 而语言学的数学化则是语言学现代化的一个重要内容. 语言符号的下述引人注目的特性与数学理论建立了密切的联系:语言符号的出现和分布规律不是完全确定的,具有随机性,这一特性使得语言与统计数学产生了联系;语言符号之间彼此制约,使得我们可以根据前后符号的关系来判断有关语言符号的性能,这样,语言符号就显示出冗余性,这一特性使得语言与信息论发生了联系;语言符号是由一些离散的单元构成的,具有离散性,这一特性使得语言与集合论发生了联系;语言符号可以反复地使用有限的规则构成无限的句子,具有递归性,这一特性使得语言与公理化方法发生了联系;语言的句子并不是由各个单词依前后的线性顺序排列而成的简单的线性序列,而是一个有层次的立体性结构,具有层次性.每一个句子的线性序列的表层之下,都隐藏着一个层次分明的树形图,这一特性使得语言与图论产生了联系;语言符号并不是一个无结构的单元性符号,而是一个有结构的、由多个复杂特征构成的非单元性符号,具有非单元性,这一特性使得语言与数理逻辑的许多演算方法产生了联系;语言符号中普遍存在着模糊现象,具有模糊性,这一特性使得语言与模糊数学产生了联系.

至此,从我们所做的挂一漏万的介绍中,可以看到:是数学模型引导我们针对社会生活、生产、科研等向前所未见的深度和广度进军.

1.6 数学模型的特性、功能与分类

1.6.1 数学模型的主要特性

抽象性 数学模型是为了实现某种目的,舍弃现实原型中的非本质属性,弱化次要因素,使本质要素形式化,从而对原型做出简化但本质的刻画,因此比原型更加抽象是十分自然的,这样的抽象也显示出概括性特征,使同一个数学模型可以运用到不同的实际情景中去.

准确性和演绎性 由于数学模型是用数学语言表述的数学结构,因此克服了自然语言含糊不清、叙述过繁、容易产生歧义等不足,实际问题中的各种关系量结构得到了比较精确的表述.同时,数学语言的严密性、简捷性为运用数学知识进行演绎推理提供了可能.

预测力 建立数学模型的目的是为了解决实际问题.数学模型的研究结果要能够经得起实际问题的检验,与实际结果相符或近似相符(不超过人们所期望的范围),或为实际问题的解决提供可行有效的方案、方程式.具有这样预测性的数学模型才有生命力.否则,必将被抛弃或修正.

1.6.2 数学模型的主要功能

数学模型的主要功能有:简化、模拟、应用功能.

由于数学模型代替了现实原型,将复杂的研究对象简单化,一方面,减少其参数,突出主要矛盾,忽略次要矛盾,抓住本质的联系;另一方面,将实际问题中的物质性抽出,概括成形式化的问题,保留了数学所关心的本质属性,以利于数学知识的灵活运用.所以,数学模型具有简化功能.

由于数学模型突出了实际研究对象的主要特征,忽略了次要特征,以利于原型本质特征的揭示,以此代表原型进行探索,并将探索的结果外推到原型上去.所以,数学模型具有模拟功能.

由于数学模型是一种形式化的数学结构,它是构成数学方法论的重要内容之一.数学模型方法已成为一种独特的数学方法,被人们所推崇.数学的广泛应用,就是以数学模型及其模型方法的学习、生活、生产、科研中的重要作用而展开的.随着现代化进程的推进,一批批新颖独特的数学模型应运而生.反过来,这丰富多彩的数学模型又有力地促进着数学的发展,在推动科学技术进步中发挥着关键作用.所以,数学模型具有应用功能.应用功能主要体现在两个方面:描述与解释现象,预测与决策未来.

现实中的四类现象:必然现象、随机现象、模糊现象、突变现象,都可以运用数学模型进行描述与解释,对其未来进行预测与决策.

在相对的一个时间段内,自然界和社会中最普遍最常见的现象很多是必然现象. 这类现象或事物的产生和变化服从确定性的因果关系,可以由前一时刻的状态确定地推断出后一时刻的状态. 用经典数学方法可以建立必然现象的数学模型,诸如代数方程、函数方程、微分方程、积分方程、差分方程等,它们可以描述诸如力学、电学、热力学、电磁学中的一些基本规律. 在工业生产自动控制或社会管理的过程中,往往也建立这类描述必然现象的数学模型.

自然界和社会中也存在着大量的随机现象. 这类现象对于某一确定事件来说,它的发展前景有许多可能性,结果到底是哪一种,往往带有或然性或随机性. 运用概率论、过程论和数理统计论等方法可以建立这类随机现象的数学模型. 描述随机现象在大量的统计平均值中,有其"大势所趋"的结果. 例如,统计物理学中关于气体分子速度的分布定律公式,就是描述或然现象下气体分子运动规律的数学模型. 又例如,化学中的反应动力学、高分子的统计性质,天文学中研究银河亮度起伏以及星系的空间结构,生物学中研究遗传、群体增长、疾病传染,工业技术中研究产品的质量分布,零件的寿命长短等问题,都可建立随机性数学模型进行描述.

自然界和社会中的一些非此非彼、亦此亦彼的模糊现象,运用模糊数学的理论建立数学模型来描述,反倒能精确地揭示现象的本质,并且可以应用于解决计算机模式识别、自动控制、信号处理中的一系列问题,是发展智能计算机的重要数学手段.

自然界和社会中的事物的变化有渐变的,也有突变的. 一个系统的状态是由一组状态变量描述的,决定这种状态的变量叫控制变量,当控制变量和状态变量都连续变化时称为渐变,若发生不连续变化便称之为突变. 如水的三态变化、地震、火山爆发、材料断裂等都属突变现象. 现在发现形形色色的突变现象可以用七种基本的突变模型:尖顶型、折叠型、燕尾型、蝴蝶型、双曲脐点型、椭圆脐点型、抛物脐点型来描述. 这些模型确实是描述现实中的突变现象的有效工具.

数学模型在描述、解释自然现象、社会现象中,也相应地发挥了预测未来的功能.

1.6.3 数学模型的分类

数学模型可以按照多种不同的标准进行分类. 前面按表现形式给出了一种分类,常见的分类还有如下一些:

(1) 按变量性质分,根据变量是确定的还是随机的可分为确定性模型和随机性模型;根据变量是连续的还是离散的可分为连续模型和离散模型.

(2) 按时间关系分,有静态模型和动态模型.

(3) 按精确程度分,有集中参数模型和分布参数模型.

(4) 按研究方法分,有初等模型、微分方程模型、运筹模型、概率模型等.

(5) 按研究的基本对象数与形分,有数量关系模型、逻辑关系模型、混合关系模型.

(6) 按研究对象所在领域分,有经济模型、生态模型、人口模型、环保模型、交通模型等.

(7) 按研究对象的内部结构和性能的了解程度分,有白箱模型、灰箱模型和黑箱模型.

把研究对象当作一只箱子,如果所研究对象的机理比较清楚,称为白箱;如果所研究对象的内部结构和性能的信息完全不知或知之甚少,称为黑箱;如果所研究对象内部结构和性能既有已知的又有许多未知的非确定的信息,称为灰箱.

研究数学模型的分类,是为了更清楚地认识模型特征,更深入地研究模型的功能,更广泛地引入、建立并运用模型求解各类问题提供方便.

下面,我们来看一个随机性模型的实例.

例1 新年联欢会中的一个数学问题.[44]

新年联欢会上,某班要求全班 50 位同学每一位同学都要为大家唱一首歌. 表演顺序是按生日排序,假设全班同学都是同一年(按平年算)出生的,由此产生一个问题:请你估计一下出现"不是独唱"的节目的可能性有多大?

分析 这个问题一提出,有的同学就认为:这个问题相当于考查有没有多个同学在同一天过生日的情况. 把一年的 365 天看成 365 个"抽屉",把全班 50 个同学放入这 365 个"抽屉",很容易得到"一人一抽屉". 由此认为多人"挤"一个抽屉的可能性不会很大,比如不超过 20%(因估算 $\frac{50}{365} \approx \frac{1}{7}$).

然而,事实上这是一个错觉,我们来讨论这个问题的数学模型.

解 首先,求 2 人同月同日生的可能性,设 2 人不同生日的可能性为 r,则

$$r = \frac{365}{365} \cdot \frac{364}{365} \approx 0.997$$

所以,2 人同生日的可能性为 $1 - r = 0.003$.

接下来看:10 人中至少有 2 人同生日的可能性是多少? 20 人,30 人,40 人中至少有 2 人同生日的可能性是多少? 一般地,设 k 人的情况下,有 2 人同生日的可能性为 r,则

$$r = \frac{364}{365} \times \frac{363}{364} \times \cdots \times \frac{366-k}{365} \qquad (*)$$

所以 k 人中至少有 2 人同生日的可能性为 $1 - r$.

如何计算式($*$)呢? 显然,笔算的话太繁了,这时我们可以借助计算器或者计算机,其程序为

```
10    INPUT K
20    LET R = 1
30    FOR N = 1 TO K
40    LET R = R * (366 - N)/365
50    NEXT N
60    LET P = 1 - R
70    PRINT "K =";"P =";P
80    END
```

运行得到 k 人中至少有 2 人同生日的可能性见表 1.5.

表 1.5

人数	20	23	25	30	35	40	45	50	55
至少有 2 人同生日的可能性	0.41	0.51	0.569	0.706	0.814	0.891	0.914	0.970	0.986

于是全班 50 人中至少有两个同一天生日的可能性是 $P = 1 - r = 0.97 = 97\%$. 这个结果

说明"非独唱"节目的出现几乎是必然的了,这与有的同学的认为就相距甚远了.这又告诉我们,没有数学依据的判断,有时会产生多么大的错觉.

另外,要确保至少有 2 位同学在同一天过生日,根据抽屉原则,就需要有 366 人,这是一个确定性的数学模型.而从表 1.5 中我们可以看到只要班上有 23 个同学,我们就有一半的把握判断他们中至少有 2 人在同一天过生日.而对一个 55 人的集体我们有近 99% 的把握判断他们中至少有 2 人在同一天过生日.为了提高 1% 的可靠性,就要增加 311 人.这个例子从一个侧面反映了随机性数学模型与确定性数学模型的差别.

1.7 中学数学教学与数学模型

1.7.1 中学数学的教与学是数学模型的教与学

中学数学内容包括初等代数、初等几何(包括平面几何、立体几何、平面解析几何)、平面三角、初等微积分、概率统计初步、简易逻辑与计算机初步等,它们都是一些方法型或结构型数学模型.其中有的模型又包括一些子模型,如二次方程这个模型就是初等代数这个结构型模型的一个子模型.上述这些数学模型,采用适当的教法以及逻辑的处理后有机地结合在一起,构成中学数学知识系统.整个中学数学也可视为一个大的数学模型,基于这样的认识,我们可以认为中学数学的教与学实际上就是数学模型的教与学.

中学数学教与学不应当只是单纯地老师向学生讲授和学生接受这些数学模型,而忽视对其原型的分析和抽象,忽视运用其理论、方法解决实际问题.因为这不能达到培养学生具有一定数学能力的目的,特别是数学应用能力的目的.这样的教与学不仅脱离实际,而且难以达到使学生对初等数学内容有个真正的理解,从而只能使学生的学习处于被动地位.这种只重视数学模型本身的教学是难以培养学生"会学数学"的.

数学模型方法指导下的数学教与学,要求尽可能地创设或恢复数学创造的全过程,也就是说,教与学要从现实原型出发,充分运用观察、实验、比较、分析、综合、归纳、抽象、概括等基本的数学思维方法,由此获得数学概念、基本关系,通过推演获得公式、公理,获得相应的数学模型,总结出解决问题的方法,运用所获得的知识、方法等模型解决实际问题.这样的知识是生动的、完整的,因而是易于理解和记忆的.从教与学的实际出发,有计划有目的地不断展示这个过程,通过实际问题或应用题反复训练,学生就会把这个过程深刻地印在头脑中,使他们形成数学所要遵循的一个重要的认识途径,形成习惯和要求,无论是教师讲授,还是学生自学,学生总是善于按这样的过程去理解知识,我们说,这就是学生会学数学的一个非常重要的标志.

用数学模型的观点认识与处理数学教与学,应探讨如下几个方面的问题:

(1) 数学模型观点下的数学教学内容,应当有它的现实原型.教师应力求给出(有时,需要设计出)一个恰当的典型的原型展现给学生.教师引导学生主动观察、分析、概括、抽象,最终得到这一数学模型.例如,可由图 1.5 中两个正方形面积问题作为原型来推导
$$(a+b)^2 = a^2 + 2ab + b^2$$
$$(a+b+c)^2 = a^2 + b^2 + c^2 + 2ab + 2ac + 2bc$$

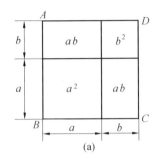 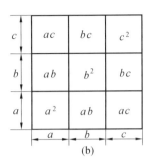

图 1.5

（2）由于很多数学概念是经过多次抽象才获得的，所以一个数学模型的现实原型可能是一些"较为具体些"的数学概念构成的例子。例如，一次函数 $y=ax+b(a\neq 0)$ 这个模型的现实原型可以认为是函数 $y=2x+1, y=\frac{1}{2}x+3$ 等。但这些较为具体的一次函数同生活中的实例相比，显然还是比较抽象的。这就是说，教师在构造模型的原型时，要根据数学对象抽象的直接来源，也即它是从什么对象直接抽象一次而得到的，那么那类对象中的任何一个都可选为原型。

（3）一个数学模型总有它的适用范围，即它可以用来解决怎样的一类问题。这包括两个方面的考虑：一方面，以前所获得的数学模型可以解决现在的一些什么问题；另一方面，当前所获得的数学模型可以进一步用来解决哪些问题。

（4）数学模型是具有发展性的，因而不能把所获得的数学模型看成是完善了的、固定的不可变化的东西。它是在适当的时候，可进行加工和改进的。例如，数的概念的逐步扩张，代数式扩张到解析式，整式方程扩充到有理方程等。

（5）中学数学是个大模型，其中包括许多较小的模型，即子模型或模型块，每个模型块又包括若干更小的模型块。这些模型块互相紧密地联系起来，构成有机的整体，并相互作用。

实践告诉我们，很多知识的教与学并不是一下子获得完整的模型，而是把一个模型分成若干块，按模型块进行教与学。这些块有的体现由浅入深，逐步推广；有的块分成各种情况，分类讨论（如横向分块、纵向分块），此时，既要明确块的内容，又要注意块之间的联系，以便形成完整的知识系统。

（6）注重应用题的教与学，解决一道应用题，可以看作是获得或应用数学模型的极好训练。

1.7.2 模型教具教学与逆数学模型法

模型教具教学也称为积极教学法。这种教学法以教育心理学作为理论依据进行教学。教育心理学要求学生积极地完成对数学概念的理解不是由纯逻辑推理得到，而是在学生的思维过程中形成。数学教具实际上是为数学概念、数学内容构造一个数学原型，可以认为这个数学原型是形成该数学知识的客观实体之一。因此，数学模型教具与数学模型是不同的两个概念，一般地认为模型教具是为了说明、解释某个数学内容而人为地构造出的模型。按其获得的过程来看，构造模型教具的过程恰恰与构造模型的过程相反，并且与构造模型的目的也不一致。此种方法常称其为逆数学模型法。积极教学法是逆数学模型法的一种。

综上所述，中学数学的教与学不仅是数学模型的教与学，而且在教与学中应运用逆数学模型法,例如,近似地画出应用题的草图,画出函数的图像,给出某个解析式的几何解释等以极大地提高教学质量.

思 考 题

引入数学模型求解下列问题.

1. 求证: $1^3 + 2^3 + 3^3 + \cdots + n^3 = \left[\dfrac{n(n+1)}{2}\right]^2$.

2. 正数 a, b, c, A, B, C 满足条件 $a + A = b + B = c + C = k$. 求证: $aB + bC + cA < k^2$.

3. 已知 $a, b, c \in \mathbf{R}$. 求证
$$\dfrac{(a^2 + b^2 + ac)^2 + (a^2 + b^2 + bc)^2}{a^2 + b^2} \geqslant (a + b + c)^2$$

4. 设 $0 < x, y, z < 1$. 求证
$$x(1 - y) + y(1 - z) + z(1 - x) < 1$$

5. 设 $x, y, z \in \mathbf{R}$,且 $0 < x < y < z < \dfrac{\pi}{2}$. 求证
$$\sin 2x + \sin 2y + \sin 2z < \dfrac{\pi}{2} + 2\sin x\cos y + 2\sin y\cos z$$

6. 锐角 α, β 满足 $\cos \alpha + \cos \beta - \cos(\alpha + \beta) = \dfrac{3}{2}$,试求 α, β 的值.

7. 设 $a > b > c$,且 $a + b + c = a^2 + b^2 + c^2 = 1$. 求证: $1 < a + b < \dfrac{4}{3}$.

8. 某单位每晚从33个职工中指定9或10个职工推迟1 h下班,问至少经过多少天,每个职工推迟下班的次数才会相同?

9. 设 $x, y, z, a, b, c, r \in \mathbf{R}_+$. 求证
$$\dfrac{x + y + a + b}{x + y + a + b + c + r} + \dfrac{y + z + b + c}{y + z + a + b + c + r} > \dfrac{x + z + a + c}{x + z + a + b + c + r}$$

10. 设 $a > 0, b > 0$,且 $\dfrac{1}{a} + \dfrac{1}{b} = 1$. 证明
$$(a + b)^n - a^n - b^n \geqslant 2^{2n} - 2^{n+1}, n \in \mathbf{N}$$

11. 某足球邀请赛有16个城市参加,每市派甲、乙两个队. 根据比赛规则每两个队之间至多赛一场,并且同一城市的两个队之间不进行比赛. 比赛若干天后进行统计,发现除 A 市的甲队外,其他各队已比赛的场次各不相同. 问 A 市乙队已赛过多少场? 请说明理由.

12. 从 $1, 2, 3, \cdots, 14$ 中按由小到大的顺序取出 a_1, a_2, a_3,使同时满足 $a_2 - a_1 \geqslant 3, a_3 - a_2 \geqslant 3$,求所有不同的取法总数.

13. 在线段 AB 的两个端点,一个标以红色,一个标以蓝色,在线段中间插入 n 个分点,在各个分点上随意地标上红色或蓝色,这样就把原线段分为 $n + 1$ 个不重叠的小线段. 这些小线段的两端颜色不同者叫作标准线段,求证:标准线段的条数是奇数.

14. $\triangle ABC$ 中,D 在 BC 上,$BD : DC = 3 : 2, E$ 在 AD 上,$AE : ED = 5 : 6, BE$ 交 AC 于 F. 求证: $BE : EF = 9 : 2$.

15. 现有某企业进行技术改造,有两种方案. 甲方案:一次性贷款10万元,第一年可获利1万元,以后每年比前一年增加30%的利润;乙方案:每年贷款1万元,第一年可获利1万元,以后每年都比前一年增加利润54元. 两方案使用期都是10年,到期一次性还本付息. 若银行贷款利息均按年息10%的复利计算,试比较两方案的优劣(精确到千元,取$1.3^{10} \approx 13.79$).

16. 在最近100天内,某商品的单价$f(x)$(元)与时间t(天)的函数关系式是

$$f(t) = \begin{cases} \dfrac{t}{4} + 22, 0 \leqslant t \leqslant 40, t \in \mathbf{N} \\ -\dfrac{t}{2} + 52, 40 < t \leqslant 100, t \in \mathbf{N_+} \end{cases}$$

销售量$g(t)$与时间t(天)的函数关系是

$$g(t) = -\dfrac{t}{3} + \dfrac{112}{3}, 0 \leqslant t \leqslant 100, t \in \mathbf{N}$$

求这种商品在100天内哪一天的销售额最高?

17. 某商品进价每个80元,零售价每个100元,为了促进销售,拟采用购买一个这种商品,赠送一个小礼品的办法. 实验表明:礼品价值为1元时,销售量增加了10%,且在一定范围内,礼品价值为$n+1$元,比礼品价值为n元时的销售量增加了10%($n \in \mathbf{N}$). 请你设计礼品价值,以使商店获得最大利润.

18. 某医院用5万元购买了一台医疗仪器,这台仪器启用后每天都要进行保养、维修,设在启用后的第t天应付保养维修费为$t+100$元(启用的当天保养维修费以$t=0$计算),因此,这台医疗仪器启用后若干天就应报废,请问启用多少天后报废最合算?

19. 甲、乙两地相距S km,汽车从甲地匀速行驶到乙地,速度不得超过C km/h,已知汽车每小时的运输成本(以元为单位)由可变部分和固定部分组成,可变部分与速度v(km/h)的平方成正比,比例关系为b,固定部分为a元.

(1)把全程运输成本y(元)表示为速度v(km/h)的函数. 并指出这个函数的定义域;

(2)为使全程运输成本最小,汽车应以多大速度行驶?

20. 某林场原有森林木材量为a,木材以每年25%的增长率生长,若每年冬天需要砍伐的木材量为一个常量. 为了实现经过20年达到木材存有量至少翻两番的目标,那么每年至多能砍伐多少木材量(取$\lg 2 = 0.30$)?

21. 一辆汽车总质量为W,时速为v(km/h),它从刹车到停车所行走的距离l与W,v间的关系式为$l = kv^2W$(k为常数). 当这辆汽车以50 km/h行驶时,从刹车到停车行进了10 m,求载有等于自身重量的货物行驶时,若要求司机在15 m距离内停车,并允许司机从得到刹车指令到实施刹车时间为1 s,求汽车允许的最大时速是多少(答案精确到1 km/h).

22. 外国船只除特许者外,不得进入离我国海岸d英里以内的区域. 设A,B是我们的两个观察站,A,B间的距离为S英里,海岸线是过A,B的直线,一外国船只在点P,在A站测得$\angle BAP = \alpha (0 < \alpha < \dfrac{\pi}{2})$,同时在B站测得$\angle ABP = \beta (0 < \beta < \dfrac{\pi}{2})$,问$\alpha$和$\beta$满足什么简单的只含正弦、余弦的三角函数不等式,就应向此未经特许的外国船只发出警告,令其退出我国海域?

23. 有一种商品,A,B 两地均有售,且两地的价格相同,但是某地区的居民从两地往回运商品时,每单位距离 A 地的运费是 B 地的 3 倍. 已知 A,B 两地距离是 10 km,顾客购买这种商品选择从 A 地买或从 B 地买的标准是包括运费在内的总费用比较便宜,求 A,B 地的售货区域的分界线的轨迹图形,并指出轨迹图形上,图形内、外的居民为何选择从 A 地或 B 地购买最合算?

24. 某企业生产一种机器的固定成本(即固定投入)为 0.5 万元,但每生产 100 台时又需可变成本(即另增加投入)0.25 万元. 市场对此商品的年需求量为 500 台. 销售的收入函数为 $R(x) = 5x - \frac{1}{2}x^2 (0 \leq x \leq 5)$(万元),其中 x 是产品售出的数量(单位:百台).

(1) 把利润表示为年产量的函数;
(2) 年产量多少时,企业所得利润最大?
(3) 年产量多少时,企业才不亏本(不赔钱)?

25. 某渔场养鱼,第一年鱼的产量的增长率为 200%,以后每年的产量增长率都是上一年增长率的一半.

(1) 当饲养 5 年后,鱼的产量预计是原来的多少倍?
(2) 如果由于某种原因,每年损失是预计产量的 10%,那么经过多少年后,鱼的总产量开始减少?

26. 甲、乙两人用农药治虫,由于计算错误,在 A,B 两个喷雾器中分别配成质量分数为 12%,6% 的药水各 10 kg. 实际上两个喷雾器中的农药质量分数本应是一样的. 现在只有两个容量为 1 kg 的药瓶,从 A,B 两喷雾器中分别取 1 kg 药水,将 A 中取到的倒入 B 中,B 中取到的倒入 A 中. 这样操作进行了几次后,A 喷雾器药水成了含有 a_n%(质量浓度)的药水,B 喷雾器药水成了含有 b_n%(质量浓度)的药水.

(1) 证明:$a_n + b_n$ 是一个常量;
(2) 建立 a_n 与 a_{n-1} 的关系式;
(3) 按照这样的方式进行下去,他们能否得到质量浓度大致相同的药水?

27. 某罐装饮料厂为降低成本要将制罐材料减少到最小. 假设罐装饮料筒为正圆柱体(视上、下底为平面),上、下底半径为 r,高为 h. 若体积为 V,上下底厚度分别是侧面厚度的两倍,试问当 r 与 h 之比是多少时用料最少?

28. 年初小王承包了一个小商店,一月初向银行贷款 1 万元作为投入资金用于进货,每月月底可售出全部货物,获得毛利(当月销售收入与投入资金之差)是该月月初投入资金的 20%,每月月底需要支出税款等费用共占该月毛利的 60%,此外小王每月还要支出生活费 300 元,余款作为下月投入资金用于进货. 如此继续,到年底小王拥有多少资金? 若贷款年利率为 10.98%,小王的纯收入为多少?

29. 有两个食用糖经销商,每次在同一厂家进货,一个每次进糖 1 000 kg,另一个每次进 1 000 元钱的糖,若每次进糖的价格不同,哪种进货方式更经济?

30. A 市 1995 年年底城镇人口约 30 万,人均住房面积为 10 m²,若该市每年人口增长率为 0.003,为了使到 2010 年底该市的人均住房面积达到 16 m²,请替 A 市规划办算一下,平均每年需建多少平方米的住房?(取 lg 1.003 = 0.001 2,lg 1.042 = 0.018 0)

31. 某工厂今年1月、2月、3月生产某种产品分别为1万件、1.2万件、1.3万件. 为了估测以后每个月的产量,以这三个月的产品数量为依据,用一个函数模拟该产品的月产量 y 与月份 x 的关系. 模拟函数可以选用二次函数或函数 $y = a \cdot b^x + c$(其中 a,b,c 为常数). 已知四月份该产品的产量为 1.37 万件,请问用以上哪个函数作为模拟函数较好? 请说明理由.

32. 汽车在行驶过程中,由于惯性作用,刹车后还要继续向前滑行一段距离才能停住,我们称这段距离为"刹车距离",刹车距离是分析事故的一个重要因素,在一个限速 40 km/h 以内的弯道上,甲、乙两辆汽车相向而行,发现情况不对,同时刹车,但还是相碰了,事发后现场测得甲车的刹车距离略超过 12 m,乙车刹车距离略超过 10 m,又知甲、乙两种车型的刹车距离 S(m) 与车速(km/h)之间分别有如下关系: $S_甲 = 0.1x + 0.01x^2, S_乙 = 0.05x + 0.005x^2$. 问超速行驶应负主要责任的是谁?

33. 某人有人民币 10 000 元,若存入银行,年利率为 6%;若购买某种股票,年分红利率为 24%,每年储蓄的利息和买股票所分的红利都存入银行.

(1) 问买股票要多少年后提的红利才能和原来的投资款相等?

(2) 要经过多少年后,买股票所得的红利与储蓄所拥有的人民币相等? (精确到整年. 已知 $\lg 2 = 0.3010, \lg 3 = 0.4771, \lg 1.06 = 0.0253$)

34. 某地为促进淡水鱼养殖业的发展,将价格控制在适当范围内,决定对淡水鱼养殖提供政府补贴,设淡水鱼的市场价格为 x 元/kg,根据市场调查,当 $8 \leq x \leq 14$ 时,淡水鱼的市场日供应量 P kg 与市场日需求量 Q kg 近似地满足关系: $P = 1\,000(x+t-8)(x \geq 8, t \geq 0)$, $Q = 500\sqrt{40 - (x-8)^2}(8 \leq x \leq 14)$, t 为每千克淡水鱼政府补贴钱数. 当 $P = Q$ 时的市场价格为市场平衡价格.

(1) 将市场平衡价格表示为政府补贴的函数,并求出函数的定义域;

(2) 为使市场平衡价格不高于每千克 10 元,政府补贴至少为每千克多少元?

35. 某工厂生产的商品为 A,若每件定价为 80 元,则每年可销售 80 万件,政府税务部门对在市场销售的商品 A 要征收附加税,为了增加国家收入又要有利于生产发展与市场活跃,必须合理地确定征税的税率,根据调查分析,若政府对商品 A 征收附加税率为 $p\%$(即每销售 100 元时应征收 p 元)时,每年销售量将减少 $10P$ 万件,据此,问:

(1) 若税务部门对商品 A 每年收的税金不少于 96 万元,求 p 的范围;

(2) 在所收税金不少于 96 万元的前提下,要让厂家获得最大销售金额,则应如何确定 p 值;

(3) 若税务部门仅仅考虑每年所获的税金最高,求此时 p 的值.

36. 一对夫妇为了给他们的独生孩子支付将来上大学的费用,从婴儿一出生就在每年小孩生日到银行储蓄一笔钱. 设上大学时学费为每年 2 500 元,四年共需 1 万元,设现在银行的利息年利率为 7.5%,假定在今后 18 年内不变,计复利,试问当孩子 18 岁上大学时,他们已存够 4 年学费,那么每年孩子生日应存入多少元钱? 若考虑物价指数,学费将以每年 5% 的速度增加,那每年又应存入多少元钱?

思考题参考解答

1. 视 $k \cdot k^2$ 为 k 个边长为 k 的正方形面积之和. 引入几何模型如图所示,图中所有正方形

面积之和 $S_{\text{正}} = 1^2 + 2^2 + \cdots + n^2, S_{\triangle ABC} = \frac{1}{2}(1 + 2 + \cdots + n)(n + 1)n = \left[\frac{n(n+1)}{2}\right]^2$.

2. 引入正 $\triangle PQR$ 模型,使边长为 k,分别在 PQ, QR, RP 上取点 N, S, M 满足题设条件,由 $S_{\triangle SRM} + S_{\triangle MPN} + S_{\triangle NQS} < S_{\triangle PQR}$ 即证;引入正方形模型,使边长为 k 或引入正方体模型使棱长为 k 均亦可.

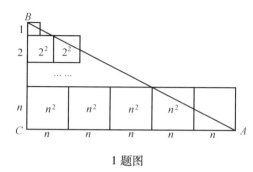

1 题图

3. 原不等式可变形为

$$\sqrt{(1 + \frac{ac}{a^2 + b^2})^2 + (1 + \frac{bc}{a^2 + b^2})^2} \geq \frac{|a + b + c|}{\sqrt{a^2 + b^2}}$$

引入几何模型,此式左端和右端可视为点 $P(1,1)$ 与点 $M(-\frac{ac}{a^2 + b^2}, -\frac{bc}{a^2 + b^2})$ 间的距离和点 $P(1,1)$ 到直线 $ax + by + c = 0$ 的距离 d,显然 $|PM| \geq d$,即证.

4. 引入边长为 1 的正 $\triangle PRQ$,在 PR, PQ, QP 分别取点 L, M, N,使 $PL = x, QN = y, RM = z$,由 $S_{\triangle PLN} + S_{\triangle LRM} + S_{\triangle NMQ} < S_{\triangle PRQ}$ 即证.

5. 原不等式可变形为

$$\sin x(\cos x - \cos y) + \sin y(\cos y - \cos z) + \sin z \cos z < \frac{\pi}{4}$$

引入单位圆模型,设 $A(\cos x, \sin x), B(\cos y, \sin y), C(\cos z, \sin z)$,并过 A, B, C 作 x 轴, y 轴的垂线得三个矩形如图所示,设其面积分别为 S_1, S_2, S_3,由 $S_1 + S_2 + S_3 < \frac{\pi}{4}$ 即证.

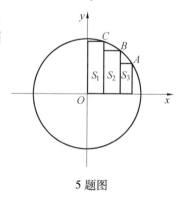

5 题图

6. 原条件式变形为

$$(1 - \cos \alpha)\cos \beta + \sin \alpha \sin \beta + \cos \alpha - \frac{3}{2} = 0$$

引入单位圆模型,则此式可视为单位圆

$$x^2 + y^2 = 1 (\cos^2 \beta + \sin^2 \beta = 1)$$

与直线 $(1 - \cos \alpha)x + \sin \alpha \cdot y + \cos \alpha - \frac{3}{2} = 0$

有公共点,由 $\frac{|\cos \alpha - \frac{3}{2}|}{\sqrt{(1 - \cos \alpha)^2 + \sin^2 \alpha}} \leq 1$,有 $\alpha = \frac{\pi}{3}$,由此即有 $\beta = \frac{\pi}{3}$.

7. 引入以 a, b 为根的一元二次方程模型 $x^2 + (c - 1)x + c^2 - c = 0$,由其判别式 $\Delta > 0$ 得 $-\frac{1}{3} < c < 0$,由此即可证.

8. 设 k 次由 9 人值班, l 次由 10 人值班,经过 $k + l$ 次,两个职工恰好值了 m 次班. 由题设知这些职工值班的总次数应是相等的,于是得方程 $9k + 10l = 33m$. 解此方程发现 $m = 1$ 时方程无正整数解,在 $m = 2$ 时有唯一的一组正整数解 $k = 4, l = 3$,这表明至少经过 7 次每人值班次数才会相同.

9. 引入函数模型 $f(x) = \dfrac{x}{x+s} = 1 - \dfrac{s}{x+s}(s>0)$，容易看出 $f(x)$ 在 $(-\infty, -s)$ 和 $(-s, +\infty)$ 上单调递增，利用单调性，有原式左边大于

$$\dfrac{x+y+a+b}{x+y+a+b+c+r} + \dfrac{y+z+b+c}{y+z+a+b+c+r} >$$

$$\dfrac{x+a}{x+z+a+b+c+r} + \dfrac{z+c}{x+z+a+b+c+r}$$

即证.

10. 引入数列模型

$$a_n = (a+b)^n - a^n - b^n - 2^{2n} + 2^{n+1}$$

则可由 $\dfrac{1}{a} + \dfrac{1}{b} = 1$ 有

$$ab = a+b, a_{n+1} - a_n = (a+b-1)[(a+b)^n - a^n - b^n] + a^n b + ab^n - 2^{2n+2} + 2^{n+2} + 2^{2n} - 2^{n+1}$$

而

$$(a+b)\left(\dfrac{1}{a} + \dfrac{1}{b}\right) = 2 + \dfrac{b}{a} + \dfrac{a}{b} \geq 4$$

$$(a+b-1)[(a+b)^n - a^n - b^n] \geq 3 \cdot \dfrac{1}{2}(C_n^1 a^{n-1} b + C_n^2 a^{n-2} b^2 + \cdots + C_n^{n-1} ab^{n-1} + C_n^1 ab^{n-1} + C_n^2 ab^{n-2} + \cdots + C_n^{n-1} a^{n-1} b) \geq$$

$$\dfrac{3}{2}(ab)^{\frac{n}{2}}(C_n^1 + C_n^2 + \cdots + C_n^{n-1}) \geq$$

$$3 \cdot 2^n(2^n - 2)$$

$$a^n b + ab^n \geq 2^{n+2}$$

由此可说明数列 $\{a_n\}$ 是递增的，而 $a_1 = (a+b) - a - b - 2^2 + 2^2 = 0$，故 $a_n \geq a_1$，即证.

11. 设有 n 个城市参加比赛，它们满足题中设计条件. 记 A 市乙队已赛过的场数为 a_n，引入数列模型，显然 $a_1 = 0$. 根据比赛规则每队至多赛 $2(n-1)$ 场，由题设，除 A 市甲队外的 $2n-1$ 队他们赛地的场数应分别为 $0,1,2,\cdots,2n-2$，不妨设 B 市甲队赛了 $2n-2$ 场，则已赛完全部场次. 这样，除 B 市乙队以外各队至少赛了 1 次，所以 B 市乙队赛过的场数为 0. 现将 B 市两队排除在外，考虑余下 $n-1$ 个城市，这时除 A 市甲队外，各队之间比赛的场数分别为 $1-1=0, 2-1=1, \cdots, (2n-3)-1 = 2n-4$. 设在 $n-1$ 的情形时，A 市乙队赛过的场数为 a_{n-1}，则 $a_n = a_{n-1} + 1(n \geq 2)$. 由此即知数列 $\{a_n\}$ 是首项为 0，公差为 1 的等差数列，即 $a_n = n-1$. 故 $a_{16} = 15$ 为所求.

12. 引入一一对应模型，考虑一种取法 $\to (x_1, x_2, \cdots, x_{14})$，其中如果 x_i 被选取，则令 $x_i = 1$，否则 $x_i = 0$，则这样的对应为一一对应. 对于排列 $(x_1, x_2, \cdots, x_{14})$ 有 3 个 1，11 个 0，而且每两个 1 中至少隔着两个 0. 为了求这样的排列个数，我们先排好模式：1001001，然后将剩下的 7 个 0 插入 3 个 1 形成的 4 个空位中，有 $C_{7+4-1}^7 = C_{10}^3$ 种方法，此即为所求不同的取法总数.

13. 引入数值模型，用 +1 表示蓝色，用 -1 表示红色，则此为从集{蓝色,红色}到集{+1, -1}间的一个一一对应. 分点 A_i 都对应着一个数 $a_i(i=1,2,\cdots,n)$，a_i 为 +1 或 -1. 若线段 $A_i A_{i+1}$ 两端不同色，则 $a_i a_{i+1} = -1$，否则 $a_i a_{i+1} = 1$（其中 $AA_1 = A_0 A_1, A_n B = A_n A_{n+1}$）. 设两端不同色的线段条数为 k，则有 $-1 = a_0 a_{n+1} = a_0 \cdot a_1^2 \cdot a_2^2 \cdots a_n^2 \cdot a_{n+1} = (-1)^k$，由此 k

为奇数.

14. 引入物理质量模型. 由 $BD:DC=3:2$,不妨设 B,C 两质点的质量分别 $2,3$,则重心 D 的质量为 5. 由 $AE:ED=5:6$,可知质点 A 的质量为 $5\cdot\dfrac{6}{5}=6$,于是 AC 的重心 F 的质量为 9,故 $BE:EF=9:2$.

15. 甲方案 10 年共获利

$$1+(1+30\%)+\cdots+(1+30\%)^9=\dfrac{1.3^{10}-1}{1.3-1}\approx 42.63(万元)$$

到期时银行贷款本息为

$$10\times(1+10\%)^{10}\approx 10\times 2.594\approx 25.94(万元)$$

因而净收益约为 16.7(万元);

乙方案 10 年可获利为

$$1+1.5+2.0+\cdots+[1+(10-1)\times 0.5]=\dfrac{1}{2}\times 10(1+5.5)=32.5(万元)$$

到期时贷款本息为

$$(1+10\%)+(1+10\%)^2+\cdots+(1+10\%)^{10}=\dfrac{1.1\times(1.1^{10}-1)}{0.1}\approx 17.53(万元)$$

净收益为 14.97(万元).

故甲方案较优.

16. 依题意有该商品在 100 天内日销额 $F(t)$ 与时间 t(天)的函数关系式为

$$F(t)=f(t)\cdot g(t)=\begin{cases}(\dfrac{t}{4}+22)(-\dfrac{t}{3}+\dfrac{112}{3}),0\leq t\leq 40,t\in \mathbf{Z}\\(-\dfrac{t}{2}+52)(-\dfrac{t}{3}+\dfrac{112}{3}),40<t\leq 100,t\in \mathbf{Z}\end{cases}$$

(1) 若 $0\leq t\leq 40(t\in \mathbf{Z})$,则 $F(t)=-\dfrac{1}{12}(t-12)^3+\dfrac{2\,500}{3}$,这时,当 $t=12$ 时,$F(t)_{max}=\dfrac{2\,500}{3}(元)$.

(2) 若 $40<t\leq 100(t\in \mathbf{Z})$,则 $F(t)=\dfrac{1}{6}(t-108)^2-\dfrac{8}{3}$,因 $t=108>100$,则 $F(t)$ 在 $(40,100]$ 上递减. 因此,当 $t=41$ 时,$F(t)_{max}=\dfrac{4\,873}{6}(元)$,而 $\dfrac{2\,500}{3}>\dfrac{4\,873}{6}$,故第 12 天的日销售额最高.

17. 设未赠礼品的销售量为 a,则赠送 n 元礼品后的销售量为 $a(1+10\%)^n$,这时可获利润为 $f(n)=a(1+10\%)^n(100-80-n)=a\times 1.1^n(20-n)$,其中 $0\leq n\leq 20, n\in\mathbf{Z}$.

现假设赠送 n 元礼品时商店可获最大利润,则 n 满足下列不等式组

$$\begin{cases}f(n)\geq f(n+1)\\f(n)\geq f(n-1)\end{cases}$$

即

$$\begin{cases}a(20-n)\times 1.1^n\geq a(19-n)\times 1\cdot 1^{n+1}\\a(20-n)\times 1.1^n\geq a(21-n)\times 1\cdot 1^{n-1}\end{cases}$$

解出 $9\leq n\leq 10$,但 $n\in \mathbf{Z}$,所以为获得最大利润,礼品价值应为 9 元或 10 元.

18. 启用第一天应付保养维修费 $a_1 = 100$ 元，第二天应付保养维修费 $a_2 = 100 + 1$ 元，……，第 t 天，即启用第 $t-1$ 天应付保养维修费 $a_t = 100 + t - 1$ 元，从而 $\{a_t\}$ 是首项 $a_1 = 100$，公差 $d = 1$ 的等差数列.

前 t 天共需保养维修费

$$S_t = \frac{t}{2}(a_1 + a_t) = 100t + \frac{t(t-1)}{2}$$

每天平均损耗费用与时间的函数关系为

$$y = \frac{100t + \frac{1}{2}t(t-1) + 50\,000}{t}$$

而 $\quad y(\text{元}) = 100 - \frac{1}{2} + \frac{1}{2}t + \frac{50\,000}{t} \geq 99.5 + 2\sqrt{\frac{t}{2} \cdot \frac{50\,000}{t}} = 1\,099.5$

当且仅当 $\frac{t}{2} = \frac{50\,000}{t}$，即 $t = 1\,000$ 天时取等号，故启用 $1\,000$ 天后报废最合算.

19.（1）依题意知汽车从甲地匀速行驶到乙地所用时间为 $\frac{S}{v}$，全程运输成本为

$$y = a \cdot \frac{S}{v} + bv^2 \cdot \frac{S}{v} = S\left(\frac{a}{v} + bv\right)$$

故所求函数及其定义域为

$$y = S\left(\frac{a}{v} + bv\right), v \in (0, c]$$

（2）依题意 S, a, b, c, v 都是正数，故有

$$S\left(\frac{a}{v} + bv\right) \geq 2S\sqrt{ab}$$

当且仅当 $\frac{a}{v} = bv$，即 $v = \sqrt{\frac{a}{b}}$ 时，上式中等号成立.

(i) 若 $\sqrt{\frac{a}{b}} \leq c$，则当 $v = \sqrt{\frac{a}{b}}$ 时，全程运输成本 y 最小；

(ii) 若 $\sqrt{\frac{a}{b}} > c$，当 $v \in (0, c]$ 时，有

$$S\left(\frac{a}{v} + bv\right) - S\left(\frac{a}{c} + bc\right) = S\left[\left(\frac{a}{v} - \frac{a}{c}\right) + (bv + bc)\right] = \frac{S}{vc}(c - v)(a - bcv)$$

因 $c - v \geq 0$，且 $a > bc^2$，故有 $a - b > v \geq a - bc^2 > 0$，故 $S\left(\frac{a}{v} + bv\right) \geq S\left(\frac{a}{v} + bc\right)$，且仅当 $v = c$ 时等号成立，即当 $v = c$ 时，全程运输成本 y 最小.

综上，为使全程运输成本 y 最小，当 $\sqrt{\frac{a}{b}} \leq c$ 时，行驶速度应为 $v = \frac{\sqrt{ab}}{b}$，当 $\frac{\sqrt{ab}}{b} > c$ 时，行驶速度应为 $v = c$.

20. 设每年至多能砍伐木材量为 x，则 1 年后木材存有量为

$$a_1 = 1.25a - x$$

第 2 年后木材存有量为

$$a_2 = a_1 \times 1.25 - x = 1.25^2 a - (1 + 1.25)x$$

第 3 年木材存有量为

$$a_3 = a_2 \times 1.25 = 1.25^3 a - (1 + 1.25 + 1.25^2)x$$

依此类推,经过 20 年后木材存有量为

$$a_{20} = 1.25^{20} a - (1 + 1.25 + \cdots + 1.25^{19})x = 1.25^{20} a - \frac{1.25^{20} - 1}{0.25} x$$

若使经过 20 年木材存有量至少翻两番,必有 $a_{20} \geqslant 4a$,即解出

$$x \leqslant \frac{0.25(1.25^{20} - 4)a}{1.25^{20} - 1}$$

令 $m = 1.25^{20}$,则

$$\lg m = 20\lg 1.25 = 20\lg \frac{10}{2^3} = 20(1 - 3 \times 0.30) = 2$$

故 $m = 100$,故 $x \leqslant \frac{0.25(100 - 4)}{100 - 1} a = \frac{8}{33} a$,即每年至多只能砍伐木材量 $\frac{8}{33} a$.

21. 设汽车自重 W_0,载货时质量为 $2W_0$,根据关系式得 $10 = 50^2 kW_0$,解得 $kW_0 = \frac{1}{250}$.

设载货最大时速为 x km/h,则 $15 - \frac{1\,000x}{60^2} > kx^2 \cdot 2W_0 = \frac{x}{125}$,即 $18x^2 + 625x - 33\,750 \leqslant 0$,求得 $x \leqslant 29$ km/h,即汽车允许最大速度为 29 km/h.

22. 如图,作 $PH \perp AB$ 于 H,在 Rt△PAH 中,$AH = PH \cdot \cot \alpha$,在 Rt△$PBH$ 中,$BH = PH \cdot \cot \beta$. 由 $AH + BH = AB = S$,则

$$PH \cdot \cot \alpha + PH \cdot \cot \beta = S$$

即

$$PH = \frac{S}{\cot \alpha + \cot \beta}$$

又 α, β 应满足 $PH \leqslant d$,从而

$$\cot \alpha + \cot \beta \geqslant \frac{S}{d} \Rightarrow \frac{\sin(\alpha + \beta)}{\sin \alpha \cdot \sin \beta} \geqslant \frac{S}{d}$$

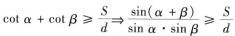

22 题图

当 α, β 满足不等式 $\frac{\sin(\alpha + \beta)}{\sin \alpha \cdot \sin \beta} \geqslant \frac{S}{d}$ 时,就应向此未经特许的外国船只发出警告,令其退出我国海域.

23. 取 AB 的中点 O 为原点,直线 AB 为 x 轴建立平面直角坐标系,则 $A(-5, 0), B(5, 0)$,设 $P(x, y)$ 是区间分界上任一点,从 B 地往 P 地运货的单位距离运费为 a,依题意有

$$3a|PA| = a|PB|$$

即

$$9[(x + 5)^2 + y^2] = (x - 5)^2 + y^2$$

即

$$(x + \frac{25}{4})^2 + y^2 = (\frac{15}{4})^2$$

故 A,B 两地售货的区域分界是以 $(-\frac{25}{4}, 0)$ 为圆心,以 $\frac{15}{4}$ 为半径的圆,圆周上居民从 A,B 两地购买的总费用相同,圆周内的居民从 A 地购买合算,圆周外的居民从 B 地购买合算.

24. (1) 当 $x \leqslant 5$ 时,产品能全部售出. 当 $x > 5$ 时,只能销售 500 台,于是利润函数为

$$L(x) = R(x) - C(x) = \begin{cases} (5x - \frac{1}{2}x^2) - (0.5 + 0.25x), 0 \leqslant x \leqslant 5 \\ (5 \times 5 - \frac{1}{2} \times 5^2) - (0.5 + 0.25x), x > 5 \end{cases}$$

即
$$L(x) = \begin{cases} 4.75x - \frac{1}{2}x^2 - 0.5, 0 \leqslant x \leqslant 5 \\ 12 - 0.25x, x > 5 \end{cases}$$

(2) 因为当 $0 \leqslant x \leqslant 5$ 时

$$L(x) = -\frac{1}{2}x^2 + 4.75x - 0.5$$

当 $x = -\frac{b}{2a} = 4.75$ 时，$L(x)_{\max} = 10.78125$ 万元.

当 $x > 5$ 时，$L(x) < 12 - 1.25 = 10.75$，故生产 475 台时，利润最大.

(3) 企业不亏本，即要求

$$\begin{cases} 0 \leqslant x \leqslant 5 \\ -\frac{1}{2}x^2 + 4.75x - 0.5 \geqslant 0 \end{cases} 或 \begin{cases} x > 5 \\ 12 - 0.25x \geqslant 0 \end{cases}$$

解得 $5 \geqslant x \geqslant 4.75 - \sqrt{21.5625} \approx 0.1$（百台）或 $5 < x \leqslant 48$（百台）. 即企业年产量在 10 台到 4 800 台之间时，企业不亏本.

25. (1) 设鱼原来产量为 a，几年后鱼的产量为 a_n，则

$$a_1 = a(1+2) = 3a, a_2 = 3a(1+1) = 6a$$

$$a_3 = 6a(1+\frac{1}{2}) = 9a, a_4 = 9a(1+\frac{1}{4}) = \frac{45}{4}a$$

$$a_5 = \frac{45}{4}a(1+\frac{1}{8}) = \frac{405}{32}a$$

所以，五年后的鱼的产量是原来的 $12\frac{21}{32}$ 倍.

(2) 由 $a_n \geqslant a_{n+1}$ 及 $a_{n+1} = a_n(1+\frac{1}{2^{n-1}})\frac{9}{10}$ 得 $2^{n-1} \geqslant 9$，所以 $n \geqslant 5$，即第五年开始，鱼的总产量逐年减少.

26. (1) 开始 A 中有 $10 \times 12\% = 1.2$ (kg) 农药，B 中有 $10 \times 6\% = 0.6$ (kg) 农药. n 次操作后，A 中含有 $10 \times a_n\% = 0.1a_n$ (kg) 农药，B 中含有 $10 \times b_n\% = 0.1b_n$ (kg) 农药，它们的和应与开始时农药的质量和相等，即 $0.1a_n + 0.1b_n = 1.2 + 0.6$，即 $a_n + b_n = 18$（常量）.

(2) 第 n 次操作后，A 中 10 kg 药水中农药的质量具有关系式

$$\frac{9}{10} \times 0.1a_{n-1} + \frac{1}{10} \times 0.1b_{n-1} = 0.1a_n$$

则
$$a_n = \frac{4}{5}a_{n-1} + \frac{9}{5} (b_{n-1} = 18 - a_{n-1})$$

(3) 由 $a_n - 9 = \frac{4}{5}(a_{n-1} - 9)$ 知 $\{a_n - 9\}$ 是公比为 $\frac{4}{5}$ 的等比数列，当 $n \to \infty$ 时，$a_n - 9 \to 0$，即 $a_n \to 9, b_n \to 9$. 由此知，如此操作的次数充分多时，A，B 两个喷雾器的质量分

数都趋向于9%.

27. 易知 $v = \pi r^2 h$,设材料密度为 ρ,侧面材料厚度为 b,则用料为

$$A = 2\pi r \cdot h \cdot b \cdot \rho + 2\pi r^2 \cdot 2b \cdot \rho = 2\pi b\rho\left(2r^2 + \frac{V}{2\pi r} + \frac{V}{2\pi r}\right) \geq 6\pi b\rho\sqrt[3]{\frac{V^2}{2\pi^2}}$$

当 $2r^2 = \frac{V}{2\pi r}$,即 $r = \frac{1}{4}h$ 时,A 取最小值,即 $r:h = 1:4$ 时用料最少.

28. 设第 n 个月月底的资金为 a_n 元;贷款金额为 a_0,则

$$a_{n+1} = a_n(1 + 20\%) - a_n \cdot 20\% \cdot 60\% - 300 = 1.08a_n - 300$$

又 $a_0 = 10\,000$ 元,则 $a_1 = 10\,500$ 元.

设 $\begin{cases} a_1 = b, \\ a_n = ca_{n-1} + d \end{cases}$,可得

$$a_n = \frac{bc^n + (d-b)c^{n-1} - d}{c - 1}, c \neq 1$$

而 $b = 10\,500, c = 1, d = -300$,故 $a_{12} = 19\,488.6$ 元,纯收入为

$$a_{12} - 10\,000(1 + 10.98\%) = 8\,390.6(元)$$

29. 设进 n 次糖,每次每千克糖的价格分别为 $a_1, a_2, \cdots, a_n$ 元,n 次,共花去 $1\,000 \cdot (a_1 + \cdots + a_n)$ 元,进得 $1\,000n$ kg 糖,则平均每千克糖价为

$$\frac{1\,000(a_1 + \cdots + a_n)}{1\,000n} = \frac{1}{n}(a_1 + a_2 + \cdots + a_n)$$

每次进 $1\,000$ 元的糖,共 n 次共花出 $1\,000n$ 元,每次进糖分别为 $\frac{10^3}{a_1}, \frac{10^3}{a_2}, \cdots, \frac{10^3}{a_n}$ kg,故平均每千克糖价为

$$\frac{1\,000n}{\frac{1\,000}{a_1} + \cdots + \frac{1\,000}{a_n}} = \frac{n}{\frac{1}{a_1} + \cdots + \frac{1}{a_n}}$$

由这两个平均值的大小关系知每次进 $1\,000$ 元的糖更经济.

30. 设每年平均建房为 x 万 m^2,依题意知自 1995 年年底起,A 市每年度的城镇人口构成一个以 30 万为首项,以 $1 + 0.003$ 为公比的等比数列模型,即 $\{a_n\}$ 的 $a_1 = 30, q = 1.003, n = 16$,于是有 $30(1 + 0.003)^{16} \cdot 16 = 30 \cdot 10 + 15x$,解得 $x = 13.344$. 故每年需建 $13 \cdot 344$ 万 m^2 的住房,才能达到要求.

31. 模拟函数可设为

$$y_1 = f(x) = px^2 + qx + r(p \neq 0), y_2 = g(x) = a \cdot b^x + c$$

依题意

$$f(1) = p + q + r = 1, f(2) = 4p + 2q + r = 1.2, f(3) = 9p + 3q + r = 1.3$$

解得 $p = -0.05, q = 0.35, r = 0.7$,从而

$y_1 = f(x) = -0.05x^2 + 0.35x + 0.7, f(4) = -0.05 \times 4^2 + 0.35 \times 4 + 0.7 = 1.3$(万件)

而 $g(1) = a \cdot b + c = 1, g(2) = a \cdot b^2 + c = 1.2, g(3) = a \cdot b^3 + c = 1.3$

解得 $a = -0.8, b = 0.5, c = 1.4$,从而 $y_2 = g(x) = -0.8 \cdot (0.5)^x + 1.4, g(4) = -0.8 \cdot (0.5)^4 + 1.4 = 1.35$(万件),经比较可知,$g(4) = 1.35$ 万件比 $f(4) = 1.3$(万件)更接近四月份产量 1.37 万件.

32. 由 $0.1x + 0.01x^2 > 12, 0.05x + 0.005x^2 > 10$,分别解得 $x < -40$ 或 $x > 30$;$x < -50$ 或 $x > 40$,舍去负值,可得 $x_{甲} > 30$ km/h,$x_{乙} > 40$ km/h,两相比较,乙车超过限速,应负主要责任.

33. 设该人将 10 000 元购买股票,x 年以后所拥有的总红利为 y 元,则
$$y = 10\,000 \cdot 24\%(1+6\%)^{x-1} + \cdots + 10\,000 \cdot 24\%(1+6\%)^{10} =$$
$$10\,000 \cdot 24\%(1 + 1.06 + \cdots + 1.06^{x-1}) = 40\,000(1.06^x - 1)$$

(1) 根据题意令 $y = 10\,000$,得 $40\,000 \cdot (1.06^x - 1) = 10\,000$,解得 $x \approx 4$;

(2) 若该人将 10 000 元存入银行,并且每年后都将本利和再次存入银行,则 x 年后所拥有人民币为 $10\,000(1+6\%)^x$,据题意得 $40\,000(1.06^x - 1) = 10\,000(1+6\%)^x$,即 $1.06^x = \frac{4}{3}$,解得 $x = 4.98 \approx 5$.

34. (1) 由 $P = Q$ 可得
$$1\,000(x + t - 8) = 500\sqrt{40 - (x-8)^2}, t > 0, 8 \leqslant x \leqslant 14$$
两边平方得
$$5x^2 + 8(t-10)x + 4(t-8)^2 + 24 = 0$$
当 $\Delta = 64(t-10)^2 - 20[4(t-8)^2 + 24] \geqslant 0$,即 $50 - t^2 \geqslant 0$ 时,$x = 8 - \frac{4}{5}t \pm \frac{2}{5}\sqrt{50 - t^2}$,根据限制条件,有

(i) $\begin{cases} 0 \leqslant t \leqslant \sqrt{50} \\ 8 \leqslant 8 - \frac{4}{5}t + \frac{2}{5}\sqrt{50-t^2} \leqslant 14 \end{cases}$ 或 (ii) $\begin{cases} 0 \leqslant t \leqslant \sqrt{50} \\ 8 \leqslant 8 - \frac{4}{5}t - \frac{2}{5}\sqrt{50-t^2} \leqslant 14 \end{cases}$

由 (i) 得 $0 \leqslant t \leqslant \sqrt{10}$,而 (ii) 无解,从而 $x = 8 - \frac{4}{5}t + \frac{2}{5}\sqrt{50-t^2}$,其定义域为 $[0, \sqrt{10}]$.

(2) 为使 $x \leqslant 10$ 应有 $8 - \frac{4}{5}t + \frac{2}{5}\sqrt{50-t^2} \leqslant 10$,立得 $t^2 + 4t - 5 \geqslant 0$,得 $t \geqslant 1$ 或 $t \leqslant -5$(舍去). 即为使市场平衡价格不高于 10 元,政府补贴至少每千克 1 元.

35. 因税率为 $p\%$ 时,销售额将减少,只能卖出 $80 - 10p$ 万件,此时销售金额为 $f(p) = 80(80 - 10p)$ 万元,税收金额为 $g(p) = 80(80 - 10p)p\%$ 万元. 于是

(1) 此时转化为 $80(80 - 10p)p\% \geqslant 96$ 且 $0 < p < 8$,从而求得 $2 \leqslant p \leqslant 6$;

(2) 当 $2 \leqslant p \leqslant 6$ 时,$f(p) = 80(80 - 10p)$ 欲最大,故只须取 $p = 2$,此时 $f(p)_{\max} = 4\,800$(万元);

(3) 当 $0 < p < 8$ 时,$g(p) = 80(80-p)p\% = -8(p-4)^2 + 128$,即当 $p = 4$ 时,$g(p)_{\max} = 128$(万元).

36. 设每年存入 x 元,则 n 年后本利和为 $x(1+7.5\%)^n$,从 0 岁到 17 足岁,共存 18 笔钱. 到 18 足岁时,这 18 笔钱的存期分别为 18 年,17 年,$\cdots$,1 年,因此它们的本利和为
$$\sum_{n=1}^{18} x(1+7.5\%)^n = 10\,000$$
即

$$1.075x \cdot \frac{1.075^{18} - 1}{1.075 - 1} = 10\ 000$$

解得 $x \approx 261$(元),若考虑学费每年 5% 的速度增加,则为

$$\sum_{n=1}^{18} x(1 + 7.5\%)^n = 10\ 000(1 + 5\%)^4$$

则解得 $x \approx 627$(元).

第二章 数学建模的意义

对于现实世界的一个特定对象,为了某个确定目的,根据它的内在规律,做出若干必要的简化(舍去非本质因素)、纯化(舍去具体性质的属性)与假设(对某些元素的限定或范围的界定等),运用适当的数学工具,而得到一个数学结构(诸如数式、图形或算法)——数学模型.人们建立数学模型的过程称为数学建模,数学建模也就是由实际问题(现实问题)提炼出数学模型的过程.一般地,建立一个合适的数学模型是不容易的,需要进行深入细致地观察,通过实验、理论分析、判断、归纳等手段来建立.这要求我们不但要有扎实的数学知识,还需要对其他学科的概念、理论等有充分的了解,当然还要有一定的分析、判断、归纳等方面的能力.

2.1 数学建模与数学模型

区别数学建模与数学模型是很重要的.它们在数学发展、数学的教与学中有着不同的作用.

数学模型构成了美的科学(数、物、生、心、事理几大学科群)公园里的一个个五彩缤纷的花坛,而数学建模却扩展着一个又一个新的花坛.

在数学的教与学中,一般是侧重于学习、研究别人给我们建立的一个个数学模型和怎样建立数学模型的思想方法.研究别人做成的现成的数学模型是一种被动的活动,与自己构建数学模型是完全不同的.在研究他人的模型时,我们关心的仅仅是如何引入、运用数学模型,如何运用数学的方法和技巧从已知的数学模型中推导出问题的答案.在数学教学中,这种练习无疑是非常重要的,它不仅有助于说明数学模型的作用,而且有助于增强学习的动机.在数学的教与学中,为了拓宽学习者的思路,提高学习者的解题能力,贯通各种知识,强调问题别解,例如代数问题的几何解法,几何问题的三角解法、复数解法等,这都是对数学模型的一些运用.我们在1.3中所举的例子,是将原问题化归到某一数学模型上或引入某一模型加以解决,也是对数学模型的运用.诚然在数学模型的运用中,可以渗透并启引数学建模的初步思想,但是,这种运用和练习并不能展现数学建模的简化假设等过程,因而我们只能说这是数学建模的启蒙或入门.

为了提高学习者应用数学的能力,训练思维,在中学数学教材中编排了不少应用题.有些人认为做这些应用题就是一种数学建模的训练.诚然,应用题的讲练确能提高数学建模能力,因为它有一个从具体问题到数学问题的抽象、归纳过程,而且其中不乏来自于实际的应用题.但是决不能在这种应用题与数学建模之间画等号.因为很多应用题(特别是课本中的应用题)的条件仅是数学假设,不可能是实际问题的简化假设.

例如,学生若干人,宿舍若干间,如果每间住4人则余19人,如每间住6人,则有一间不空也不满,求宿舍间数 x 和学生人数.

作为一个一元一次不等式应用的课题,这无疑是一个好的应用题,但由此归结出数学问

题 $0 < 4x + 19 - 6(x - 1) < 6$ 却不是数学建模.这仅是一种数学假设,并没有展现数学建模的简化假设等过程.

在现实中,能够直接运用数学方法解决实际问题的情形是很少见的.恰恰相反,对于面临的实际问题人们往往难以表述为数学形式,甚至不知道应当从何处入手.这里,主要的困难在于如何从初看起来杂乱无章的现象中抽象出恰当的数学问题,并确定出问题的答案.

在日常生活中,到处都会遇到数学问题,就看我们是否留心观察和善于联想.就拿放稳椅子来说吧,由于地面凹凸不平,椅子难于一次放稳(四脚同时着地),因此有人提出如下经典问题.[1]

例 1 四条脚长度相等的椅子放在不平坦的地面上,四条脚能否一定同时着地?

初看这个问题与数学毫不相干,怎样才能把它抽象成一个数学问题呢?

假设椅子中心不动,每条腿的着地点为几何学上的点,用 A,B,C,D 表示,把 AC 和 BD 连线看作坐标系中的 x 轴和 y 轴,把转动椅子看作坐标轴的旋转,如图 2.1 所示.θ 表示对角线 AC 转动后与初始位置 x 轴的夹角,$g(\theta)$ 表示 A,C 两腿与地面距离之和,$f(\theta)$ 表示 B,D 两腿与地面距离之和.

当地面光滑时,$f(\theta),g(\theta)$ 皆为连续(此处即不间断)函数.因三条腿总能同时着地,所以有 $f(\theta) \cdot g(\theta) = 0$.

不妨设初始位置 $\theta = 0$ 时,$g(0) = 0, f(0) > 0$,这样,放稳椅子问题抽象成如下问题.

已知 $f(\theta),g(\theta)$ 为连续函数,$g(0) = 0, f(0) > 0$,且对于任意的 θ,都有 $g(\theta) \cdot f(\theta) = 0$.

求证 存在 θ_0,使 $g(\theta_0) = f(\theta_0) = 0, 0 < \theta_0 < \dfrac{\pi}{2}$.

证明 令

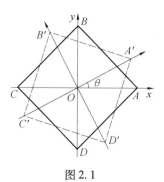

图 2.1

$$h(\theta) = g(\theta) - f(\theta)$$

显然有

$$h(0) = g(0) - f(0) < 0$$

将椅子转动 $\dfrac{\pi}{2}$,即将 AC 与 BD 位置互换,则有

$$g\left(\dfrac{\pi}{2}\right) > 0, f\left(\dfrac{\pi}{2}\right) = 0$$

所以

$$h\left(\dfrac{\pi}{2}\right) = g\left(\dfrac{\pi}{2}\right) - f\left(\dfrac{\pi}{2}\right) > 0$$

因为 $h(\theta)$ 是连续函数,由连续函数中间值定值,必定存在 $\theta_0, 0 < \theta_0 < \dfrac{\pi}{2}$,使 $h(\theta_0) = 0$,即 $g(\theta_0) = f(\theta_0)$.由条件对任意的 θ,均有 $g(\theta) \cdot f(\theta) = 0$,则

$$\begin{cases} g(\theta_0) \cdot f(\theta_0) = 0 \\ g(\theta_0) = f(\theta_0) \end{cases} \Rightarrow g(\theta_0) = f(\theta_0) = 0$$

即存在 θ_0 方向,四条腿能同时着地,所以椅子问题的答案是:如果地面为光滑曲面,则四条腿一定可以同时着地.

椅子问题的解决,抓住了问题的本质,在合理的假设下(椅子中心不动,对角线看成坐标轴),将椅子转动与坐标轴旋转联系起来,将腿与地面的距离用 θ 的连续函数表示,由三点确定一平面得 $f(\theta) \cdot g(\theta) = 0$,又根据连续函数中间值定理使这一问题解决得非常巧妙而简单.

上述椅子问题的解决,具体地说明了数学建模这一过程. 我们也可以用下面的框图更清晰地说明数学建模这一过程:

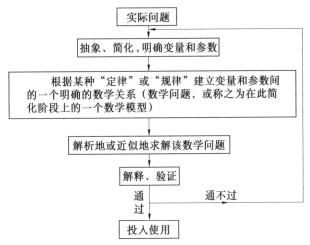

因此,我们有如下的定义.

定义 数学建模就是上述框图(流程图)的多次循环执行的过程(文献[6]P203).

对于上述框图还做如下几点说明:

(1) 实际问题往往是极为复杂的,因而只能抓住主要的方面来首先进行定量研究,这正是抽象和简化的过程. 正确的抽象和简化也往往不是一次能够完成的. 例如哥白尼(Kopernik)和牛顿(Newton)发现的万有引力定律正是把星球、物体简化成没有大小而只有质量的质点,再应用物理规律和数学推导而得到的,而万有引力定律正是发射卫星、宇宙飞船(登月飞船)等空间飞行器的重要依据(当然在真正设计、研究宇宙飞船及其飞行轨道时必须考虑其质量、形状结构等因素,从而必须研究修正的数学模型). 变量和参数的确定不仅重要,往往也是复杂和困难的.

(2) 应用某种"规律"建立变量、参数间的明确数学关系. 这里的"规律"可以是人们熟知的物理学或其他学科的定律,例如牛顿第二定律、能量守恒定律等,也可以是实验规律等. 这里说的"明确的数学关系"可以是等式、不等式及其组合的形式,甚至可以是一个明确的算法,在这一二两个分过程中能用数学语言把实际问题的诸多方面(关系)"翻译"成数学问题是极为重要的.

(3) 框图中形成的许多数学模型往往是很复杂、很难的,许多模型的求解对数学提出了很多挑战性强,能推动数学发展的问题. 所以,当不能解析地(完全地)解决时,就先考虑近似求解,它常常包含两方面的含义:数值近似求解或从工程、物理上进一步对模型做简化(例如忽略高阶量等手段),使得解析或数值求解成为可能. 这样做本质上是改变了问题,有可能得到的不是原问题的解. 因而怎样才能做到正确的近似需要很强的洞察力. 从这里也可以看出整个数学建模过程往往是多次循环执行的过程就不足为怪了.

(4) 数学建模的重要性主要在于通过建模对各种实际问题获得深刻的认识,在此基础上才能解决问题. 而数学的求解往往是用非数学家不易了解的数学语言、公式等表示的,因而把它们"翻译"成与实际问题有关的物理、化学或生物学等的语言,甚至是平常人能懂的语言是极为重要的,只有这样才有可能让有关领域的专家来判定是否获得了深刻的认识. 建模是否正确还必须验证(常常是用实验、现场测试或历史记录来进行验证),通过验证的模型才能付之使用,因而解释和验证是必不可少的.

(5) 综上可见,要进行真正好的数学建模必须要有各有关领域的专家、工作人员的通力合作,也就是说数学建模的过程往往是一个跨学科的合作过程. 由此可见,作为青少年学生若有志于在数学建模活动中做出一点成绩,也须努力学习,开拓视野,刻苦钻研专业知识,只有这样,才能使自己在数学建模中干得更好.

还有一点值得一提,即 Modeling 一词的基本含义是"塑造艺术"(《简明不列颠百科全书》7 卷 P547),该条目中说"……塑造与雕刻相反,它是一种添加性工艺,它不同于雕刻之处在于塑造过程中可以修正形象." 这与数学建模过程中多次迭代修改是一致的. 由于数学模型因问题不同而异,建立数学模型也没有固定的格式和标准,甚至对同一个问题,从不同角度、不同要求出发,可以建立起不同的数学模型,因此,与其说数学建模是一门技术,不如说是一门艺术 —— 数学的塑造艺术. 它需要熟练的数学技巧、丰富的想象力和敏锐的洞察力,需要大量阅读、思考别人做的模型,更要自己动手,亲身体验.

2.2 建立数学模型的一般要求与一般步骤

2.2.1 建立数学模型的一般要求

一般地,建立数学模型有如下要求:
(1) 足够的精度,即要求把本质的关系和规律反映进去,把非本质的去掉.
(2) 简单,便于处理,过于复杂,则无法求解或求解困难.
(3) 依据要充分,即要依据科学规律、客观规律来建立公式和图表或算法等.
(4) 尽量借鉴标准形式.
(5) 模型所表示的系统要能操纵和控制,便于检验和修改.

2.2.2 建立数学模型的一般步骤

一个实际问题往往是很复杂的,而影响它的因素总是很多的. 如果想把它的全部影响因素(或特征)都反映到模型中来,这样的模型很难甚至无法建立,即使建立也是不可取的,因为这样的模型太复杂,很难进行数学处理和计算. 但仅考虑易于数学处理,当然模型越简单越好,不过这样做又难于反映系统的有关主要特性. 通常所建立的模型往往是这两种互相矛盾要求的折中处理.

建模是一种十分复杂的创造性劳动,现实世界中的事物形形色色,五花八门,不可能用一些条条框框规定出各种模型如何建立. 这里所说的步骤仅是一种大体上的规范,读者应具体问题具体分析,灵活运用,边干边创造. 现结合前面的实例及流程图,大致归纳一下建模的一般步骤.

(1) 模型准备.

了解问题(事件或系统)的实际背景,明确建模的目的.分析、研究问题的各种信息如数据资料等,弄清问题的特征.为了做好准备,有时要求建模者做一番深入细致的调查研究,碰到疑问要虚心向有关方面的专家、能人请教,掌握第一手资料,并将面临建模问题的周围种种事物区分为不重要的、局外的、局内的等部分,想象问题的运动变化情况,用非形式语言(自然语言)进行描述,初步确定描述问题的变量及相互关系.

(2) 模型假设.

根据实际对象的特征和建模目的,在掌握必要资料的基础(诸如确定问题的所属系统(例如力学系统、生态系统、管理系统等)、模型的大概类型(如离散模型、连续模型、随机模型等)以及描述这类系统所用的数学工具(即数学形式或数学方法))上,提出假说,对问题进行必要的简化,并且用精确的数学语言来描述,这是建模的关键一步.没有科学的假设,人们对现实世界的感性认识就不可能上升到理性的阶段.不同的简化和假设会得到不同的模型.假设做得不合理或过分简单,会导致模型的失败或部分失败,于是应该修改和补充假设;假设做得过于详细,考虑的因素过多,会使模型太复杂而无法进行下一步工作.所以,重要的是,要善于辨别问题的主次,果断地抓住主要因素,抛弃次要因素,尽量将问题均匀化、线性化.

(3) 模型建立.

根据所做的假设,利用适当的数学工具刻画各变量之间的关系,建立相应的数学结构(公式、表格、图形等).在建模时究竟采用什么数学工具要根据问题的特征、建模的目的要求及建模者的数学特长而定.数学的任一分支在建立各种模型时都可能用到,而同一实际问题也可以采用不同的数学方法建立起不同的模型.但应遵循这样一个原则,尽量采用简单的数学工具,以便得到的模型被更多的人了解和使用.

(4) 模型求解.

根据采用的数学工具对模型求解,包括解方程、图解、逻辑推理、定理证明、稳定性讨论等,要求建模者掌握相应的数学知识,尤其是计算机技术、计算技巧.

(5) 模型分析.

对模型求解的结果进行数学上的分析,有时是根据问题的性质,分析各变量之间的依赖关系或稳定状态;有时是根据所得结果给出数学上的预测;有时是给出数学上的最优决策或控制.

(6) 模型检验.

将模型分析的结果"翻译"回实际对象中,用实际现象、数据等检验模型的合理性和适用性,即验证模型的正确性.通常,一个较成功的模型不仅应当能解释已知现象,还应当能预言一些未知的现象,并能被实践所证明.如牛顿创立的万有引力定律模型就经受了对哈雷彗星的研究、海王星的发现等大量事实的考验,才被证明是完全正确的.应该说,模型检验对于模型的成败至关重要,必不可少.当然,如核战模型就不可能要求接受实际的检验了.

如果检验结果与实际不符或部分不符,或者不如你预期的那样精确,最好试着去弄清原因,揭露出隐蔽的错误或求解失误,如果肯定建模和求解过程中无误的话,一般讲,问题出在模型假设上,就应该修改或补充假设,重新建模.在检验时完全依赖常识是不妥的,因为常识可能恰好是错误的.如果检验结果正确,满足问题所要求的精度,认为模型可用,便可进行最后一步——"模型应用"了.

(7) 模型应用.

最后,我们还须指出的是,应用是进一步的检验.在应用模型时,要是盲目地把这模型用于同检验时所用的迥然不同的问题上,那是危险的,每一次应用都应看作是对模型的一次检验.在模型的应用检验分析中,更要特别注意第二步的假设化简,模型的精度往往与明确什么因素是可以忽略的,与弄清某些局外变量精确的程度密切相关.有时把一些性质相同或相似的变量合并,有时把非主要的或暂时的变量看作常量,把连续变量看作离散变量或反过来,有时实现视角的转换,或改变变量之间的函数关系等,以达到建立的数学模型切实是对原型的某个(或一些)方面不失真的近似反映.

例1 牙膏出厂价的定价问题.

(1) 模型准备.

在日常生活中我们知道,在商店买一种商品时,买大包装比小包装合算,这是由出厂价决定的.如某工厂生产某牙膏60 g装的出厂价为每支11.5元,150 g装的牙膏出厂价为每支25元.显然二者单位质量的价格比为11.5∶1,现在该厂根据市场需求要生产180 g装的这种牙膏,请你确定这种牙膏的合理出厂价格.

(2) 模型假设.

(i) 牙膏的出厂价格 y 只由生产牙膏的成本 y_1 和包装成本 y_2 决定;

(ii) 假设生产成本与牙膏(不包括牙膏皮)的质量成正比;

(iii) 假设包装成本与牙膏壳的表面积成正比;

(iv) 牙膏壳里的牙膏都是满装.

(3) 模型建立.

设生产成本 y_1 与牙膏质量 w 的比例系数为 k_1,则 $y_1 = k_1 \cdot w_j$,包装成本 y_2 与牙膏壳的表面积 S_w 的比例系数为 k_2,则 $y_2 = k_2 \cdot S_w$.

于是 $y = y_1 + y_2 = k_1 \cdot w_j + k_2 \cdot S_w$ 即为 w g装的牙膏出厂价格,显然 y 是一个与 w 有关的变量.本题即求解当 $w = 180$ 时 y 的值.

(4) 模型求解.

由于60 g装的出厂价为每支11.5元,则有 $11.5 = k_1 \times 60 + k_2 \times S_{60}$,即

$$11.5 - k_1 \times 60 = k_2 \times S_{60} \qquad ①$$

由于150 g装的出厂价为每支25元,则有 $25 = k_1 \times 150 + k_2 \times S_{150}$,即

$$25 - k_1 \times 150 = k_2 \times S_{150} \qquad ②$$

于是180 g装的出厂价格为 $y = k_1 \times 180 + k_2 \times S_{180}$,即

$$y - k_1 \times 180 = k_2 \times S_{180} \qquad ③$$

注意到表面积 S 与体和 u 的关系

$$\frac{S_1}{S_2} = \left(\frac{v_1}{v_2}\right)^{\frac{2}{3}} = \left(\frac{w_1}{w_2}\right)^{\frac{2}{3}}$$

②÷① 可得

$$\frac{25 - k_1 \times 150}{11.5 - k_1 \times 60} = \frac{S_{150}}{S_{60}} = \left(\frac{150}{60}\right)^{\frac{2}{3}}$$

解得 $k_1 \approx 96.68 \times 10^{-3}$.

再由 ③÷① 可得

$$\frac{y - k_1 \times 180}{11.5 - k_1 \times 60} = \frac{S_{180}}{S_{60}} = \left(\frac{180}{60}\right)^{\frac{2}{3}}$$

代入 $k_1 \approx 96.68 \times 10^{-3}$ 可得 $y \approx 29.3$,即通过此模型求得 180 g 装的这种牙膏的合理出厂价格应为 29.3 元.

(5) 模型分析.

(i) 牙膏的实际出厂价格除了生产牙膏成本和包装成本外,还应包括外包装盒等其他部分的成本,此模型只考虑这两部分主要成本,与实际情况有一定的差距.

(ii) 此模型假设生产成本与牙膏质量成正比,以及包装成本与牙膏壳的表面积成正比都是一种理想情况,是为了简化模型,便于求解,它们之间的实际关系还应通过具体的调查分析得到.

(iii) 在此模型合理成分的基础上,我们还可以考虑运输成本以及销售商的利润等因素,进一步改进模型,从而确定这种牙膏的一个合理市场售价.

(6) 模型检验.

将此模型计算所得结果 29.3 元与 180 g 装的这种牙膏的实际出厂价格进行比较,根据实际情况,在一定误差范围内检验此模型是否合乎实际,若合乎实际,应用此结果,还可利用此模型确定 250 g 装、300 g 装等这种牙膏的出厂价格. 如果不合实际,应分析原因并对模型进行改进.

例 2 人口预测问题.

(1) 问题的背景与提出(建模准备).

众所周知,人口是一个现实问题,它对于一个国家或地区来说,是一个相当重要的因素,它可以对国家经济发展计划的制订、公共设施(如学校、医院等)的设置等重大问题造成制约,因此对人口数量进行预测很有必要. 早在 18 世纪,英国经济学家马尔萨斯(Malthus)通过分析一百多年的人口资料,就提出了一种人口增长的理论,并且指出人口增长能够用数学方法来模拟预测,从此以后,对人口数量进行预测就成为各国政治家、科学家关注的焦点. 显然,现在的人口预测情形更加复杂,因为各国采取了各种不同的干预人口控制的政策.

下面,给出历史上一个经典的人口预测模型建立的例子(参见文[1]):某地区从 1790 年到 1950 年的人口(单位:百万)数据资料是:

1790 年人口 3.929;1800 年人口 5.308;1810 年人口 7.24;

1820 年人口 9.638;1830 年人口 12.866;1840 年人口 17.069;

1850 年人口 23.192;1860 年人口 31.443;1870 年人口 38.558;

1880 年人口 50.156;1890 年人口 62.948;1900 年人口 75.995;

1910 年人口 91.972;1920 年人口 105.711;1930 年人口 122.775;

1940 年人口 131.669;1950 年人口 150.697.

利用上述资料预测该地区 1980 年、2000 年的人口数.

(2) 假设化简.

(i) 因为人类可以看作一种特殊的生物种群,因此,这里假设该地区人口为一个与外界隔绝的、封闭的种群.

这条假设可以这样来理解,该地区的人口增长数是由其该地区人口的生育、死亡所引起的,与外界移民无关. 当然如果迁移到该地区的人口数与迁出该地区的人口数相等,也可以看作满足这条假设.

(ii) 该地区的人口数量是时间的连续函数.

这条假设可以这样来理解,该地区的人口数变化是连续的,不出现间断式的增长或减少.

(iii) 该地区人口的每一个个体都是相同的.

这条假设可以这样来理解,该地区的每一个人具有相同的生育、死亡能力.

(iv) 该地区的人类生存资源丰富,政治、社会、经济环境稳定.

这条假设其实是前三条假设的总前提.

(3) 建模与求解.

基于上述四条假设,我们认为人口数量是时间的函数.

建模的思路就是根据给出的数据资料绘出散点图,寻找一条直线(或曲线),使它们尽量与这些散点相吻合,从而近似地认为这条直线(或曲线)描述了人口增长的规律,进而做出预测.

记时间为 t,t 时刻的人口数为 $P(t)$.

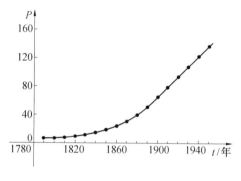

图 2.2

模型 1 观察散点图,可以发现从 1880 年后,散点近似在一条直线上,于是过 (1900, 75.995),(1920,105.711) 两点作直线

$$\frac{P(t) - 105.711}{t - 1920} = \frac{105.711 - 75.995}{1920 - 1900}$$

即
$$P(t) = 1.4858t - 2747.025$$

从而得到 1980 年、2000 年的人口预测数分别为

$$P(1980) = 194.859(百万),P(2000) = 224.575(百万)$$

模型 2 由从散点图的整体趋势来看,可以认为散点近似在一条关于 P 轴对称的抛物线上,于是过 (1790,3.929),(1890,62.948) 的抛物线方程为

$$P(t) = 3.929 + 0.0059(t - 1790)^2$$

从而得到 1980 年、2000 年的人口预测数分别为

$$P(1980) = 216.919(百万),P(2000) = 264.019(百万)$$

模型 3 从图 2.2 中来看,有些点既不在模型 1 的直线上,也不在模型 2 的抛物线上,例如点 (1940,131.669) 和 (1950,150.697),而这两点离我们的预测时间 1980 年最近,为充分利用这两点的信息,可以采用分段函数来描述,当 $t \leqslant 1930$ 时,$P(t)$ 采用模型 2 的抛物线,当 $t > 1930$ 时,$P(t)$ 采用过 (1940,131.669) 和 (1950,150.697) 的直线

$$P(t) = \begin{cases} 3.929 + 0.0059(t - 1790)^2, & t \leqslant 1930 \\ 1.9028t - 3559.763, & t > 1930 \end{cases}$$

从而得到 1980 年、2000 年的人口预测数分别为

$$P(1980) = 207.781(百万),P(2000) = 245.837(百万)$$

模型 4 观察散点图的整体趋势,可以认为散点近似在一条指数曲线上,又因为 1940、

1950 这两年离 1980 年最近,于是过(1940,131.669)和(1950,150.697)的指数曲线方程为
$$P(t) = 131.669 \cdot (1.0136)^{t-1940}$$
从而得到 1980 年、2000 年的人口预测数分别为
$$P(1980) = 226.02(百万), P(2000) = 305.22(百万)$$
(4) 模型的检验与分析.

在上述四个模型中,由于使用的方法不同,得到的结论也各不相同. 实际上该地区 1980 年的人口数为 227 百万,其中以模型 2、模型 4 的结果最接近,其误差只是 4.4% 和 0.43%. 对于 2000 年的人口预测模型 2 或 4 的结果也比较接近些.

从上例可以看到,一般地说,建模过程基本上按照上述步骤或循环往复地通过这些步骤. 但是,这并不意味着,建模过程总是按照上述次序或者循环往复地通过这些步骤. 有时建模过程会十分复杂,上述步骤也往往相互交融,模型形式也不是唯一的.

2.3 数学建模过程的心理分析

数学建模的关键是对实际问题进行抽象建立数学关系式. 但是对实际问题的理解不同,进行假设简化不同,所用数学方法不同,影响着建模求解的难易和模型的精确度及实用性. 在此,经验、想象力、洞察判断力,以及直觉、灵感等起的作用往往比一些具体的数学知识更突出. 下面,我们从心理角度考虑,把抽象过程分成以下几个阶段:对问题的感知阶段、模型的酝酿阶段和建模的灵感阶段.

(1) 对问题的感知阶段.

这一阶段是对实际问题的正确理解阶段. 由于实际问题的复杂性,往往很难一下找到影响问题的各因素之间的关系,因此,首先要对建模抱有正确的态度,对问题的复杂性和解决问题的难度有充分的思想准备,不过早进入情景,不急于求解. 因为,我们不希望花费巨大的精力求解一个错误的问题. 其次,必须了解问题的实际背景,仔细检验问题的各个组成部分,明确建模的目的,搜集建模必需的各种信息. 确定影响问题的所有变量、因素和条件,不管这些因素和条件在问题中多么含糊,都必须加以考虑. 另外,为了抓住影响问题的主要因素,对问题有更直观的理解,应在重新表达问题上下功夫,变语言表达为图形表达,用增加、舍去和重排某些因素的方法改变问题的表达形式;还可采用一般化与特殊化方法,详细考查一部分而忽略其他部分,或考虑问题的整体特征而忽略其他部分,除去因素之间的关系,从而使复杂问题简单化,杂乱无章的因素明朗化,突出主要矛盾.

以例 2 人口预测问题为例,问题要求通过分析近 200 年来某地区的人口资料,来预测某些年的人口数,对于这个问题,首先应明确人口增长能够用数学方法来模拟预测,另外,要考虑到该地区的人口增长与该地区的生存资源以及政治、社会、经济环境有关,与该地人口的每一个个体的生育、死亡能力有关等. 还要考虑到所建模型应具有一般性,从整体上分析,若不考虑外界移民,并假定该地区的人口数量是时间的连续函数,假定该地区的生存资源丰富,以及政治、社会、经济环境稳定,这样问题就简化为求该地区的关于人口数量是时间连续函数在某一时间的函数值,经过上述分析,问题比较明朗了,但如何建立函数关系式,还需要下一阶段的讨论.

(2) 模型的酝酿阶段.

这一阶段需要对问题进行必要的、合理的假设简化. 做假设时,既要运用与问题有关的各方面(例如物理、化学、生物、经济等)的知识,又要使无意识思维开动起来,充分发挥想象力、洞察判断力,通过联想、想象、归纳、类比重现已学过的知识,承担起构造各种各样思想组合的复杂任务. 假设简化的依据有以下两个方面:其一是出于对问题内在规律的认识. 根据实际需要,对已有的感性材料进行深入的分析,从问题的内部联系和外部表现上把握事物,比较各因素之间的异同,把各种表面现象进行加工和改造,通过分解重组形成新的形象,在头脑中进行创造性的构思,把未知关系化为已知关系,在不同的对象或完全不相关的对象中认出同样的或相似的关系,在表面上相似的事物之间找出本质属性的不同点,寻找解决问题的关键和与之类比的数学方法. 如人口增长模型与传染病传播模型在表面上差异较大,经过一定的假设简化,二者满足共同的规律,然后按本质上的不同点,修改模型,反映不同的规律. 其二是来自对数据现象的分析或二者的综合. 由于对模型假设简化时不应该把重要的因素从模型中漏掉,以免影响模型使用的精度和效果,同时也不应把一切无用的冗余的解释变量放在模型中,这不仅会增加模型的复杂性,还会给使用带来麻烦. 因此,根据模型的原有假设、分析和构成的需要及实际背景的调查研究,可以补充或舍掉甚至修改题目所给的参数、数据和已知条件,把注意力放在所研究对象的本质特征上,分清问题的主次,抓住主要因素,舍弃次要因素,辨明模型的类型是确定型还是随机型,是离散型还是连续型,是静态还是动态,进一步寻找相应的数学方法,达到解决问题的目的.

对于椅子问题,通过分析,假设对椅子中心不动和地面光滑等进行了假设简化. 对于人口预测问题,通过分析,做了四条假设,基于这四条假设,使问题简化为人口数量是时间的函数.

(3) 建模的灵感阶段.

经过以上两个阶段,我们对所要解决的问题有了比较直观的认识,但对建立解决问题的数学关系还没有清晰的思路,可能处于几种可供选择的途径中,选择什么样的途径,采取什么样的策略是解决问题的焦点. 选择策略的原则是尽量采用成熟的数学关系和已有模型,同时注意新方法的应用,而选择策略的过程即为激发灵感的过程,主要通过以下几种形式:

(i) 利用已经掌握的知识,联想与假设和结论密切相关的已知法则,通过理想化抽象或其他抽象方法做进一步假设,不仅赋予所研究对象从现实原型中抽象出来的性质,还赋予原始对象所没有的想象的性质,用研究理想化形象的方法使对客观原型的研究简化,在归纳的基础上避开事物的某些属性,抓住事物的本质特征,选用合适的数学方法建立理想化的模型.

(ii) 与已有模型做类比来激发灵感. 虽然已有模型并不完全适合于我们需要建立模型系统的真实情况,但可作为我们分析归纳具体问题的指南,其实,许多为不同种类的系统建立的数学模型常常具有非常相似的数学表达式. 如人口增长模型、传染病模型和捕鱼问题等在一定条件下满足共同的规律. 因此,与已知模型做类比,找出相似点,通过假设简化建立简单模型,由此就可发现实际问题与有关模型之间的区别,反过来又有助于建立更为复杂更为确切的模型.

(iii) 利用计算机模拟激发灵感. 现实中的有些问题,由于其复杂性和客观条件的限制,有时很难找出变化规律,可在计算机上尽可能真实地创造一种实验环境,模仿某种系统的实际运行过程,重现所要描述的客观现象,从而对这种现象的某些规律做出描述、判断、预测,找出描述该规律的数学关系,从而建立模型,有些问题不能建立解析模型,有些问题即使能建立解析模型,但模型的解或特征的确定仍然不能给出.在这两种情况下,计算机模拟几乎是建立模型解决问题的唯一方法.

例如,对于人口预测问题,就是通过第一种形式而激发灵感的,在酝酿阶段已给出了人口数量是时间的函数,但问题要求的是在某一时间的函数值.如何用确定的函数关系式把问题表达出来呢?根据对问题的进一步分析,由所给数据在平面直角坐标系中做出散点图,寻找一条直线或曲线,使它们尽量与这些散点相吻合而得到四个模型.

综上,经过如上三个阶段建立的初步模型,并不是建模的完结,而是真正建模的开始,说明已经有了一种通过数学抽象解决问题的方法.这种方法是否实用,切合实际,有时还需要借助计算机对模型求解进行检验,根据检验结果分析所假设的量或参数对问题的影响,修改模型,减少假条件,增加某些未考虑的因素,使模型更加完善,实用价值更高,能比较准确地反映所要解决的实际问题.

2.4　数学建模中的数学方法

我们建立的一个数学模型,它最低限度必须满足于下列两个条件:
(1) 它不仅能说明特定的两三个事实,而且必须能够说明许多事实;
(2) 利用该模型所预测的事物,必须使任何人都承认是成立的.
在这里,我们首先看一个简单问题所建的不同算法模型.

问题:假设有10人参加一个宴会,每两人之间都进行一次握手,问共发生多少次握手?

这是一个并不困难的算法建模问题,但它却是一个可以通过每个学生的独立探索,体现适应每个学生个性的,不仅仅涉及数学知识和技能,而且还包括多种数学思想、问题解决的策略和发展可能性的算法建模问题.

这个问题的解决,可以有这样几种策略或数学方法:[44]

(i) 使用模型或图式;
(ii) 自己建立几种模型;
(iii) 先解决与此有关的简单问题;
(iv) 对数据进行组织与分类等.

算法模型 1　在圆周上,用 A,B,C,D,E,F,G,H,I,J 表示10人,A 与其余9人发生9次握手,B 与其余8人发生8次握手,……,I 与其余1人发生1次握手,所以一共发生 $9+8+7+6+5+4+3+2+1=45$ 次握手.这是小学生或初中生的算法模型.

算法模型 2　原问题实际上等价于正十边形中有多少条边和多少条对角线的问题.因此,由平面几何知识可得:握手共发生的次数为 $10+\dfrac{10(10-3)}{2}=45$(次).这是初中生的算法模型.

算法模型 3　从两个人握手的次数开始,每增加1人,握手次数依次增加2,3,4,5,6,7,8,9,如表2.1所示:

表 2.1

人数	模式图	握手次数
2		1
3		2, 3
4		3, 6
5		4, 10
6		5, 15
7	⋮	6, 21
8		7, 28
9	⋮	8, 36
10		9, 45

显然,得握手次数为 45. 这是初中生或高中生的算法模型.

算法模型 4   从下面杨辉三角的 2 条斜线上得 10 人共握手 45 次. 这是高中生的算法模型.

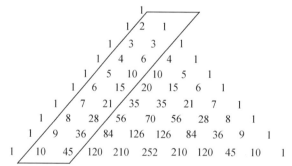

算法模型 5   用 $A_1, A_2, \cdots, A_{10}$ 代表 10 个人,做出如下 10 阶方阵:

$$\begin{array}{c} \quad\ A_1\ A_2\ A_3\ \cdots\ A_{10} \\ \begin{array}{c} A_1 \\ A_2 \\ A_3 \\ \vdots \\ A_{10} \end{array} \left[\begin{array}{ccccc} 0 & 1 & 1 & \cdots & 1 \\ 1 & 0 & 1 & \cdots & 1 \\ 1 & 1 & 0 & \cdots & 1 \\ \vdots & \vdots & \vdots & & \vdots \\ 1 & 1 & 1 & \cdots & 0 \end{array}\right]_{10\times 10} \end{array}$$

由于 A_1 不可能同他自己握手,所以在第一行与第一列的交叉处填上 0;由于 A_1 与 A_2 有一次握手,因此在第一行与第二列的交叉处写上 1;由于 A_2 与 A_1 握过手,故在第二行与第一列的交叉处再写上 1. 其余依此类推.

由于 10 阶方阵有 10^2 个元素,但方阵中有 10 个 0,又两个人握手计算了两次,得 $(10^2 -$

10)÷2 = 45 次握手,或只计算矩阵中上(或下)三角形矩阵中 1 的个数得 $1 + 2 + \cdots + 9 = 45$(次) 握手,这是高中或大学低年级学生的算法模型.

以上各种算法模型均具有一般性,当求 n 个人两两握手的次数时:

由模型 1 得
$$(n-1) + (n-2) + \cdots + 2 + 1 = \frac{1}{2}n(n-1)$$

由模型 2 得
$$n + \frac{n(n-3)}{2} = \frac{1}{2}n(n-1)$$

由模型 3 得:由 $a_n = a_{n-1} + (n-1)$ 且 $a_1 = 1$,得
$$a_n = \frac{1}{2}n(n-1)$$

由模型 4 得:因杨辉三角的这 2 行,所表示的是 n 与 C_n^2 的对应关系,它实际上等价于一个从 n 个不同的元素中取 2 个元素的组合问题
$$C_n^2 = \frac{1}{2}n(n-1)$$

由模型 5 得
$$(n^2 - n) \div 2$$
或
$$1 + 2 + \cdots + (n-1) = \frac{1}{2}n(n-1)$$

其次,再看前面的例 2,这个人口预测问题中,我们已看到,对于同一个问题,在前提完全相同的条件下,所运用的数学知识,即所采用的数学方法不同,建立的数学模型也可能不同,因而满足前述两个条件的程度也就不同. 这就告诉我们:在建立数学模型时,特别是在拓宽考虑因素、变量等问题的建模时,尽可能采用恰当的、先进的数学方法,使建立的数学模型达到良好的预测效果或应用效果.

例 2 中采用的模型 4,实际上运用指数函数的方法. 因指数函数关于自变量的变化率正比于它的大小:

若,$y = Ce^{kt}$,则 $\frac{dy}{dt} = ky$ (k 是常数). ①

因此,用指数函数来描述人口增长情形是比较理想的. 事实上,满足方程 ① 的函数一定是指数函数.

定理 若 $\frac{dy}{dt} = ky$,则 $y = Ce^{kt}$,这里 C 是任意常数.

证明 由(1),$\frac{y'}{y} = k$,从而
$$\int \frac{y'}{y} dt = \int k dt$$
$$\ln y = kt + C_1$$
$$y = e^{kt+C_1} = e^{C_1} e^{kt} = Ce^{kt} \quad (C = e^{C_1})$$

定理得证.

这样一来,我们证明了

$$\frac{dy}{dt} = ky \Leftrightarrow y = Ce^{kt}$$

我们上面解的方程①是一个含有函数的导数的方程,人们称这种方程为微分方程.微分方程的解是函数,而不是数,这是与代数方程不同的地方.

方程①在人口学中叫作马尔萨斯定律.

如果在 t_0 时,某地区的人口数为 y_0,则

$$y_0 = Ce^{kt_0}, C = y_0 e^{-kt_0}$$

代入前一方程,得

$$y(t) = y_0 e^{k(t-t_0)} \qquad ②$$

这个解明确而简单,但需要考查预测效果是否符合实际情况.我们来看看全世界人口增长的情况.

从1960年到1970年世界人口的平均年增长率是2%.我们从这十年的中间一年,1965年1月算起.根据美国财政部的估计,这时全世界的人口总数是33.4亿(实际为32.85亿).因而 $t_0 = 1965, y_0 = 33.4$ 亿,$k = 0.02$,于是

$$y(t) = 33.4 \times 10^8 e^{0.02(t-1965)}$$

检查这一公式的办法之一是,计算世界人口翻一番所需要的时间,并与观察值35年做一比较.

根据公式②,若 T 年后地球的人口翻一番,则

$$2y_0 = y_0 e^{0.02T}$$
$$e^{0.02T} = 2$$
$$0.02T = \ln 2$$
$$T = 50\ln 2 \approx 34.6(年)$$

这个值与过去的观察值是十分相近的.

尽管如此,我们还希望用这个公式预见一下更远的未来.根据公式,到2515年世界人口将是2 000 000亿,到2625年将是18 000 000亿,到2660年将是36 000 000亿.这些天文数字的意义很难理解.整个地球面大约80%被水所覆盖.假定我们也愿意在船上生活,那么到2515年每个人将仅有0.87平方米;到2625年每个人将仅有0.09平方米;到2660年,每个人肩上还得站两个人.

看来这个模型还有不合理处,似乎应把它抛弃掉.但是,且慢,因为这个公式与过去的事实是非常相符的,所以我们不能草率地就将它抛弃.而且,我们看到了,许多实例都说明人口确实按指数增长.因而我们的任务是修改模型.

在人口数量不是很大的时候,方程①还是很精确地反映了人口增长的实际情况.但是当人口数量变得很大时,这一方程的精确程度就降低了.因为这时人口数量将受到环境因素的很大影响.这些环境因素包括自然资源、食物、居住条件,以及战争、瘟疫等,特别地,也包括人口的自我控制.这样一来,我们的方程里应该有一项反映这一环境因素.统计结果告诉我们,在方程中应当加一项 $-by^2$,这里 $b > 0$ 是一个常数.因此,我们考虑修改后的方程

$$\frac{dy}{dt} = ky - by^2 \qquad ③$$

这个方程叫人口增长率方程. k, b 叫作生命系数.它是1837年首先由荷兰的数学–生物学家

弗尔哈斯特(Verhulst)引进的. 常数 b 相对于 k 而言是一个很小的数,所以当 y 不是很大的时候,$-by^2$ 这一项与 ky 相比可以忽略. 但是当 y 很大时,$-by^2$ 这一项就不容忽略了,它降低了人口增长的速度. 不必说,工业化程度越高的国家,生存空间就越大,食物就越丰富,常数 b 就越小.

现在我们应用这一方程去预测人口的增长. 设 t_0 时的人口数量是 y_0,时刻 t 的人口数量是 $y(t)$. 于是我们有初值问题

$$\begin{cases} \dfrac{dy}{dt} = ky - by^2 \\ y(t_0) = y_0 \end{cases} \qquad ④$$

现在我们面临两个任务:(i) 解方程 ④;(ii) 用得出的解去预测未来的人口发展,为了求出它的解,将方程变形为

$$\frac{dy}{ky - by^2} = dt$$

两边对 t 积分,可得

$$\int_{y_0}^{y} \frac{dy}{kt - by^2} = \int_{t_0}^{t} dt = t - t_0 \qquad ⑤$$

为了求出左边的积分,需要把被积函数分解为更简单的函数. 为此,设

$$\frac{1}{ky - by^2} = \frac{1}{y(k - by)} = \frac{A}{y} + \frac{B}{k - by} \qquad ⑥$$

其中 A,B 是待定常数,只要求出 A,B 的值,分解式就得到了. 上式两边乘 y,得

$$\frac{1}{k - by} = A + \frac{By}{k - by}$$

令 $y = 0$,得出 $A = 1/k$. 再用 $(k - by)$ 乘 ⑥ 两边,得

$$\frac{1}{y} = \frac{A}{y}(k - by) + B$$

令 $y = k/b$,可得 $B = b/k$. 这样 A,B 都已定出. 由此我们有

$$\int_{y_0}^{y} \frac{dy}{y(k - by)} = \frac{1}{k}\int_{y_0}^{y} \frac{1}{y}dy + \frac{b}{k}\int_{y_0}^{y} \frac{1}{k - by}dy =$$

$$\frac{1}{k}\ln y \Big|_{y_0}^{y} - \frac{1}{k}\ln |k - by| \Big|_{y_0}^{y} =$$

$$\frac{1}{k}\ln \frac{y}{y_0} + \frac{1}{k}\ln \left|\frac{k - by_0}{k - by}\right| =$$

$$\frac{1}{k}\ln \frac{y}{y_0} \left|\frac{k - by_0}{k - by}\right|$$

回到 ⑤,我们得出

$$k(t - t_0) = \ln \frac{y}{y_0} \cdot \frac{k - by_0}{k - by}$$

当 $t > t_0$ 时,上式左边为有限正数,所以 $k - by_0 \neq 0$. 由此可知当 $t_0 < t < +\infty$ 时,$k - by(t)$ 无零点(分母不会为0). 这样一来 $k - by(t)$ 不会改变符号,即

$$\frac{k - by_0}{k - by} > 0$$

因此
$$k(t - t_0) = \ln \frac{y}{y_0} \cdot \frac{k - by_0}{k - by}$$

两边取指数,可得
$$e^{k(t-t_0)} = \frac{y(k - by_0)}{y_0(k - by)}$$

或
$$y_0(k - by)e^{k(t-t_0)} = y(k - by_0)$$

把含 y 的项移在左边,我们有
$$[k - by_0 + by_0 e^{k(t-t_0)}]y(t) = ky_0 e^{k(t-t_0)}$$

因此
$$y(t) = \frac{ky_0}{by_0 + (k - by_0)e^{-k(t-t_0)}} \qquad ⑦$$

现在我们对 ⑦ 做一考查,看看它对人口发展做了一种什么样的预测.

先看长期效果. 当 $t \to \infty$ 时,会出现什么情况呢? 由 ⑦ 可推得
$$y(t) \to \frac{k}{b}$$

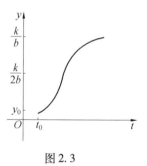

图 2.3

这样一来,不管人口的初始值是什么,它总是趋向于一个极限值 $\frac{k}{b}$. 曲线 $y(t)$ 的形状如图 2.3 所示. 这条曲线叫作 S 形曲线或人口数量增长曲线. 这条曲线以 $y = \frac{k}{b}$ 为水平渐近线.

其次,从图 2.3 我们还可以看出下面的事实:人口的数量始终是增加的;开始增加得慢,然后逐渐加快,在 $y = \frac{k}{2b}$ 附近增加得最快,以后又减缓下来,趋于一个极限.

现在我们对上面的几何结论给以分析的证明.

函数 $y(t)$ 的递增性是明显的,因为 $e^{-k(t-t_0)}$ 是 t 的单调减函数.

再者,方程
$$\frac{dy}{dt} = ky - by^2$$

的两边对 t 求导,得
$$\frac{d^2y}{dt^2} = k\frac{dy}{dt} - 2by\frac{dy}{dt} = (k - 2by)\frac{dy}{dt} = (k - 2by)(k - by)y$$

由此可见
$$y < \frac{k}{2b} \Rightarrow \frac{d^2y}{dt^2} > 0 \Rightarrow \frac{dy}{dt} \uparrow$$

$$y = \frac{k}{2b} \Rightarrow \frac{d^2y}{dt^2} = 0$$

$$y > \frac{k}{2b} \Rightarrow \frac{d^2y}{dt^2} < 0 \Rightarrow \frac{dy}{dt} \downarrow$$

于是，$y = \dfrac{k}{2b}$ 是一个转折点. 从图形我们可以得到这样的结论，在人口达到其极限值的一半之前，是加速增长时期. 过了这一点，人口的增长率就减低，这是减速增长的时期，人口的增长率最后趋于 0.

为了利用我们的结果去预测地球上未来的人口数量，我们必须估计方程中的生命系数 k 和 b. 某些生态学家估计 k 的自然值是 0.029. 我们已经知道，当人口总数为 3.34×10^9 时，人口的增长率是 2%. 人口的增长率是指 y'/y. 由

$$\frac{1}{y} \frac{dy}{dt} = k - by$$

我们有

$$0.02 = k - b(3.34) \times 10^9 = 0.029 - 3.34b \cdot 10^9$$

因此，$b = 2.695 \times 10^{-12}$. 这样一来，地球上的总人数将趋于极限值

$$\frac{k}{b} = \frac{0.029}{2.695 \times 10^{-12}} = 107.6(亿)$$

根据这一预测，世界人口仍处在加速增长时期.

1998 年时，曾利用公式 ⑦ 预测地球上到 2000 年将会有多少人口. 令 $k = 0.029$, $b = 2.695 \times 10^{-12}$, $y_0 = 3.34 \times 10^9$, $t_0 = 1965$, $t = 2\,000$. 我们有

$$y(2\,000) = \frac{0.029 \times 3.34 \times 10^9}{0.009 + 0.02 e^{-0.029 \times 35}} =$$

$$\frac{29 \times 3.34}{9 + 20 e^{-1.015}} \times 10^9 = 59.6(亿)$$

在人口模型中，参数的选取也是一个很重要的问题. 要通过各种实例反复检验才能确定它们. 上面的 k, b 的选取看来还需要改进. 因为按上面的取法，2000 年世界人口总量将是 59.6 亿. 这个估计保守了. 那时估计 1999 年中期世界人口总量将达到 60 亿. 实际上，1999 年 10 月 12 日被宣布为"世界 60 亿人口日".

对人口增长做近期估计，更好的办法是用最小二乘法找经验公式. 为此，先简单地介绍最小二乘法. 在实际工作中常常需要根据测量所得的一组数据来找出函数关系，即经验公式. 最小二乘法就是一种寻找经验公式的方法.

据统计，20 世纪 60 年代世界人口增长情况如表 2.2：

表 2.2

年	1960	1961	1962	1963	1964	1965	1966	1967	1968
人口／亿	29.72	30.61	31.51	32.13	32.34	32.85	33.56	34.20	34.83

试求出最佳拟合曲线，并预测公元 2000 年时的世界人口.

利用最小二乘法，我们求出 a, b 的最佳值是

$$a = -26.425\,8, b = 0.017\,57$$

最后，我们得到

$$y = e^{-26.425\,8 + 0.017\,57 t}$$

2000 年世界人口总数的预测值是 60.887 6 亿.

这个结果可能比实际人口多一点. 显然, 用 80 年代的人口数据做预测, 结果会更准确.

在人口学中还有许多其他问题需要研究, 例如, 妇女人口的增长规律, 老年人口的分布情况等, 这些问题对于制订一个国家的经济计划都有重要的影响, 对于它的讨论, 我们作为附录放在下面供参考.

综上所述, 大量的实际问题的建模, 即使是较为初等的数学知识也是较为有用的, 深刻的数学理论也必须不断地进一步学习, 只有这样, 在建立数学模型时, 才能灵活地采用恰当的、先进的数学方法.

附录

例 2 中介绍了某个地区从 1790 年到 1950 年这 160 年的人口统计资料. 根据从 1700 年至 1961 年这 200 多年来的世界人口统计资料, 世界人口几乎每年平均增长 2%. 看起来, 0.02 这个数字似乎很小, 并不吓人, 但实际上并非如此. 如果世界人口仍按这样的增长率持续下去, 那么世界人口就会按指数律增加, 呈现一种非常可怕的增长趋势, 例 2 从某个侧面也说明了这点. 为了更清晰地解释这种现象, 我们仍然建立一个函数数学模型加以说明.

设 $N(t)$ 表示 t 时刻(单位通常用年表示)的人口数, 它应该是一个正整数, 但为了讨论问题的方便, 而认为它是一个实数, 以便应用连续函数的方法来建模. 考虑时间区间 $[t, t+\Delta t]$, 称

$$a(t) = \frac{N(t+\Delta t) - N(t)}{N(t)} \quad ⑧$$

为该时间区间上的平均增长率, 显然它只能等于在该时间区间内的出生率减去死亡率. 如果用 b 表示单位时间内的出生率, 用 d 表示单位时间内的死亡率, 则由守恒律知

$$\frac{N(t+\Delta t) - N(t)}{N(t)} = (b - d)\Delta(t) \quad ⑨$$

记 $r = b - d$, 称为自然增长率(或纯增长率), 前面的 1700 年至 1961 年的每年的平均自然增长率即为 $r = 0.02$. 从而, 有

$$\frac{N(t+\Delta t) - N(t)}{N(t)} = 0.02\Delta(t)$$

亦即

$$\frac{N(t+\Delta t) - N(t)}{\Delta t} = 0.02 N(t)$$

令 $\Delta t \to 0$, 即有

$$N'(t) = \frac{dN}{dt} = 0.02 N(t) \quad ⑩$$

解这个(常微分)方程, 得

$$N(t) = N(t_0) \cdot e^{0.02(t - t_0)}, t > t_0 \quad ⑪$$

若取 $t_0 = 1961$, 则根据实际统计数字, 1961 年的世界人口总数是 30.6 亿, 将 $N(t_0) = N(1961) = 30.6$ 亿代入式⑪, 得

$$N(t) = 30.6 \cdot e^{0.02(t - 1961)}$$

如果再取 $t = 1996$, 就可算得

$$N(1996) = 61.62(亿)$$

这就是说, 如果按 $r = 0.02$ 的速度持续增长下去, 1996 年就比 1961 年人口增加了一倍, 到 2000 年, $N(2000) = 69.58$ 亿, 到了 2031 年, $N(2031) = 124.1$ 亿.

近些年来, 世界各国政府都注意到了人口增长的后果, 采取了各类措施, 所以时至今日, 世界人口总数才 60 余亿, 就是这个数字, 我们也已感觉到人满为患. 如果到了人口增多为 2.5 倍以后, 又将是一个什么样子? 所以人口增长问题, 进一步引起世界各国政府的密切关注, 而成为当今世界发展的一个重大决策性问题.

当然，人口问题毕竟是一个非常复杂的社会问题，我们不仅需要采取各种措施，例如2013年以前我国实行"一对夫妇只生一个孩子"等，做到有效地控制人口增长速度，同时还需准确预测，在实行了这些措施之后，各种年龄的人在人口总数中所占比例的变化情况．因为人类社会需要有合理的年龄构成．全社会将会有多少劳动力？每个劳动力需要抚养多少个无劳动能力的人(抚养指数)？人口的平均年龄是多少？老人和儿童的比例是多少？等等问题，都是制订人口政策时应当注意的．为了能正确地预测这些数字，上面所建立的简单模型④就不敷应用了，而必须考虑采用更恰当的数学方法来建立更为细致的模型．

下面，我们希望建立可以考虑年龄构成情况的人口发展动态模型．

同样假设不考虑人口的迁出和迁入等因素，那么，每一年某一岁的人口数目，显然就等于上一年小一岁的人口数目减去一年中死去的该龄人数，所以，如果以 $N_i(t)$ 表示 t 年 i 岁的人口数目，而以 $\mu_i(t)$ 表示这部分人一年中的死亡比例，那么就显然有

$$N_{i+1}(t+1) = [1 - \mu_i(t)]N_i(t) \qquad ⑫$$

而其中的 i 可以分别取作 $0,1,2,\cdots,m$．这里 m 为人所能活到的最高年龄．这个模型中的 $\mu_i(t)$，可以根据既往统计资料计算出来，只要不是特殊的天灾人祸、战争因素的影响，那么在一段不太长的时间内，都可以视它为常数．这样，除了这一年中的新生儿数目 $N_0(t+1)$ 不能由式⑫得出外，其余各种年龄的人口数目，就都可以通过式⑫递推而计算出来了．

下面再来考虑 $N_0(t)$ 的计算问题．由于婴儿只能由处于育龄阶段的妇女生产，而且不同年龄的妇女生育的量也不相同．设妇女能生育的最小年龄是 l_1，最高年龄是 l_2；假定 i 岁的妇女在同龄人中所占的比例为 $k_i(t)$；又假定每个妇女只允许生育一次孩子，她在 i 岁时生育的可能性为 $h_i(t)$；又每个妇女平均生育的孩子数目是 $\beta(t)$；那么 t 年出生的婴儿数目 $N_0(t)$ 就可以由下式计算出来

$$N_0(t) = \beta(t) \cdot \sum_{i=l_1}^{l_2} h_i(t) \cdot k_i(t) \cdot N_i(t) \qquad ⑬$$

上述式子中的 $k_i(t) \cdot N_i(t)$ 表示 t 年年龄为 i 的妇女人数，$\beta(t) \cdot h_i(t) \cdot k_i(t) \cdot N_i(t)$ 表示这部分妇女在这一年所生育的婴儿数目，从而 $\sum_{i=l_1}^{l_2}$ 表示将各年龄的妇女(自 l_1 岁起直到 l_2 岁止的妇女)所生育的婴儿数目加起来，可见 $N_0(t)$ 确实是该年所生育的婴儿数目．

这样，我们就可以由⑫和⑬得到一个较为完整的人口动态模型了．

图 2.4 是根据 1979 年我国的统计数字，按上述模型计算绘制的到今后若干年内我国人口的预测曲线，以及独生子女政策对社会各因素的影响情况曲线．

图 2.5 中 4 条曲线，右端自上而下依次为老少比、平均年龄、抚养指数和劳动力人数．

由此，只要根据人口统计资料定出不同年龄人口的死亡率 μ_i，妇女在同龄人中所占的比例 k_i 和生育的可能性 h_i，再取定一个 t_0(例如，取 $t_0 = 1998$)，并将该年的各种年龄的人口数目代入模型⑫，即可算得 $N_1(1998),N_2(1998),\cdots,N_m(1998)$；而由所确定的允许生的平均胎数 $\beta(t)$，还可由⑬算得 $N_0(1998)$，再将以上算得的数字代入⑫和⑬，又可对 $t = 1999$ 算出相应的数字．如此年复一年地递推下去，即可对今后的每一年，算出在不同的允许生的平均胎数 $\beta(t)$ 之下各种年龄的人口分布．有了这些数据，就可以预测出今后若干年中的劳动人数、老人和儿童人数等，而做到心中有数，特别是由图 2.4 及 2.5 可以看出，我国实行的独生子女政策到 2010 年左右是一种较好选择．

上面，介绍了运用统计方法可以考虑年龄构成情况的人口发展动态模型．根据实际统计资料，我国人口在 1994 年已超过 12 亿．国家计划生育委员会(以下简称"计生委")估计，中国总人口的峰值年是 2044 年，峰值人数达到 15.6 亿或 15.7 亿．这就是说估计 2044 年后我国总人口数将出现减少的趋势，这显然是一个人们关心的大问题，对于经济规划、人口控制等都将产生重大影响．我们也可从模型⑩出发，运用常微分方程方法建立一个数学模型来合理论证计生委的估计应该是一件有意义的事情．

式⑩是 $r = 0.02$(常数)的著名的指数增长模型(或称 Malthus 模型)．实际上这个模型是在假设资源

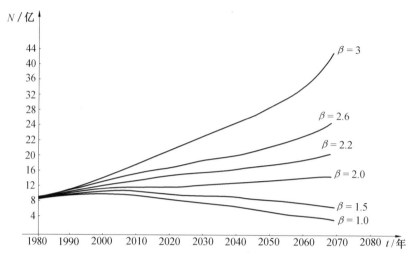

图2.4 从1980至2080年的我国人口预测图

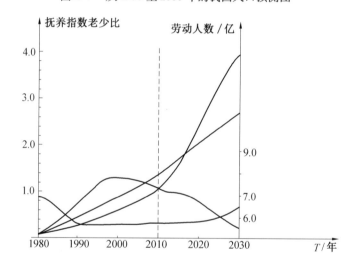

图2.5 从1980至2030年内独生子女政策对社会各种因素的影响

(生存空间、食物、水等)无限的情况下得的,而实际情况并不是这样,因为$\lim_{t \to \infty} N(t) = +\infty$,资源显然不能满足,因而模型⑩通常又适用于$N(t_0)$不大、时间不长时人口的增长模型.

为反映资料的有限性,即人口的增长必须适应资料有限的限制,否则将无法生存,这时认为用$r - \alpha N(t)$来代替r,即由于资源有限人口增加时自然会对自然增长率有一定的约束,会降低增长率,这项用$-\alpha N(t)$表示,α仍取为一常数,可见$N(t)$越大制约越大,符合人们的直观,这时就得到了所谓的Logistic模型

$$\frac{dN}{dt} = r\left(1 - \frac{N(t)}{K}\right) \cdot N(t), t > t_0 \qquad ⑭$$

其中$K = \dfrac{r}{\alpha}$. 这时用分离变量法可解得

$$N(t) = \frac{K}{1 + \left(\dfrac{K}{N(t_0)} - 1\right) \cdot e^{-r(t-t_0)}} \qquad ⑮$$

由上知,$N(t)$是单调的(若$N(t_0) > K$,则是单调递减的,若$N(t_0) < K$,则是单调增加的),且有

$\lim\limits_{t\to\infty} N(t) = K$,称为极限人口(通常 $N(t_0) < K$),即环境资源能够允许的最大人口数.

然而⑩与⑭都不能用于计生委的估计问题,因为它们都是单调递增的(设 $N(t_0) < K$),而计生委的预测是2044年我国总人口达到峰值然后开始下降,也就是有

$$r = \frac{1}{N(t)} \cdot \frac{dN}{dt} \begin{cases} > 0, t < \bar{t} = 2\,044 \\ = 0, t = \bar{t} \\ < 0, t > \bar{t} \end{cases}$$

而前述两个模型中,$\frac{dN}{dt} > 0$. 因此,我们必须重新讨论 r,最简单的一种方法是选 r,为

$$r - B(t - t_0), r, B \text{ 待定}$$

此时,一定存在时刻 $\bar{t} = t_0 + \frac{r}{B}$ 使 $r = 0$,且有 $t < \bar{t}$ 时 $r > 0$,$t > \bar{t}$ 时 $r < 0$. 因此,我们得到下述人口增长的数学模型

$$\frac{dN}{dt} = [r - B(t - t_0)]N(t), t > t_0 \quad ⑯$$

计生委预测 $\bar{t} = 2\,044(t_0 = 1\,994)$ 时 $\left|\frac{dN}{dt}\right|_{t=\bar{t}} = 0$,从而

$$r - B(2\,044 - 1\,994) = 0$$

即

$$B = \frac{r}{50}$$

$$\frac{dN}{dt} = r\left(1 - \frac{t - t_0}{50}\right)N(t), t > t_0 \quad ⑰$$

易求得上述常微分方程的解为

$$N(t) = N(t_0) \cdot e^{r(t-t_0)\left(1 - \frac{t-t_0}{100}\right)} \quad ⑱$$

令 $t_0 = 1\,994, N(t_0) = N(1\,994) = 12(亿)$,则有

$$N(2\,044) = 12 \cdot e^{25r}(亿)$$

对不同的 r 有以下的结果

r	0.01	0.010 5	0.010 6	0.010 7	0.010 8	0.010 9	0.011
$N(2\,044)/亿$	12.408	15.602	15.641	15.680	15.719	15.759	15.798

由此,便可得出如下结论:只要把 r 控制在 0.010 5 和 0.010 8 之间就能证明计生委的论断是有道理的了!

2.5 数学建模教育

现代数学教育学认为,数学教学的任务是提高公民的数学素养,形成和发展那些具有数学思维特点的智力活动结构,并且促进数学发现与应用;同时,又把数学教学看作是数学活动的教学,而数学建模就是这样一种既能创设情境来完成教学任务又能促进数学发现与应用的特别活跃的数学活动. 因此,数学建模是现代数学教育研究中不可缺少的课题,数学建模教育具有特殊的教育性质与功能.

2.5.1 数学建模在高中数学新课程中的地位、特点

数学建模(mathematical modelling)是运用数学思想、方法和知识解决实际问题的过

程,现已成为不同层次数学教育重要和基本的内容. 数学建模是从现实问题中建立数学模型的过程. 数学建模可以看成是问题解决的一部分,它的作用对象更侧重于来自非数学领域,但需用数学工具来解决的问题. 如来自日常生活、经济、工程、物理、化学、生物、医学等领域中的应用数学问题. 这类问题往往还是"原坯"形的问题,怎样将它抽象,转化成一个相应的数学问题,这本身就是一个问题. 作为问题解决的一种模式,它更突出地表现了如下过程:对原始问题的分析、假设、抽象的数学加工过程,数学工具、方法、模型的选择和分析过程,模型的求解、验证、再分析、修改假设、再求解的迭代过程. 由于电子计算机的飞速发展,用数学建模的方法解决自然科学、工程技术和社会科学中的问题已成为一种被广泛使用的方法.

数学建模是数学学习的一种新的方式,它为学习者提供了自主学习的空间,有助于学习者体验数学在解决实际问题中的价值和作用,体验数学与日常生活和其他学科的联系,体验综合运用知识和方法解决实际问题的过程,增强应用意识;有助于激发学习者学习数学的兴趣,发展学习者的创新意识和实践能力.

1. 数学课程标准中对数学建模的要求

(1) 在数学建模中,问题是关键. 数学建模的问题应是多样的,应是来自于学生的日常生活、现实世界、其他学科等多方面的问题. 同时,解决问题所涉及的知识、思想、方法应与高中数学课程内容有联系.

(2) 通过数学建模,学生将了解和体会建模框图所表示的解决实际问题的全过程,体验数学与日常生活及其他学科的联系,感受数学的实用价值,增强应用意识,提高实践能力.

(3) 每一个学生可以根据自己的生活经验发现并提出问题,对同样的问题,可以发挥自己的特长和个性,从不同的角度、层次探索解决的方法,从而获得综合运用知识和方法解决实际问题的经验,发展创新意识.

(4) 学生在发现和解决问题的过程中,应学会通过查询资料等手段获取信息.

(5) 学生在数学建模中应采取各种合作方式解决问题,养成与人交流的习惯,并获得良好的情感体验.

(6) 高中阶段至少应为学生安排一次数学建模活动. 还应将课内与课外有机地结合起来,把数学建模活动与综合实践活动有机地结合起来.

《标准》中没有对数学建模的课时和内容做具体安排,学校和教师可根据各自的实际情况,统筹安排数学建模活动的内容和时间. 例如,可以结合统计、线性规划、数列等内容安排数学建模活动.

我们通过数学建模教与学要为学生创设一个学数学、用数学的环境,为学生提供自主学习、自主探索、自主提出问题、自主解决问题的机会. 要尽量为不同水平的学生提供展现他们创造力的舞台,提高他们应用所学的数学知识解决实际问题的能力. 通过数学建模的教与学(或者说在教师有限指导下,学生进行更多的自主实践),要让学生能把学习知识、应用知识、探索发现、使用计算机工具、培养良好的科学态度与思维品质更好地结合起来,使学生在问题解决的过程中得到学数学、用数学的实际体验,加深对数学的理解.

在数学建模的教与学的过程中应该充分发挥数学建模的教育功能,培养学生的数学观念、科学态度、合作精神;激发学生的学习兴趣,培养学生认真求实、崇尚真理、追求完美、讲求效率、联系实际的学习态度和学习习惯.

2. **数学建模的特点**

数学建模教育是数学教育的一个组成部分,因而除了数学教育的主体性、开放性及学生的参与和注重过程等特点之外,数学建模的突出特点是它的实践性. 数学学习与实践的脱离始终是数学教育中的一个大问题,数学的应用性得不到充分体现,因此强调数学的应用性是各国数学课程改革的一个共同的趋势. 数学建模强调与社会、科学和生活实际的联系,特别是用数学知识发现社会和生活中的问题,并在力所能及的范围内解决,同时推动学生去关心现实、了解社会、体验人生,并积累一定的感性知识和实践经验. 可以这样说,数学建模中所探究的问题源于社会生活实践,整个探索过程充满了思考、调研、试探、操作、实验,而探索的结果又运用于实践. 因此,数学建模具有明显的实践性的特点.

我们的学生在学校中接触较多的是传统的应用问题,对数学建模相对生疏. 怎样更好地从一般的数学应用过渡到数学建模,这是一个正在被许多国家研究和实践的数学教育课题. 从国外教材的变化中,我们可以体会出应用题教学变化的一种趋势:问题的来源更生活化,更贴近实际;条件和结论更模糊;可用信息和最终结论更有待学生自己去挖掘. 它恰好表现了传统的应用题向数学建模的一种过渡,为我们在中学如何开展数学建模的入门教学提供了有益的启示 —— 数学建模可以从应用做起,数学建模应该从应用题的改革做起.

学好数学的基础知识,对于应用来说绝对是必不可少的. 理论是应用的基础,没有对数学知识本身的理解和掌握,就根本谈不上应用. 但有了知识并不等于自然就会应用. 从国际教育比较研究的调查报告中我们可以看到,我们的学生在基础知识的掌握上,优于其他国家,而应用题却做得不好,主要是应用意识差,即虽有数学知识却不知什么时候用,也不知怎么用,生动的数学知识仅仅变成了应试的工具. 这说明"应用意识"是需要培养的. 应用数学的能力和掌握纯数学的能力有一定关系,但并不相当. 应用不仅要求有相关的数学知识和应用它解决问题的意识和欲望,还要有应用领域的相关知识和技能. 对于当代中学生来说,由于他们的社会实践环节相对较少,与实际接触而得到的生活体验非常有限,这使得他们的应用能力比起接受知识的能力来大大滞后,因此我们的数学教学应有意识地为学生创设数学应用的情境,以便使学生们的应用意识和能力能在实践中得到提高.

数学建模问题确实有许多是以应用题形式出现的,但它实际上远远不止于此. 常见的文字应用题的求解过程常常是找出相应的函数或方程(组)模型,再用之求解. 课本上传统的文字应用题往往有这样的特点:条件清楚准确、不多不少,结论唯一确定,原始问题数学化的过程简单清楚明了,解出的结论也很少需要学生思考是否合乎实际、是否需要进一步调整和修改已有的模型. 而这几点往往是一般数学建模过程的难点和"重头戏"所在. 从形式上看,在现实生活中,在对某一问题考虑出一个可能的解决方法之前,一般不会有现成的可供使用的事项、数据、陈述、关系等条件,这些首先必须被收集、挑选、整理、比较才能掌握. 而对于课本上的应用题,这些必不可少的数据、信息大多是经过加工后,以文字或图形的形式来给出的. 而数学建模所面对的问题,其来源更生活化,更贴近实际;条件和结论更模糊,可用信息和最终结论有待学生自己去挖掘. 从建模的角度来看课本上的传统的文字应用题,它们在建模的过程上是比较特殊的和简单的,还不能充分展示数学建模的典型过程,因此还不够完备.

教材中强调的"应用",更多地表现在通过有实际情境的例子来加深对所学知识的理解,说明所学知识的"有用"和"可用". 而数学建模则强调的是能动地用所学的数学知识解决问题,它更强烈地表现出对所学知识的"想用、能用、会用"这样一种用数学的意识.

2.5.2 数学建模教育的性质

1. 面向未来的基础教育.

1994年,王梓坤院士执笔为中国科学院数学物理学部写的报告《今日数学及其应用》中指出:

> 国家的繁荣富强,关键在于高新的科技和高效率经济管理,这是当代有识之士的一个共同见解,也已为各发达国家的历史所证实. 在我国,党和政府已把科技对生产建设的重要性提到前所未有的高度,美国的科学院院士 J. G. Glimm 也曾幽默地说过,40年前,中国有句话说"枪杆子里面出政权",而从20世纪90年代起,在全球应是"科学技术里面出政权". 他的话反映了国外许多人士对科技重要性的新认识,从海湾(伊拉克)战争也可以看出,高技术是保持国家竞争力的关键因素. "高新技术的基础是应用科学,而应用科学的基础是数学." 这句话把数学对高新技术的作用,从而对国富民强的作用,清楚地表达出来. 当代科技的一个突出特点是定量化. 人们在许多现代化的设计和控制中,从一个大工程的战略计划、新产品的制作、成本的结算、施工、验收直到贮存、运输、销售和维修等都必须十分精确地规定大小、方位、时间、速度、成本等数字指标. 精确定量思维是对当代科技人员共同的要求. 所谓定量思维是指人们从实际中提炼数学问题,抽象化为数学模型,用数学计算求出此模型的解或近似解,然后回到现实中进行检验,必要时修改模型使之更切合实际,最后编制解题的软件包,以便得到更广泛和方便的应用.

作为未来的社会建设者,形势的发展要求他们不仅是定性思维者,不能只满足于粗线条的大致估计,而且必须同时是一位定量思维者. 数学建模不仅帮助人们在各项工作中获益或获利,而且给予人们以能力,包括解释现象、预测今后、决策行动,在解释、预测、决策中培养人的直观思维、逻辑推理、精确计算及给出结论的明确无误的能力. 这些都是精明的社会建设者应具备的工作素质,大而言之,也是每个未来公民必须具备的科学文化素质.

在我国,目前启动的新一轮基础教育课程改革中,把数学建模教育作为国家课程标准中的一个模块,明确提出:基础教育应着眼提高学生的数学文化素养. 前国家教委基础教育课程教材研究中心主任游铭均同志也曾指出:

> 数学教育要教给学生的不能仅是数学知识,重要的在于培养学生用数学的意识,让他们学会用数学的理论、思想方法分析、解决实际问题. 要把数学素养作为现代社会公民必须具备的文化素养来考虑. 要重视从实际问题中建立数学模型,解决数学问题,从而解决实际问题这个全过程. 加强数学与实际的联系已成为我国政府实施教育改革的一个指导思想. 数学建模问题应该进入学校教学与考试中,学生分析、解决实际问题的能力应该成为各毕业生必备的能力,也应作为考核学生的一个方面.

随着市场经济大潮的到来,迎接未来社会需要和国家的工农业生产建设的挑战,我们首先应从时代的需要认识到:数学建模教育在本质上是一种面向未来的基础教育,并以此来更新观念,确立正确指导思想.基础教育的远大目标之一就是为使年青一代在现实生活中能自信地、有知识地发挥作用做好准备,而数学建模就是运用数学知识、方法、观点去处理实际问题,在解决问题中培养良好的"数感",培养正确的"数学意识",为迎接未来社会的数学化做好准备.

其次,我们还应该从教育理论自身的研究中看到:在数学教育理论中,数学建模过程可概括为三大步:第一步,是对实际材料的数学描述,来建立数学结构,此称为经验材料的数学组织化;第二步,体现利用数学理论研究问题的过程,此为数学材料的逻辑组织化;第三步,利用理论结果指导实际,进行检验,进一步提出新的问题,建立新的数学结构,此为数学的实际应用.因此,数学建模教育研究也是数学教育基础理论研究中一个重要的课题.由实际材料向数学材料转化的数学建模方法既注目于求解的各种数学技巧,还帮助学习者了解到在广泛的应用中数学有多重要.在建模教育中学到的策略和技术容易转换到其他情形中去用.受到建模教育的学生更能欣赏到数学的威力,他们将体会到,"这才是真正的基础数学""真正的基础教育".

2. 培养能力的素质教育.

因为数学建模并不像以前遇到过的数学问题那样对完全确定的问题寻求唯一的解答.对于学生来说,要实现这一点需要很长的时间以及思维方式朝向问题解决方向的一个转变.对于某些不是很确定的问题情境,不仅难以找到确定的数学表达形式,问题的答案也往往并不唯一.把实际问题抽象为数学问题是一种能力,从客观事物原型中建立起恰当的数学模型更是一种综合能力,这种能力是通过数学建模教育来培养的,这也是数学建模教育的主要目标.

进行数学建模教育,培养学生较高的数学素养,不仅促使学生掌握扎实的数字知识和技能(包括运用计算工具的能力),还促使学生具有数学的思维习惯和能力,即能数学地去观察世界,处理和解决问题.

在数学建模中,现象的解释、问题的概括、判断服从于客观的真理性,凡是按照客观的思维规则,经过严格推理,论证得到的结论,谁也无法否认,凡是偏离客观规律获得的结论,不管怎样错综复杂,扑朔迷离,终究会被推翻或淘汰(如地心说、日心论、汤姆逊原子模型等参见 3.2.1 节和 5.6.1 节),这里来不得半点虚伪和欺诈.因此,长时间的数学建模教育与训练,将可能酝酿成人的诚实与正直的优秀品格;数学建模是把实际问题进行简化(舍去非本质因素)、纯化(舍去具体的属性),并做出若干必要的假设(对某些对象或条件的限定或界定等),运用适当的数学工具(或数学表示形式)而建立某个(或某些)方面不失真的整体近似反映的数学结构,因而要成功地对实际问题建立数学模型,需要有高强度的智力活动,需要具备勤奋、刻苦、勇敢、机智、顽强的精神,还需要善于与人合作的精神,而这些正是当今时代迎接挑战不可缺的精神;数学模型的不断完善与规范,对于形成严肃认真、踏实细微、团结协作等良好作用,也起着潜移默化作用.在数学建模教育中,可以将素质教育寓于数学建模之中,例如,在对我们所应该掌握的知识的建模(参见 5.4.4 节)中,使我们更清楚地认识到:应试教育提倡学生死记硬背,一味讲究分数,"以考试定乾坤",其实质就是迫使学生去掌握大量的 B 级知识,因为 A 级知识不够考试之用,B 级知识多就可以考出好成绩.而创造所需的 C 级知识,需要熟练地掌握和灵活运用,有相当的深度,远非现在的教科书所能满足的,因此,往往有些因为掌握了大量 B 级知识而考试成绩很优秀的学生,一旦进入实际工作时往往没有什么作为,这就从本质上说明了应试教育误人子弟,害人匪浅. 从知识层次模型理论得知,我们应该多掌握 A 级知识,精通 C 级知识,少掌握 B 级知识. 这不就从建模的具体例子说明从应试教育向素质教育转轨的必要性吗? 由知识层次模型理论指导我们的实践,更多地掌握 A 级知识,更好地掌握 C 级知识,A 级知识可以引起创造性思维,C 级知识可以完成创造性思维. 有了足够的 C 级知识作基础,A 级知识越多,越能够产生各种各样的联想,提供广泛筛选的余地,找许许多多解决问题的办法,因而易于创新,综合能力自然较强.

综上可见,数学建模教育的确是培养能力的素质教育.

3. 生动活泼的学校教育.

在学校教育中开展数学建模教育,向学生灌输建模观念,介绍建模实例,授之建模方法,这不仅是培养学生用数学的重要措施,也是培养学生对数学产生浓厚兴趣的重要途径,还是启引学生学习数学的重要方法. 强调让学生通过"做数学"来学习数学是近些年来国际数学教育界掀起的又一潮流,而数学建模的过程就是一种做数学的过程.

由于数学和应用数学的迅速发展,尤其是计算机科学的发展,对学校数学教育提出了新的要求,促进了学校数学教育改革. 这种改革不仅在大学,而且也包括中、小学;不仅是教学材料、内容和课程设置方面的改革,更重要的是教学思想与方法上的改革.

开展数学建模教育,是进行学校数学教育改革的重要环节. 以建模的观点分析教学内容,从已有的传统教材内容入手,落实日常语言变为数学语言的训练,落实使学生受到实际问题抽象成数学问题的训练,这是中学数学教学大纲的要求,也是中学数学教师日常教学工作的内容,更是落实素质教育目标的实际行动. 例如,在初中代数知识这一章的教与学中,抓住用字母表示数、列代数式、列简易方程等内容,突出日常语言翻译成数学语言能力的训练,渗透建模思想,为培养建模能力打下基础;在有理数这一章的教与学中,通过零上温度、零下温度,从某点向东 5 km,向西 5 km,珠峰高出海平面 8 848 m,吐鲁番盆地比海平面低 155 m,……,把这些具有相反意义的量用数学表示就可以看成是初步的数学模型表示;而后面的一元一次方程(组)本身就是一类问题的数学模型等. 这样的分析与处理,使得我们的数学建模的教与学内容丰富,形式活跃.

在数学教育改革中,将"问题解决"作为最具代表性的口号提了出来,而数学建模就是一种类型的问题解决. 即使在数学教育家中,对不同的人解决问题意味着不同的事情. 诚然,学习者在课堂做的计算练习是问题解决的一种形式 —— 有一个问题,而且一定要求得一个正确的答案. 但是更经常的情况是,当某人提到问题解决时,我们想到的是用文字表述问题. 对这样的问题,还希望一定要说清楚问题要求的是什么,然后决定怎样去求得解答. 当然,文字表述的问题比计算题有更高的要求. 尽管另一些人来说,问题解决要能够提供诸如魔方和测河中塔高这样的难题的阐明和解决,但这也只能说问题解决具有数学建模的一些特征,因数学建模比问题解决更深刻. 在数学建模的情形中,常常要对一些其内容看来是非数学的现象进行建模. 这种现象可能诸如预测选举结果那样的政治领域中的一个事件;诸如寻找石油价长期行为的经济学现象;甚至是预测将来森林增长模式的生态学现象. 这些事件都应该理解为问题. 必须认识重要的因素,一定要确定其间的关系,而且必须数学地阐明这些关系. 这些关系的数学阐明必须考虑到能对现象进行分析以至能找到结论(解决). 因此,数学建模是一个系统的过程,是一个特殊的问题系统解决过程,它要利用一系列的技巧以及翻译解释、分析和综合等高度的认知活动.

在数学教育改革中,强调数学的应用与培养学生"运用数学的意识"是作为一个重要目标来追求的,而进行数学建模教育正是达到这个目标的关键步骤.

在学校教育中,加强数学建模与应用的教育,与我国当前的国情也是一致的. 现今,我国每年都有近千万中学生毕业,而我国需要大量的具有各种专业的应用性人才,而这些毕业生不管是通过进一步深造,还是直接就业走向社会工作岗位,其中许多人面对实际问题却无能为力,难道是学习的数学知识不够吗?不,绝不是,而是其中他们运用数学知识处理实际问题的能力较差,因此,生动活泼的数学建模学校教育对他们来说是十分重要的,也是迫切需要的.

被证明为相当成功的学校建模教育,一般由三个阶段构成:第一个阶段,要选取一系列较简短的实例,诸如"大小包装的商品的定价""邮政有奖明信片值得买吗""怎样洗衣服才节约用水"等,由教师和学生共同建立数学模型. 在这个阶段,通常选择那些仅运用基本的数学方法能解决的实际问题作为例题,重点放在如何运用数学形式刻画和构造模型方面,应当引导学生主动参与建模过程,而不要让他们被动地接受问题的答案. 在第二个阶段中,问题情境基本给出来了,允许学生间进行短时间的讨论,师生共同分析和设计数学模型,然后把学生分成小组,每组3至4人,让各个小组讨论并修正这个模型,或者进一步研究问题的发展变化. 这里的重点并不是特定的数学知识的应用,而是用基本的数学原理和方法对讨论的问题寻求一个合理的解决. 为了使学生学会建模,要通过各种实例说明不同的建模方法. 这个阶段的教育对于培养学生学习的自信心有着重要的作用,在这一阶段,要让每个小组写出一份报告,并向全班讲解. 报告中一般会求出问题的答案,但不能做过高的要求,对此需要教师给以多方面的指导和帮助.

在最后一个阶段,学生要分成小组进行设计和建模活动. 每小组3到4人,就指定的某一问题的建模展开充分地讨论,比较理想的情况是,所研究的问题具有可扩展性,可以纵横延伸,在这个阶段,应当让小组的每个成员承担一项具体的任务,教师尽量不参与各小组的设计,只在必要时给以简单的指导. 最后让每个学生独立地写出报告,各小组都在班内做口头报告.

采用这种教育阶段与结构进行学校建模教育,是有利于学生发展数学建模能力的,也培养了他们的自信心,使他们能够不断地有所发现和创造,今后甚至成为出色的建模专家. 在发展他们建模能力的同时,也必将会提高他们的交流能力和团结合作的能力,使他们真正觉得活泼、主动.

在数学建模活动中,数学各项知识获得极为灵活的运用,这正是学校数学教育的目标之一.

4. 数学科学的普及教育.

社会的发展,时代的前进呼唤着数学科学面向大众.

市场经济需要人们掌握更多的数学. 随着市场经济的逐步完善,无论是城市还是农村,几乎每个生产者同时也将成为经营者,产品质量、市场销售与个人利益直接挂钩. 因而,成本、利润、投入、产出、贷款、效益、股份、市场预测、风险评估等一系列经济词汇将成为人们社会生活中使用得最为频繁的词汇. 同时,人们日常生活中的经济活动也将更为丰富多彩,买与卖、存款与保险、股票与债券、……,几乎每天都会碰到,相应地,与这一系列经济活动相关的数学自然就应更早,更多地在中小学课堂中出现. 如,比和比例,利息与利率,统计与概率,运筹与优化以及系统分析与决策……

科学技术的迅速发展,特别是信息时代的到来,要求人们具有更高的数学修养. 科学研究发现,现代高技术越来越表现为一种数学技术. 高科技的发展、应用,把现代数学以技术化的方式迅速辐射到人们日常生活的各个领域. 智能机器人,办公自动化以及计算机储蓄,售货和私人电脑等电子产业、信息网络、电子信箱等高速发展,我国将需要上亿人从事这些新产业. 作为一个普通百姓,"计算机盲"像今天的文盲一样可以生活下去,但过得不会很自在.

人们的生活质量有待数学知识的丰富而提高. 随着生活水平的改善,人们追求的将是营养、美观、舒适,有利人身健康等一系列更高层次的目标. 随着交通工具的现代化,人们经济活动的频繁,生活水准的提高,世界将会变得很小,私人汽车、旅游度假、因公外出、出国观光以及国际、国内长途电话、国际、国内航线,伴随这一切的出现,需要人们具备更多的能有效运用的数学知识、思想和方法.

数学语言正在生活化,或者说,生活中需要越来越多的数学语言. 数学语言可以说是迄今为止唯一的世界通用语言,以准确、简明、抽象著称的数学语言正越来越多地进入人们的日常生活. 各种统计图表、比例、分数、小数、百分数符号频繁见于报端;生产进度、股市行情等运用着几乎同样的数字符号向各行各业的普通百姓传递着大量信息.

这一切的一切,为数学建模提供了极为丰富的素材. 在数学建模教育中,无疑地,数学科学知识也获得了极大的普及.

2.5.3 数学建模教育的功能

1. 培养功能.

通过数学建模教育,下面五个方面的能力是要培养的.

(i) 培养"翻译"的能力. 把经过一定抽象、简化的实际问题用数学语言准确表达出来形成数学模型(即数学建模的过程),对应用数学的方法进行推演或计算得到的结果,即数学模型的解,能用"常人"(非数学家)能懂的语言"翻译"表达出来,亦即"双向"翻译的能力在数学建模教育中得到极大的培养. 著名应用数学家库朗(R. Courant)极为确切地表述了"双向"翻译能力的重要性,"应用数学的任务是面向外部提出的问题,适合这些问题的形式,把它们翻译成数学语言,分析其模型表示的抽象问题,然后是最后的也是最主要的一步,从理论分析转回现实语言并使之合于使用."

(ii) 培养灵活运用数学知识、方法的能力. 应用已学到的数学知识、方法和思想进行推导、计算、简化、分析和综合应用,并能在需要时学习一些新的数学知识,来建立恰当的数学模型是一项基本功训练,过去学过的数学知识(它是在特定环境和条件下学来的)就好比是手中已有的武器(或者说某种机器吧),但不意味着你就会自动地会使用它,更谈不上能灵活、创造性地使用它. 但通过数学建模教育,情形就大不一样了.

(iii) 发展想象、联想能力. 数学建模中特别需要想象力和联想力,正如伟大的物理学家爱因斯坦(A. Einstein)所指出的"想象力比知识更重要,因为知识是有限的;而想象力却抓住了整个世界,激励着产生进化的进步."想象力是一种把原始经历组合成具体形象的能力,一种把握层次的能力,一种把感觉、梦幻和思想等对立因素融合成一个统一整体的能力.

在数学建模中,许多完全不同的实际问题,在一定的简化层次下,它们的数学模型或是相同的或是相似的,这正培养了学生的广泛兴趣,多思考,熟能生巧而逐步达到触类旁通的境界.

(ⅳ) 逐渐发展形成一种洞察能力. 洞察力是一种直觉的领悟,把事物内在的或隐藏的本质的能力,或简言之,一眼就能抓住(或部分抓住)要点的能力,或"一眼看穿"的能力. 这显然是重要的,但却是不容易达到的,只有经过数学建模教育,经过艰苦的、不间断的长期经验的积累才能得到培养和发展.

洞察必须眼观六路,耳听八方,用研究探索的态度从不同的角度去观察同一个问题:既观察问题条件,又观察待求目标;既观察数据特点,又观察形态特征;既观察特异现象,又观察整体布局;…… 灵活地调整观察角度,通过不同观察结果的对比,方能揭开神秘的面纱,认清庐山真面目,抓住问题的本质特征.

通过把握问题各个部分的局部特征去把握问题的整体,通过问题的表层分析逐步深入问题的内层、深层,从而把握问题的本质,是具有较强洞察力的一种表现.

在数学建模过程中,这种洞察力不仅得到训练与培养,而且得到了淋漓尽致的表露.

(ⅴ) 培养熟练使用技术手段的能力,熟练运用计算机、图形计算器及相应的各种数学软件包. 这不仅仅是由于实际问题很复杂,为正确地进行建模我们还要不断计算一些东西,要看一些图像,使我们能根据对实际问题的判断,直观想象来确定建模是否能正确进行,更由于在形成数学模型(问题)后,求解中大量的数学推理运算、计算、画图(甚至动画的制作)都要靠相应软件包的帮助才能完成,把数学的结果翻译成常人能懂的形象的语言表达才有可能,可以说,建模过程中的每一阶段都离不开计算机及相应软件包的使用.

2. 激励功能.

由于数学建模可以看成为数学的塑造艺术,数学建模过程充满着艺术的魅力和诱人的趣味,它吸引人们去进行积极的参与和探索,而在参与和探索中又亲身体验到数学极为广泛的应用:"宇宙之大,粒子之微,火箭之速,化工之巧,地球之变,生物之谜,日用之繁"等各个方面,无处不有数学的重要贡献;体验到数学思想的智慧光辉和数学方法的创造力量,更进一步产生向往感,一股兴趣的力量在激励着他们.

每一个实际问题的建模过程完成,都是参与者们价值自我发现、自我实现的机会,每一个模型的获得都是他们勇敢拼搏、成功攀登的阶段,每一个环节都是点燃文思、烘热灵性的火苗,矢志不渝的奋斗与艰苦奋斗的成功正是兴趣持续的加油站.

兴趣是事业成功的起点和动力,兴趣是成就的沃土,兴趣是最好的老师. 学生最初接受建模教育,参加建模活动时,往往是被新颖而有趣的现象解释,精巧而奇特的预测决策所吸引,被数学模型所展示的神奇的智慧和艺术般的魅力所折服. 经过一段时间,当他们独立地去进行数学建模时,他们开始体会到百思不得其解的困惑,体会到寻求模型的艰辛,体会到灵感突然来临的惊喜,体会到科学研究与发现的独有乐趣. 从而发现了自己在科学活动中的能力和价值,发现了一个有希望从事开拓探究工作的自我. 于是,一种深切的愿望——在开拓探究工作中达到自我价值实现的愿望在心中涌动,由此而激起的对研究和发现的兴趣在心中生根,这种渴望将伴随他们去建立一个又一个模型,去攀登一个又一个新的高峰.

3. 导向功能.

数学建模教育,体现了人才培养目标的教育导向;强化了教育改革中进行素质教育的教学导向;加强了学校教育中对学生能力的培养导向.

在学校数学教育中,对数学知识应用能力的训练与培养一般是由数学课本中的练习、习题、思考题等中的应用问题来承担的. 但这类问题实际上几乎没有多少是真正的实际问题, 这类问题基本上是人为编纂的,其主要用意在于通过它也可以在一定程度上了解数学知识的用途和用法,也能在一定程度上培养学生把实际问题归结为数学问题的能力. 但这类问题的叙述是被加工过的或者人为编纂的,它已经不是原始的实际问题的真面目了. 这对培养学生的应用能力和应用意识方面的作用是极其有限的. 真正从实际提出来的问题一般要原始得多,它们的条件和结论之间的逻辑关系不一定像数学问题那样明确,那样配合得严丝合缝,甚至还需要对问题进行进一步的加工整理才能初步看出问题的数学结构. 题目中的数据可能都是实际观测的结果,它们除了反映着问题中变量之间的关系之外,还会在大小不同的程度上携带有误差,……,如何处理这些问题,数学建模给我们提供了处理方法. 这不就是加强了能力培养的导向吗? 通过数学建模教育的学生就不至于面对真正从实际提出来的问题而一筹莫展,不知所措. 当然,这也极大地提高了学生应用数学知识解决实际问题的能力,这不就是体现了学校教育培养目标的教育导向吗?

思 考 题

1. 下述问题是数学建模问题吗? 若是,请说明理由;若不是,应怎样改述?

货轮上卸下若干只等质量箱子,其总质量为 10 t,每只箱子不超过 1 t,为了保证能把这些箱子一次运走,问至少需多少辆载重量为 3 t 的卡车?

2.(1)作出思考题 1 中第 34 题中的供应曲线,需求曲线草图;

(2)用供求模型草图分析思考题 1 中第 34 题中的政府补贴行为及第 35 题中的征税行为的作用或影响.

3. 根据如下的叙述,你能建立一个数学模型进行求解吗? 若不能,应怎样修改呢?

一家大商业印刷公司的经理就关于应该雇多少推销员的问题征询你的意见. 定性地讲,推销员多了会增加销售管理费,而推销员少了会失掉可能的顾客. 所以一定会有某个最优的推销员个数. "推销员"并非指店员,而是指那些到各地把公司产品兜销给其他商号的人.

4. 乘夏利出租汽车,行程不超过 4 km 时,车费为 10.40 元,行程大于 4 km 但不超过 15 km 时,超出 4 km 部分,每千米车费 1.60 元. 行程大于 15 km 后,超出 15 km 的部分,每千米车费 2.40 元. 途中因红灯等原因而停车等候,每等候 5 min 收车费 1.60 元,又计程器每半千米计一次价,例如,当行驶路程 $x(km)$ 满足 $12 \leqslant x < 12.5$ 时,按 12.5 km 计价;当 $12.5 \leqslant x < 13$ 时,按 13 km 计价. 等候时间每 2.5 min 计一次价,例如,等候时间 $t(min)$ 满足 $2.5 \leqslant t < 5$ 时,按 2.5 min 计价;当 $5 \leqslant t < 7.5$ 时,按 5 min 计价. 请回答下列问题:

(1) 若行驶 12 km,停车等候 3 min,应付多少车费?

(2) 若行驶 23.7 km,停车等候 7 min,应付多少车费?

(3) 若途中没有停车等候,所付车费 y(元) 就是行程 x(km) 的函数 $y = f(x)$,画出 $y = f(x), 0 < x < 7$ 的图像.

5. 由人口统计年鉴,可查得我国从 1949 年至 1994 年人口数据资料如下(人口数单位:百万):

年份	1949	1954	1959	1964	1969	1974	1979	1984	1989	1994
人口数	541.67	602.66	672.09	704.99	806.71	908.59	975.42	1 034.75	1 106.76	1 176.74

试估计我国1999年人口数以及2009年的人口数.

6. 有一条河 MN,河岸的一侧有一很高建筑物 AB,一人位于河岸另一侧 P 处,手中有一个测角器(可测仰角)和一个可以测量长度的皮尺(测量长度不超过 5 m). 请你设计一种测量方案(不允许过河),并给出计算建筑物的高度 AB 及距离 PA 的公式. 希望在你的方案中被测量数据的个数尽量少.

7. 一房间的门宽为 0.9 m,墙厚为 0.28 m. 今有一家具其水平截面图如图所示,问能否把此家具水平地移入房间内(说明理由)?

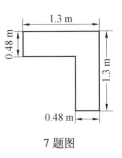

7题图

8. 同学们乘船去某港口看海上日出,突然听到天气预报说现海上有一台风,在台风中心的周围 30 km 的圆形区域都会受到它的影响. 已知现台风中心位于轮船正西 80 km 处,港口位于台风中心正北 40 km 处,如果轮船沿直线航行,并且中途不改变航线,那么它是否会受到台风的影响?

9. 空调效果的好坏是酷暑寒冬里我们最为关心的问题之一. 除去氟利昂不足等空调本身的老化问题,长时间裸露室外的空调管道保温扎带也易失效. 若管道上没有扎带,则空调的制冷及制热效果将会很差. 因而,我们应该对空调管道进行重新包扎. 通过调查发现,市面上常见的扎带是一面带胶的胶带型,带宽 5 cm,每米 0.5 元,某类型空调管道的截面周长 12 cm,长度在 4 m 左右,那么怎样包扎可以节约经费?

思考题参考解答

1. 这是一个应用题,由于若把箱子只数作为一个未知数,只是一种数学假设,不能认为一个数学建模问题. 但把问题改述一下则成了一个数学建模问题:货轮上卸下总质量为 M t 的等重货箱 $k(k \geq M)$ 只,用载重量为 3 t 的货车装运,每车运费为 a 元;用载重量为 5 t 的货车装运,每车运费为 b 元. 若需一次运回全部货箱,应派 3 t,5 t 车各几辆运费最省?

2. (1) 考虑淡水鱼(可看作商品 a)的一个市场,取一个直角坐标系的第一象限,横坐标轴 Q 表示商品的数量(Quantity),纵坐标轴 P 表示商品的价格(Price). 厂商对商品 a 的供应量为 S(Supply),客户的需求量用 D(Demand)表示.

厂商对商品 a 的供应量 S 是取决于商品 a 的价格的,一般地说 S 是价格的函数,并且商品 a 的价格越高(成本一定的前提下),厂商供应此种商品的积极性亦越高,供应量自然越多,用数学语言即 S 是价格的单调上升的函数,称 S 为供应曲线. 思考题1中第4题的供应曲线是 $S = 1\,000(x - 8)$,它是一条单调上升的曲线(直线).

同样,需求量(在质量一定的前提下)D 也是价格的函数,价格越低,客户的购买欲望越高,需求量亦越多,即需求函数是单调下降的. 思考题1中第4题的需求曲线的函数为 $D = 500\sqrt{40 - (x - 8)^2}$,两曲线如图(a)所示.

(2) 在直角坐标系 QOP 中,由于供应曲线 S 是在第一象限中的单调上升曲线,需求曲线 D 是在第一象限中的单调下降曲线,我们可把 (S, D) 作为供求关系(的模型),每一个确定的市场都有一个确定的技术关系,如图所示,又设 S 和 D 的交点 $E^* = (P^*, Q^*)$,则点 E^* 称之为供求关系的均衡点,P^* 称作均衡价格(即第一章思考题中第4题中的平衡价格).

当市场实际价格 P' 高于均值价格 P^* 时,从2题图(b)中可以看出,供应量 S' 大于需求量 D',即供大于求,这时市场就迫使厂商降低商品价格,以提高客户的需求量,一般地说只

要 $P' > P^*$，这种市场压力一直存在，对厂商来说，这是不得不做的.

若市场实际价格 $P'' < P^*$ 时，从2题图(b)中容易看出，供应量 S'' 小于需求量 D''，即供不应求，市场为厂商提供了提高价格的机会，也就是说市场迫使厂商提高价格，不管客户是否情愿，这是厂商必然的行为.

政府补贴方式一般有两种："明补"或"暗补"."明补"是直接补贴给消费者，"明补"是一种"不得已"的措施，它不能作为一种劳动的报酬，也不能作为"促销"的措施，是一种临时应急的手段(如颁发粮票、布票等)，在经济发展进入正常运行后，"明补"会越来越少，"明补"针对某种商品的，但对该商品的供求关系不会产生明显的影响."暗补"是补贴给供方，这是一种重要的促销手段，通过一个或几个商品的促销，对推动经济的发展有时会起到积极的作用.

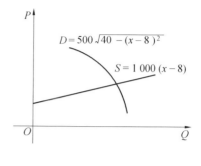

2题图(a)

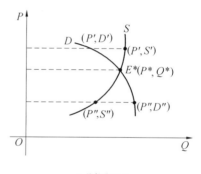

2题图(b)

设政府补给 a 商品的费用为 A 元/单位. 由于政府补贴对需求曲线是没有影响的，我们仅需分析供应曲线的情况. 当需求方以 P 价格购物时，厂商得到的价格是 $P + A$，供方将会按价格为 $P + A$ 来提供此商品，政府实施补贴后的供应曲线 S' 与无政府补贴时的供应曲线 S 应该满足关系式 $S'(P) = S(P + A)$. 这从数学上来说，即将曲线 S 向下平移 A，如2题图(c)所示，换句话来说，需求方可以用 P 价格买到 $P + A$ 价格的东西，可以看出补贴起到促销、促产的作用.

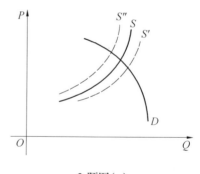

2题图(c)

在我国，政府规定向供方征税，设对某一商品征税 T 元/单位. 由于税是由供方出的，从而需求曲线 D 不变，以下分析供应曲线的变化. 当征税后的价格为 P 时，这是需方的价格，由于征税 T，供方得到的价格不是 P，而仅仅是 $P - T$，供方只能按 $P - T$ 的供应水平供给商品，这样新的供应曲线 S'' 与原供应曲线 S 的关系为 $S''(P) = S(P - T)$. 需方出价格 P，在征税后仅能买到征税前以 $P - T$ 价格买到的东西. 通俗地说，需方亏了. 新的均衡点是由 S'' 与 D 交点确定的.

3. 根据所给问题的叙述，问题远不能回答. 这家公司的生产限度怎么样？经营的目的是什么？是争取最高的利润吗？或者是在获得足够多利润的同时争取最大的销售范围？还是别的什么目的？如果不能很清楚地答复这些问题和类似的问题，你的建议可能是相当不准确的. 较好的研究应该对各种规律的推销队伍的效果做出一项描述，而把最后的决定像通常应该的那样留给经理部去做. 要决定推销队伍将会产生什么效果,就必须知道推销员完成了什么工作,因此,我们可以试着确定推销员如何使用他们的时间以及他们这样做得到了什么结果. 我们还可以问:推销员利用时间的最好方式(以销售量为标准)是什么? 然后我们可以向经理部建议:

(1) 怎样从他们的推销队伍中获取最大的收益;

(2) 规模不同的推销队伍对销售会有什么影响.

这样便试探性地完成了第 1 步.

此时,我们已经把原来的问题做了较大的修改. 原来问题是我们"该雇多少推销员?",而现在我们将要回答的是前段末尾提出的另外两个问题,实际上这两个问题仍需要进一步细致地分析,例如不同的推销员能力不同,他们推销的地域可能也不相同,所以"推销员应如何利用时间"的问题便包含着一个圈套,它会诱使我们忽略这些差异. 另外,如果我们改变推销队伍的规律,就有可能改变推销的地理范围,也可能改变在每个顾客身上所花的精力,或者二者都有改变,所以关于规模不同的销售队伍产生什么结果的问题也暗含着圈套. 很明显,第 1 步并没有完成,然而,最好的主意可能还是继续进行并充分认识到,在研究一种实际情况时,我们最后需要回到第 1 步,并且主要根据被研究的印刷公司的特定情况,去把问题阐述得更精确些.

影响一位推销员在一位顾客身上所花时间多少的主要因素,是看推销员可望得到什么,观察表明,一个商号通常把他们大部分印刷货委托给同一家公司,所以我们可以将顾客分为"现有的"和"可能的"两类,前者需要被抓住,后者需要被转变. 此外,我们可以按照要花多少钱来将顾客分类. 大致上我们可以假定(但必须验证)"被抓住"和"被转变"的概率都与顾客的人数无关. 对推销员进行一次实验,或者,要是运气好的话,可能只要检查记录,我们便能知道被抓住和被转变的概率如何随着每周中用于一个顾客的时间量而变化. 由此,我们可以确定推销员应该怎样利用他们的时间,因为不管接待哪一个顾客,每月多花一个钟头都应产生相同的期望收益. 对于问题的第一部分,这样就完成了第 2 和第 3 两步. 我们没有数据去进行第 4 步,但这是比较容易的.

关于推销员应如何分配时间的决策,连同关于被抓住和被转变的概率的数据,关于各个商号订货量的数据,确定了总收益为推销员人数的函数.

以上的概述说明了我们可以怎样地去解决经济部提出的问题. 我们应该雇多少推销员? 答案由以下两条组成:

(i) 一份说明,作为顾客数与顾客类型的函数,推销员的时间最好如何分配;

(ii) 一张表:假定平均划分了推销地区,把作为推销员人数的函数的期望总收入列成表.

只有当确定收集了数据并做出预测,模型的建立才算完成. 一旦这样做了,又会发现这些数据只能对第 1,2 条做粗略估计. 所以应当对数的变化范围做一些估计:如果有 n 位推销员,总销售额可望在 X 元和 Y 元之间. 我们还可以预料到经理部可能会提出的一个问题:我们设法让推销员按照你建议的方式去分配时间. 此外,推销员和顾客都是一个个的人,你的建议对所有这些情况有什么反应?

此题说明了阐述问题的重要性. 原先给出的问题是难以解决或不可能解决的. 通过将它分解并改变目标(改变成一张求推销员人数与期望的销售额的对照表,而不是简单地求推销员的最佳人数),它就变得能处理了.

4. (1) 行驶 12 km,由题设按 12.5 km 计价,车费为 10.4 + 1.6 × (12.5 - 4) = 24(元).
等候 3 min,由题设按 2.5 min 计价,等候费为 $\frac{1}{5}$ × 1.6 × 2.5 = 0.8(元),合计 24 + 0.8 = 24.8(元).

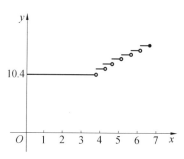

4 题图

(2) 行驶 23.7 km,按 24 km 计价,车费为 10.4 + 16 × (15 - 4) + 2.4 × (24 - 15) = 49.6(元),等候 7 min,按 5 min 计价,等车费为 $\frac{1}{5}$ × 1.6 × 5 = 1.6(元),合计 49.6 + 1.6 = 51.2(元).

(3) 根据题设可得如下 x 与 y 的关系,其函数图像如图所示.

x	(0,4)	[4,4.5]	[4.5,5]	[5,5.5]	[5.5,6]	[6,6.5]	[6.5,7]
y	10.4	11.2	12.0	12.8	13.6	14.4	15.2

5. 第一步:假设同例 2,并在直角坐标系上作出人口数的散点图像;第二步:估计出这图形近似地可以看作一条直线;第三步:用以下几种方法之一确定直线方程,并算出 1999 年人口数,在(12.4 ~ 12.6) 亿之间.

方法 1 选择能反映直线变化的两个点,例如(1949,541.67),(1984,1 034.75) 两点确定一条直线,方程为 $N = 14.088t - 26\,915.842$,代入 $t = 1999$,得 $N = 1\,246.07$(百万) ≈ 12.46(亿). 代入 $t = 2009$,得 $N ≈ 13.89$(亿).

方法 2 可以多取几组点对,确定几条直线方程,将 $t = 1999$ 代入,分别求出人口数,再取其算术平均值.

方法 3 可采用最通用的"最小二乘法"求出直线方程.

6. **方法 1** P 位于开阔地域,则测量方案如 6 题图(a) 所示,被测量的数据为 PC(测角器的高) 和 PQ(Q 为在 PA 水平直线上选取的另一测量点) 的长度,仰角 α 和 β.

设 AB 为 x,PA 为 y,则计算公式为

$$\frac{x - p^2}{y} = \tan\beta$$

且 $\frac{x - PC}{y + PQ} = \tan\alpha$

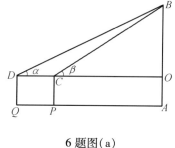

6 题图(a)

解得
$$x = PC + \frac{PQ \cdot \tan\alpha \cdot \tan\beta}{\tan\beta - \tan\alpha}$$
$$y = \frac{PQ \cdot \tan\alpha}{\tan\beta - \tan\alpha}$$

方法 2 若 P 处也是一可攀登建筑物(如楼房),则可在同一垂线上选两个测量点,如 6 题图(b). 被测数据为 PC 和 CD 的长度,仰角 α 和 β. 设 AB = x,PA = y,则计算公式为
$$\frac{x - PC}{y} = \tan\alpha$$

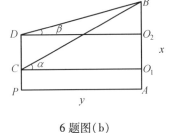

6 题图(b)

且
$$\frac{x - PC - CD}{y} = \tan\beta$$

解得
$$x = PC + \frac{CD \cdot \tan\alpha}{\tan\alpha - \tan\beta}, y = \frac{CD}{\tan\alpha - \tan\beta}$$

综上,无论哪个方案都至少要测 4 个数据.

7. 解法 1 如图,墙厚 CD = 0.28 m,家具的一边 AB 和 CD 的夹角为 θ(即 ∠AEC). 家具的初始位置为 $\theta = \frac{\pi}{2}$. 旋转家具使 θ 由 $\frac{\pi}{2}$ 到 0. 设点 A 到线段 CD 所在直线的距离为 h,在旋转过程中只要 h 不超过门宽 0.9 m,则家具可水平地搬入屋内. 从图中可见 h = AEsin θ,又 AE = AG + GF + FE, 其中 AG = 0.48,GF = CDcos θ = 0.28cos θ,FE = FCcot θ = 0.48cot θ. 因此

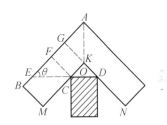

7 题图

$$h = 0.48 \cdot \sqrt{2}\sin\left(\theta + \frac{\pi}{4}\right) + 0.14\sin 2\theta$$

当 $\theta = \frac{\pi}{4}$ 时,上式取最大值
$$h_{max} = 0.48 \cdot \sqrt{2} + 0.14 \approx 0.82 < 0.9$$
因此,家具可水平地移入房内.

解法 2 在搬运家具时,为了顺利过门,家具的两个边 KM,KN 紧贴 C,D,点 K 的运动轨迹是以 CD 为直径的半圆周,点 A 到 CD 的距离始终不大于 AK + KO(O 为 CD 中点),而 AK + KO ≈ 0.82 < 0.9,即证.

8. 可以建立如下的模型来处理:

模型 1 通过画图,发现直线和圆没有公共点,所以不会受台风的影响.

模型 2 利用勾股定理算出圆心到直线的距离,发现它比半径大,所以直线与圆是相离的,所以它不会受台风的影响.

模型 3 以台风中心为原点 O,东西方向为 x 轴,建立直角坐标系.

(1) 联立直线与圆的方程,由消元后产生的二次方程的判别式小于0,得知直线与圆相离,不改变航线,不受台风影响.

(2) 因为圆心到直线的距离 $d > r$,所以,直线与圆相离,不改变航线,不受台风影响.

接着进行模型分析:

模型1　从直观角度解决问题,简单明了,但是要求作图必须准确,否则容易产生误差.

模型2　从初中学过的平面几何知识入手,将数学知识与实际生活紧密联系,让学生体会数学知识在实际中的应用,激发学生的探索热情.

模型3　从方程的角度、图形的性质等方面来研究直线与圆的位置关系,并可以加以推广.

总结出一般的方法:"已知直线 $l:Ax + By + C = 0$,圆 $C:(x-a)^2 + (y-b)^2 = r^2$,试判断直线与圆的位置关系."

(1) 由方程组 $\begin{cases} Ax + By + C = 0 \\ (x-a)^2 + (y-b)^2 = r^2 \end{cases}$ 消元,得一元二次方程,并求出判别式 Δ 的值,若 $\Delta > 0$,则直线与圆相交;若 $\Delta = 0$,则直线与圆相切;若 $\Delta < 0$,则直线与圆相离.

(2) 利用点到直线的距离公式求出圆心到直线的距离 d

$$d = \frac{|Ax + By + C|}{\sqrt{A^2 + B^2}}$$

再与半径比较做出判断:

若 $d < r$,则直线与圆相交;若 $d = r$,则直线与圆相切;若 $d > r$,则直线与圆相离.

还可将问题拓展:

(1) 将问题中台风半径改为 36 km,并且台风风力不大,轮船仍不改变航线,速度为 80 km/h,那么它受到台风影响的时间有多长?

(2) 如果轮船航线正好和受台风影响的圆形区域的边缘相切,计算台风半径 r 的值.

(3) 若台风风力较大,要想去观看日出,我们应如何设计我们的航线,才能避开台风的影响.

9. 建立数学模型处理这个问题

(1) 模型假设

① 空调管道是硬直圆管,粗细一致;

② 带子可以根据需要任意剪切,宽度一样,无弹性;

③ 剪切粘贴费用为 a 元/m;

④ 螺旋型缠绕费用为 b 元/m²;

⑤ 由于剪切粘贴过程需要测量计算和人工,因此耗费较大.而缠绕则较为简单.因此可以作如下近似估计: $a > b$.

(2) 模型的构建与求解

模型1　纵向缠绕包扎模型

用包扎带纵向贴满管道侧面,易知,需要两条完整的包扎带,一条裁去 2 cm 宽的包扎带,因此,包扎一根管道需要费用 $Y = 4.15a + 6$(元).

模型2　横向缠绕包扎模型

将带子剪成多段,横向缠绕包扎,需要 $4 \div 0.05 = 80$ 条包扎带,每条长 12 cm,因此包扎

一根管道需要 $Y = 0.12 \times 0.5 \times 80 + (80 \times 0.05)a = 4.8 + 4a$(元).

模型3　斜向螺旋包扎模型

不需剪切,让带子与管道以一定角度,斜向包扎,假设缠绕过程中不重叠,则带子拆下来后展开,问题转化为:已知管长 L,管子截面周长 C,带宽为 W,求带长 M?

问题解决:首先,取用一张细长的纸条,毫无缝隙的绕在一根适当的圆棍上;其次,用笔画出缠绕后多出管道边缘的部分,并划出一条母线;然后,展开纸条;关键是如何在带子起端减去一个合适的直角三角形,使得斜边的长与管子的截面周长相等.

过点 B 作直线 AD 的垂线,且长度为 W,(倾斜角)$\sin\theta = \dfrac{W}{C}$

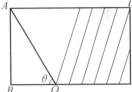

$$OB = \sqrt{C^2 - W^2}$$

即在纸带一端剪去一条直角边长度为 OB,另一条直角边长度为 W 的直角三角形,则有若 $L = 4$ m,$C = 12$ cm,$W = 5$ cm,则有

$$M \approx (4 \times 0.12/0.05) + 0.109 \approx 9.709 \text{(m)}$$

因此包扎一根管道需要 $Y = 9.709 \times 0.5 + 9.6 \times 0.05b = 4.854\,5 + 0.48b$(元).

(3) 模型分析

比较　我们讨论了3种模型,下面给出了在一定条件下不同模型的耗费:

模型　　耗费人力物力　　最小费用

模型1　　大　　　　　　$Y_1 = 6 + 4.15a$

模型2　　大　　　　　　$Y_2 = 4.8 + 4a$

模型3　　小　　　　　　$Y_3 = 4.854\,5 + 0.48b$

由于 $a \gg b$ 则可知,$Y_1 > Y_2 > Y_3$.

结论　由上可见,尽管这三种模型都有不同程度的材料的浪费,比较起来以模型3最佳.但在实际情况中,模型3意味包扎带子的长度为临界长度,带子边缘所在的直线与管道母线的夹角为临界角,这样的毫无缝隙的缠绕很难实现.

第三章 数学建模的逻辑思维方法

建立数学模型是一种积极的思维活动,从认识论角度,是一种极为复杂且应变能力很强的心理过程.建模时,没有统一的模式,没有固定的套路,其中既有逻辑思维,又有非逻辑思维.建模中,大体都要经过分析与综合、抽象与概括、归纳与类比、系统化与具体化等,甚至还要经过想象与猜测,直感与顿悟.其中分析与综合是基础,抽象与概括是核心,想象与猜测是关键.逻辑思维方法的大量被采用,这无疑对提高建模能力有所帮助.

本章试图以一些实例说明逻辑思维方法在数学建模中的运用.当然,这些实例本身是多种方法建模的结果,并不能决然划分到某一方法类中.

3.1 抽 象

客观世界是由相互联系的客体组成的,而每一客体都有许多方面的属性,如大小、形状、质量、颜色、构成成分……,这些属性都统一于客体之中,而人们对客体的认识,只能是一个侧面一个侧面地分别去认识,为了认识某一方面的属性,就要暂时舍弃其他方面的属性,这样才能获得对所专注属性的认识.这种认识的方法就叫抽象.例如,为了从铁矿石得到纯铁,就要排除杂质,炼铁的过程就是排除杂质的过程.抽象就相当于炼铁、提纯.

从最一般意义上讲,抽象就是指由具体事物中抽取出相对独立的一些方面、属性及关系的思维活动,在数学建模中,着眼于揭示事物的共性和联系的规律,着眼于整体和本质属性而把具体对象简略化、理想化、形式化的建模方法称之为抽象法建模.

理想化抽象方法是指以抽象的、理想的形态来表现现实对象的性质,虽然有些性质并非实际的存在于具体事物中,而是同实际明显分离.数学建模过程中,为了某种需要已将它们看成现实的对象,但作为理想的对象来处理,通过理想化抽象对实际问题进行简化,把注意力放在所研究对象的本质特征上,首先给出实际问题中含理想成分的比较多的简单模型,然后接受实际的检验,根据检验的结果,进行分析,重新假设,减少理想成分,修改模型,或者进行推广,从而逐步逼近达到解实际问题的目的.如物理学中研究摆的摆动时,忽略了线的张力以及摆自身长短的限制,认为摆线是绝对坚硬的,空气阻力与悬挂点摩擦力等于零,这种现象的数学模型包含了关于理想化的摆振动的全部信息,保留了摆的本质,若考虑到被理想化的方法,如线的张力、空气阻力等,只对上述理想化的模型附带一定的修正.因此,理想化抽象在数学建模的过程中起着重要的作用,其思维方法是在归纳的基础上,避开事物的某些属性,抓住事物的本质特征,而建立理想化模型和假设的一种方法,这种方法不仅推动数学科学的发展,而且密切联系着各门科学分支,使数学科学更广泛地应用于其他科学分支.

3.1.1 哥尼斯堡七桥问题

帕瑞格尔河从哥尼斯堡城中穿过,河中有两个岛 A 与 D,河上有七座桥连接这两个岛及河的两岸 B,C,如图 3.1(a) 所示.不少居民和游人常在这里散步或游览.有人提出一个问题:能不能从某一陆地出发走遍这七座桥,然后回到出发处,其中每座桥只许经过一次.问题引起了很多人的兴趣,不少人试走过,但都没有成功.

这个看来似乎与数学无关的问题也引起了数学家的注意.

有人提出一种解决问题的方案,为了避免盲目地乱试,可以把这七座桥编上号码,用7个数码1,2,3,…,7代表它们.每一种走法无非是把这7个数排成某种顺序.第一种走法对应着一个数的排列,这样可以利用不同的排列寻找是否可以通行.这个想法把原问题抽象成了一个数学问题,还是蛮不错的,但是真正做起来就有困难了,因为这需要考虑5 040种方法才能

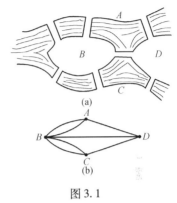

图 3.1

全部试完,除非恰巧碰上一个排列是可以走通的.这种方案的最大缺欠是可能需要很多时间.幸好是七座桥,如果有十几座桥甚至更多的桥,这样做就未必是可取的了.

这个问题传到了瑞士数学家欧拉那里.1736 年,欧拉采用抽象法建立数学模型解决了这个难题,他指出:不可能无重复地走遍这七座桥!

欧拉首先考虑到,由于关心的是能否不重复地走完七座桥,而对于桥的长短、岛的大小等因素我们都不感兴趣,因此可进行假设化简,不考虑陆地的地形,不考虑桥的形状及长短,把四块陆地用4个点 A,B,C,D 来表示,七座桥用相应的点之间的连线(曲线段或直线段)表示,如图 3.1(b) 所示.问题转化成从某个点出发能否不重复地把图形一笔画出来.这样就简化了问题而突出了问题实质.七桥问题就抽象成了通常所说的一笔画问题,即下笔后再不能离纸,每一条线不能重复,只画一次,画时任两条线允许交叉而过.

对于图形的结果做些分析可以看出,除去起点或终点外,凡途经的点都应有进有出,即通过点的曲线必须是偶数条,我们可以把这种类型的点叫偶点.因此,只有起点或终点才可能有进无出或出无进,这时可能有奇数条曲线与这样的点连接,这样的点叫作奇点.这说明,要想一笔不重复地画出图形,奇点个数最多只有两个,而在图 3.1(b) 中,4 个点都是奇点,因而图形不可能一笔画出.欧拉就是这样用"一笔画形"作为七桥问题的一个模型,而解决了这个难题.

这里的"一笔画"模型,实际上是一种特殊的点线关系图模型——一种特殊的"图"(即由代表事物的点和代表事物之间关系的曲线组成的图).欧拉还给出了求解这类"图"的规则:若这样的图是连通的(任两个点都由曲线直接或间接相连)且图中与奇数条曲线相关联的点的数目为0或2时,则图能"一笔画".当与奇数条曲线相关联的点的数目为2时,则两点中任一点为"一笔画"的起点,而另一点为终点;当与奇数条曲线相关联的点的数目为0时,则图中任一点既是"一笔画"的起点又是终点.七桥问题的点线模型图显然不满足这个规则,图中每个点关联的曲线的数目均为奇数,因而它是无解的.

欧拉运用抽象方法,从七桥问题中建立图论模型,并十分简捷地证明了这个难题是无解的,后来人们公认欧拉为图论的创始人.

3.1.2 超市保安的最少安排问题

考虑一个有 m 行, n 列个通道的超级市场或展览馆, 如图 3.2 所示:

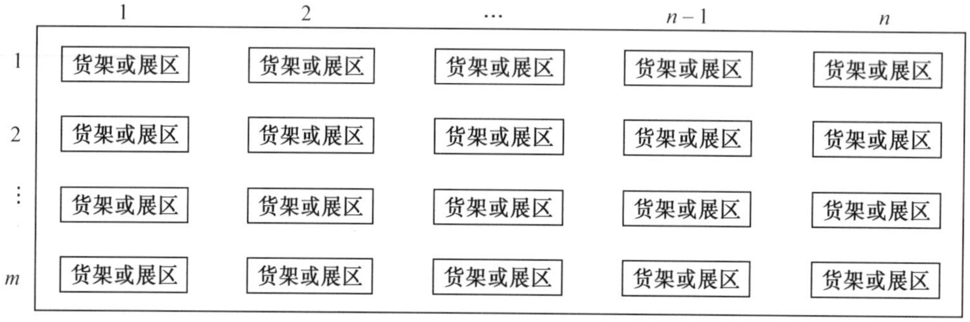

图 3.2

为了防止丢失商品, 需要安排保安看守. 但是每个保安只能看守其前方和左右方, 共 3 个方向. 问: 至少需要多少个保安, 才能看守所有通道?

我们可将行通道与列通道抽象为线, 有 m 行 n 列个通道的超级市场或展览馆视为有 m 条横线和 n 条竖线的网格:

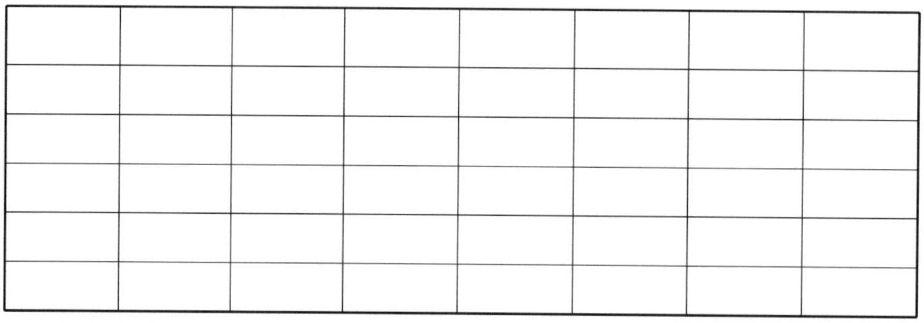

记最少的保安数为 $B(m,n)$ 且不妨假设 $m \geq n \geq 2$, 我们首先研究最少保安数 $B(m,n)$ 的下界.[46]

命题 1 (下界 1): m 是 $B(m,n)$ 的一个下界, 即 $B(m,n) \geq m$.

证明 因为一个保安不能看守属于不同行、不同列的通道. 又由 $m \geq n \geq 2$, 所以必有 $B(m,n) \geq m$.

命题 2 (下界 2): $\frac{2}{3}(m+n-2)$ 是 $B(m,n)$ 的另一个下界, 即 $B(m,n) \geq \frac{2}{3}(m+n-2)$.

证明 因为一个保安如果位于外边上, 则可以看守两条线. 如果位于内部, 则只能看守一条半线. 但是, 如果一条外边上有多个保安, 则平均每个保安至多可以看守一条半线. 因此, 至多有四个保安每人可以看守两条线, 其余保安每人至多看守一条半线, 即有

$$B(m,n) \geq 4 + \frac{m+n-8}{\frac{3}{2}} = \frac{2}{3}(m+n-2)$$

下面我们构造安排, 以求得 $B(m,n)$ 的上界, 从而确定它的值.

情况 1 $m \geq 2n$.

当 $m \geq 2n$ 时,先在每列上安排两个保安,面对面站立. 而且,这 $2n$ 个保安位于不同的行. 于是,他们可以看守所有的列和 $2n$ 行. 再用 $m - 2n$ 个保安看守剩下的行. 于是共用 m 个保安看守住了所有的行和列,从而有 $B(m,n) \leq m$. 结合下界 1,得到

$$B(m,n) = m, m \geq 2n$$

情况 2 $4 \leq n \leq m < 2n$.

将第 i 行,第 j 列的交叉点记作位置 (i,j),先在位置 $(1,2),(2,n),(m-1,1),(m,n-1)$ 各安排一个保安. 共四个保安看守靠近外边的 4 行和 4 列,还剩下 $m - 4$ 行与 $n - 4$ 列.

于是,又有两种情况.

情况 2(1) $2n - 4 \leq m < 2n (4 \leq n)$.

此时剩下的行数不小于列数的二倍. 于是归结为情况 1 中的方法安排保安,用 $m - 4$ 个保安即可. 共用 m 个保安看守住了所有的行和列. 于是,有 $B(m,n) \leq m$. 结合下界 1,此时仍有 $B(m,n) = m$.

情况 2(2) $4 \leq n \leq m \leq 2n - 4$.

任取剩下的 2 行 1 列,安排两个保安面对面站立看守. 重复这个步骤,直到行数比列数少 1. 然后任取剩下的 1 行 2 列,再任取剩下的 2 行 1 列,……,如此交替进行(设一共这样进行了 p 次,用了 $2p$ 个保安看守行或列共 $3p$ 条线). 直到出现下面三种情况之一.

(i) 没有行或列剩下.

此时有 $3p = (m + n - 8)$. 共用保安人数为

$$4 + 2p = \frac{2}{3}(m + n - 2)$$

于是
$$B(m,n) \leq \frac{2}{3}(m + n - 2)$$

结合下界 2,此时有

$$B(m,n) = \frac{2}{3}(m + n - 2)$$

(ii) 没有行但剩下 1 列.

此时有 $3p = (m + n - 9)$. 剩下的 1 列要用一个保安看守. 共用保安人数为

$$4 + 2p + 1 = \frac{2}{3}(m + n) - 1$$

而下界 2 可以写作

$$\frac{2}{3}(m + n) - 1 - \frac{1}{3}$$

因为 $B(m,n)$ 是整数,所以此时下界 2 又可以换成

$$B(m,n) \geq \frac{2}{3}(m + n) - 1$$

于是,此时

$$B(m,n) = \frac{2}{3}(m + n) - 1$$

(iii) 剩下 1 行 1 列.

此时有 $3p = (m + n - 10)$. 剩下的 1 行 1 列要用两个保安面对面站立看守. 共用保安人数为

$$4 + 2p + 2 = \frac{2}{3}(m + n - 1)$$

而下界 2 可以写作

$$\frac{2}{3}(m + n - 1) - \frac{2}{3}$$

因为 $B(m,n)$ 是整数, 所以此时下界 2 又可以换成

$$B(m,n) \geqslant \frac{2}{3}(m + n - 1)$$

于是, 此时有

$$B(m,n) = \frac{2}{3}(m + n - 1)$$

情况 2(2) 的(i),(ii),(iii) 可统一写为

$$B(m,n) = \left[\frac{2}{3}(m + n - 2)\right], 4 \leqslant n \leqslant m < 2n - 4$$

其中 $[x]$ 表示不小于 x 的最小整数.

情况 3 剩下的情况只有 $n = 2, m = 2, 3$ 与 $n = 3, m = 3, 4, 5$. 此时, 不难证明

$$B(m,2) = B(m,3) = m$$

综合情况(i),(ii),(iii), 得最终结果为

$$B(m,n) = \begin{cases} \left[\frac{2}{3}(m + n - 2)\right], 4 \leqslant n \leqslant m < 2n - 4 \\ m, n \text{ 其他情况} \end{cases}$$

其中 $[x]$ 表示不小于 x 的最小整数.

3.1.3 "生物钟"调整现象

自然界的某些现象, 常有惊人的相似之处, 认真地把它们加以比较, 往往是一个新发现的开始.

月亮绕着地球转, 地球绕着太阳转, 它们都依着严格的规律周而复始, 地球在公转的同时还自转, 人们把地球自转的规律用一个圆周来刻画, 就造出了"钟".

生物的生命活动也各有其内在的节律性, 好像生物体内有一只无形的"钟", 人们形象地把它称为"生物钟". 例如, 公鸡在一定的时刻打鸣, 植物在一定的季节开花, 昆虫的蛹在一定的时间羽化, 候鸟在一定的季节迁徙, 动物心脏有节律地跳动, ……, 就连单细胞的草履虫, 它的细胞核也以 24 小时为周期规则地变化 —— 中午 12 时最小, 然后逐渐增大, 夜间 12 时达到最大, 继而又变小 …… 生物活动受生物钟支配, 而生物钟又会因外部条件变化或自身"病理"影响而进行调整, 生物钟的这种调整现象能建立数学模型加以描述吗? 事实上, 我们可以抽象成(拓扑学中的) 圆周自映射加以描述[4].

圆周自映射是指由圆周到圆周的一个连续变换. 平面上的单位圆周可表示为

$$S = \{Z \mid |Z| = 1\}$$

或

$$S = \{Z \mid Z = e^{2\pi x i}, x \in [0,1]\}$$

圆周到自身的连续变换中,最简单的整幂变换:$f_n:Z \to Z^n$,n 为整数,$f_0(Z) \equiv 1$,为常值映射;$f_1(Z)=Z$,为恒等映射;$n>0$ 时,f_n 表示顺时针映射 n 圈;$n<0$ 时,f_n 表示反时针映射 n 圈. 映射整圈数都为 m 的所有连续映射分作一类,称为 m 类,记为 $<f_m>$,f_m 为一代表映射. 由拓扑学定理可知,每一连续的圆周自映射必属某一类,形象地,如果 $\varphi \in <f_m>$,并设想用一根橡皮筋按规则 φ 绕在圆周 S 上,那么在弹性作用下,它可以连续变成按规则 f_m 绕在 S 上. 同一类的映射,除了整圈数相同外,可以有不同的"零圈数". 如,φ_1 表示绕 4.2 圈,φ_2 表示绕 4.7 圈,则 φ_1 与 φ_2 属于 $<f_4>$.

现在我们来看生物钟及其调整. 有一种蟹叫提琴蟹,它的颜色一日几变:白天颜色变深,晚上颜色变浅,黎明时又变深. 这种颜色变化的时间,每天比前一天大约晚 50 分钟. 取一个圆周,其上取一点 O 作为起始点,此时刻对应蟹的某种颜色(状态),沿反时针方向一周回到点 O,需要 24 小时 50 分钟,圆周任一点 A,对应时刻 t_A,$0 \leq t_A \leq 24$ 小时 50 分钟,t_A 时刻蟹处于状态 $P(t_A)$. 这样,我们就得到了提琴蟹的生物钟,提琴蟹的颜色就依照这一生物钟连贯的周期变化着.

生物钟也会出现"走时不准"的情况,这就是当外部环境发生变化或生物体处于"病态"情况时,这时生物体内生理活动的步伐也相应调整自己的速度. 还是以提琴蟹为例,如果我们重新安排 24 小时光亮和黑暗的循环交替时间,比如把它们完全对调,提琴蟹在这一新环境中生活几天后,生物钟就会相应调整成按新的时间改变蟹的颜色的情况. 这时,原生物钟与新生物钟之间可以建立一个自映射 φ

$$Z \to \varphi(Z) = Z \cdot e^{-\pi i}$$

实际上,任何生物钟都是接着圆周自映射方式进行调整的. 生物学家根据生物的生理功能和生活习性的不同对生物进行分类,实质上也就是上面讲的按圆周上的自映射进行的分类.

如果生物钟的调整方式服从自映射 f,而 $f \in <f_{-n}>$,$n>0$,这就表明生物钟发生了逆转. 比如,有些长期在夜间工作的人,他们的睡觉节律发生了完全颠倒的现象,与原来的生物钟属于不同的类.

如果生物钟的调整规则 $\varphi \in <f_n>$,$n>1$,则生物钟的速度是原来的 n 倍. 如果 n 很大,就有可能导致生物钟的损坏. 比如使心脏跳动的速度增加 n 倍,就会导致心脏病变乃至死亡. 依据这一道理,我们可以按适当方式调整害虫的生物钟,使之受不了这种长期的快速的负担而死亡,同样的原理,也可用来使鸡多生蛋、牛多产奶等.

3.2 归　　纳

就人类总的认识秩序而言,总是先认识某些特殊现象,然后过渡到对一般现象的认识. 归纳就是从特殊的具体的认识推进到一般的抽象的认识的一种思维形式,它是科学发现的一种常用的有效的思维方式. 归纳的前提是单个的事实或特殊的情况,所以归纳是立足于观察经验或实验的基础上的. 另外,归纳是依据若干已知的不完尽的现象推断尚属未知的现象,因而结论具有猜测的性质,然而它却超越了前提所包含的内容,它具有的由特殊到一般、由具体到抽象的认识功能,这对于科学发现十分有用. 观察,实验,对有限的资料做归纳整理,建立适当的数学模型,描述带有规律性的现象,乃是科学研究的最基本的方法之一.

欧拉示性数的发现,可视为归纳法建模的一个例子.拿若干个凸多面体来,具体地数一数它们面、顶点和棱,并将这些数据列于一表中,不考虑数据的大小,只考虑这三个数据之间的关系,从而可归纳出一个关系式:设面数为 F,顶点数为 V 和棱数为 E,则 $F+V-E=2$,尽管这时还不能认为这个结论就是正确的,但是它毕竟为我们提供了有价值的模型.事实上,我们可以证明上述结论是正确的,并且称 $F+V-E$ 为欧拉示性数,$F+V-E=2$ 是多面体的一条重要拓扑性质.

建立行星运动的数学模型,可视为归纳法的典型例子.

3.2.1 地心说与日心论的提出及开普勒三定律的发现

太阳系各星球,包括我们居住的地球,都在天穹中运动,人类为了说明这些行星的运行情况,建立行星运动的模型,花费了近两千年才获得正确的结果.

天文观测是最早的一门科学,它可以追溯到数千年前,人类积累了大量的天文观测数据,用肉眼来观测天体,只能看到行星方位(而不是距离)的变化.行星的方位可以描绘成天球(想象的半径为无穷大的球)面上的点,球心在地球,并以地球的自转轴来确定极轴和赤道.这样,我们就可把行星的运动情况、方位的变化抽象归纳描绘成平面图形,如图 3.3 所示,图(a) 表示金星在六个月内的星际间线路,图(b) 表示火星在六个月内的线路.[8]

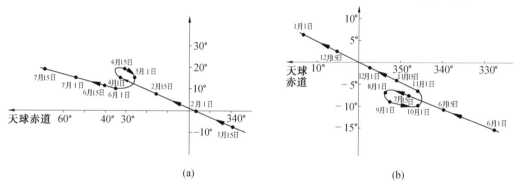

图 3.3

从上图中,人们注意到它们在线路中都有一段逆行现象.

怎样解释这个现象? 早期的天文学家认为,行星运行线路是它们在空间沿着各种轨道运动在天球上的投影,而且轨道都是一些圆周运动的组合,对于这些现象和数据,科学家归纳成两种不同的模型:一个是以地球为中心的太阳系,另一个是以太阳为中心的太阳系.

天文学家,数学家托勒密(约公元前 90—168 年),设想宇宙有"九重天",即九个运转着的同心透明的球壳,日、月、星辰都固定在各自的球壳上,太阳绕着地球旋转,周期为一年,其他行星的运动是复合的,如图 3.4 所示.每个行星(例如 P)都沿着一个称为本轮的较小的圆周做匀速运动,本轮的中心(即点 C)又沿着一个大的称为均轮的圆周绕着地球做匀速运动.在这样的假设下,当行星接近地球时,行星在本轮上运动的方向与本轮的中心在均轮上的运动方向相反,而它的速度又大于本轮中心速度时,在地球上看到的行星(点 P)的线路——两种圆周运动叠加的结果就会出现逆行现象,托勒密将这个观点写在他的著作 *Almagest* 中.

由于当时观察资料的精度较低,他的这种理论尚能较好地符合观测事实,还能用它预测行星的位置. 此时地心论较符合人的直观感觉, 容易被人们所接受. 在宗教势力的支配下, 地心说在欧洲维持了一千四百年之久.

托勒密的地心论是以几何图解模型来解释行星运动的. 随着科学技术的发展, 天文观测的精度日益提高, 发现新的观测的结果与理论计算结果不相符合. 为了使这两者相符合, 不断地修正行星运行的模型, 在本轮上再套第二个, 第三个…… 本轮, 到 16 世纪, 本轮的个数虽然增加到八十个, 但其结果仍与观测结果不符合. 于是人们由开始怀疑到否定, 直至最后抛弃了地心论, 提出了新的行星运行模型——日心论.

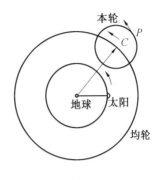

图 3.4

以太阳为中心的日心论, 是哥白尼提出的(虽然在之前就有人提出过这种见解), 1543 年, 他在他的著作《天体的运行》中详细地叙述了这种观点, 日心论科学地解释了行星的逆行现象. 太阳在中心, 地球绕它旋转, 且旋转半径等于地心说中(图 3.4)行星 P 绕点 C 旋转的半径; 行星 P 亦绕太阳旋转, 其半径等于地心论中点 C 的旋转半径, 如图 3.5 所示. 那么, 地球和

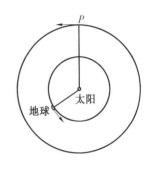

图 3.5

行星 P 的相对位置和相对速度与地心说的情况完全相同, 而在地球上看, 行星运行的线路会出现逆行.

哥白尼的日心说认为行星运行的轨道是圆周, 所以使得理论计算和观测资料仍然不相符合, 行星运行符合实际的模型直到开普勒才建立起来.

第谷·布拉赫(Tycho Brahe, 1546—1601), 观测行星运动, 积累了 20 年的资料, 开普勒(kepler, Johannes, 1571—1630)作为他的助手, 运用数学工具分析研究了这些资料, 开普勒是从研究火星的运行轨道开始的, 起先他受圆形轨道的影响, 也认为火星的轨道是一个具有偏心点的偏心圆. 反复进行了几十次推算, 计算的结果总是与观测的数据不相符合, 与理论所计算的位置相差 8 弧分. 在深入分析的基础上, 大胆地放弃圆形轨道的假设, 经过多次数据归纳(参见《数学应用展观》3.1.3 节), 最后选用椭圆作为行星的轨道, 而获得了成功. 推而广义, 发现了其他行星的轨道也是椭圆. 于是在 1609 年他归纳出著名的开普勒行星运动第一定律(轨道定律):

行星运行的轨道是以太阳为其一个焦点的椭圆.

开普勒在进一步反复研究火星观测数据之后, 发现在椭圆轨道上运行的火星, 在远离太阳时走得较慢, 反之, 在靠近太阳时走得较快. 由此他归纳出开普勒行星第二定律(面积定律):

行星在相等的时间内, 由太阳到行星的矢径所扫过的面积相等. 或者说, 这矢径扫过的面积对时间的变化率是一个常数.

为了寻求行星的运行周期与轨道尺寸的关系, 开普勒从众多繁琐的观测数据中经过归纳和整理, 把六大行星的运行周期和椭圆轨道的长半轴列成表 3.1 如下.

表 3.1

行星	周期 T	长半轴 a	T^2	a^3
水星	0.241	0.387	0.058	0.058
金星	0.615	0.723	0.378	0.378
地球	1.000	1.000	1.000	1.000
火星	1.881	1.524	3.54	3.54
木星	11.862	5.203	140.7	140.85
土星	29.457	9.539	867.7	867.98

开普勒由此归纳出开普勒行星运动第三定律:

行星公转周期的平方与它的椭圆轨道的长半轴的立方成正比.

显然,开普勒在总结上述规律时使用的是不完全归纳法,在理论证明后才成为定律,但归纳所得到的猜测模型,经过反复验证,用其理论计算行星位置与观测数是一致的,可以说是准确地表达了行星的运动规律,这种由归纳法建立的模型具有科学发现的重大意义.

3.2.2 原子量的差异与元素周期律表

化学中元素周期律的发现也可认为是归纳法建模的一个例子,门捷列夫于 1869 年 2 月 17 日发现的元素周期律表,是化学发展史上的一次重要革命,它揭示了看来毫无联系的各种化学元素之间所存在的深刻的内在联系,从而为现代的无机化学奠定了基础.门捷列夫是如何作出这一发现的呢?他是在已知元素的原子量等大量数据的基础上,进行定量分析以及探求量和质的辩证关系的基础上,进行归纳而发现的,正如他所说的:"当我在考虑物质的时候……总不能避开两个问题:多少物质和什么样的物质……因此,自然而然就产生了这样的思想:在元素的质量和化学性质之间,一定存在着某种联系.物质的质量既然最后成为原子的形态,因此就应该找出元素特性和它的原子量之间的关系."

3.3 演 绎

演绎推理是由一般性的命题推出特殊命题的推理方法,演绎推理的作用在于把特殊情况明晰化,把蕴涵的性质揭露出来,有助于科学的理论化和体系化.

在数学建模中,演绎法也常发挥重要作用.

牛顿以微积分为工具,在开普勒三定律和牛顿力学第二定律的基础上,演绎出万有引力定律.这一定律成功地定量地解释了许多自然现象,也为其后一系列的观测和实验数据所证实.

3.3.1 万有引力定律的发现

牛顿认为一切运动都有其力学原因,开普勒三定律的背后必定有某个力学规律起作用,他要建构一个模型加以解释.

太阳系中的太阳、行星、彗星等天体成千上万,它们彼此之间都有某个力起作用.如果把这些力都考虑进来,那问题将是非常复杂的,必须略去一些次要因素.注意到太阳系统中其他天体的质量的总和仅为太阳质量的 $\dfrac{1}{750}$，行星都是绕太阳旋转的，这说明行星的运动主要取决于太阳对它的引力，其他天体的影响是很微弱的. 另外，太阳与行星的距离比它们的直径大得多，故可将它们视为两个质点.

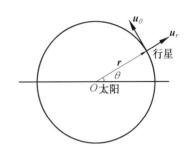

图 3.6

若在某一时刻，行星已具有速度，又受到太阳的吸引力（向心力）的作用，其加速度指向太阳，下一瞬时速度必在原速度和加速度决定的平面——即原速度和太阳决定的平面上，因而行星运行的轨迹为一平面曲线. 由开普勒第一定律知其轨迹为一椭圆，太阳在其一焦点上，选该焦点即太阳的位置为极坐标的极点建立极坐标系，如图 3.6 所示，向径 r 表示位置如图所示.

将开普勒三定律作为假设（1），（2），（3），牛顿力学第二定律作为假设（4），它们可表示为

（1）轨道方程为

$$r = \dfrac{p}{1+e\cos\theta} \qquad ①$$

其中 $p = \dfrac{b^2}{a}, b^2 = a^2(1-e^2)$，$a$ 为长半轴，b 为短半轴，e 为离心率.

（2）
$$\dfrac{1}{2}r^2\dot{\theta} = \dfrac{1}{2}r^2 \cdot \dfrac{d\theta}{dt} = A \qquad ②$$

其中 A 是单位时间内向径 r 扫过的面积，对某一颗行星而言，A 是常数，$\dot{\theta}$ 表示 θ 对时间 t 的导数.

（3）
$$T^2 = ka^3 \qquad ③$$

其中 T 是行星运行周期，k 是绝对常数.

（4）
$$\boldsymbol{F} \propto \ddot{\boldsymbol{r}} = \dfrac{d^2\boldsymbol{r}}{dt^2} \qquad ④$$

表示太阳和行星间的作用力 $\boldsymbol{F}$ 与加速度 $\dfrac{d^2\boldsymbol{r}}{dt^2}$ 的方向一致，与加速度的大小成正比.

现在试图从这四条假设出发，寻找太阳与行星间作用力的方向和大小应满足的关系：即 $\ddot{\boldsymbol{r}} = \dfrac{d^2\boldsymbol{r}}{dt^2}$ 的关系式.

选取基向量

$$\begin{cases} \boldsymbol{u}_r = \cos\theta \cdot \boldsymbol{i} + \sin\theta \cdot \boldsymbol{j} \\ \boldsymbol{u}_\theta = -\sin\theta \cdot \boldsymbol{i} + \cos\theta \cdot \boldsymbol{j} \end{cases} \qquad ⑤$$

如图 3.6 所示，于是

$$\boldsymbol{r} = r \cdot \boldsymbol{u}_r \qquad ⑥$$

因为

$$\dfrac{d\boldsymbol{u}_r}{dt} = -\sin\theta \cdot \dfrac{d\theta}{dt} \cdot \boldsymbol{i} + \cos\theta \cdot \dfrac{d\theta}{dt} \cdot \boldsymbol{j} = \dfrac{d\theta}{dt} \cdot \boldsymbol{u}_v \qquad ⑦$$

$$\frac{\mathrm{d}\boldsymbol{u}_\theta}{\mathrm{d}t} = -\cos\theta \cdot \frac{\mathrm{d}\theta}{\mathrm{d}t} \cdot \boldsymbol{i} - \sin\theta \cdot \frac{\mathrm{d}\theta}{\mathrm{d}t} \cdot \boldsymbol{j} = -\frac{\mathrm{d}\theta}{\mathrm{d}t} \cdot \boldsymbol{u}_r \qquad \text{⑧}$$

由式 ⑥ 和 ⑦ 得到行星运动的速度和加速度

$$\frac{\mathrm{d}\boldsymbol{r}}{\mathrm{d}t} = \frac{\mathrm{d}r}{\mathrm{d}t} \cdot \boldsymbol{u}_r + r\frac{\mathrm{d}\theta}{\mathrm{d}t} \cdot \boldsymbol{u}_\theta \qquad \text{⑨}$$

$$\frac{\mathrm{d}^2\boldsymbol{r}}{\mathrm{d}t^2} = \left[\frac{\mathrm{d}^2 r}{\mathrm{d}t^2} - r\left(\frac{\mathrm{d}\theta}{\mathrm{d}t}\right)^2\right]\boldsymbol{u}_r + \left(r\frac{\mathrm{d}^2\theta}{\mathrm{d}t^2} + 2\frac{\mathrm{d}r}{\mathrm{d}t} \cdot \frac{\mathrm{d}\theta}{\mathrm{d}t}\right)\boldsymbol{u}_\theta \qquad \text{⑩}$$

由式 ②, 有

$$\frac{\mathrm{d}\theta}{\mathrm{d}t} = \frac{2A}{r^2} \qquad \text{⑪}$$

$$\frac{\mathrm{d}^2\theta}{\mathrm{d}t^2} = \frac{-4A}{r^3} \qquad \text{⑫}$$

由式 ⑪ 和 ⑫ 知式 ⑩ 右端第二项 $r\frac{\mathrm{d}^2\theta}{\mathrm{d}t^2} + 2\frac{\mathrm{d}r}{\mathrm{d}t} \cdot \frac{\mathrm{d}\theta}{\mathrm{d}t} = 0$, 故有

$$\frac{\mathrm{d}^2\boldsymbol{r}}{\mathrm{d}t^2} = \left[\frac{\mathrm{d}^2 r}{\mathrm{d}t^2} - r\left(\frac{\mathrm{d}\theta}{\mathrm{d}t}\right)^2\right] \cdot \boldsymbol{u}_r \qquad \text{⑬}$$

再由式 ① 和 ②, 可得

$$\frac{\mathrm{d}r}{\mathrm{d}t} = \frac{r^2}{p}e\sin\theta \cdot \frac{\mathrm{d}\theta}{\mathrm{d}t} = \frac{2A}{p}e\sin\theta \qquad \text{⑭}$$

$$\frac{\mathrm{d}^2 r}{\mathrm{d}t^2} = \frac{2A}{p}e\cos\theta \cdot \frac{\mathrm{d}\theta}{\mathrm{d}t} = \frac{4A^2}{r^3}\left(1 - \frac{r}{p}\right) \qquad \text{⑮}$$

将式 ⑪, ⑮ 代入式 ⑬, 得

$$\frac{\mathrm{d}^2\boldsymbol{r}}{\mathrm{d}t^2} = -\frac{4A^2}{pr^2}\boldsymbol{u}_r \qquad \text{⑯}$$

将式 ⑯ 与式 ⑤, ⑦ 相比较知, 太阳对行星的作用力 $\boldsymbol{F}$ 的方向与向径 $\boldsymbol{r}$ 方向正好相反, 即 $\boldsymbol{F}$ 在太阳与行星的连线方向上, 指向太阳; $\boldsymbol{F}$ 的大小与太阳 — 行星间距离的平方成反比.

下面进一步证明式 ⑯ 中的比例系数 $\frac{A^2}{p}$ 是绝对常数(A 和 p 都不是绝对常数, 其数值取决于所讨论的是哪一颗行星).

根据 A 和 ② 中 a, b 的定义, 任一行星的运行周期 T 满足

$$TA = \pi ab \qquad \text{⑰}$$

由式 ②, ④ 和式 ⑰, 可得

$$\frac{A^2}{p} = \frac{\pi^2 a^2 b^2}{T^2 p} = \frac{\pi^2 a^2 b^2}{ka^3} \cdot \frac{a}{b^2} = \frac{\pi^2}{k}$$

式中 π 和 k 皆为绝对常数, 这说明引力的比例系数对"万物"是同一常数. 因此, 便产生了万有引力定律

$$F = k\frac{m_1 m_2}{r^2}$$

3.3.2 癌细胞的识别问题

大家知道, 生物系统的许多内在情况, 是无法直接观察到的. 因此, 为了建立生物系统的

模型,往往就只能靠给生物系统以一定的刺激,然后观察其反应,再根据这些刺激——反应的实验数据,并结合既往的某些经验,归纳建立起该生物系统的数学模型.这样所建立的模型,当然不能完全与实际情况相吻合,但如果我们运用演绎方法,则可以来建立出与实际情况相吻合程度较好的数学模型.这也就是在某些判别准则之下,建立与实际生物系统的误差为最小的所谓生物系统辨识模型问题.近年来,生物系统辨识理论有了很大的发展,在指纹识别、疾病诊断、细胞识别等方面都已有了广泛的应用.下面仅以细胞识别为例来做些说明.

细胞识别的一个重要课题,便是判别哪些是癌细胞,哪些是正常细胞.根据医生的经验,癌细胞有一系列异常情况,诸如细胞核大、细胞核染色增深、细胞核形态畸形等六个方面.于是,我们可根据细胞在这六个方面的表现,来识别它究竟是否为癌细胞.为了获得对于细胞的这些方面的知识,我们可以将有待识别的细胞放入某一类仪器之中,测量出该细胞中各处的消光系数来.例如,可将每个细胞的横向和纵向都分成 19 个格子表示,而自每个格子中都取一个点,对每个细胞都测出这 361 个点处的消光系数来.通过对这些消光系数的数值大小及分布情况做分析,我们可判断出 361 处中哪些处是细胞核,哪些处是细胞浆,由此即可得出关于细胞核的大小、形状等各方面的认识来.总之,我们可以通过各种分析手段,对细胞的上述六个方面都得一个数量上的认识.这样一来,可使每个细胞都对应着六方面的数字.当然,这些数字之间不是毫无关联的,因此,还可以用最优化方法及统计方法,从中选出两个综合性指标 x_1 和 x_2 来.这样,我们便使每个细胞都对应于一个平面上的点 (x_1,x_2).然后再以 x_1 和 x_2 的大小作为依据,判定该细胞究竟是属于癌细胞还是正常细胞.一种可供采用的判别方法如下:

我们取出一批已知其类别的细胞,例如取 100 个癌细胞和 100 个正常细胞,这些细胞称为"训练样本".它们中的每一个也都对应着平面上的一个点,如图3.7 所示.显然,我们可以找到一条恰当的曲线将平面分为区域 I 和 II,使得正常细胞所对应的点全在区域 I 内,而癌细胞所对应的点全在区域 II 内.然后再看待识别的细胞所对应的点 (x_1,x_2) 究竟落在哪个区域内.如果落在区域 I 内,即判定它是正常细胞;如果落在区域 II 内,则判定它是癌细胞.上述的曲线叫

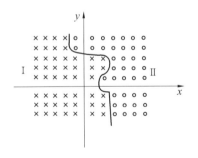

图 3.7

作判定边界.从数学上看,判定边界对应着一个曲线方程 $g(x_1,x_2)=0$,它将平面划分为 $g(x_1,x_2)>0$ 和 $g(x_1,x_2)<0$ 两部分.因此,只要算出待辨识细胞的 $g(x_1,x_2)$ 值,即可根据其正负号而判定它是否为癌细胞.因此,函数 $g(x_1,x_2)$ 又称为判决函数.但是,由上述途径找出的判决函数 $g(x_1,x_2)$ 的数学形式可能会很复杂,而不利于计算.这样,我们有时就用较为简单的线性函数 $\bar{g}(x_1,x_2)$ 来代替它.但这样代替,有时会造成对训练样本(即已知其类别的 200 个细胞)的误判.因此,我们应当来制订某种准则,使得在这种准则之下,误判的可能性为最小.例如,可将待辨识细胞所对应的点 (x_1,x_2) 逐一对 200 个训练样本所对应的点计算距离,找出其中离点 (x_1,x_2) 最近的点 (x_1^0,x_2^0) 来,若 (x_1^0,x_2^0) 所对应的是癌细胞,则判定待辨识细胞是癌细胞,否则就判定为正常细胞.

3.4 类比

类比是在两类不同的事物之间进行对比,找出若干相同中相似点之后,推测在其他方面也可能存在相同或相似之处的思维方式.由于类比是从人们已经掌握了的事物的属性,推测被正在研究中的事物的属性,所以类比的结果是猜测性的,不一定可靠,但它却具有发现的功能,是创造性思维的表现.类比法建模在科学研究中占据重要地位.

在进行数学建模时,由于建模的复杂性,使得类比方法在数学建模的过程中常常是含糊的和不确定的,类比时,需注意到所研究对象与已熟悉的另一对象具有某些共性,比较其相同点和相异点,在表现上差异很大的事物之间找出本质属性的共同点,在表面上相似的事物之间找出本质属性的不同点,根据已有的知识,明确待解决问题的性质,在分析一种现象的基础上联想与问题所给的条件和问题要求的事项密切相关的已知法则,把各种表象形象通过分解重组,以数学语言、符号和解析式为依据,以有关记忆的形象材料为基础形成新的形象,或把几种表象形式连接起来,从而获得对研究对象的新认识.具体用哪一方面的知识来建立模型,需要在上述分析的基础上,基于对某一数学理论知识的熟悉程度,在适合模型需要的前提下,通过假设简化,或从解决问题的不同角度考虑,寻求与之类比的数学知识.同时还可以利用前人建立的一些日趋完善的经典模型作类比,如人口模型、存储模型、经济增长模型、交通流模型等,这些模型具有一般性,它不为对象的所属领域所独有,没有区域的限制.建立模型时可根据问题的要求,通过假设、联想,寻找与经典模型做类比的条件.虽然经典模型并不完全适合我们需要建立模型系统的真实情况,但可作为分析、归纳实际问题的指南,事实上,许多为不同种类的系统建立的数学模型,常常具有相似的数学表达式,如预报人口增长的模型是经典模型,而传染病问题、捕鱼问题、耐用消费品的销售问题等都服从于人口模型,因此,与经典模型做类比,找出相似点,通过假设简化建立简单模型,由此发现实际问题与有关模型之间的差异,有助于建立更复杂、更准确的模型.

3.4.1 摸彩问题

在市场经济的今天,名目繁多的摸彩活动随处可见,一般摸彩者总担心自己一旦摸迟,巨奖被别人先摸走.这种摸彩心理其实是一种错觉,我们可运用类比法建立数学模型来说明这种担心是不必要的.

为便于对问题的讨论,不妨假设每个摸彩者都是随机地从彩票中摸出一张,并且每人的中彩与否是独立的.于是,我们可将摸彩问题类比到摸球问题,即用红球来表示可中彩的那些彩票,白球表示其他彩票,从而建立摸球模型来加以讨论.

在装有 n 个球的盒子里,有 m 个红球,其余是白球,现在 n 个人依次独立地从盒中任取一球,每人摸出球后不再放回盒中,问摸球人摸出红球的概率是多少?[21]

下面,进行问题的求解与分析:

首先考虑 $m=1$ 时的情形,即只有一张彩票可中彩.这种情况虽然简单,但不泛其实际背影.诸如抽签、抓阄就属这类情形.

设 $A_k(k=1,2,\cdots,n)$ 表示第 k 个人摸中红球,则 $\overline{A}_k$ 表示第 k 个人未摸中红球.显然,当

$k=1$ 时,$P(A_1) = \dfrac{1}{n}$.

当 $R > 1$ 时,第 k 个人只有在前 $k-1$ 个人都未摸到红球的情况下,才有可能摸到红球,否则前 $k-1$ 个人中有人摸到红球,则第 k 个人就不能摸到红球,故有 $P(A_k \mid \bigcup\limits_{i=1}^{k-1} A_i) = 0$,并且

$$P(A_k) = P(A_k \mid \bigcup_{i=1}^{k-1} A_i) \cdot P(\bigcup_{i=1}^{k-1} A_i) + P(A_k \mid \overline{\bigcup_{i=1}^{k-1} A_i}) \cdot P(\overline{\bigcup_{i=1}^{k-1} A_i}) =$$

$$P(A_k \mid \overline{\bigcup_{i=1}^{k-1} A_i}) \cdot P(\bigcap_{i=1}^{k-1} \overline{A_i}) = P(A_k \mid \overline{\bigcup_{i=1}^{k-1} A_i}) \cdot \prod_{i=1}^{k-1} P(\overline{A_i}) =$$

$$\frac{1}{n(k-1)} \cdot \frac{n-1}{n} \cdot \frac{n-2}{n-1} \cdots \frac{n-(k-1)}{n-(k-2)} = \frac{1}{n}$$

所以对任意的 k,都有 $P(A_k) = \dfrac{1}{n}$,这表明:对于不同的摸球者来说,他们摸中红球的概率都是相同的,均为 $\dfrac{1}{n}$,仅与总球数 n 有关,与摸球的顺序没有关系. 于是对应摸彩来说,当然也就不必争着去抢先,其实最后一个参摸者与第一个参摸者,具有相同的机会中彩.

接下来考虑 $m > 1$ 的情形,即可中彩的彩票不唯一,显然此时

$$P(A_1) = \frac{m}{n}$$

$$P(2) = P(A_2 \mid A_1) \cdot P(A_1) + P(A_2 \mid \overline{A_1}) \cdot P(\overline{A_1}) = \frac{m-1}{n-1} \cdot \frac{m}{n} + \frac{m}{n-1} \cdot \frac{n-m}{n} = \frac{m}{n}$$

对于一般情况,当 $k \geq 3$ 时,可考虑将 m 个红球与其余 $n-m$ 个白球排成一列,共有 $C_n^{n-m} \dfrac{n!}{m!(n-m)!} = C_n^m$ 种方式,A_k 的发生就是对应着第 k 号球为红球的那种排列方式,即将 $m-1$ 个红球与其余 $n-m$ 个白球进行排列的排列方式,共有 $\dfrac{(n-1)!}{(m-1)!(n-m)!}$ 种. 因此

$$P(A_k) = \frac{(n-1)! \, m! \, (n-m)!}{n! \, (m-1)! \, (n-m)!} = \frac{m}{n}$$

结论与 $m=1$ 的情形类似,摸中红球的概率只与总球数 n 和总红球数 m 有关,与摸球先后无关.

综上,我们便说明了担心是不必要的.

下面,我们再对一种彩票发行的方法进行探讨:

这里我们考虑一种特殊彩票的发行,针对只有一个红球的情形来讨论. 如上所述,虽然摸球者在只摸一次的情况下,摸中的机会均等,但倘若上述试验允许重复进行,则红球被摸中时,已从盒中摸过球的人数 X,显然服从一定的概率分布,并且从盒中摸过球的人数 X 恰好就是摸中红球的顺序数 k,于是其分布律如表 3.2 所示.

表 3.2

X	1	2	3	$\cdots$	n
$P(X)$	$\dfrac{1}{n}$	$\dfrac{1}{n}$	$\dfrac{1}{n}$	$\cdots$	$\dfrac{1}{n}$

则其数学期望

$$E(X) = 1 \cdot \frac{1}{n} + 2 \cdot \frac{1}{n} + \cdots + n \cdot \frac{1}{n} = \frac{n+1}{2}$$

这表明在摸球试验允许重复进行的情况下,每次试验中平均约要有总球数一半的人摸过后,红球才会出现被摸中. 即,若某人已知彩票总发行数,则他只要数一数已摸过彩的人数,当这一人数恰好等于彩票发行总数的一半时,自己去摸,则他中彩的概率将很大,这就是统计意义上的结论. 为了杜绝这一不公平事件的发生,发行者只要对某一彩票多组重复发行(即使每组彩票总数必须分开)时,尽量采取分时、分地销售的办法,使摸彩者无法统计出已摸过的人数,从而使每个摸彩有同等的机会中彩.

当然,当中奖彩票不只一张时,只要把可中彩的彩票一一分开考虑,结论仍具有指导意义.

3.4.2 电话系统呼叫问题

20 世纪初,由于自动电话的出现,通话需求与通话服务供给的平衡问题,成了研究的热门,丹麦数学家埃尔朗(A. K. Erlarg)在物理学家吉布斯(Gibbs)统计平衡概念的启发下,超越一般组合分析计算的方法,运用类比的思维,把统计平衡概念借过来,建立了呼叫生灭过程的模型.[9]

埃尔朗把封闭系统热分子的渗透扩散比作电话系统呼叫的生灭. 一个呼叫的发生,好像一个分子从液体扩散进入封闭系统中的气体,而一个呼叫的结束,又好像一个热分子从气体中渗透到液体中,这样他就把热力学统计平衡模型全部类比过来,建立起电话呼叫统计平衡的方程,如图 3.8 所示就是一个类比对照.

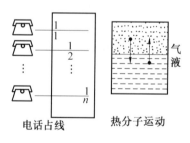

图 3.8

现在考虑单位时间内呼叫需求,即单位时间内到达的呼叫数,用 λ 表示,对于电话服务,可以用单位时间内通话完毕的通话次数 μ 表示,并假定两者使用同一单位时量度量. 这正像在封闭容器内汽化的热分子的汽化率与冷凝分子的冷凝率一样. 把电话系统内瞬时的正在通话的线路数 n 叫作状态(类似于封闭系统内气体的热分子数). 所谓统计平衡就是由状态 n 到状态 $n+1$ 的概率和由状态 $n+1$ 到状态 n 的概率相等.

令 P_n 表示在 Δt 内系统处于状态 n 的概率,则根据统计平衡,有

$$\lambda \cdot \Delta t \cdot P_n = (n+1)\mu \cdot \Delta t \cdot P_{n+1}$$

(严格来说,P_n 与 P_{n-1} 和时间 t 有关,但在系统平衡时,即 $\Delta t \to 0$ 时,可以表示平稳值),于是

$$\lambda P_n = (n+1) \cdot \mu \cdot P_{n-1}, n = 0, 1, 2, \cdots$$

有递推公式

$$P_{n-1} = \frac{\lambda}{(n+1)\mu} P_n = \frac{(\frac{\lambda}{\mu})^2}{(n+1)\cdot n} P_{n-1} = \cdots = \frac{(\frac{\lambda}{\mu})^{n+1}}{(n+1)!} P_1$$

如果系统无限制,则

$$\sum_{n=0}^{\infty} P_n = \sum_{n=0}^{\infty} \frac{(\frac{\lambda}{\mu})^n}{n!} P_0 = 1$$

故

$$P_0 = \frac{1}{\sum_{n=0}^{\infty} \frac{(\frac{\lambda}{\mu})^n}{n!}} = e^{-\frac{\lambda}{\mu}}$$

$$P_n = \frac{(\frac{\lambda}{\mu})^n}{n!} \cdot e^{-\frac{\lambda}{\mu}}$$

但系统一般都有限制,则

$$\sum_{n=0}^{N} \frac{(\frac{\lambda}{\mu})^n}{n!} P_0 = 1$$

$$P_0 = \left[1 + \frac{\lambda}{\mu} + \frac{(\frac{\lambda}{\mu})^2}{2!} + \cdots + \frac{(\frac{\lambda}{\mu})^N}{N!}\right]^{-1}$$

$$P_n = \frac{(\frac{\lambda}{\mu})^n}{n!} \left[1 + \frac{\lambda}{\mu} + \frac{(\frac{\lambda}{\mu})^2}{2!} + \cdots + \frac{(\frac{\lambda}{\mu})^N}{N!}\right]^{-1}$$

这就是著名的埃尔朗电话损失率公式.许多年来,就是用这一公式来设计运用电话系统的通话线路与通话率的.

在自然现象中可以看到许许多多可类比的同态现象."每当理智缺乏可靠论证的思想时,类比这个方法往往指引我们前进."(康德)

3.4.3 项目反应理论问题

数学中,高层次的理论也可以从低层次的数学问题类比发展起来,有时还受低层次的数学问题有的甚至还谈不上是数学问题的类比启发而发展起来的.数学教育测量学里的项目反应理论就是这样,它是从跳高比赛的成绩记录的类比启发引申出来的.

跳高、举重比赛都从试跳、试举开始,然后根据运动员内在潜力和试跳、试举记录,做"升"或"降"的调整,如此反复几次,按比赛规则,得出该运动员这项比赛的成绩记录,在这个竞赛者群中定出名次.

像这样一个简单的"低层次"的数学计算问题,我们经常碰到却没有引起注意,更没有加以深思和推广.但数学家、教育测量学家就不同了.由于他们的职业的特征和敏感性,他们就抓住这一相似点进行不懈的努力,终于研究出人的智能水平也可以类似跳高、举重比赛一样,进行测量,进行评比,定出效度相当高的优劣名次,这就是国内外开始流行的教育测量学范畴的项目反应理论.

为说明低层次的数学问题——跳高、举重比赛记录,类比发展到建立高层次的数学理

论——教育测量学里的项目反应理论的数学模型,具体分析如下:

对知识水平考试,目前做法是纸笔测验.使用统一试题,在规定时间内团体施测作答,评卷、给分、定名次.这种方法存在诸多弊端.由于命题受到量的限制,对被试者存在一定的机会性;题目一变,被试者得分可能不同;命题是规范统一的,对被试者的实际水平无法针对性地得到反映;命题过易过难都可能无法测出被试者的真实水平;评分也会因人因卷不同而出现不公.因此,这种传统考试方法,从理论上说,其难度、区分度和信度等技术质量指标,是严重依赖被测样本的,即只适应于跟原先试测过程中所采用的样本非常类似的考生组.否则,测验结果就不准确.

为了避免这个弊端,数学、计算机专家与教育测量学家通力合作,提出一个叫作项目反应理论的全新的智能考试理论,这个理论的一个最为人称道的优点就是项目参数不变性.即

(1) 当存在着被试的大的总体时,项目参考估计是独立于标准化过程中所使用的特定被试组的;

(2) 当存在着测量相同特质的大题库时,被试能力估计就独立于所施测的项目组,甚至在被试接受了测验项目的十分不同的分组时,项目反应理论也提供了一个对他们做比较的方法;

(3) 能提供表明估计每个被试能力水平精确性的统计量,因为能求出项目信息函数和测验信息函数;

(4) 用统计估计和与之相联的标准误的概念,取代了平行形式信度概念.

传统的经典测验的信度、试测试分数精度的确实信息,只能得到信度的低限估计或偏差不明的估计.

现在,已从十分简单的跳高、举重竞赛做原始竞赛模式类比到建立项目反应理论的项目特性函数的数学模型.人的体育竞技水平的测定,已发展到对人的智能潜在特质的测量,前者是外向表面化的,后者则是内向潜在化的.智能潜在特质可以是一个(单维的),也可以是多个(多维的);成绩跟潜在特质的关系可以是(直)线性的,也可以是非线性(曲线性)的.目前,建立的智能潜在特质单维性假定基础上的单参数、双参数模型已得到较好发展.一种单维三参数模型是 Logistic Function,即

$$P(\theta) = C + \frac{1-C}{1+e^{-1.7a(\theta-b)}}$$

其中,$P(\theta)$ 是考生的作答反应成绩,θ 是能力水平,a 是项目的区分度,b 是项目难度,C 是该项目猜对的概率,e 是自然对数的底.

利用这个数学模型实行施测,已在我国开始兴起,它的科学性和科学价值,已得到中央部级的鉴定与认可,不久的将来会见诸实施.

这个测试方式又回到跳高、举重竞赛方式上了,就是先从计算机里调出根据被测对象要求的试题(相当于试跳、试举),按键后,如答对,则提高难度的试题出现在屏幕上,根据答对或答错,再现较难或较易试题,如此往复循环(反复迭代)求得智能项目信息函数和测验信息函数值,这样定出的被测者的智能水平,具有上述的优点,避免了传统考试的缺点.这一研究成果的基础仍是低层次的数学原理,其研究的价值,反映了当代数学、计算机科学、教育测量学和社会科学、管理科学的综合水平,因此是高层次的教育测量理论,也是高层次数学理论水平,其适用范围甚为广泛.

3.5 模 拟

模拟是以模型去使现象再现或仿照原型的合理的结构特性和特殊的功能、原理的一种科学研究方法.它以类比为逻辑基础,或属于类比的一种特殊形式,而在功能、原理的产生或来源的方式上称为模拟,模拟法建模正被大量运用.

3.5.1 中医的计算机计量诊断

客观事物之间的差异常存在着中间过渡,即往往有非此非彼、亦此亦彼的模糊地界.比如"发高烧"这个概念,如果说 39℃ 是发高烧,那么 38.9℃ 算不算?另外像"高个子""大胖子"等,我们都无法给它下明确定义,但是在每个人的头脑中对这些概念又都有个不成文的标准,这种标准是模糊的,又是明确的.相反,如果给"高个子""大胖子"下一个严格定义,明确规定高度、质量、体形等标准,人们反倒无法判断了,正所谓"过分精确,反而模糊;适当模糊,反倒精确".可以说,我们实际上是生活在"模糊世界"之中!因而人们在现实问题的研究中创立了模糊数学.模糊数学不是要使数学变得模糊,而是要让数学打入"模糊世界".运用模糊数学的理论,使得我们运用计算机建立模拟模型来模拟医生诊断.

绝大多数人都有过生病的经历.假定有某种疾病 A,它有几个症状,$a_1,a_2,\cdots,a_n$,我们可以把它们设想为 n 个化验或体察指标.对这 n 个指标,医学上规定了正常值界限,但医生并不教条地看待这些界限.例如,某甲被检查是否患有疾病 A,检查的结果只有一项超出界限,而其余各项都在"正常值"范围内且与临界值差距较大,医生一般不会认为某甲患了疾病 A;如果各指标虽都在"正常"范围但与临界值都很接近,医生也不会轻易排除某甲患疾病 A 的可能,这里,医生所执行的实际上是"模糊边界",是根据其头脑中诸如"发高烧""四肢乏力"之类模糊概念来做出判断的.

中医的计算机诊断就是利用计算机来模拟医生"辨证施治"的思维过程,首先把各老中医的宝贵临床经验,最新最先进的临床报告和医案输入电脑存储起来,当接收一个新患者后,把他的各项检查结果输入电脑,电脑经过对所得信息的处理,便迅速、准确地开出处方来.这样不仅使中医诊疗更客观化、数学化、科学化,而且只须一般医务人员操作,就可做出名医水平的诊断和处方.

电脑诊断的依据就是"模糊数学"中的"隶属函数原则",我们知道,在集合论中,对于一个集合 A,我们可用一个示性函数 $I_A(x)$ 来刻画它:若一元素 $x \in A$,则 $I_A(x) = 1$;反之 $I_A(x) = 0$.任一元素 x,要么 $x \in A$,要么 $x \notin A$,二者必居其一.这里的 $I_A(x)$ 只取 0,1 两个值,有时就显得有点"绝对化".在模糊数学中,考虑更一般性的隶属函数 $\mu_A(x)$,它的取值范围是 [0,1] 中的一切实数,$\mu_A(x)$ 称为"$x \in A$"的隶属度.例如,A 表示"高个子",$x = 1.79$ m,$\mu_A(x) = 0.995$,则说"1.79 m 的人隶属于'高个子'这一集合的程度为 99.5%".

假定有一个患者,医生经过望、闻、问、切"四诊"及其他化验、检查手段等,共收集到 n 个数量化了的症状资料(称为信息),记作 $x_1,x_2,\cdots,x_n$,它们构成一个 n 维有序数组(向量) $x = (x_1,x_2,\cdots,x_n)$,一个患者就对应这样一个向量,这些向量的全体构成一个 n 维的"人体病变状态"空间 Ω,每一病例可看成 Ω 中的一个点.

设有 m 个标准症型(模糊子集):$\widetilde{A}_1,\widetilde{A}_2,\cdots,\widetilde{A}_m$,我们的任务是,对一个特定的病人,根据

其症状 $\tilde{x}$ 来确定他在多大程度上属于那一个症型.

设 $\tilde{x}_0^j = (x_1^j, x_2^j, \cdots, x_n^j)$ 为病症 $\tilde{A}_j$ 的典型病例(为方便起见,这里及以下,我们都假定症状向量的各分量都是规范化了的,即取值在[0,1]区间). 对每一个症状 x_i,给定一个权系数 a_i^j,它表示第 i 个症状对诊断为病症 $\tilde{A}_j$ 的作用大小. 比如"恶心"是肝炎的主要症状,而"头痛"则不然. a_i^j 也可以取负值,比如"消化好"在一定程度上说明他不是急性肝炎. 通常可认为 $|a_i^j| \leq 1$,于是可算得 $R_j = \sum_{i=1}^{n} a_i^j x_i^j$. 对任一 $\tilde{x}$,算得 $R_j(\tilde{x}) = \sum_{i=1}^{n} a_i^j x_i$,从而得隶属函数

$$\mu_j(\tilde{x}) = \frac{R_j(\tilde{x})}{R_j}, j = 1, 2, \cdots, m$$

显然,$\mu_j(\tilde{x}) \leq 1, \mu_j(\tilde{x}_0^j) = 1$. 有了 $\tilde{A}_1, \tilde{A}_2, \cdots, \tilde{A}_m$ 的隶属函数 $\mu_1(\tilde{x}), \mu_2(\tilde{x}), \cdots, \mu_m(\tilde{x})$,就可以把 Ω 进行分划,即

$$A_j = \{\tilde{x} \mid \mu_j(\tilde{x}) = \max(\mu_1(\tilde{x}), \cdots, \mu_m(\tilde{x}))\}$$
$$j = 1, 2, \cdots, m$$

当 $\tilde{x} \in A_j$ 时,就诊断为 $\tilde{A}_j$. 如果 $\tilde{x}$ 属于若干个 A_j,或者 $\max\{\mu_1(\tilde{x}), \mu_2(\tilde{x}), \cdots, \mu_m(\tilde{x})\}$ 很小,则需要进一步检查.

有人根据香港著名老中医谭述渠的临床医案,结合国内外其他位老中医经验及有关最新成果编制了系统软件,初步试验表明,程序诊断与医师本人的思维过程几乎完全相同.

1979 年有人根据著名中医关幼波教授治疗肝炎的经验编制了肝炎诊断程序,治疗效率高达 97%,"机器名医"开出的处方和关幼波大夫本人的诊断完全相符.

电脑诊断不仅具有名医及先进医学研究成果的高水平,还有人所不及的特长,有资料表明,中医内科有 2 000 多个表象,约分 60 大类疾病,每类又分几十个小类. 这样,内科标准病型就有 58 000 多个.《中药大辞典》载有中药 5 700 多种,常见中药 700 余种,方剂数以万计,如《普济方》一节中就记载药方 61 000 多个. 要对如此庞大数目的疾病、药物及处方做到融会贯通,调用自如,实非人力所能,而计算机恰有这样超人的记忆本领!

电脑诊断的最大优点是它的严格的"科学态度",它能排除各种"主观因素",也从来不会因"一时疏忽"而影响对疾病的诊断.

3.5.2 容器置物问题

考虑如下问题:在一个已知的容器中希望能放下 N 个已知不同形状大小的物体,其中界限容器的封闭边境以及各个物体都是不可嵌入的刚性实体. 如果客观上放不下,要求做出放不下的判断,如果客观上放得下,则要求给出每个物体的位置和方向. 这里忽略了 N 个物体之间的内涵,即相互间联系的约束,而认为是独立的,因而可以仅仅研究其几何关系.

这类问题在科学研究与生产实践中具有重要意义,如卫星仪器舱和坦克内的布置设计以及下料问题等. 但是对于这样一个看来十分清楚的几何问题,在数学上至今还没有一般性的严格的理论解法. 这里对弹性力学进行模拟而给出一种解法.

我们将放置问题视为一动态过程,即从某初始状态开始的调整过程. 这一调整过程可从

日常生活的实例中受到启发.其一是大米的放置,一缸大米,当我们将米缸轻轻摇动,每颗大米都在运动,在调整自己的位置,最终米缸中米的高度降低了,因此又可以多放置适当数量的大米;其二是在一辆拥挤的公共汽车中,在汽车起步、刹车和颠簸过程中,每个乘客都在做微小运动,调整自己的位置,最终大家都感到比开始要自在一起,若能达到彼此都不挤(可以接触),则可认为人都放置好了.由此可将原问题中这 N 个物体视为光滑的弹性实体,将容器想象为充满整个三维空间的光滑弹性物,不过其中因挖去部分实体而形成一个空腔,此空腔的大小形状相同于容器内境界的空间部分.想象这 N 个弹性体挤缩在这个弹性空腔中,如果原始的刚性体放置问题客观上有解,那么这个存在挤压的弹性物体与空腔所构成的体系就会在弹性力的作用下发生一系列的运动,最终有可能使得各个物体与空腔都恢复自己的大小与形状,因而放置问题的定解条件得到满足.

将固结于容器之上的空间笛卡儿坐标系取作绝对坐标系,对每一个物体都按某种方式事先指定一个固结于其上的笛卡儿坐标系,此坐标系的原点选择在物体的几何重心上.第 i 个物体在容器中的状态由以下六组实数所描述:$x_i, y_i, z_i, \theta_i, \varphi_i, \psi_i, i=1,2,\cdots,N$,其中 x_i, y_i, z_i 表示第 i 个物体的几何重心在绝对坐标系之下的坐标;$\theta_i, \varphi_i, \psi_i$ 表示第 i 个物体在绝对坐标系之下的欧拉角,它们表现了此物体所处的方向,因此整个容器体系的一个状态由如下 $6N$ 个实数所描述:$x_i, y_i, z_i, \theta_i, \varphi_i, \psi_i, i=1,2,\cdots,N$.

我们将物体容器体系的所有状态构成的集合称作问题的状态空间,对于体系的任意一个确定的状态称为状态空间中的一个点.

引进两物体间的距离的概念.记 i,j 两物体间的距离为 L_{ij},其中 $i \neq j, i,j=1,2,\cdots,N$,当 i,j 两物体的一种度量(亦即 Lebesgue 测度)大于零时,定义 $L_{ij} < 0$,其绝对值等于 i,j 两物体沿几何重心的连线方向以平移方式互相远离直到它们的交的这种度量为零时所经过的长度.当 i,j 两物体的交的这种度量为零时,定义 $L_{ij} \geq 0$,其数值等于两物体沿其几何重心连线方向以平移方式互相接近直到它们的交的这种度量为 0^+ 时所经过的长度.如下面的图 3.9(a) 所示.

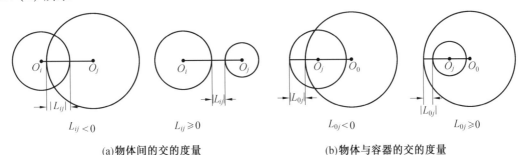

(a)物体间的交的度量　　　　(b)物体与容器的交的度量

图 3.9

我们将容器外部看作带有一个空腔的弹性实体,并将此实体看作第 0 个物体,对于第 0 个物体与第 $j(j=1,2,\cdots,N)$ 个物体间的距离 L_{0j} 有类似于两物体间的距离 L_{ij} 的定义如图 3.9(b) 所示.

当两物体 i,j 的距离 $L_{ij} < 0$ 时,物体间产生挤压,因而产生弹性势能.定义两物体间的弹性势能为

$$V_{ij} = \begin{cases} 0, L_{ij} \geq 0 \\ L_{ij}^2, L_{ij} < 0 \end{cases}$$

此式的弹性力学解释如下:当 $L_{ij} < 0$ 时,$|L_{ij}|$ 表征了 i,j 两物体挤压变形的尺度,弹性变形的势能正比于变形尺度的平方,而当 $L_{ij} \geq 0$ 时,i,j 两物体的交的度量为 0,没有发生挤压,因而弹性变形势能为 0.

由下式定义 N 个物体与空腔所构成系统的弹性势能

$$U = \sum_{i=0}^{N-1} \sum_{j=i+1}^{N} U_{ij}$$

显然 U 是系统的状态的函数,即

$$U = U(x_1, y_1, z_1, \theta_1, \varphi_1, \psi_1, \cdots, x_N, y_N, z_N, \theta_N, \varphi_N, \psi_N)$$

而且 $U \geq 0$. 其中 $U > 0$ 表明状态不满足 N 个物体在容器中放置的要求;$U = 0$ 则表明满足放置的要求. 称使 $U = 0$ 的状态为状态空间中的可行点.

利用下降算法可以寻找状态空间中的可行点. 一旦求出可行点,则状态即指明 N 个物体能放进容器中去的具体的姿态,假若在计算相当长时间后仍算不出可行点,则或者是此问题无解,或者是由于以下三个原因造成此方法失灵:其一是空间紧张;其二是物体大小悬殊;其三是物体个数多.

3.6 移 植

现代科学技术飞速的发展,交叉学科不断产生,数学工具与数学思想日益向自然科学与社会科学渗透. 控制论、信息论、系统论的诞生加速了这一发展趋势. 这些新学科的产生,有的是运用已知学科的工具去解决研究对象中的新问题. 如运用数学工具去解决生物学的问题,从而形成生物数学,这种运用已知学科的工具去解决另一学科中的新问题,发现新学科的思维方式姑且称之为移植.

移植是借用生物学中的术语的一种形象譬喻. "移植是科学发展的主要方法,大多数的发现都可应用于所在领域以外的领域." (见弗里奇. 科学研究的艺术. 科学出版社). 移植的基础是两个系统之间的相似性,移植方法也常借助于类比.

3.6.1 万有引力模型

我们前面介绍的牛顿万有引力定律阐述了质量为 m_1, m_2 的两个物体相互间的作用力为

$$F = G \cdot \frac{m_1 \cdot m_2}{d^2}$$

这个 G 为一常数,d 是两物体重心之间的距离. 这个公式较准确地描述了行星之间相互的作用力.

如果我们将"万有引力定律公式"移植则可得到"万有引力模型","万有引力模型"可视作以一种不严格的方式将天文学的研究用于随着距离增加而相互作用的强度减弱的各种情况中,例如,贸易、运输、移民等相互之间的关系,我们可以认为上述之间的关系和"万有引力"有着严格的相似,如果两地之间的距离为 d,且它们之间相互作用的量为 w_1, w_2,那么它们之间相互作力的强度为

$$T = \frac{kw_1 \cdot w_2}{d^2}(k\text{ 为一常数})$$

关于电话次数,在某一个给定时间内,城市之间的电话次数也非常相似于万有引力.因而我们也可运用万有引力定律移植而来的"万有引力模型"来计算两个城市之间在某一确定时间内的电话次数.

设 A,B 两城市的人口分别为 P_A, P_B. A,B 之间的距离为 d_{AB},那么 A,B 两城市之间的电话次数为

$$T_{AB} = \frac{kP_A \cdot P_B}{d_{AB}^2}, k \text{ 为一常数}$$

表3.3是上海、北京、广州三个城市的市区人口(千人)及相互间的距离(km),求三个城市之间,在某一确定时间内的电话次数.

表3.3

城市	人口/千人	上海	北京
上海	12 000	—	1 500(km)
北京	8 000	1 500(km)	—
广州	7 000	2 200(km)	3 500(km)

$$T_{\text{上北}} = \frac{k \cdot 12\,000 \cdot 8\,000}{1\,500^2} \approx 42.7k$$

$$T_{\text{上广}} = \frac{k \cdot 12\,000 \cdot 7\,000}{2\,200^2} \approx 17.4k$$

$$T_{\text{北广}} = \frac{k \cdot 8\,000 \cdot 7\,000}{3\,500^2} \approx 4.6k$$

其中 k 的值可从实际调查中得到[20].

移植的特点是把问题的关键与已有的规律和原理联系起来,与既存的事实联系起来,从而构成一个新的模型或深掘其本质的概念与思想.

3.6.2 生物控制论的产生

第二次世界大战前后,在美国有一批不同专业的科学家,经常聚在一起讨论科学方法论问题.二次大战开始后,德国的空军优势引起了众多盟国的科学家的注视.为了解决防空问题,需要研究飞行曲线,解决炮弹发射的提前量问题;这就需要根据飞机和炮弹相对位置的反馈信息,不断修正炮弹的发射角度.科学家罗森博吕特、维纳等人的讨论便是围绕着这些问题进行.讨论会的参加者们不久就发现了,在行为控制和信息通信方面,生物体和机器之间有着深刻的共同性[4].

把机械的控制系统类比移植到人以及其他生物,也都有一个控制系统.为了实现行为控制,都需要有一个信息交换过程.比如人走路,要看方向,要看是否需要转弯,是否应绕过障碍物等.为此,人需要通过眼睛获取关于道路环境情况的情报,这便是一接收信息的过程.这些信息被送达大脑,由大脑进行分析、整理、判断和决策,这里面便有一个加工和存取信息的过程.大脑的决策被送达双腿,指挥人的行动.然而,在行动过程中,又应不断地、及时地将信

息反馈回大脑,以不断调整人的行动. 这种信息的反馈过程,正是生物体和机器在行为控制和通信规律方面的共同之处. 事实上,恒温器要保持恒温,温血动物要保持体温,它们都要有相同的信息反馈过程.

维纳基于这种对于控制机制的共同性的认识,于1948 年,出版了他的划时代的著作——《控制论》. 这本书的副标题便叫作"关于动物和机器中控制和通信的科学". 这本书的出版,为 20 世纪 50 年代的生物控制论的诞生奠定了基础.

思 考 题

1. 9 位科学家在一次国际学术会议上相遇,发现他们中的任意 3 个人,至少有 2 个人可以用同一种语言对话. 如果每位科学家至少可说 3 种语言,那么至少有 3 位科学家可以用同一种语言对话吗?

2. 在如图所示的台球桌上的一端,有 3 个弹子分别在 A,B,C 三点所示的位置上,A,B,C 三点共线,若要用弹子 A 去击弹子 C(不能碰弹子 B),使弹子 C 落入三个网 $\otimes$ 中之一,应怎样击弹子 A?

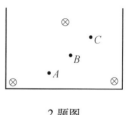

2 题图

3. 某人家住 T 市,在外地工作,平时总是乘坐下午 5:30 到达 T 市的火车回去,他的妻子准时在车站接他. 有一天此人提前半小时下班,乘坐下午 5:00 的火车到达 T 市,然后步行回家,路上,他遇到了开车来接他的妻子,因此比平时早 10 min 到家. 问此人一共步行了多长时间?

4. 西光厂眼镜车间接到一批任务,需要加工 6 000 个 A 型零件和 20 000 个 B 型零件,这个车间只有 214 名工人,他们每一个人加工 5 个 A 型零件的时间可以加工 3 个 B 型零件. 将这些工人分成两组,两组同时工作,每组加工一种型号的零件,为了在最短的时间内完成这批任务,应怎样分组?

5. 某厂因生产需要,需制作三脚架 100 只,每只由铝合金型料长 2.3 m,1.7 m,1.3 m 各一根组装而成. 市场可购得该铝合金型的原材料长为 6.3 m,为降低生产成本,问至少购多少根原材料,才能满足生产需要?

6. 1997 年 6 月 1 日柯受良先生完成了飞跃"母亲河"的壮举. 据中央电视台现场报道:柯受良先生飞黄河壶口跨度为 55 m,起飞时速度达到 145 km/h,腾空时间为 1.58 s,达最高点时距黄河水面 10 m 以上. 汽车加速冲上那段木板搭成的斜坡飞向对岸是斜向上抛物体运动,轨迹为抛物线. 根据如上数据请你设计求出斜面(坡度)倾角及有关数据.

7. 某房地产开发公司对一投资开发项目,需要做可行性研究,据分析有以下数据可供参考:征地、动拆迁等前期费用约合每亩(1 亩 = 667 m²)60 万元,动拆迁周期约半年. 每亩地可建 1 000 m² 商品住宅,住宅的建造费用为 950 元/m²,其中 8% 为设计费用,设计周期约三个月,其余部分为造价,大致可分三期支付,其中 50% 需在开工时交付,30% 半年后交付,20% 在竣工时结算,施工周期约需 9 个月. 所建的商品房可在施工图出来后,即动工时开始预售,这时的价格约为 2 000 元/m²,以及可望逐月递增 5%,并可望在正式交付使用时售完,假设税金等其他开支为售价的 20%,每个月售出面积相同,试问该项目每亩可获利多少并计算投资回报率(总利润和实际投入资金之比,而后期施工费用已无需垫支),银行贷款利率月息 15‰(按单利计).

8. 有四个城市处在正方形的四个顶点,求一种方案(或一种网络)联通这些城市,使路程最短.

9. 某宾馆招聘钟点工,有 6 人应聘,人事干事得到应聘人的如下信息,构成表 1,表 2,表 3,表 1 反映出每位应聘者每月欲求薪金,表 2 反映出每位应聘者每月能为公司创收的利润,表 3 反映出每位应聘者在进行业务活动中所需的花费. 根据表 1,表 2,表 3,经理要求所有招进的人员每月工资总额至多支付 2 100 元,而要求他们的每月利润总和必须超过 4 200 元. 试问,这六个人,怎样录用,将会使这些业务员在业务活动中所需花费最少?

表 1

1	2	3	4	5	6
600	700	600	300	100	400

表 2

1	2	3	4	5	6
900	1 000	1 200	800	600	1 100

表 3

1	2	3	4	5	6
300	400	400	100	100	200

思考题参考解答

1. 有 9 个点 $v_1, v_2, \cdots, v_9$ 表示 9 位科学家,如果某两个科学家可以用第 r 种语言对话,那么就用一条边将相应的两个点联结起来,并且将这条边涂上第 r 种颜色,这样抽象就得到了一个图论模型 G,它的边涂上了颜色(至多有 27 种颜色).

显然,如果在顶点 v_i, v_j 之间有一条边涂上第 r 种颜色,在顶点 v_i, v_k 之间也有一条边涂上第 r 种颜色,那么在 v_j 与 v_k 之间也有一条边涂上第 r 种颜色(这种性质可以称为传递性).

已知的条件就是每三个点之间至少有一条边,并且对任一个顶点 v_i,自 v_i 引出的边至多有三种不同的颜色. 要讨论的结论:模型 G 中至少有一个三角形,这个三角形的三条边是同一种颜色的是真确的.

根据上面所说的传递性,只要证明模型 G 中有一个顶点,从这个顶点引出的两条边具有同样的颜色即可. 这可采用反证法,假设结论不成立,那么从任一个顶点 v_i 引出的边颜色都不相同,因而根据已知条件得每个顶点 $v_i (i = 1, 2, \cdots, 9)$ 引出的边不会超过 3 条. 此时,不妨设对于顶点 v_1,则至少有 $9 - 1 - 3 = 5$ (个) 顶点没有边与它相连,此可设为 v_2, v_3, v_4, v_5, v_6. 由于顶点 v_2 引出的边不超过 3 条,则在 v_3, v_4, v_5, v_6 这四个点中必有一个点与 v_2 没有边相连,设 v_3 与 v_2 没有边相连,则 v_1, v_2, v_3 这三个点之间无边相连,与已知条件矛盾,从而问题获证.

2. 假设子弹受力后是沿直线运动的,且运动时摩擦力也很小,当碰到球台边后会反射出去,其运动规律在理论上可类比成当线遇到平面后进行反射的规律.

显然,不能沿弹子 A,B 的方向击弹子 A,只能沿球台边方向击弹子 A. 根据弹子反射的各种情形分析:如图,若 DC 的延长线交台桌边于点 G,由反射规律在台桌邻边上找到点 H,若 GH 与 AH 与下边的台桌边成等角,则可沿 KA 方向击弹子 A,弹子 A 沿 $H \to G$ 击中 $C \to D$ 落入网 D 中,否则不能这样击弹子 A.

注意到如图所示的三弹子位置和三网位置,击弹子 A 使 C 是不能落入网 E, F 中的.

2 题答案图

3. 仔细分析,该问题涉及两个人,由于问题的叙述和提问都是站在"某人"的角度,而"某人"到达 T 市的时刻在变化,因此顺着问题正面叙述的角度看,条件不足,我们发现,在考虑问题时,实际上忽视了另一个人的存在,这就是"妻子",而"妻子"每天从家到火车站的时刻表是不变的,这就找到了一个"参照系". 转而站在"妻子"的角度观察问题. 若"妻子"在这一天像往常一样继续开车到火车站(到火车站的时刻为 5∶30)然后回家,那么他们就会在平时一样的时刻到家. 这说明提前的 10 min 是没有去车站省下的. 即相遇时,妻子距火车站还有 5 min 的路程,因此相遇时刻为 5∶25,这说明此人已步行了 25 min.

4. 设加工 A 型零件的一组人数为 x,且在单位时间里一个工人加工 A 型零件数为 $5k$,则另一组的人数为 $214 - x$,且在单位时间内一个工人加工 B 型零件为 $3k$.

加工 A 型零件所需要的时间为 $t_A(x) = \dfrac{6\,000}{5kx}$;加工 B 型零件所需要的时间为 $t_B(x) = \dfrac{2\,000}{3k(214 - x)}$,而完成整个任务的时间 $t(x)$ 是 $t_A(x)$ 和 $t_B(x)$ 中的较大者. 即 $t(x) = \max\{t_A(x), t_B(x)\} = \dfrac{2\,000}{k} \cdot f(x)$,其中 $f(x) = \max\left\{\dfrac{3}{5x}, \dfrac{1}{3(214 - x)}\right\}$.

这样,问题转化为求自然数 $x(1 \leqslant x \leqslant 213)$,使得函数 $f(x)$ 取最小值. 在区间 $[1, 213]$ 内考查函数 $f(x)$,因在 $[1, 213]$ 内函数 $\dfrac{3}{5x}$ 为减函数,函数 $\dfrac{1}{3(214 - x)}$ 为增函数. 故 $f(x)$ 的最小值在 $x_0 = 137\dfrac{4}{7}$ 取到,其中 x_0 满足 $\dfrac{3}{5x} = \dfrac{1}{3(214 - x)}$. 因为 x_0 不是整数,所以余下的问题是比较函数 $f(x)$ 在 x_0 的两个邻近整数 $x_1 = 137$ 和 $x_2 = 138$ 上的值的大小. 经计算知 $f(137) < f(138)$. 故加工 A 型零件组工人数是 137,另一组人数为 77.

5. 研究原材料的各种截法,归纳可得表 4.

表 4

根数 规格 截法	1	2	3	4	5	6	7	8	9
2.3 m	1	0	2	1	0	1	0	0	2
1.7 m	0	2	0	2	1	0	3	0	1
1.3 m	3	2	1	0	3	1	0	4	0
残料	0.1	0.3	0.4	0.6	0.7	1	1	1.1	0

由表中分析,若买 86 根原材料,其中的 43 根按第 9 种截法,29 根按第 2 种截法,最后 14 根按第 1 种截法,可得到各长 2.3 m,1.7 m,1.3 m 的 100 套材料. 若 100 根原料可做 116 只

三脚架.

因此,抽象出本题的数学模型是:

设 x_i 表示按第 i 种截法的原材料根数,则问题是求方程组

$$\begin{cases} x_1 + 2x_3 + x_4 + x_6 + 2x_9 = 100 \\ 2x_2 + 2x_4 + x_5 + x_6 + 3x_7 + x_9 = 100 \\ 3x_1 + 2x_2 + x_3 + 3x_5 + x_6 + 4x_8 = 100 \end{cases}$$

的非负整数解,使 $x_1 + x_2 + x_3 + x_4 + x_5 + x_6 + x_7 + x_8 + x_9$ 取最小值. 答案是 $x_1 = 14, x_2 = 29, x_9 = 43$,其余 $x_i = 0$.

如果更细致一点的话,上述方程组应是不等式组(将"="改成"≥").

6. 由物理学知识,设抛物线上点 $P(x,y)$ 如图,则有

$$\begin{cases} x = U_0 \cos \alpha \cdot t \\ y = U_0 \sin \alpha \cdot t - \frac{1}{2}gt^2 \end{cases}$$

则 $y = -\frac{g}{2v_0^2 \cos^2 \alpha} x^2 - x \cdot \tan\alpha$ 为抛物线一般方程.

6 题答案图

假设 $|OA| = 55$ m,已知 $v_0 = \frac{145\ 000}{3\ 600} \approx$ 40.28 m/s, $t = 1.58$,代入 $\cos \alpha = \frac{x}{v_0 \cdot t} = \frac{55}{40.28 \times 1.58} \approx 0.864\ 2$,从而 $\alpha \approx 30°$.

显然由于未计空气阻力,事实上 $|OA| = 55$ 不是设计值,而是 $|OB| = 55$, $|OA|$ 的值必大于 55 m.

我们可以如下设计取值,例如

(1) 取 $\cos \alpha_1 = 0.970\ 610\ 71$(含 97,61,71),取 $t = 1.58, v_0 = 40.3$,则 $\alpha_1 \approx 13.925\ 205°$,且 $|OA| \approx 61.8$ m;

(2) 取 $\cos \alpha_2 = 0.969\ 798\ 99$,取 $t = 1.58, v_0 = 40.277\ 8$,则 $\alpha_2 \approx 14°$, $|OA| \approx 61.71$ m;……

7. 按每平方米建筑费用来计算.

支出:

(1) 征地、动拆迁等费用:$\frac{60\ 万元}{1\ 000\ m^2} = 600$(元/m^2);

(2) 设计费用:$950 \times 8\% = 76$(元/m^2);

(3) 施工费用:6 个月后 $950 \times 92\% \times 50\% = 437$(元/m^2);2 个月后 $950 \times 92\% \times 30\% = 262.2$(元/m^2);15 个月后 $950 \times 92\% \times 20\% = 174.8$(元/m^2). 从而,开支总费用为

$$600 + \frac{76}{1.045} + \frac{437}{1.09} + \frac{262.2}{1.18} + \frac{174.8}{1.225} = 1\ 438.54(元/m^2)$$

销售收入(扣除税金):2 000 元/m$^2 \times 80\%$,逐月递增 5%,10 个月内均衡发售(从 6 个月到 15 个月后).

$$\frac{1}{10}\left(\frac{2\ 000 \times 80\%}{1 + 0.09} + \frac{2\ 000 \times 80\% \times 1.05}{1 + 0.105} + \frac{2\ 000 \times 80\% \times 1.05^2}{1 + 0.12} + \right.$$

$$\frac{2\,000 \times 80\% \times 1.05^3}{1 + 0.135} + \cdots + \frac{2\,000 \times 80\% \times 1.05^9}{1 + 0.225}) =$$

$160(0.914\,7 + 0.950\,2 + 0.984\,4 + 1.019\,9 + 1.057\,0 + 1.095\,5 + 1.135\,7 + 1.177\,5 + 1.221\,0 + 1.266\,4) = 1\,732(元/m^2)$

利润每平方米293.46元,即每亩获利293 460元.

回报率为 $\dfrac{293.46}{600 + 72.73 + 400.92} \approx 27.33\%$.

8. 注意到:任意 $\triangle ABC$ 内一点 P,当且仅当 $\angle APB = \angle APC = \angle BPC = 120°$ 时,$AP + BP + CP$ 达最小.

我们先证明任意两城市直接相连不是最短路程. 这种方案有以下四种情形(设四城市为 A,B,C,D):$d_1 = AB + BC + CD$;$d_2 = AB + PB + PC + PD$;$d_3 = AB + BD + CD$;$d_4 = AD + BC$.

若取点 P 为 $\triangle BCD$ 中的费马点,则有(设正方形边长为 a)
$$d_2 > d_1 > d_3 = 3a > AD + BC = d_4 = 2\sqrt{2}a$$

这就说明,最短路程必在正方形 $ABCD$ 中有"中转点"(点 P 及第四种情形中 AD 与 BC 的交点为中转点).

其次,再证明最短路程的"中转点"个数 $n \leq 2$.

不妨假设,A,B,C,D 各直接通往的中转点为 O_1,O_2,O_3,O_4.

(1) 显然,如果还有更多中转点,必增加额外的路程去联结其他各中转点,因此其总路程将增加;

(2) 当 O_2 不在 O_1B 上时,由三角形两边之和大于第三边可知,没有 O_2 时路程会更短,而当 O_2 在 O_1B 上时,O_2 就不是中转点了. 同理可去掉一个中转点 O_3,因此,最短路程中的中转点个数 $n \leq 2$.

最后,设 O_1,O_2 是两个中转点,以 A,B 为焦点和 C,D 为焦点可作为两椭圆分别过 O_1,O_2 两点,此时路程 $d = AO_1 + BO_1 + O_1O_2 + CO_2 + DO_2$.

设 O'_1,O'_2 分别是两椭圆相邻的两个顶点,此时 $O_1O_2 > O'_1O'_2$,则路程
$$d' = AO'_1 + BO'_1 + O'_1O'_2 + CO'_2 + DO'_2 < d$$

因此最短路程的两个中转点必在正方形的中位线上,再注意到当 $\angle O_1 = \angle O_2 = 120°$ 时,路程最短,此时路程为 $(1 + \sqrt{3})a$. 若只有一个中转点时路程最短为 $2\sqrt{2}a$,而 $(1 + \sqrt{3})a < 2\sqrt{2}a$,故在所有方案中只有上述方案的路程最短.

9. 抽象成如下的非负整数线性规划问题:用 $x_i(1 \leq i \leq 6)$ 表示6名应聘者,其中 x_i 取0或1. 当 $x_i = 1$ 时,表示第 i 名已被录用,$x_i = 0$ 时,表示未被录用. 由题设,记所求的所需花费为

$$E = 300x_1 + 400x_2 + 400x_3 + 100x_4 + 100x_5 + 200x_6$$

同时,满足表1、表2的条件可用如下两不等式表示,即

$$600x_1 + 700x_2 + 600x_3 + 300x_4 + 100x_5 + 400x_6 \leq 2\,100$$
$$900x_1 + 1\,000x_2 + 1\,200x_3 + 800x_4 + 600x_5 + 1\,100x_6 \geq 4\,200$$

上两式可化简为

$$6x_1 + 7x_2 + 6x_3 + 3x_4 + x_5 + 4x_6 \leq 21 \qquad ①$$

$$9x_1 + 10x_2 + 12x_3 + 8x_4 + 6x_5 + 11x_6 \geqslant 42 \quad ②$$

又式 ① 又为

$$7x_2 + 6x_1 + 6x_6 + 4x_6 + 3x_4 + x_5 \leqslant 21$$

若取 $x_2 = 1$,则

$$6x_1 + 6x_3 + 4x_6 + 3x_4 + x_5 \leqslant 14$$

若再取 $x_1 = 0$,则

$$6x_3 + 4x_6 + 3x_4 + x_5 \leqslant 14$$

此时,x_3, x_6, x_4, x_5 任取 0 或 1 总满足上不等式.

类似于上述讨论,满足 ① 的情形如表 5.

表 5

	x_1	x_2	x_3	x_4	x_5	x_6
1	0	1	✓	✓	✓	✓
2	1	1	1	0	✓	0
3	1	1	0	✓	✓	✓
4	✓	0	✓	✓	✓	✓

基中"✓"表示 0 或 1 均可取得.

由于上表的结果只满足式 ①,并不都满足 ②,由此再据表中 4 种方案逐一讨论方案得只有如下两种情形同时满足 ①,②,即 $x_1 = 0, x_2 = 1, x_3 = 1, x_4 = 1, x_5 = 1, x_6 = 1$ 或 $x_1 = 1, x_2 = 1, x_3 = 0, x_4 = 1, x_5 = 1, x_6 = 1$. 对于上述两种情形,求得 $E_1 = 1\ 200, E_2 = 1\ 100$. 故方案 $x_1 = 1, x_2 = 1, x_3 = 0, x_4 = 1, x_5 = 1, x_6 = 1$ 是本题的解.

第四章 数学建模的非逻辑思维方法

逻辑思维与非逻辑思维,作为人类不同的思维方式,它们各有自己的功能,都是人类健全理智的要素,就数学而言,它们构成了数学进展的两翼.例如就数学成果的表述而论,数学以严密的演绎系统为其主要特征运用逻辑思维建构形式呈现的,然而在发现这些数学成果时所运用的思维形式却远非单纯的逻辑思维,还需运用非逻辑思维形式,特别地,建构数学模型是一种创造性工作,更需要运用想象、直觉和灵感(顿悟)这些非逻辑思维的方法.

4.1 想 象

所谓想象,是人们对头脑中感知的形象(或称表象)进行加工创造新形象的心理活动,它不是表象的简单再现,而是表现的夸张、升华理想化的改造.它可以脱离现象,但却以现实为基础."千里眼""顺风耳"是在现实的眼、耳基础上想象的产物,神是由人的想象产生的,神具有人的模样,但又胜过人.

例如,欧拉为了向一个瑞典王子解释演绎的特性,就是用圆来代表一般的概念.让我们考虑 A 和 B 两类事物,如果"凡是 A 都是 B",则我们就想象圆 A 位于圆 B 之内;而如果"没有 A 是 B",我们就想象圆 A 和 B 完全不相交;如果"某些 A 是 B",则想象成圆 A 和圆 B 相交.

想象是形象的,具有概括性的.想象时呈现于头脑中的是一幅整体的图景,是从整体上对事物进行思考.当然它在局部和细节上可能是模糊的,从而带来想象的自由性和灵活性.

有些想象是在旧有事物的已有表象的引发下,在人脑中进行仿造而设想出的类似的新形象,这是一种仿造想象,是一种初级想象.有些想象是人们在意外的引发物的作用下,在人脑中闪现出与旧有事物已有表象不同类的新形象,这是一种跳跃想象,是比仿造想象更繁杂更高级的想象.还有些想象是在跳跃想象的过程中渗透着仿造想象的因素,既有跳跃性又有仿造性,这是一种复合想象,是跳跃想象和仿造想象的复合物.

科学的发现常常受益于想象的创造性功能.爱因斯坦说:"想象力比知识更重要,因为知识是有限的,而想象力概括着世界上的一切,推动着进步,并且是知识的源泉,严格地说,想象力是科学研究中的实在因素."

4.1.1 虚数的引进

数学史上,数学中虚数的引进就可以看成是"自由想象"的仿造想象建模的典型例子.

虚数的引进在最初主要是由于方程研究的需要.例如,代数学家卡当(J. Cardan)在求解方程 $x(10-x)=40$ 时,就曾指出过分别为 $5\pm\sqrt{-15}$(即 $5\pm\sqrt{15}\,i$)的两个根.卡当指出,如果把 $5+\sqrt{-15}$ 与 $5-\sqrt{-15}$ 相乘就会得出 40,把它们相加则会得出 10,因此,$5\pm\sqrt{-15}$(即 $5\pm\sqrt{15}\,i$)就应当被看成上述方程的根.但由于任何已知的数(这在当时是指实数)的平方都不可能是负数,因此,在很长的时期内,人们对虚数的引进就始终抱有怀疑的态度.例如,欧拉就曾这样写道:"因为所有可以想象的数都或者比 0 大,或者比 0 小,或者等于 0,所以很清楚,负数的平方根不可能包括在可能的数(指实数)中,从而我们必须说它是不可能的数.然而这种情况使我们得到的这样一种数的概念,它们就其本性来说就是不可能的数,因而通常叫作虚数或幻想中的数,因为它们只存在于想象之中."(《古今数学思想》第二册,P347).

又例如微积分的发现也可以看作是跳跃想象建模的典型例子.

微积分的发现是 17 世纪最伟大的数学成果,它是牛顿和莱布尼兹在许多数学家长期研究求切线斜率、求瞬时速度和研究曲边形面积计算方法的基础上,通过跳跃想象形成了粗糙而可贵的最初思想,这种发现是基于几何的直观和物理见解引发下,把这些表象进行加工改造后的独立构思,并不是逻辑推理的结果.

下面,我们再看一个运用复合想象建模的例子.

4.1.2 波利亚解题过程的几何图示的发现

笛卡儿曾说过:"没有任何东西比几何图形更容易印入脑际了,因此用这种方式来表达事物是非常有益的."波利亚正是运用复合想象利用几何中的点与线来表示思维过程中推理的线索而得到了"解题过程的几何图示"模型的.波利亚回忆说,在他读大学的时候帮一个男孩复习课,被一道立体几何"卡住了","虽然对付不了这样一道简单的题目,只能责怪自己.第二天晚上重新从头到尾仔细去解它,那次我做得这样彻底,以致这辈子再也不会忘记它.由于试图直观去看清楚整个解题的自然过程和解题中涉及的一系列基本想法,我终于得到了一个解题过程的几何图示法."波利亚写道:"这是我对解题的第一个发现,也是我终生对解题都产生兴趣的开端."

波利亚是通过如下简单的立体几何问题的求解,并运用复合(仿造与跳跃)想象获得他的"解题过程的几何图示"模型的.下面是波利亚的介绍:[22]

问题 给定正棱台的高 h,上底与下底分别是边长为 a 与 b 的正方形,求正棱台的体积 V.

(1)解这个问题的第一步是先集中到目标上,你要求的是什么?我们向自己提出问题,并尽可能明确地画出所求的体积 V 的图形,如图 4.1 左侧,所求目标在思维中的位置则用一个单点,记为 V,象征性地表示出来,我们的全部注意力应该集中在它上面.

如果什么也不给,我们就求不出未知量 V.我们问自己,已知量是什么?这样,我们就把注意力集中到图中那些长度已定的线段 a,b 和 h 上,如图 4.2 左侧.并在图右侧增加 3 个新点,分别记作 a,h 和 b,来代表 3 个已知量在变化了的思维中的位置,它们与 V 之间有一道鸿沟,这就是图 4.2 右侧的那一片空白,这片空白象征着

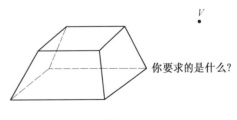

图 4.1

尚未解决的问题;我们的问题现在就集中为将未知量 V 与已知量 a,h 和 b 联系起来,我们必须在它们之间的鸿沟上架起桥来.

(2)此时,我们的工作是从把问题的目标、未知量和已知量赋予几何形象开始的,工作的最初阶段已由图 4.1 和图 4.2 适当地描绘出来了,那么我们怎样从这里继续前进呢?下一

步该怎么走呢?

如果不能解出新提出的问题,那就去寻找一个适当的有关联的问题.

当前的情形,用不着去找得很远,其实,未知量是什么? 一个棱台的体积. 而这是一个什么样的棱台呢? 它是如何定义的? 它是一个棱锥的一部分,是哪一部分呢? 让我们用另一种方式来叙述它:这个棱台是用一个平行于底的平面,截去整个棱锥中的一个较小的棱锥以后所剩下的部分,当前的情形,大(整个)棱锥的底是一个面积为 b^2 的正方形,见图 4.3. 如果我们知道这两个棱锥的体积 B 和 A,就能求出棱台的体积

$$V = B - A$$

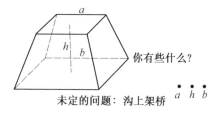

图 4.2

于是,原来的问题——求 V,就转变成了两个适当关联着的辅助问题——求 A 和 B. 为了用图示来表达这一转变,我们在未知量 V 和已知量 a,h,b 中间的那片空白上引进两个新的点,记为 A 和 B,并用斜线把 A 和 B 与 V 联结起来,以此来表示这三个量之间的基本关系:从 A 和 B 出发,就能得到 V,即关于 V 的问题的解法是建立在关于 A 和 B 这两个问题的解法基础上的.

我们的工作还没有做完,我们还要去求两个新的未知量 A 和 B,在图 4.3 中,两个未决的点 A 和 B 与已知量 a,h 和 b 之间还隔着一道鸿沟. 不过事情看来还是有希望的,因为棱锥对我们来说是比棱台更熟悉的图形,而且,现在替代未知量 V 的是两个未知量 A 和 B,但这两个未知量是完全类似的,且分别和已知量 a 和 b 有类似的关系. 对应地,在图 4.3 中,思维状态的图式表示是对称的,线段 VA 倾向于给定的 a,而 VB 则倾向于给定的 b,我们已经开始在原来的未知量和已知量之间那片空白上架桥了,剩下的部分就窄多了.

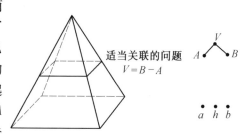

图 4.3

(3) 下面分析怎样找出未知量 A 和 B,未知量 A 是什么? 一个棱锥的体积,怎样才能得到这一类的量? 怎样才能求出这一类未知量? 根据哪些已知量就能求出这一类未知量? 如果我们有两个已知量:底面积和棱锥的高,这个棱锥的体积就能计算出来. 这里高度并没有给出来,不过我们还是可以把它考虑进来,设它是 x,则

$$A = \frac{1}{3}a^2 x$$

图 4.4

在图 4.4 的左侧,棱台上面的小棱锥显示得较为明白,因特别强调了它的高 x,这一阶段

的工作在图 4.4 右侧给出了图式表示,在已知量的上面出现了一个新的点 x,用斜线分别把 A 和 x,A 和 a 联结起来,表示由 x 和 a 能得出 A,即 A 能用 x 和 a 表示出来. 虽然仍有未知量 (图 4.4 尚悬着点) 需要去求,但我们已经前进了一步,因为我们至少已经成功地把未知量 V 和一个已知量 a 联系起来了.

由于未知量 A 和 B 具有类似的性质,我们已经把体积 A 用底和高表示出来了,我们也能把体积 B 类似地表示为

$$B = \frac{1}{3}b^2(x+h)$$

如图 4.5 左侧,含棱台的大棱锥此时比较明白,因特别强调了它的高 $x+h$. 在图 4.5 右侧出现了三条新的斜线,把 B 分别与 b,h 和 x 联结起来,这些线表示 B 能由 b,h 和 x 得出,即 B 能由 b,h 和 x 表示出来. 于是只有一个点还悬着 —— 点 x 还没有与已知量联结起来,沟变得更加狭窄,它现在只横在 x 和已知量当中了.

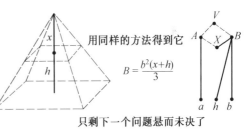

只剩下一个问题悬而未决了

图 4.5

剩下的未知量是什么?是 x —— 一条线段的长. 怎样才能求出这一类未知量?怎样才能得到这类事物呢?

几何中最常见的事就是从一个三角形 —— 如果有可能就从一个直角形,或是从一对相似三角形去得出一条线段的长. 然而图形里没有一个用得上的三角形,而这里应该有一个以 x 为边的三角形. 这样一个三角形应当在一个通过体积为 A 的小棱锥的高的平面上,这个平面同时也应当通过体积为 B 的大棱锥的高,而大棱锥与小棱锥是相似的. 通过这个高并且与棱锥底的一条边平行的平面上有两个相似三角形,这是我们所要的!

如图 4.6 左侧中显示了一对相似三角形,由此,x 可以很容易通过比例式 $\frac{x}{x+h} = \frac{a}{b}$ 算出. 此时,重要的乃是 x 能够由三个已知量 a,h 和 b 表示出来了. 图 4.6 右侧出现了三条新的斜线正好表示了 x 可以与 a,h 和 b 联系起来.

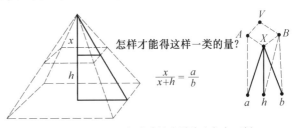

已知成功地在鸿沟上架起了桥

图 4.6

我们已经成功地在鸿沟上架起了桥,成功地通过中间量(辅助未知量) A,B 和 x,在未知量 a,h 和 b 之间建立起一个不中断的联络网.

(4) 我们还应当把棱台的体积 V 用已知量 a,h 和 b 表示出来,而这一点还没有做到.

在我们工作的第一部分是有冒险的因素的. 在每一个阶段我们总是希望下一步会使我们更靠近我们的目标 —— 在鸿沟上架起桥来. 当然,我们希望是这样,但我们并不十分有把握,在每一阶段我们都必须把下一步想出来并且冒险地去试它,但现在再也不需要什么发明和冒险了,我们已经预见到只要沿图 4.6 中那个不中断的联络网中的线索走去,就能够万无一失地从已知量 a,h 和 b 到达未知量 V.

我们的第二部分工作就从第一部分结尾处开始，首先来处理最后引进的辅助未知量 x. 由第三阶段的最后一个比例式可得

$$x=\frac{ah}{b-a}$$

然后把 x 的值代入第三阶段所得到的 A,B 的表达式中，得

$$A=\frac{a^3h}{3(b-a)},B=\frac{b^3h}{3(b-a)}$$

（这两个结果之间的类似之处使人感到欣慰）最后我们就可得到等式

$$V=B-A=\frac{b^3-a^3}{b-a}\cdot\frac{h}{3}=\frac{1}{3}(a^2+ab+b^2)h$$

这就是所要求的表达式.

我们用图4.7恰当地把这一部分工作用符号描述了出来，其中每一条连线都带有箭头，它指出我们是朝哪个方向去从事这一联系的. 我们从已知量 a,h 和 b 出发，由此向前经过中间的辅助未知量 x,A 和 B 到达原来的主要未知量 V，通过已知量一个一个地把这些量表示出来.

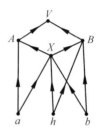

V
A
B
X
a
h
b
从已知量到未知量的工作图

图4.7

（5）慢镜头. 图4.2到图4.7表达了解题的一个接一个的阶段，我们把这6个图组合成一幅综合的图，如图4.8所示，让我们从左到右依次来看图4.8，当我们很快看过去时，便好像是在看关于解题者前进步伐及发现进程的慢镜头.

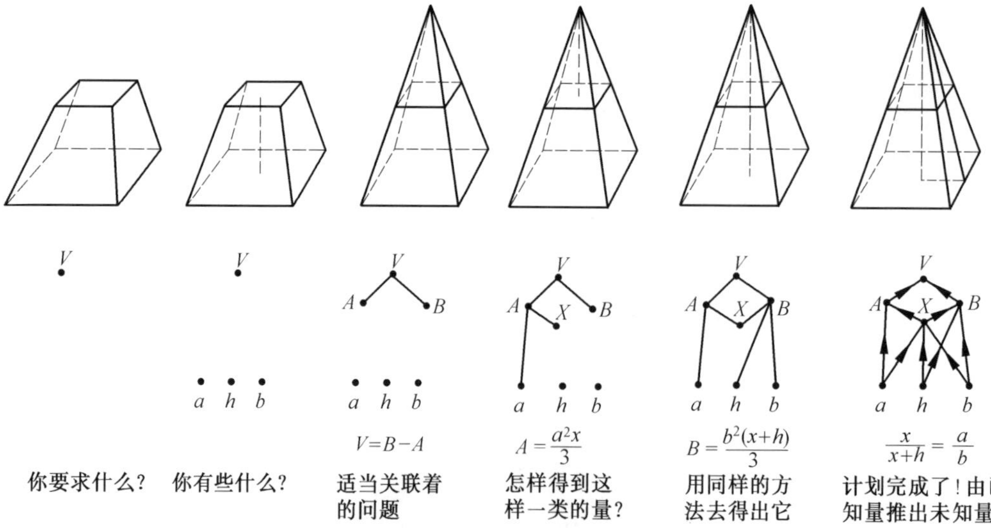

V
你要求什么?
V
a h b
你有些什么?
V
A B
a h b
V=B−A
适当关联着的问题
V
A X B
a h b
A = a²x/3
怎样得到这样一类的量?
V
A X B
a h b
B = b²(x+h)/3
用同样的方法去得出它
V
A X B
a h b
x/(x+h) = a/b
计划完成了！由已知量推出未知量

图4.8 列在四个位置上的同步过程

在图4.8中，解的每一个阶段（解题者的每一个思维状态）均表示在几个不同的位置上；属于同一个思维状态的各项则从上到下垂直地列在图中，于是解的进程沿着四条平行线，呈现在四个不同的水平位置上.

列在最上面的水平位置上的都是几何图像，暂称之为是图像的水平，在这一水平上，我

们看到了所研究的几何图形在解题者的脑子里的演化过程. 在每一个阶段,解题者对所探讨的几何图形都有一幅想象的画面,但是过渡到下一阶段,画面也在改变,某些细节可能变得不重要了,而另一些细节却引起我们的注意,新的细节会加进来.

转到下一层,我们看到的是表示关系的水平. 在图示中,所考虑的对象(未知量、已知量、辅助未知量)都用点表示,而联系这些对象的关系则由联结这些点的线段表示.

在表示关系的水平下面,我们立即看到了数学的水平,它由数学公式组成,且与表示关系的水平形成对比,在表示关系的水平上,我们把问题已达到的那个阶段所得到的全部关系都标了出来,不过最后得到的关系则是用粗线描出以示强调,但是并没有较前一阶段展示更多的细节. 而在数学水平上,则只有最后得到的关系才写了出来,前面已经得到的那些关系都没有写出来.

继续往下,我们就得到对我们来说是基本的一层,即启发的水平. 在每一阶段,它都提出一个简单的、自然的(一般都用得上的!)问题或者提示,这些问题或提示使得我们可以进入那个阶段. 我们主要关心的就是去研究这些问题或提示的实质.

波利亚就是如上首先运用仿造想象,然后运用跳跃想象,获得了一般数学解题过程的几何图示模型:解题的第一步是先集中到目标上,所求目标在思维中的位置则用一个单点 V 表示. 然后再把注意力集中到题设条件 $a,b,c,\cdots$ 上,它们与目标 V 之间有一道鸿沟,怎么在鸿沟上架起桥来,怎样从这里继续前进呢? 能否提出一些新问题并解决呢? 若不能解决新提出的问题,那么就去寻找一个适当的有关联的问题 A 或 B,在寻求解决 A 或 B 时,类似地寻找到问题 x 或 y,还不能解决所提出的问题;那就去寻找其中某些部分的联系,直至最后找出所有有关的联系,并将解题过程的每一阶段均表示在几个不同的位置图中.

波利亚建立的一般数学解题过程的几何图示模型,实质上就是众多科学家所惯于运用的心智图像(或叫"心理意象"或"智力图像"),例如著名法国数学家阿达玛(J. Hadamard)曾说过,在他所从事的全部数学研究中,他都会构作心智图像,他曾考查过素数个数的无限性问题. 关于素数,在历史上最初所产生的一个问题是:素数是有限多个还是无限多个? 欧几里得首先证明了:"素数的个数是无限的." 这是算术中的一个基本而著名的定理. 阿达玛依次列出了这个经典证明中的各个步骤,同时描述了他在"读到这个证明的每一步时的心智图像"(假设我们要证明存在着比 11 大的素数):

证明步骤	心智图像
① 考查所有从 2 到 11 的素数 即 2,3,5,7,11	① 我看到一堆乱七八糟的数
② 作乘积 $2 \times 3 \times 5 \times 7 \times 11 = Q$	② Q 是一个相当大的数,我眼前出现一个点,它远离那堆乱七八糟的数
③ 在这个乘积上加上 1	③ 我见到了第二个点,稍稍离开第一个点
④ 若此数不是素数,必定能被一个素数除尽,这个素数就是所求的数	④ 我在那一堆数和第一个点之间看到一个位置

阿达玛说,这种奇怪而又模糊的图像对于弄懂上面的证明是十分重要的,因为,借助于它,"我就可以一下子看到论证中所有成分,把它们相互联结起来,并使之成为一个整

体——一句话,达到综合的目的."

笛卡儿曾研究过心智图像在科学研究中的整体把握作用,他说:"在用推理解决问题时,心智图像的作用是首要的,因为在把推理过程中的结果——罗列之后,就需要记住它们,而记忆可以帮助我们把那些暂时不用的资料贮存起来.但若这些被考虑的资料既不按心智图像的方式经常在脑海中出现,又不将它们在各个例子中全部奉献出来,那么,这些资料就有被忘掉的危险."事实上,为了从整体上把握研究的对象和方向,很多科学家都有构建心智图像的习惯.希尔伯特(Hilbert)的多维空间不是现实的形象空间,它是思维所想象的心智图像空间.爱因斯坦相对论的四维空间世界,原子结构理论中的"玻尔轨道""电子层""电子云"等都是一种具有某种想象性的心智图像模型.这里并非真有形象性的"轨道""云"之类的东西.

4.2 直 觉

直觉思维是人脑对客观世界及其关系的一种非常直接的识别或猜想的心理状态,它不是对事物先做各方面的详尽分析,按部就班地运用逻辑推理,达到对事物的认识,而是从整体上对待对象,越过思考的中间阶段,直接接触到结论的一种心智活动.笛卡儿认为通过直觉能发现作为推理起点的、无可怀疑而清晰明白的概念.莱布尼兹认为,通过直觉可以认识自明的真理.[23]

直觉作为一种心理现象,它贯穿于日常生活之中,也贯穿于学习、研究之中,凡是有思维活动的地方都存在着直觉.对一个陌生人短暂的观察,就做出了和善、谦逊的猜想,凭的是直觉;对一个复杂的数学问题,仅仅依靠表面上的,就会做出一种预测,估计它有解或无解,凭借的也是直觉.两点之间以直线距离为最短,是出于直觉的认识;过直线外一点,只能作一条直线与已知直线平行,是基于直觉的自明;"任何代数方程都有公式解",也是人们出于直觉的一种认识;在可数基数 a 与连续统基数 c 之间,再没有其他的基数,是康托运用直觉思维提出的猜想;开普勒发现行星的公转周期 T 和它与太阳之间的距离 D 有关系 $T^2 = D^3$,是因为他先有一种直觉的信息——行星运动是和谐的,T 与 D 之间必有某种和谐的关系——在这种直觉信念的促使下,才去不懈追求而发现的.直觉有发现的功能,是提出猜想的一种途径,也是数学建模的方法之一.

直觉是一种瞬间的判断,它以头脑中保持的信息为基础,凭借人们已有的大量知识和经验,它虽然不含详尽的推理,但它是依据事物整体的、最突出的特征来做出大致判断的,虽然表现出逻辑的中断,但它却是理性思维的"凝练".直觉的结果是一种猜测,尽管其正确性必须经过严格的证明,但它却往往有提示解决问题的途径.

庞加莱认为,数学的发明与创造,无非是一种"组合"的"选择"而已,即从已有的数学事实(概念、判断、变换、结构、理论等)出发,可形成无穷无尽的组合,而数学家的工作,就是要在这无穷的组合中,选择出有用的组合,扬弃无用的组合.他认为,摆在我们面前有无数条可供选择的道路,逻辑方法只能告诉我们走这条路或那条路不会遇到障碍,但它却不能向我们指明哪条道路可以达到目的地.人们只能从远处瞭望目标,而瞭望的本领就是直觉,即数学家在无穷的组合中,选出有用的组合的能力取决于直觉.[23]

4.2.1 麦克斯韦方程的建立

科学史上,在电磁学理论研究中,麦克斯韦的成功,就是凭借对数学对称美的直觉而取得的. 他在法拉第经过实验所获的电磁方程

$$\begin{cases} \text{rot } \boldsymbol{E} = -\dfrac{1}{C} \cdot \dfrac{\partial \boldsymbol{H}}{\partial t} \\ \text{div } \boldsymbol{H} = 0 \end{cases}$$

(其中 $\boldsymbol{E}$ 为电场强度矢量,$\boldsymbol{H}$ 为磁场强度矢量,C 为光速,rot $\boldsymbol{E}$ 表示 $\boldsymbol{E}$ 的旋度,div $\boldsymbol{H}$ 表示 $\boldsymbol{H}$ 的散度)的基础上,一方面从电和磁的相对性考虑,另一方面从法拉第方程组结构形式上的对称性考虑,从而凭借直觉大胆地提出应有方程

$$\begin{cases} \text{rot } \boldsymbol{H} = \dfrac{1}{C} \cdot \dfrac{\partial \boldsymbol{E}}{\partial t} \\ \text{div } \boldsymbol{E} = 0 \end{cases}$$

从而建立了麦克斯韦方程,麦克斯韦方程揭示了电磁波的存在,从而为推动科学的发展做出了划时代的贡献,也使得我们现在能围在电视机前观看喜爱的节目.

4.2.2 复平面及复数应用的发现

大家知道,把一个实数和一个纯虚数相加,得到形如 $a + bi$ 这种数,叫作复数. 复数这个名词是德国大数学家高斯给出的,高斯一边感到这种数有点虚无缥缈,但一边又觉得它很有可爱之处. 你看,如果不承认这种数,代数方程有的无解,有的有一个解,有的有两个解,……,五花八门,毫无规律;如果承认了它,代数方程都有解,而且 n 次方程不多不少恰好有 n 个解! 此外,对复数进行代数运算,其结果还是复数(实数和纯虚数只是复数的特例),这样形成了一个完整的数域.[24]

复数既然有这么多的"好处",为什么数学家对它总是疑虑丛生,迟迟不愿接受呢? 直至 19 世纪中期,剑桥大学的教授们仍然抱着"厌恶"的心情,对它进行抵制. 简单点说,就是因为这处数"看不见",同时也"用不上",缺乏实践的基础.

大家知道,所有的实数都可以用数轴上的点表示,正数用 0 左边的点表示,负数用 0 右边的点表示;无理数如 $\sqrt{2}$ 可以用单位边长的正方形的对角线长度来表示. 因为"看得见",大家终于承认了负数和无理数. 这实际上,就是对实数建立了"数轴"这个模型作为其几何直观解释. 能对复数建立模型来进行几何直观解释? 18 世纪的数学家丘因袭用正实数的几何平方数的方法,做出了所谓"几何解释",但是没有能显示虚数的特殊本质. 到了 18 世纪末至 19 世纪初,挪威的测量学家未塞尔根据自己的测量学知识,凭借直觉找到了复数的几何表示法,未塞尔发现,所有复数 $a + bi$ 都可以用平面上的点来表示,而且复数 $a + bi$ 与平面上的点一一对应,如图 4.9 所示. 也就是说,对复数建立了"复平面"这个模型作为其几何直观解释. 这样一来,复数就找到了一个"立足之地",而且开始在地图测绘学上找到了它的应用.

复数在几何上找到了"立足之地"以后,人们对它就另眼相看了. 以欧拉为首的一些数学家,开始发展一门新的数学分支,叫作复变函数论. 在中学里,函数自变量的取值范围仅限于实数,如果把函数自变量 Z 的取值范围扩大到复数,那么这种函数就叫作复变函数,即复变函数 $W = f(Z)$,其中 Z,W 都是复数.

因为一个复数可以表示为复平面上的一个点,那么自变量 Z 的取值范围就是复平面上的一个点的集合,相应的函数 W 的取值范围却是另一个复平面上的一个点的集合. 从几何角度来看,所谓复变函数,就是把甲复平面上的一个图形 A(点的集合)变换成乙复平面上的一个图形 B(也是点的集合). 研究复变函数性质的一门学科,就是复变函数论. 由于法国数学家柯西、德国数学家黎曼、魏尔斯特拉斯的巨大贡献,复变函数论取得了飞跃的发展,并且发现了它的广泛应用. 把这种"虚幻之数"第一次应用到工程部门取得重大成就的,是俄罗斯"航空之父"儒可夫斯基.

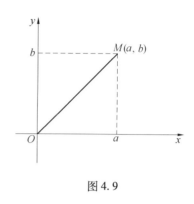

图 4.9

儒可夫斯基生活的时代,飞机刚刚飞上了天. 飞机为什么能飞上天,它应该怎样设计,怎样改进,这一切一切全凭实验来摸索,找不到可靠的理论根据,特别是无法运用数学这个有力工具. 由于盲目的实践,所以成功的机会少,失败的时候多,一般的科学家认为,飞行这门学问只能以实验为基础. 莫斯科航空学校校长勃劳茨就曾经说过:"要想依靠数学来建立航空学的某些定律,是再危险不过的事了."

儒可夫斯基研究了围绕和流过障碍物的不断运动着的气流分子,如图 4.10 所示,于 1906 年(就是莱特兄弟的飞机飞上天后的第三年)发表了论文《论连接涡流》,成功地解决了空气动力学的主要问题,创立了以空气动力学为基础的机翼升力原理,并找到了计算飞机翼型的方法,这一切的成就,都是儒可夫斯基凭借直觉,发现并建立了在连接涡流中的翼型的数学模型.

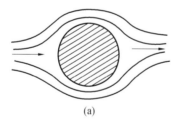
(a)

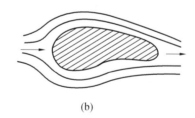
(b)

图 4.10

儒可夫翼型,依赖于有名的儒可夫斯基变换,这是一个分式线性的复变函数

$$W = \frac{1}{2}\left(Z + \frac{a^2}{Z}\right)$$

其中,Z 为自变量,W 为函数,a 是一个常数.

根据复变函数的性质,上述儒可夫斯基变换,有把 Z 平面上以 P(P 不在坐标轴上)为圆心的圆,变成 W 平面上飞机翼型的截面图. 这个翼型就是有名的儒可夫斯基翼型,如图 4.11 所示.

儒可夫斯基从理论上提出的这个翼型,在实际上要想完全照样制作是困难的,实际使用的翼型是根据实验结果描出的经验曲线制作的. 但是,由于这种理论上的翼型能够用解析式完善地表达出来,对具有这种假想翼型的飞机性能就可以做充分的计算或估计,然后把计算

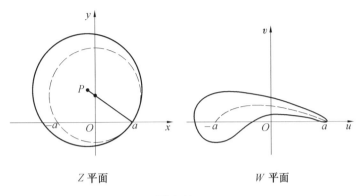

Z 平面　　　　　　　　W 平面

图 4.11

的结果和实际的翼型做比较,就可以为设计各种依良翼型提供资料.总之,有了理论翼型,就可以指导我们的实践,避免实践上的盲目性.所以儒可夫斯基翼型在航空工程学上有着重大的意义,而为从事这项工作的人们所熟悉,1916 年,儒可夫斯基的重要著作《航空理论基础》译成法文,成了航空工程师和飞机设计家的必备手册.因而在 1921 年纪念他工作 50 周年的时候,他被尊称为"俄罗斯航空之父".

4.3　灵感(顿悟)

灵感又称顿悟.提起灵感,不由得使人首先想起阿基米德从浴盆里发现浮力,顿悟到测定皇冠含金量的方法,想起笛卡儿解析几何的萌芽思想,产生于凌晨枕上初醒时的佳谈.灵感是一种高度复杂的思维活动,是人们在科学研究或文学创作活动中,因思想高度集中而突然表现出来的一种心智活动.

4.3.1　哈密尔顿四元数模型的发现

1830 年,高斯详细地论述了用直角坐标系的复平面上的点表示复数 $a+bi$ 的方法,使得复数得到了清晰直观的表示,为了寻找它,数学家长途跋涉了二百多年,到此才算喘了一口气,可是,哈密尔顿(Hamilton)[24]不满足于复数的直观表示;他比较、思考,把注意力盯在复数运算的逻辑关系及抽象实质上.1837 年,他发表文章指出复数 $a+bi$ 并不是 a 再加上 bi,在这里,"+"是有特殊意义的.就其实质说来,复数 $a+bi$ 是建立在实数基础上的有序的"数对",即序偶(a,b).于是哈密尔顿把复数 $a+bi$ 与 $c+di$ 的运算用序偶重新给出定义

$$(a,b) \pm (c,d) = (a \pm c, b \pm d)$$
$$(a,b) \cdot (c,d) = (ac - bd, ad + bc)$$
$$\frac{(a,b)}{(c,d)} = \left(\frac{ac+bd}{c^2+d^2}, \frac{bc-ad}{c^2+d^2}\right)$$

通常的结合律、交换律、分配律,都能在此基础上推导出来.

平面上的向量,可以表示既有大小又有方向(如力、速度、加速度等).复数可以和平面向量建立起一一对应关系,于是,复数在物理上得到广泛应用.哈密尔顿想,能不能仿照已建立起来的复数系,找到三维复数,用以表示空间向量呢?他终于在 1843 年发现,在实数系基础上建立起来,且有实数和复数各种性质的,没有三维复数,而只有四维复数即"四元数"模

型,这个超复数系是不具备乘法的交换律的.

到 1843 年,正是哈密尔顿为探求四元数度过的第 15 个春秋. 10 月 16 日黄昏,他和妻子沿着都柏林皇家运河散步,清凉的秋风驱散了一日的疲劳,思维海洋的水面上静谧得没有一丝波澜,谁知潜在深层的大脑细胞仍然默默地活动着. 突然,哈密尔顿的思维激起了波涛,悟感到"三维空间内的几何运算,所要叙述的不是三元,而是四元". 据他后来追忆,当时"我感到思想的电路接通了,而从中落下的火花就是 i,j,k 之间的基本方程;恰恰就是我以后使用它们的那个样子. 我当场抽出笔记本,就将这些做了记录." 这个四元数的模型就是 $a + bi + cj + dk$.

哈密尔顿追求了 15 年的宠儿在头脑中孕育成熟了,降生在布洛翰桥上,使他惊喜若狂. 据说,哈密尔顿当即把他的发现刻写在桥东的一块石碑上. 1843 年年末的一天,哈密尔顿在爱尔兰科学院宣布自己找到了"四元数",消息一传出,轰动了都柏林. 当时上流社会附庸风雅的老爷、太太们,茶余酒后也侈谈着"四元数",以此为荣,其实,他们并不懂"四元数",只不过当作海外奇谈而已. 是呀,一个数要由四部分数组分,而 $a \times b$ 不等于 $b \times a$,怎么不令人奇怪呢?

四元数 $a + bi + cj + dk$,其中 a 是实数部分,即四元数的数量部分;其余的是向量部分. 具体说,b,c,d 是点 P 在笛卡儿三维空间直角坐标系中的三个坐标;i,j,k 是定性的单元,即三个坐标轴上的单位向量,类似于复数的虚数单位. 有序的四数组 $(1,i,j,k)$ 显然是四元数 $a + bi + cj + dk$ 的一组基底. 两个四元数相等的条件是:实数部分与向量部分的系数分别对应相等;四元数的加减法和一般复数的加减法相同;四元数的乘法类似复数乘法但无交换律而具备下列规则

$$i^2 = j^2 = k^2 = 1, ij = -ji = k$$
$$ki = -ik = j, jk = -kj = i$$

四元数的除法利用其逆元定义:设 $q = a + bi + cj + dk$,则称 $q' = a - bi - cj - dk$ 为 q 的共轭四元数,且 $q \cdot q' = a^2 + b^2 + c^2 + d^2$,并称 $q^{-1} = \dfrac{q'}{a^2 + b^2 + c^2 + d^2}$ 为 q 的逆元. 如要求 r 使 $p = qr$,则在等号两端左乘逆元 q^{-1} 得 $r = q^{-1}p$;如要求 r 使 $p = rq$,则在等式两端右乘逆元 q^{-1} 得 $r = pq^{-1}$.

四元数的研究,有力地推动了向量代数的发展. 复数理论可以用来解决平面上的向量问题,而不能解决空间向量问题. 四元数包括实数部分和向量部分,人们把四元数分解开来,用向量部分研究速度、加速度、力等那些需要用三个数来描述的物理量. 两个向量 α_1 与 α_2 相乘,就是两个实数部分皆为 0 的四元数相乘,即

$$(x_1 i + y_1 j + z_1 k) \cdot (x_2 i + y_2 j + z_2 k) =$$
$$(-x_1 \cdot x_2 - y_1 \cdot y_2 - z_1 \cdot z_2) + (y_1 \cdot z_2 - y_2 \cdot z_1) + (z_1 \cdot x_2 - z_2 \cdot x_1)j +$$
$$(x_i y_2 - x_i y_1)k$$

这是个完全的四元数,既有实数部分,又有向量部分,前部分记为 $(\alpha_1 \cdot \alpha_2)$ 叫数量积;后部分记 $[\alpha_1 \times \alpha_2]$ 叫矢量积,这种向量是物理学中不可缺少的计算工具. 哈密尔顿还把四元数引入微积分的领域,定义了描述函数的数量与方向等方面的变化关系的概念"梯度""散度""旋度""聚度". 这是研究多元函数极为重要的基本概念,是研究物理学、工程学的重要计算工具.

英国著名的物理学家麦克斯韦是哈密尔顿的学生,他在掌握了四元数理论后,利用向量分析等数学理论建立起著称于世的电磁理论. 作为四元数在力学上成功应用的一个例子,就是著名的"有限角相加"问题:一个刚体在空间绕轴 OA 旋转一个角度 φ_1,再绕轴 OB 旋转一个角度 φ_2,那么该刚体如果从起始处一下子到达方才的最终位置,需要绕怎样的轴旋转怎样一个角度呢? 这个问题是哈密尔顿研究四元数的动机之一,也是他凭借直觉,发现可利用四元数运算可以来解决,用四元数 α_1 代表第一个旋转,用四元数 α_2 代表第二个旋转,那么两种连续旋转的结果正好等于 $\alpha_1 \cdot \alpha_2$ 所代表的旋转,即旋转相加恰好等于相应的四元数相乘.

四元数的功绩,还在于它打开了人们长期囿于复数域的视野,启迪着人们规定了多种多样的超复数,正如微积分使常量数学转入变量数学,四元数的发现引导初等代数向着抽象的高等代数发展,把研究对象由实数拓展到将实数、复数囊括在内的更加抽象的多元数.

从上例可知,灵感闪现的情境常常是:对一个问题久思不解,刚下心头又上眉头,纵使绞尽脑汁,仍似一团乱麻,然而却在暂时闲置的片刻,由于一种突然的刺激,使得茅塞顿开,久悬之疑豁然而解.

4.3.2 庞加莱关于富克斯函数存在发现

下面介绍的是庞加莱回忆他是怎样发现富克斯存在而写出关于富克斯函数的一篇论文的片断. 他写道:

> 我曾用了两周时间力图证明不可能存在任何类似于我后来称之为富克斯函数的函数. 我当时一无所知;我每天独自一人坐在我的办公桌前,待一两个小时,尝试了大量的组合,什么结果也没有得到. 一天夜晚,我违反了我的习惯,饮用了黑咖啡,久久不能入睡. 各种想法纷至沓来,我感到它们相互冲突,直到成对地结合起来,也就是说,造成了稳定的组合,到第二天早晨,我已确立了一类富克斯函数的存在,它们来源于超几何级数;我只需写出结果,仅花费了几个小时.
>
> 接着,我想用两个级数之商把这些函数表示出来;这种想法完全是有意识的和深思熟虑的,与椭圆函数的类比指导着我. 我问自己,如果这些级数存在,它们必须具有什么性质,我毫不费力地获得了成功,形成了我所谓的 θ 富克斯函数.
>
> 恰恰在这时,我离开了我当时居住的卡昂,参加了矿业学校主办的地质考查旅行. 沿途的景致使我忘却了我的数学工作. 到达库唐塞后,我登上公共汽车去某个地方. 当我的脚踩上踏板的一刹那,一种想法涌上我的心头,即我通常定义富克斯函数的变换等价于非欧几何的变换,在我先前的思想中,似乎没有什么东西为它铺平道路. 我没有证明这一想法;我坐在公共汽车的座位上,继续进行已经开始的谈话,但是我感到它是完全可靠的. 回到卡昂,为了问心无愧起见,我抽空证实了这一结果.
>
> "然后,我把注意力转向一些算术问题的研究,表面看来没有取得许多成果,也没有想到它们与我以前的研究有什么关系. 我为我的失败而扫兴,于是前往海滨消磨几天时间,想一些其他事情. 一天早晨,当我正在悬岩边散步时,一个想法浮现在我的心头,即不定三元二次型的算术变换等价于非欧几何学的变换,

它正好具有同样的简洁、突然和直接可靠的特征.

返回卡昂以后,我深思了这个结果,推导出一些结论,二次型的例子向我表明,存在着富克斯群,这些群不同于与超几何级数对应的群;我看到,我可以把 θ 富克斯级数理论应用于这些群,从而存在着一些富克斯函数,它们不同于当时我知道的,从超几何级数得到的函数. 我自然而然把让我自己构造这一个函数. 我向它们发起了系统的攻击,一个接一个地攻克了所有的外围工事. 有一个外围工事无论怎样进攻还是岿然不动,只有攻陷它才能占领整个阵地. 但是,我的全部努力看起来只是使困难清楚地呈现在我的面前,事情实际上就是这样,所有这些工作完全是有意识的.

紧接着,我要去瓦莱里昂山服军役;这样,我便从事截然不同的工作. 一天,我正在大街上行走,曾经使我感到困难的答案突然浮现在我的眼前. 我无法立即深入探讨它,只是在服役结束后,我才开始继续研究这个问题. 我已有全部元素,只需列和整理它们. 就这样,我一举写了我最后的论文,丝毫没有感到有任何困难.

在此例中,尽管庞加莱在自述中讲了一些专门的概念,但再一次在我们面前呈现出了顿悟法建模的一些特征:一是突发性:这是从时间上看,它是突如其来的;从效果来看它是意想不到的. 二是偶然性:从灵感迸发的时间、地点、具体情境来看,似乎和所考虑的问题无多大牵连,并常常出现于对这个问题紧张思考过后的一瞬间. 三是新奇性或独创性:这是从思维结果来看的,它能跳出旧有的知识范围,摆脱传统见解的束缚.

从上述几例也可看到,顿悟法建模是有其现实基础的,绝不是凭空就可闪现出来的. 爱迪生的切身体会是:"发现是百分之二的灵感加上百分之九十八的血汗."灵感不会从天而降,它是在一定知识信息储备的基础上,对疑难问题久经沉思之后的几种信息之间的突然沟通.

4.3.3 一道平面几何问题的证明

题目:如果三个有相同半径的圆过一点,则通过它们另外三个交点的圆具有相同的半径.

此问题是美国数学家 Royer Johnson 于 1916 年提出的,人们常称为 Johnson 定理.

我们先用字母表示这个问题:如果圆 O_1,圆 O_2,圆 O_3 具有共同的半径 R,并通过同一点 M 外,还两两相交于 A,B,C,则圆 ABC 的半径也为 R,如图 4.12 所示.

由于三个圆的半径相等,我们把思想完全集中于这一点来解题,自然会想到将三个圆的圆心分别与交在该圆上交点联结起来,结果得到的是一张比较拥挤的图,由于图中有很多线段和弧,我们很难马上看到对证明结论有用的东西.

如果我们变换各种不同的角度观察它,或者有选择地带着形象识别的眼光反复地分析它,那么"另一个图就会突然闪现在你面前","也许会注意到整个图形是由它的直线形部分确定的"(波利亚. 数学的发现. 第二卷. P84-89),如图 4.13 所示.

注意到这一点是重要的,它使我们在图形简化的同时,可以把前述问题转变成:如果 9 条线段 $MO_2,O_2A,O_2C,O_1A,O_1M,O_1B,O_3B,O_3M,O_3C$ 都等于 R,则必存在一点 N,使得下列

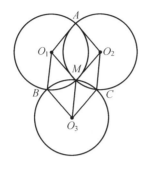
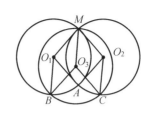

图 4.12

三条线段 $NA = NB = NC = R$.

这时,我们注意到图 4.13 中三个四边形是两两邻接的菱形,它使我们想起一些熟悉的图形,如果把点 N 也画出来就更联想,这时立体几何中的平行六面体的模型形象会出人意料地"跳"了出来,它使你突然领悟(顿悟)到证题的途径,即只须在图 4.13 的基础上,以 O_1A, O_1B 为邻边(或 O_2A, O_2C)向形内(或形外)补出菱形 O_1ANB,再证 $ANCO_2$ 为菱形即证得结论.

由上述这个简单的建模例子再一次表明,在运用顿悟法建模时,首先要占有资料,看清方向,然后要刻意追求,这样才能产生灵感而顿然觉悟.

综上,想象、直觉与顿悟,不受逻辑规则条条框框的制约,它们之间相互交叉相互渗透,思路灵活,容易转移,形成一种放射式的非线性思维,沿不同方向,发散式地加工和处理信息. 这正是想象、直觉与顿悟应变能力强的生理和心理机制. 因此,它能直接地、突如其来地获得突破性的创新.

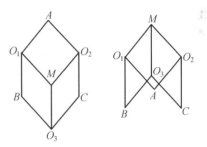

图 4.13

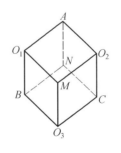
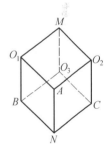

图 4.14

思 考 题

1. 在 $\triangle ABC$ 中,$a \cdot \cos A = b \cdot \cos B$,试判断 $\triangle ABC$ 的形状.

2. 直线 l 表示一条铁路,点 A 表示一个车队的位置,点 B 表示一个加工厂的位置. 问在铁路边附近什么位置建立一个仓库,可以使得车队出发到仓库取得物质后再运到加工厂,所走的路程最短?

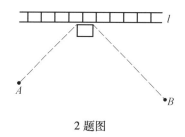

2 题图

思考题参考解答

1. 由于已知条件中等式的两边分别有 a 边和 $\angle A$, b 边和 $\angle B$, 我们很容易凭直觉想到很可能是 $\angle C$ 比较特殊, a 和 b 有对称关系的三角形. 再进行具体推导: 由 $a \cdot \cos A = b \cdot \cos B$, 有

$$a \cdot \frac{b^2 + c^2 - a^2}{2bc} = b \cdot \frac{a^2 + c^2 - b^2}{2ac}$$

化简有 $\qquad c^2(a^2 - b^2) - (a^2 + b^2)(a^2 - b^2) = 0$

即 $\qquad (a + b)(a - b)(c^2 - a^2 - b^2) = 0$

因 $a + b > 0$, 从而 $a - b = 0$ 或 $c^2 - a^2 - b^2 = 0$. 故 $\triangle ABC$ 是等腰三角形或直角三角形. 此题凭直觉建立了 $\angle C$ 为特殊的三角形心智图像模型.

2. 按照直觉思维, 这个仓库的位置应和 A, B 两点的位置有某种特殊关系. 比如, 先在直线 l 上找到离点 A 最近的地方或离点 B 最近的地方, 但通过分析与想象, 知道这个方案不正确, 当发现这个猜测不正确时, 应马上放弃这个方案. 再由直觉思维去探求新的方案. 比如, 能不能到 A, B 两点等远的点, 即 AB 的线段垂直线和 l 的交点呢? 但仍可发现这也不是最佳方案. 若注意到: 两点之间, 线段最短, 现在这两点在直线的同一侧, 怎样找到点 C, 使 $AC + CB$ 的和最小呢? 这只有将 AC, CB 转换到一条直线段上就好了. 又想象到, 若两点在直线异侧时, 联结这两点与直线的交点即为所求, 现在又设梯形两腰中较短的腰长的线段为 BC, 则在较长的腰 AD 上截取 $AE' = BC$. 这时则有 AB 的中点 P, EF 的中点 M, $E'C$ 的中点 Q 都在所求的轨迹上. 于是, 凭直觉"猜想"出所求的轨迹是一条过 P, Q 两点的直线, 然后证明这个猜想是真的.

证明时, 如图, 设梯形 $ABCD$ 中, $AB \parallel CD$, $AD > BC$, $AE = BF$, $AE' = BC$, P, Q 分别为 AB, $E'C$ 的中点, 联结 EF 交 PQ 于点 M', 只须证 M' 为 EF 的中点即可.

事实上, 由 A, B 分别作与 EF 平行的直线 AG, BH, 在 AG 上取 $AG = EM'$, 联结 GP 并延长与 BH 交于 H, 则 $AGM'E$ 为平行四边形.

由于 P 为 AB 中点, $AG \parallel EF \parallel HB$, 则知 $\triangle AGP \cong \triangle BHP$, 从而 $AG = HB$, $GP = PH$, $\angle GPA = \angle HPB$. 由此, 即可推证 $\triangle PM'G \cong \triangle PM'H$(两边夹角), 即知 $GM' = HM'$.

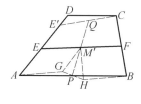

2 题图

前面的问题转化为这个问题呢. 想象到这里, 方案就有眉目了.

选点 A 或点 B 关于直线 l 的对称点 A' 或 B', 联结 $A'B$ 或 AB', 这连线与 l 的交点 C 即为所求, 且由对称变换的知识知, $AC + BC$ 最小.

第五章 数学建模的机理分析方法

我们在前面有关章节,已列举了一些事例说明建立数学模型不仅是一种高级的思维活动,一种极为复杂且应变能力很强的心理过程,而且是一种通过"做数学"来学习数学的实践活动,一种广泛运用数学方法且数理应用能力极活的理事手段.因此,为了培养建构数学模型的能力,除了加强逻辑思维能力与非逻辑思维能力的训练与培养外,还要学得"杂"一些,知识面要广一些,要尽量多掌握有关的自然科学、工程技术等方面的一些基本原理、方法和定律等,对于数学知识、方法更要加强学习与掌握,以便在需要时能灵活运用这些知识与方法.

关于建模方法,在前两章我们从思维角度介绍了一些,从本章起将从方法论角度再介绍一些.但仍然需要指出的是:数学建模方法的组成至今尚无公论,不同的人有不同的方法去建模,同时,方法有时还依赖于具体的问题.毫无疑问,在建模过程中作为建模专家的一般经验和在特定的领域的实际经验起着重要作用.因此,我们介绍一些数学建模专家侧重于实际问题本身或系统的基本的机制或原理以及系统内部的因果关系,反映内部机理的规律而推导出模型的机理分析建模方法,或侧重于实际问题或系统的运行和测试、调查数据而建立起模型的数据分析建模方法,诸如比例分析、位置分析、因素分析、层次分析、图解分析、实验分析、比较分析、公理化分析以及数字分析、数式分析、数表分析、回归分析、矩阵分析、时序分析等简单、初等的建模方法对于初学数学建模的人是必要的,这跟告诉小学生识字一样,学习这些方法,掌握这些方法也是重要的.

这一章是介绍数学建模的机理分析方法.

5.1 比例分析

比例方法是建立变量之间函数关系的最常用的方法之一.

5.1.1 包装成本问题

考虑像面粉、洗涤剂或果酱之类的产品,它们常常是被包装在各种大小的包装袋里,注意到包装比较大的按每克计算的价格较低.人们通常认为这是由于节省了包装和经营的成本的缘故.或许有人会问,这是主要原因吗?是否还有其他重要因素?能否构造一个简单模型来分析?

我们研究的是产品成本如何随包装大小而变化的规律[10].

在产品销售过程中,有批发价和零售价等不同的价格,它反映了在不同阶段的销售价格.从研究批发价格入手,即零售商对该产品所偿付的价格.计入批发价格的主要成本是:生产该产品的成本 a,包装该产品的成本 b,运输该产品的成本 c 和包装材料的成本 d.

产品成本显然随商业竞争和经营规模不同而变化,在这里研究的是销售过程中的粗略规律,因此忽略这些因素,集中考虑在原料和买卖过程的费用上.设该产品成本 a 与所生的货物量成正比,记为 $a \propto w$,其中 w 为产品质量.

包装成本取决于装包、封包及装箱备运所需要的时间. 装包时间大致与体积(因而与质量)成比例,而对于体积在一定范围内的包装,后两部分时间相差不大. 于是对于某些正的常数 f 和 g, $b \approx fw + g$.

运费可能同时取决于质量和体积,因为体积与装满的包的质量成比例,所以 $c \propto w$.

包装用材料的成本较为复杂,它取决于包装生产者必须偿付的各种成本,即必须考虑对于包装品生产者来说的 a, b, c 和 d. 设对那些盛装制造最后包装品的原料的容器,其成本忽略不计,则每件包装的成本取决于它的质量和体积. 若所考虑包装的变动范围不太大,可认为各种体积的包装所用的包装材料相同. 因此每件包装所消耗材料量(因而也是每件包装的质量)与所覆盖的表面积成正比. 每件包装品的体积与包装品的表面积或全积成正比,它取决于摊平后运输(像纸板之类)还是成型后运输(像玻璃器皿之类). 所以打包者的成本为

$$d = hw + kS + m$$

其中 $h \geqslant 0, k > 0, m > 0$ 均为常数,S 是表面积.

现在将此比例法中涉及的自变量化为一个自变量——质量. 假设各种包装品在几何形状上是大致相似的,体积几乎与线性尺度的立方成正比,表面积几乎与线性尺度的平方成正比,即 $V \propto l^3, S \propto l^2$,所以 $S \propto l^{\frac{2}{3}}$. 由于 $V \propto w$,则有 $S \propto w^{\frac{2}{3}}$. 于是,每克的批发成本是

$$\frac{成本}{w} = \frac{a+b+c+d}{w} = n + pw^{-\frac{1}{3}} + \frac{q}{w}$$

其中 n, p, q 为正数. 由此看出,当包装增大时,即每包内产品的质量 w 增大时,每克的成本下降.

进一步的分析可以看到,每克产品的成本下降速度(对 $\frac{成本}{w}$ 求 w 的导数)

$$r = -\frac{d(\frac{成本}{w})}{dw} = \frac{p}{3w^{\frac{4}{3}}} + \frac{q}{w^2}$$

这是 w 的减函数,因此,当包装比较大时,每克的节省率增加得比较慢,总节省率为

$$rw = \frac{1}{3}pw^{-\frac{1}{3}} + qw^{-1}$$

也是 w 的减函数,其直观解释是:购买预先包装好的产品时,把小型包装的包装规格(体积)增大一倍,每克所节省的钱,倾向于比大型的包装规格增大一倍所节省的钱多. 这里说"倾向于"是因为模型是粗糙的,然而在定性预测中往往很可靠,而验证上述解释也是很容易的,只须计算 $\frac{成本}{w}\big|_{w_1} - \frac{成本}{w}\big|_{w_2}$ 的值,其中 $w_2 = 2w_1$.

此模型可推广于零售价格,零售成本取决于批发价、销售成本和仓库成本,后两种成本具有 $HW + M$ 的形式,因此上述结论也适用于零售价格.

针对不同的物品,我们可以用实际数据去验证,来修改模型,可使得模型更加精确.

5.1.2 包装盒的设计

包装盒的设计既要考虑成本(经济价值),又要考虑消费者喜爱(美观价值)程度.

1. 牛奶包装盒的设计

图 5.1 是净含量 250 ml 的牛奶包装盒. 在体积(容量)一定时,如何优化设计盒子的长、宽、高比例,使包装成本更节省? 这是厂家需要考虑的经济效益问题. 如何应用数学知识加以解决呢?

(1) 建立数学模型,将实际问题转化为数学问题:体积固定的长方体,如何设置恰当的长、宽、高,使其表面积最小.

(2) 设元(引进参数):设长方体的体积为 V,表面积为 s,长、宽、高分别为 x, y, z.

(3) 设置问题:当 V 为定值时,求 x, y, z 的关系,使表面积 s 取得最小值.

(4) 分析问题:因为 $v = xyz$,$s = 2xy + 2xz + 2yz \geq 6\sqrt[3]{x^2y^2z^2} = 6\sqrt[3]{V^2}$,当且仅当 $2xy = 2xz = 2yz$ 即 $x = y = z$ 时,s 最小,所以包装盒应设计为如图 5.2 所示的正方体形状,但这与实际情况——图 5.1 所示长方体不相符. 这是为什么呢? 原来将图 5.1 包装盒压平后,得到的是如图 5.3 所示的双面长方形样式.

图 5.1

图 5.1 中盒子体积 $V = xyz$,由图 5.3 可知,盒子表面积

$$s = 2(x+y)(y+z) =$$
$$2\left(\frac{x}{2} + \frac{x}{2} + y\right)\left(y + \frac{z}{2} + \frac{z}{2}\right) \geq$$
$$2 \cdot 3\sqrt[3]{\frac{x^2 y}{4}} \cdot 3\sqrt[3]{\frac{yz^2}{4}} = 18 \cdot \sqrt[3]{\frac{V^2}{4^2}}$$

为定值.

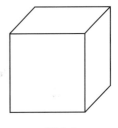

图 5.2

当且仅当 $\frac{x}{2} = y = \frac{z}{2}$ 即 $x = 2, y = z$ 时,s 取最小值. 所以包装盒长、宽、高的比例应为 $x : y : z = 2 : 1 : 2$.

但是图 5.1 的实际情况又如何呢? 经测量,图 5.1 中长方体的长(x)、宽(y)、高(z)分别为 6.3 cm,4 cm,10.4 cm,不符合 $x : y : z = 2 : 1 : 2$ 的计算比例. 这是为什么呢? 难道厂家不想最大限度降低包装成本?

根据上述测量数据,通过计算,图 5.1 牛奶包装盒的长、宽、高比例情况如下:

宽:长 = 4:6.3 ≈ 0.635.
长:高 = 6.3:10.4 ≈ 0.606.

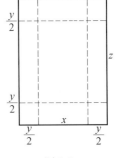

图 5.3

由此惊喜地发现,这两个比值都接近古老而神奇的黄金分割数 $\varphi = 0.618$. 说明图 5.1 牛奶包装盒的正视图和俯视图都接近"黄金矩形",体现了数学和谐之美,它的设计可谓独具匠心.

著名天文学家开普勒说:"几何学里有两个宝库,一个是毕达哥拉斯定理,一个是黄金分割.""黄金分割"源于两千多年的古希腊,自古以来它的和谐、奇异之美一直伴随着人的生活、创造,带给人美的享受和灿烂的历史文化.

神学家阿奎那说:"愉快的感觉来自恰当的比例." 牛奶包装盒的设计不严格采用2∶1∶2 的最优化长、宽、高比,而采用经济效益兼顾美观大方的"黄金搭档"设计,取得了节约成本和扩大销量的双赢效果.

2. 易拉罐的设计

对易拉罐的设计,经营者总是考虑让成本最低. 如:设计一个体积固定为 V 的圆柱形易拉罐,什么样的设计方案最优?

分析 要比较易拉罐优劣,有下面两种不同的标准进行考虑.

第一种标准 由制造过程中所消耗铁皮的多少来判别优劣. 即最优易拉罐应具有最小的表面积 S.

解 设易拉罐的高为 h,底面圆半径为 r,由圆柱的体积公式 $V = \pi r^2 h$,得 $h = V/\pi r^2$,又易拉罐的表面积

$$S = 2\pi r^2 + 2\pi rh \qquad ①$$

将 $h = V/\pi r^2$ 代入①,得

$$S = 2\pi r^2 + 2V/r \qquad ②$$

按设计要求知,体积 V 是常数,半径 r 是变量,表面积 S 是 r 的函数. 故设计方案转化为数学问题:当 r 取何值时函数 S 取最小值?

由 $S = 2\pi r^2 + (V/r) + (V/r) \geq 3\sqrt[3]{2\pi r^2 \cdot (V/r) \cdot (V/r)} = 3\sqrt[3]{2\pi V^2}$,当且仅当 $2\pi r^2 = V/r$,即 $r = \sqrt[3]{V/2\pi}$ 时,易拉罐具有最小的表面积 $S = 3\sqrt[3]{2\pi V^2}$,此时易拉罐的高 $h = 2r$. 也就是说,当易拉罐设计成等边圆柱时,消耗铁皮最少.

但在实际生活中,我们所看到的易拉罐常常不是等边圆柱形的,有的长些,有的短些. 这又是什么原因呢?

这是因为考虑到用于做上、下底面与侧面所用材料的坐标不同. 若设上、下底面单位面积的造价为 λ_1,侧面的价格为 $\lambda_2(\lambda_1 \neq \lambda_2)$,则做一个易拉罐所需材料的价格为 $y = \lambda_1 2\pi r^2 + \lambda_2 2\pi rh$. 要使具有最低的价格,则 $y = \pi(2\lambda_1 r^2 + \lambda_2 rh + \lambda_2 rh) \geq 3\pi\sqrt[3]{2\lambda_1\lambda_2^2 \cdot r^4 h^2}$.

当且仅当 $2\lambda_1 r^2 = \lambda_2 rh$,即 $h = 2\lambda_1 r/\lambda_2$ 时,易拉罐价格最低. 此时易拉罐不再是等边圆柱了.

第二种标准 根据制造过程中焊接口的工作量的多少判别优劣. 即最优易拉罐应该使焊缝长度最短.

解 焊缝的长度函数为

$$L = 2\pi r + 2r + V/\pi r^2 \geq 3\sqrt[3]{4\pi V}$$

当且仅当 $2\pi r = V/\pi r^2$,即 $r = \sqrt[3]{V/\pi^2}$ 时,取得最小值是 $3\sqrt[3]{4\pi V}$,此时易拉罐的高 $h = 2\pi r$. 在不同的优化标准下,设计方案是不同的.

5.1.3 长沙马王堆一号墓的年代

长沙市马王堆一号墓于1972年8月出土,通过对出土标本 ^{14}C(碳 - 14)的测定,可估算出该墓的大致年代.[8]

测定考古发掘物年龄的最精确的方法之一是大约在1949年 W. 利贝(Libby)发明的碳 - 14(^{14}C)年龄测定法. 这个方法的依据令人愉快地简单.

^{14}C 年龄测定法的根据是:宇宙射线不断轰击大气层,使之产生中子,中子与氮气作用生成具有放射性的^{14}C,这种放射性碳可氧化成二氧化碳.二氧化碳被植物吸收,而动物又以植物作食物,于是放射性碳就被带到各种动植物体内.由于^{14}C 是放射性的,无论存在于空气中或生物体内它都在不断蜕变.活着的生物通过新陈代谢,不断地摄取^{14}C,使得生物体内的与空气中的^{14}C 有相同的质量分数,生物死亡后它停止摄取^{14}C,因而尸体内^{14}C 由于不断蜕变而不断减少.这种测定法就是根据蜕变减少量的变化情况来判定生物的死亡时间.

对于放射性元素,总是假定元素的蜕变速度与该时刻元素存量成正比.设在时间 t(年)^{14}C 的存量为 x,由假设可得方程

$$x'(t) = -kx$$

其中 $k > 0$ 为比例常数,等式取负号表示^{14}C 的存量 x 是递减的.该方程的通解为

$$\ln x = -kt + c \qquad (*)$$

设生物体死亡时间为 $t_0 = 0$,含^{14}C 量为 x_0,代入上式,得

$$c = \ln x_0$$

由元素蜕变的半衰期 $x(T_{\frac{1}{2}}) = \dfrac{x_0}{2}$,决定比例常数为

$$k = \frac{\ln 2}{T_{\frac{1}{2}}}$$

从而式(*)可写成

$$t = \frac{T_{\frac{1}{2}}}{\ln 2} \cdot \ln \frac{x_0}{x} \qquad (**)$$

其中 x_0, x 为标本在 t_0 和 t 时刻^{14}C 含量.

由于它们不便于测量,我们改为下面的方法,由式(*),有

$$x(t) = x_0 e^{-kt}$$

两边求导,得

$$x'(t) = -x_0 k e^{-kt} = -kx(t)$$

而

$$x'(0) = -kx(0) = -kx_0$$

上面两式相除,得

$$\frac{x'(0)}{x'(t)} = \frac{x_0}{x(t)}$$

将其代入式(**),于是有

$$t = \frac{T_{\frac{1}{2}}}{\ln 2} \cdot \ln \frac{x'(0)}{x'(t)}$$

其中 $x'(0)$ 表示生物死亡时^{14}C 的变化率.由于地球周期大地中的^{14}C 的质量分数可认为是基本不变的,因而认为现代生物中^{14}C 的蜕变速度与古代生物体中^{14}C 蜕变速度相同,所以可用现代同类生物的变化率作为 $x'(0)$.在相同的测量条件下,测得出土木炭标本的^{14}C 平均原子蜕变数 $x'(t)$ 为 29.78 次/min,现代同类标本的^{14}C 平均原子蜕变数 $x'(0)$ 为 37.37 次/min,^{14}C 的半衰期为 5 730 年,于是得 $t = \dfrac{5\,730}{\ln 2} \cdot \ln \dfrac{38.37}{29.78} \approx 2\,095$(年).这样就估算出马王堆一号墓是大约 2000 年前的.

5.2 位置分析

5.2.1 直线流水工作线上供应点设置问题

在一条直线的流水线上依次在 $A_1, A_2, \cdots, A_n$ 处有 n 个机器人在工作,现欲设一零件供应点,使得 n 个机器人与它的距离总和为最小.

先假设如图5.4所示,当 $n=5$ 时,如果零件供应点设在 A_3,这时5个机器人与 A_3 的距离总和为

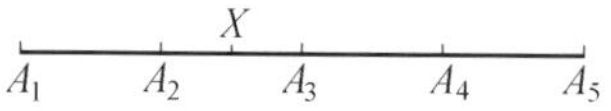

$$l = |A_1A_5| + |A_2A_4|$$

如果零件供应点设在 X 处,这时5个机器人与 X 距离总和为

$$l' = |A_1A_5| + |A_2A_4| + |A_3X|$$

由于 $l' - l = |A_3X| > 0$,故需将零件供应点设在 A_3 处为最佳.

再假设如图5.5所示,当 $n=6$ 时,如果零件供应点设在 A_2, A_3 之间的任何位置 X,这时6个机器人与 X 距离总和为

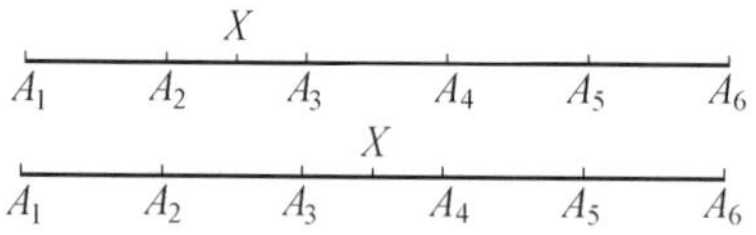

$$l' = |A_1A_6| + |A_2A_5| + |A_3A_4| + 2|A_3X|$$

如果零件供应点设在 A_3, A_4 之间的任何位置 X,这时6个机器人与 X 距离总和为

$$l = |A_1A_6| + |A_2A_5| + |A_3A_4|$$

图5.4

图5.5

由于 $l' - l = 2|A_3X| > 0$,故零件供应点设在 A_3, A_4 之间任何一点均可以.

一般地,当 n 为奇数时,零件供应点应设在第 $A_{\frac{n+1}{2}}$ 处;当 n 为偶数时,零件供应点设在 $A_{\frac{n}{2}}$ 和 $A_{\frac{n}{2}+1}$ 中间任何一点都可以.

事实上,当 n 为奇数时,设直线上 n 个机器人所在位置分别为

$$A_1(x_1), A_2(x_2), \cdots, A_{\frac{n+1}{2}}(x_{\frac{n+1}{2}}), \cdots, A_n(x_n)$$

其中 $x_1 < x_2 < \cdots < x_{\frac{n+1}{2}} < \cdots < x_n$.

现在,问题转化为求目标函数

$$f(x) = |x - x_1| + |x - x_2| + \cdots + |x - x_n|$$

的最小值.

由于 $x \in (-\infty, x_1)$ 时,$f(x)$ 递减,$x \in (x_n, +\infty)$,$f(x)$ 递增,从而仅当 $x \in [x_1, x_n]$ 时,$f(x)$ 可取最小值.

当 $x \in [x_1, x_n]$ 时,$|x - x_1| + |x - x_n| = x_n - x_1$ 为定值,从而仅当 $|x - x_2| + |x - x_3| + \cdots + |x - x_{n-1}|$ $(x_1 \leq x \leq x_n)$ 取最小值时,$f(x)$ 取最小值.

仿上可进一步推知,仅当 $x \in [x_2, x_{n-1}]$ 时,$f(x)$ 可取最小值;仅当 $x \in [x_3, x_{n-2}]$ 时,$f(x)$ 可取最小值……

假设 $f(x)$ 当 $x = x_{\frac{n+1}{2}}$ 时取不到最小值,不妨设当 $x \in [x_{\frac{n-1}{2}}, x_{\frac{n+1}{2}}]$ 时 $f(x)$ 可取最小值,这时零件供应点设在 $A_{\frac{n-1}{2}}, A_{\frac{n+1}{2}}$ 两点之间,n 个机器人与 A_x 距离总和为

$$l' = |x_1 - x_n| + |x_2 - x_{n-1}| + \cdots + |x_{\frac{n-1}{2}} - x_{\frac{n+3}{2}}| + |x - x_{\frac{n+1}{2}}|$$

当零件供应点设在 $A_{\frac{n+1}{2}}$ 处,这时 n 个机器人与点 $A_{\frac{n+1}{2}}$ 距离总和为

$$l = |x_1 - x_n| + |x_2 - x_{n-1}| + \cdots + |x_{\frac{n-1}{2}} - x_{\frac{n+3}{2}}|$$

由于 $l - l' > 0 \Rightarrow |x - x_{\frac{n+1}{2}}| < 0$,这不可能,故当 n 为奇数时,仅当 $x = x_{\frac{n+1}{2}}$ 时,$f(x)$ 可取最小值,即零件供应点应设在 $A_{\frac{n+1}{2}}$ 处.

同样的理由,当 n 为偶数时,零件供应点应设在 $A_{\frac{n}{2}}$ 和 $A_{\frac{n}{2}+1}$ 中间任何一点.

5.2.2 足球射门命中率问题

足球运动是我们大家喜欢欣赏的一种体育活动. 在比赛过程中,运动员最关心的是在足球场上哪些位置射门命中率较高,哪些位置射门命中率相同的问题.

为了讨论问题,我们先给出三点假设:

(1) 将足球看成是一个质点;

(2) 足球运行轨迹与地面平行;

(3) 射门时无对手进行防守.

图 5.6 是国际比赛标准的足球场地规格:长 110 m,宽 90 m,足球门宽 7.32 m,在此仅对一个球门讨论.

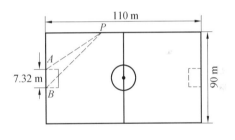

由平面几何知识可知,沿边线总可以找到一点 P,使得 $\angle APB$ 为最大. 在队员技术水平一定情况下,$\angle APB$ 越大,在点 P 射门命中率就越大. 因此,我们称使得 $\angle APB$ 最大的点 P 为足球射门最佳点. 那么在足球场内,哪些点属于足球

图 5.6

射门最佳点呢? 为了研究方便,我们把足球场划分为三条带形区域 $ABB'A'$,$BCC'B'$,$DAA'D'$,如图 5.7 所示. 并以 AB 所在直线为 y 轴,以 AB 的中垂线为 x 轴建立直角坐标系,则 $A(0,3.66),B(0,-3.66),C(0,-45),D(0,45)$.

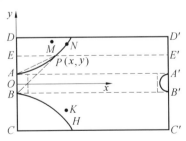

图 5.7

讨论在区域 $DAA'D'$ 内射门最佳点的轨迹方程.

在区域 $DAA'D'$ 内任取一点 $P(x,y)$.

(i) 若 y 保持不变,则动点 P 只能在线段 EE' 上移动. 联结 PA,PB,由 $\angle APB = \angle EPB - \angle EPA$,有

$$\tan \angle APB = \tan(\angle EPB - \angle EPA) = \frac{\frac{EB}{x} - \frac{EA}{x}}{1 + \frac{EB}{x} \cdot \frac{EA}{x}} = \frac{AB}{x + \frac{EB \cdot EA}{x}}$$

由于 y 不变,x 与 $\frac{EB \cdot EA}{x}$ 的积为定值,从而

$$x + \frac{EB \cdot EA}{x} \geq 2\sqrt{EB \cdot EA}$$

当且仅当 $x = \frac{EB \cdot EA}{x}$,即 $x = \sqrt{EB \cdot EA}$ 时取等号. 则

$$\tan \angle APB \leq \frac{AB}{2\sqrt{EB \cdot EA}}$$

又 $\angle APB < 90°$,故当且仅当 $x = \sqrt{EB \cdot EA}$ 时,$\angle APB$ 取最大值,P 是射门最佳点. 此时

$$x = \sqrt{(y + 3.66)(y - 3.66)}, 3.66 \leq y \leq 45 \qquad (*)$$

于是,对于区域 $DAA'D'$ 内每一个确定的 y,都存在相应的 $x = \sqrt{y^2 - 3.66^2}$,使得点 (x, y) 是射门最佳点. 故方程 $(*)$ 是区域 $DAA'D'$ 内射门最佳点轨迹方程,整理后得

$$y^2 - x^2 = 3.66^2, 3.66 \leq y \leq 45, x \geq 0$$

这是等轴双曲线的一部分.

同理,区域 $BCC'B'$ 内射门最佳点轨迹方程为

$$y^2 - x^2 = 3.66^2, -45 \leq y \leq -3.66, x \geq 0$$

(ii) 若 x 保持不变,显然 P 越靠近 x 轴,$\angle APB$ 越大,射门命中率越高.

综上所述,在区域 $DAA'D'$ 内与边线平行位置射门,在曲线 $y^2 - x^2 = 3.66^2$ 上较好,在与底线平行位置射门,越居中(靠近 x 轴)越好. 这就打破了人们习惯上离球门越近射门越好的错误想法. 比如,在图 5.7 中,点 M 与点 N 比较,较远点 N 处射门较好;点 K 与点 H 比较,点 K 射门较好.

再讨论在区域 $ABB'A'$ 内射门最佳点轨迹方程.

如图 5.7,在区域 $ABB'A'$ 内任取了一点 $P(x, y)$.

(i) 若 y 保持不变,显然 P 离门越近,$\angle APB$ 越大,射门命中率越大.

(ii) 若 x 保持不变,作 $PF \perp AB$ 于 F,则 $\angle APB = \angle APF + \angle FPB$,故

$$\tan \angle APB = \tan(\angle APF + \angle FPB) = \frac{AF + FB}{x - \frac{AF \cdot FB}{x}}$$

由于 AF 与 FB 的和为定值 ($AF + FB = AB = 7.32\mathrm{m}$),从而

$$AF + FB \geq 2\sqrt{AF \cdot FB}$$

即

$$AF \cdot FB \leq \frac{1}{4}(AF + FB)^2$$

故

$$\tan \angle APB \leq \frac{AF + FB}{x - \frac{(AF + FB)^2}{4x}}$$

当且仅当 $AF = FB$ 时取 "=".

又 $\angle APB < 90°$,当且仅当 $AF = FB$ 时,$\angle APB$ 取最大值,此时,点 P 在 x 轴上.

可见,在区域 $ABB'A'$ 内,最佳点轨迹方程为
$$y = 0, 0 \leq x \leq 100$$

由此可见,在区域 $ABB'A'$ 内,平行于底线位置射门越居中(靠近 x 轴)命中率越高.

最后,我们讨论足球场上射门等效线.

如图 5.7,在圆弧 $\overset{\frown}{A'B'}$ 上任取一点 M',由圆弧所对圆周角相等知 $\angle A'M'B'$ 为定值,我们称之为 $\overset{\frown}{A'B'}$ 为射门等效线,等效线上每一点称为射门等效点.

依此定义,以 x 轴上任一点 $Q(k,0)$ 为圆心,以 QA 长为半径的圆包含在场内的每一段圆弧均为等效线,等效曲线方程为
$$(x - k)^2 + y^2 = k^2 + 3.66^2$$

其中 $-45 \leq y \leq 45, x \geq 0, k$ 为参数.显然等效线是层层包含的,内一层总要比外一层射门效果要好些.

在以上模型中,由于三点假设是粗糙的,根据没有考虑其间的因素,因而上述模型也是很粗糙的.

5.3 因素分析

从上述 5.2.2,我们看到,数学在体育中得到了应用.实际上,伴随着各门学科的定量研究以及计算机的广泛应用,用现代数学的方法来研究体育运动早在 20 世纪 70 年代就开始了.当时美国著名的应用数学家 J. B. 开勒发表了关于赛跑的理论(1973),并且运用他自己的理论来训练中长跑运动员,取得了很好的成绩,几乎同时,美国的计算机专家艾尔斯,通过运用数学、力学和计算机,研究了当时铁饼世界冠军的投掷技术,分析了各种因素,提出了自己的研究理论,提出了改正投掷技术及训练措施,从而使得他在奥运会的比赛中,创造了连续三次的世界纪录.目前,一门新的学科——体育数学正处于蓬勃的发展之中.

为了比较精确地讨论一些问题(包括有关体育问题),就需要考虑各种各样的因素.下面,我们运用因素分析方法讨论有关体育问题.

5.3.1 定点投篮问题

在篮球运动中,每当对手多次犯规时,我方运动员就要进行罚球投篮.显然这种投篮是在没有对手进行防守的情况下的一种定点投篮,怎样才能提高命中率呢?[28]

这是个典型的投掷问题,我们先假设:

(1) 在投掷过程中,忽略空气阻力;

(2) 将篮球看成一个质点.

此时,整个投掷运动过程如图 5.8 所示.现在,一种简单的考虑方法是,假设在投篮时,篮球是通过篮筐的中心而被投中的,因而有

$$\begin{cases} x = v \cdot \cos \alpha \cdot t \\ y = v \cdot \sin \alpha \cdot t - \dfrac{1}{2}gt^2 \end{cases} \quad (*)$$

其中 v 为投速,α 为投掷角度,t 为时间,g 为重力加速度.

由上解得
$$y = x \cdot \tan\alpha - \frac{gx^2}{2v^2 \cdot \cos^2\alpha}$$

由于篮筐的中心 (x_1, y_1) 为篮球经过的点,则有
$$y_1 = x_1 \cdot \tan\alpha - \frac{gx_1^2}{2v^2 \cdot \cos^2\alpha}$$

则
$$\frac{gx_1^2}{2v^2} \cdot \tan^2\alpha - x_1 \cdot \tan\alpha + y_1 + \frac{gx_1^2}{2v^2} = 0$$

故
$$\tan\alpha = \frac{v^2}{gx_1}\left[1 \pm \sqrt{1 - \frac{2g}{v^2}\left(y_1 + \frac{gx_1^2}{2v^2}\right)}\right]$$

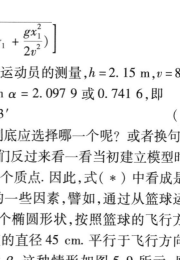

图 5.8

设球出手点与地面距离为 h. 根据对一些专业篮球运动员的测量,$h = 2.15$ m,$v = 8$ m/s,则 $x_1 = 4.6$ m,$y_1 = 3.05 - 2.15 = 0.9$ m,于是求得 $\tan\alpha = 2.0979$ 或 0.7416,即
$$\alpha = 64°31' \text{ 或 } 36°33' \quad (**)$$

由上知,对于投篮者来说,有两个出手角度,那么到底应选择哪一个呢?或者换句话说,如上建立的数学模型可行吗?显然是失效的,为此,我们反过来看一看当初建立模型时的假设,显然第(2)条假设不合理,它不能简单地看成是一个质点. 因此,式(**)中看成是篮球的中心通过篮筐的中心而得到的,我们还需考虑其间的一些因素,譬如,通过从篮球运动员处获取信息,得知人们在投篮时,眼睛看到的篮筐是一个椭圆形状,按照篮球的飞行方向来划分,垂直于飞行方向的是椭圆的长轴,其大小为篮筐的直径 45 cm. 平行于飞行方向是椭圆的短轴 d,其大小取决于篮球进入篮筐时的入射角 β,这种情形如图 5.9 所示,则 $d = 45\sin\beta$.

要使球心通过篮筐的中心,则应该
$$d = 45\sin\beta > 24.6$$
即
$$\beta \geq 33°8' \quad (***)$$

现在,我们反过来看一看式(**)是否满足上述条件?

由(*)的解得式,可知
$$\frac{dy}{dx} = \tan\alpha - \frac{gx}{v^2 \cdot \cos^2\alpha}$$
即
$$-\tan\beta = \tan\alpha - \frac{gx_1}{g^2 \cdot \cos^2\alpha}$$

当 $\alpha = 64°31'$ 时,$\beta = 59°38'$.

当 $\alpha = 36°33'$ 时,$\beta = 19°18'$.

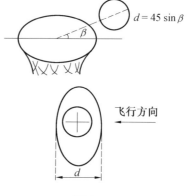

图 5.9

所以当篮球的中心通过篮筐中心时,投篮者的出手角度应为 $64°31'$.

其实,投篮者还可以通过篮球贴着篮筐而投中,最后得分,这种情形如图 5.10 所示. y 轴

方向为篮球飞行的方向.因此,可以运用平面解析几何的知识来得到椭圆方程为

$$\frac{x^2}{22.5^2} + \frac{y^2}{(22.5\sin\beta)^2} = 1$$

篮球的平面图形为圆,因此有

$$(x-c)^2 + y^2 = 12.3^2$$

则 P,Q 两点为圆与椭圆相切的两点,设 $P(x_1,y_1)$,即有

$$(x_1-c)^2 + y_1^2 = 12.3^2$$
$$x_1^2 \cdot \sin^2\beta + y_1^2 = 22.5^2\sin^2\beta$$

由于两图形相切,就得到

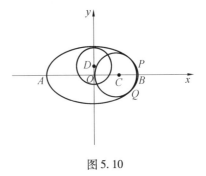

图 5.10

$$C^2 = (1 - \sin^2\beta)(c^2 + 22.5^2\sin^2\beta - 12.3^2)$$
$$C^2 = \frac{(1-\sin^2\beta)(22.5^2\sin^2\beta - 12.3^2)}{\sin^2\beta} \quad (****)$$

因此,有

$$22.5\sin\beta \geq 12.3$$

即 $\beta \geq 33°8'$,这点与式(***)完全一致.

并且最大投中的可能性就是在 A,B 两点相切,这时 $C = 22.5 - 12.3 = 10.2$(cm),代入上式(****)得到

$$\sin\beta = \sqrt{\frac{12.3}{22.5}}$$

即 $\beta = 47°41'$.

综上,关于定点投篮问题的结论可综合如下:

(1) 如果篮球进入篮筐的入射角 $\beta < 33°8'$,则投篮不中;

(2) 如果 $33°8' \leq \beta \leq 47°41'$ 时,投篮成功,并且水平方向向垂直方向的偏移量可以分别按 $OD = 22.5\sin\beta - 12.3$, $OC = \frac{\sqrt{(1-\sin^2\beta)(22.5^2\sin^2\beta - 12.3^2)}}{\sin\beta}$ 来计算;

(3) 如果 $\beta > 47°41'$ 时,投篮成功.此时,篮球可能贴着 A 或 B 进入篮筐,并且 $OC = 10.2$ cm.

5.3.2 推掷铅球问题

在体育比赛中,运动员去推铅球,由于铅球是按距离远近来决定能否得奖的,因此,如何使铅球掷得最远,这是大家都关心的问题.并且,由生活经验知,在推掷铅球的过程中,有两个重要的因素,即投射角和初速度,对于指导运动员的教练来说,平时训练中,他应更注意哪方面的训练呢?[29]

讨论如上问题的背景知识,归纳起来,有如下几点:

(1) 所谓有效推掷指的是运动员单手托住铅球,从后面离开圆环,铅球落在合法区域之中;

(2) 在掷铅球时,为了加快初速度,人体就需要在圆环内进行转体,这里有力学问题;

(3) 铅球投射的投射角与初速度的关系怎样?

(4) 铅球运动过程中,空气阻力情况等.

针对上述背景知识,我们有所侧重地考虑某些因素,而进行假设,给出两个模型.

(1) 模型 1.

在这个模型中,我们给出以下三条假设:

(i) 铅球运行过程中,空气阻力忽略不计;

(ii) 忽略人体的转体问题;

(iii) 假设投射角与投射的初速度无关.

这样一来,我们首先考虑从地面水平线以速度 v,角度 α 推掷铅球.

这时就得到

$$\begin{cases} x = v \cdot \cos \alpha \cdot t \\ y = v \cdot \sin \alpha \cdot t - \dfrac{1}{2} g \cdot t^2 \end{cases} \Rightarrow y = -\dfrac{g}{2v^2 \cdot \cos^2 \alpha} \cdot x^2 + \tan \alpha \cdot x$$

于是,令 $y = 0$,得铅球落地点的坐标 $x = \dfrac{2v^2 \sin \alpha \cdot \cos \alpha}{g}$.

考虑到推掷铅球人的手掌离地的高度为 h,这样整个推掷过程就是

$$\begin{cases} x = v \cdot \cos \alpha \cdot t \\ y = v \cdot \sin \alpha \cdot t - \dfrac{1}{2} g \cdot t^2 + h \end{cases} \Rightarrow y = -\dfrac{g}{2v^2 \cos^2 \alpha} \cdot x^2 + \tan \alpha \cdot x + h$$

令 $y = 0$,得

$$x = \dfrac{\tan \alpha + \sqrt{\tan^2 \alpha + \dfrac{2gh}{v^2 \cos^2 \alpha}}}{\dfrac{g}{v^2 \cdot \cos^2 \alpha}} = \dfrac{v^2 \sin 2\alpha}{2g} + \sqrt{\left(\dfrac{v^2}{2g} \sin 2\alpha\right)^2 + 2h \cdot \dfrac{v^2}{g} \cos^2 \alpha}$$

下面,由上述模型可得数表 5.1($h = 1.8$ m, $g = 9.8$ m/s^2).

表 5.1

v/(m·s^{-1})	角度 α/(°)	距离 /m
11.5	47.5	14.929
11.5	45	15.103
11.5	42.5	15.182
11.5	40	15.169
11.5	38	15.092
11.5	36	14.96
11.5	41.2	15.187
11.5	41.6	15.189
11	41.6	14.032
12	41.6	16.395

从上表可以看到,对于固定的速度 $v = 11.5$ m/s,角度在 38°~45°之间产生距离偏差只

有 0.097 m,约 1% 的误差. 然而速度上的一点小变化(11 m/s 到 12 m/s),导致较大的距离变化(14.032 到 16.395),约 16.8% 的增加,由此说明,在训练时,应集中精力增加推掷的初速度.

(2) 模型 2.

在这个模型中,我们考虑人的转体问题,因此给出以下几条假设:

(i) 铅球运行过程中,忽略空气阻力;

(ii) 不管推掷的角度如何,投掷者的肩部位置都处于相同地方;

(iii) 在手臂爆发使力之前,铅球运动方向与推球方向一致;

(iv) 在手臂爆发使力之前,铅球的速度与投射角无关;

(v) 从手臂开始爆发使力到铅球脱手之前,铅球沿直线运动;

(vi) 假设爆发力 F 与角度 α 无关.

设 L_1, L_2, L_3 分别表示手臂长、铅球加速的距离、肩到挡板的距离,u 表示初速度,f 表示加速度.

首先根据受力 $F - mg \cdot \sin\alpha = mf$,有

$$f = \frac{F}{m} - g \cdot \sin\alpha, m\text{ 为铅球质量}$$

与模型 1 同,则有

$$y = -\frac{g}{2v^2\cos^2\alpha} \cdot x^2 + \tan\alpha \cdot x + H$$

其中 H 为铅球出手时离地面的高度.

从而

$$v^2 = u^2 + 2f \cdot L_2, H = h + L_1 \cdot \sin\alpha$$

因此,距离

$$D = R + L_1\cos\alpha + L_3$$

其中

$$R = \frac{(u^2 + 2fL_2)}{2g} \cdot \sin 2\alpha \left[1 + \sqrt{\frac{2g(h + \sin\alpha)}{(u^2 + 2fL_2) \cdot \sin^2\alpha}}\right]$$

于是,由上述模型,可得一个数据表 5.2 如下.

表 5.2

$u/(\text{m} \cdot \text{s}^{-1})$	角度 $\alpha/(°)$	距离 D/m
3	47.5	13.851
3	45	14.097
3	42.5	14.257
3	40	14.38
3	38	14.328
3	36	14.27
3	41.2	14.306
3	39	14.336
2.5	39	14.055
3.5	39	14.667

从表 5.2 可知,在训练中,考虑角度和初速度两个因素中,更应注意初速度这个因素.

事实上,模型 2 虽考虑了人的转体问题,但由于忽略了一些其他因素,如运动员手臂肌肉的质量,这时加速度应改为 $f = \dfrac{F}{m} - r_m \cdot g \cdot \sin\alpha$,还有腕关节的用力也没考虑,因而此模型还不是最精确的.

上面仅对有关体育问题的建模介绍了因素分析法,其实因素分析法建模可适用于各类问题.

5.3.3 行车颠簸问题

小轮自行车在经过路面上的不平整之处时要比大轮自行车更为颠簸一些,这是生活常识. 那么,其中有什么数学道理吗?[48]

可以把车轮看作一个圆. 这个圆在理想的平整路面上滚动时,圆心对路面没有垂直方向的位移,这叫作没有颠簸. 当这个圆在不平整路面上滚动时,会有上下跳动,即圆心对路面有垂直方向的位移,这叫作颠簸. 但是,同样一段不平整的路面,对不同大小的车轮都会产生相同的垂直方向的位移,为什么给骑车人的颠簸感觉不一样呢? 这与完成垂直方向位移所用的时间长短有关. 同样大小的垂直方向位移在越短的时间内完成,造成的颠簸感觉就越强烈.

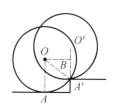

图 5.11

为了便于比较,假定不同大小车轮的自行车在水平方向都以相同的速度 v 前进,这样,"在时间 t 内完成垂直方向的位移 h"就等同于"在前进水平距离 vt 的同时完成垂直方向的位移 h". 设 $s = vt$,我们把"颠簸程度" k 定义为"在单位水平距离上的垂直位移",即

$$k = \frac{h}{s}$$

以下用一个半径为 R 的圆代表车轮,在这里的图中,车轮都是从左向右运动的.

情况 1 如图 5.11,圆 O 运动到圆 O',圆心在前进水平距离 $s = OB$ 的同时完成垂直上移 $h = O'B$. 一般情况下,h 总是比车轮直径小得多,即 $h < 2R$. 在 Rt$\triangle OA'B$ 中

$$OB^2 = OA'^2 - A'B^2$$

即

$$s^2 = R^2 - (R-h)^2 = 2Rh - h^2$$

或

$$s = \sqrt{2Rh - h^2}$$

故

$$k = \frac{h}{s} = \frac{h}{\sqrt{2Rh - h^2}} \qquad ①$$

情况 2 如图 5.12,圆 O 运动到圆 O',圆心在前进水平距离 $BO' = s$ 的同时完成垂直下移 $OB = h$.

与第一种情况类似可得

$$k = \frac{h}{s} = \frac{h}{\sqrt{2Rh - h^2}} \qquad ②$$

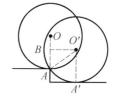

图 5.12

以上两种情况下,h 是定值,对于不同的 R 就有不同的 s,因而有不同的 k. 如果不考虑垂直位移的方向,只考虑其绝对值,可以认

为①,②两式是相同的.

情况3 如图5.13,路面上有一条宽度为$2s$的沟($s < R$,否则车轮将整个掉下沟,转化为情况1,2),车轮滚过沟的时候,圆心A运动到B,圆心在前进水平距离$s = DE$的同时完成垂直下移$h = EG$. 然后圆心B运动到C,圆心在前进水平距离$s = EF$的同时完成垂直上移$h = EG$.

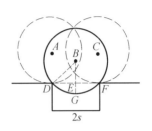

图5.13

与第前两种情况不同,这里s是定值,h是随R变化的量. 对于不同的R就有不同的h,因而有不同的k.

因为
$$EG = BG - BE = BG - \sqrt{BD^2 - DE^2}$$

即
$$h = R - \sqrt{R^2 - s^2}$$

故
$$k = \frac{h}{s} = \frac{R - \sqrt{R^2 - s^2}}{s} \qquad ③$$

从以上式①,②,③可以看出,在各种不同的情况下,"颠簸程度"k都是车轮半径R的函数.

在①,②两个函数式中,自变量R只出现在分母上,并且只出现在分母的被减数中,显然车轮半径R越大则分母越大,从而"颠簸程度"k越小.

在式③中,关系没有这样简单明确. 自变量R既出现在分子的被减数中,又出现在分子的减数中,当R变化时k如何变化不易看出来. 为此,将③的右边分子有理化,即

$$k = \frac{h}{s} = \frac{R - \sqrt{R^2 - s^2}}{s} = \frac{(R - \sqrt{R^2 - s^2})(R + \sqrt{R^2 - s^2})}{s(R + \sqrt{R^2 - s^2})} = \frac{s}{R + \sqrt{R^2 - s^2}} \qquad ④$$

从④可比较容易地看出:R越大则分母越大,从而k越小. 于是我们得到结论:在各种情况下,"颠簸程度"总是随车轮半径变大而减小.

5.3.4 人体运动之引体向上问题

在做引体向上时除了力量因素外,技巧也很重要. 如果认真观察引体向上成绩出色的锻炼者的动作,你就会发现他们在曲臂提拉身体前会有展腹,大腿后摆,收腹,大腿前摆一系列动作. 那么这一系列动作对向上提拉有什么帮助呢?

为了把这个问题说明得更清楚,先要明白几个问题. 与无生命的物体不同,人体的运动是受意识控制的运动,虽然也遵守力学普遍规律,但却具有特殊的复杂性. 从动力学的观点出发,这种特殊性可以归纳为:

(1) 人体的"硬件"是由有限个部位用关节联结成的骨骼系统.

(2) 各相邻部件之间存在肌肉联系,可施加作用力以改变相对运动状态.

(3) 肌肉作用力受神经中枢"软件控制".

因此,人体是由骨骼、肌肉和神经三个子系统构成的复杂大系统. 除了各部件的机械运动以外,各相邻部件之间的肌肉控制力矩,感觉器官接受的输入信息和传输给肌肉的输出信息等都是比机械运动数量大得多的未知变量. 那它们的变化规律已超出经典力学的研究范

围了吗？

当然没有！问题在于按经典力学普遍原理列出的动力学方程的数目远小于未知变量的数目．在这些未知变量中，引起困惑的肌肉收缩力和神经信息不是经典力学的研究对象，也难以被运动者本身感知，只有肌肉活动所引起的后果，即相邻部件的相对位置变动中可以被感知和控制．体操运动员做一个高难度动作时，他只关心手臂和腿的位置是否正确，不会去想关节上加多大的肌肉收缩力或传递多大的神经脉冲．只要不追究肌肉施力的生物物理过程，并且假定运动者对肌肉的控制机能足够健全，就能够将相对运动规律作为附加的约束条件来分析人体的肢体运动．

由此展腹，大腿后摆，收腹，大腿前摆，并在曲臂同时腿部制动，借助惯性完成引体向上这套技术动作，我们可以解释为：通过腰肌、腹肌、腿部肌肉做功使身体获得动量，身体所具有的竖直速度分担上身肌肉的负担，由于动量具有矢量性，所以究竟如何做才能使动量的竖直分量达到最大呢？

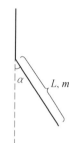

摆腿收腹等上述过程可以认为是以髋关节为轴的单摆模型，摆长为 L，下肢质量为 m．

腿部向后的摆角为 α，当腿部摆角达到 α 时，重力势能达到最大值，速度为 0，如图 5.14 所示．

图 5.14

动能：$E_K = 0$．

势能：$E_G = (1 - \cos \alpha)mgL$．

腿部向前摆到 θ 角时，此时速度越大，制动后腿与身子成为整体的动量就越大，所以需求此时腿摆状态．

$$E_{K'} = E_K + E_G + E_{G'} = (1 - \cos \alpha)mgL - (1 - \cos \theta)mgL = (\cos \theta - \cos \alpha)mgL$$

此时的动量

$$\frac{1}{2}mv^2 = E_{K'}$$

则

$$P = mv = m\sqrt{\frac{2E_{K'}}{m}}$$

故

$$P = m\sqrt{2gL(\cos \theta - \cos \alpha)}$$

动量的竖直分量为

$$P_\perp = m\sqrt{2gL} \cdot \sin \theta \sqrt{\cos \theta - \cos \alpha}$$

当 θ 为一定值，$P_\perp = f(\alpha)$ 在 $\left[0, \dfrac{\pi}{2}\right]$ 上是增函数．

因此下肢后摆角度越大，手臂越省力，这可经过实地测量（附测量数据的图示如图 5.15 所示），α 角平均约为 28°．

当 $\alpha = 28°$ 时，$P_\perp$ 取最大值时，经计算机计算（对于任意给定 α 与 θ 值的计算程序此处从略），$\theta = 19.5°$ 即若后摆 28° 则前摆到 19.5° 时制动，对向上拉帮助最大．

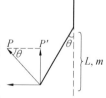

图 5.15

当腿部制动后，躯干与腿成为一个整体，将会以肩为轴出现一个小幅度摆动，此过程可以抽象成为一个复摆．可依照上面的想法进行进一步优化．

此模型除了能指导我们做引体向上外,还给了我们一个重要的启示,那就是靠附属的机械部件储存动能帮工作部件做功.所谓储存动能,除了上面的例子外,还有古老的纺车,工业革命时期的蒸汽机.历史上,人们一直是利用它们的惯性来均恒转速和闯过"死点"的,即靠附属的机械部件储存动能帮工作部件做功.

具体到这个模型来说,如果需要一个冲程在垂直方向做功,但是垂直活动范围有限,或者垂直做功的能力有限(好比我们的上肢肌肉力量有限).这时就可以给他加载一个复摆或飞轮(好比我们做引体时的摆腿),达到帮助做功或储存动能的效果,其原理是相似的.

5.3.5 物体的冷却问题

牛顿经过长期的实验和观察得到下面的定律:

牛顿冷却定律 物体的冷却率正比于物体温度与房间温度的差.

与物体相比,若房间非常大时,可假定房间的温度保持不变,即保持常温(这等价于假定物体不是火炉一样的东西,它不会改变房间的温度),也就是物体对房间温度的改变可以忽略不计.

假定房间的温度是 A,物体的 t 时刻的温度是 $y(t)$.再设 $y_0 = y(0)$.依牛顿冷却定律,我们有下述形式的微分方程

$$\frac{dy}{dt} = k(A - y) \qquad ①$$

再令 $B = a - y_0$,则方程①,满足初始条件的解为

$$y = A - Be^{-kt} \qquad ②$$

把②代入①直接验证就知道它是解.我们还是推导一下.为此引进一个新的变量 $u = A - y$,于是

$$\frac{du}{dt} = -\frac{dy}{dt} = -k(A - y) = -ku$$

即新变量 u 满足方程

$$\frac{du}{dt} = -ku$$

其初始条件为 $u(0) = A - y_0 = B$,因此,解为

$$u = Be^{-kt}$$

从而

$$y = A - u = A - Be^{-kt}$$

在使用公式②时,常将它化成下述形式

$$kt = \ln\frac{A - y_0}{A - y} = -\ln\frac{y - A}{y_0 - A} \qquad ③$$

例如,用开水去泡速溶咖啡,3 分钟后咖啡的温度是 85 ℃.如果房间的温度是 20 ℃,问多少分钟后,咖啡的温度降到 60 ℃?(忽略杯子的冷却影响.)

此时,我们有 $A = 20, y_0 = 100$,以及

$$\frac{dy}{dt} = k(20 - y)$$

这里 y 是时刻 t 的咖啡的温度.因为

由 ③ 有
$$y_0 - A = 100 - 20 = 80$$
$$kt = -\ln\frac{y-20}{80}$$

当 $t = 3$ 时,$y = 85$. 这时 $y - 20 = 65$. 因此
$$k = -\frac{1}{t}\ln\frac{y-20}{80} = -\frac{1}{3}\ln\frac{65}{80} = \frac{1}{3}\ln\frac{16}{13}$$

当 $y = 60$ 时,$y - 20 = 40$. 这时
$$t = -\frac{1}{k}\ln\frac{y-20}{80} = -\frac{3}{\ln\frac{16}{13}}\ln\frac{40}{80} =$$
$$\frac{3}{\ln\frac{16}{13}}\ln 2 \approx 10(\text{分})$$

咖啡从 100 ℃ 降到 85 ℃ 花了 3 min,降到 60 ℃ 花 10 min. 因而从 85 ℃ 降到 60 ℃ 需花 7 min.

5.3.6 雨中慢走与快跑的淋雨程度问题

下雨天,没带雨具在雨中行走时,通过同样长的距离,慢慢行走和快速奔跑相比,人被雨水淋湿的程度一样吗?

为讨论问题的方便,将人看作在雨中直立并向前平移的长方体. 由于风向的不同,雨滴下落的方向也不相同,我们先看最简单的情况 —— 无风天气雨滴匀速竖直下落的情形.

(a)

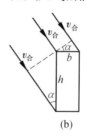
(b)

图 5.16

设雨滴下落的速度为 $v_{雨}$,单位体积空气中的雨量为整体 1,表示人的长方体模型高 h,长和宽分别为 c 和 b,如图 5.16 所示(图 5.16(b))是表示人的长方体模型的侧面图,向画面内部延伸的长方体的长 c 图中没有标注),设人以 $v_{人}$ 的速度匀速向左行走,则以人为参照物,本来相对于地面竖直下落的雨滴,相对于人则沿斜向后(左)的方向匀速下落,如图 5.16(a)所示,设雨滴相对人的下落方向与铅直线的夹角为 α,大小为 $v_{合}$,有 $v_{合} = \sqrt{v_{人}^2 + v_{雨}^2}$,设人在雨中需要走的路程为 s,则人走完路程 s 所用时间为 $\frac{s}{v_{人}}$,由图 5.16 知,雨中行走的人在单位时间内接收的雨水量为 $v_{合}(h\sin\alpha + b\cos\alpha)c$,所以,人走完全程身体接收的雨水问题为

$$\sqrt{v_{人}^2 + v_{雨}^2}(h\sin\alpha + b\cos\alpha)c \cdot \frac{s}{v_{人}} =$$
$$\sqrt{1 + \cot^2\alpha}(h\sin\alpha + b\cos\alpha)cs =$$

$$\frac{(h\sin\alpha + b\cos\alpha)cs}{\sin\alpha} =$$
$$(h + b\cot\alpha)cs$$

因为 h, b, c, s 均为常量，人在雨中走得越快，角 α 就越大，$\cot\alpha$ 就越小，所以，走完同样长的路程，人的行走速度越大，身体接受的雨水总量就会越少. 当然，如果不考虑人的"厚度"，不是把人看作长方体模型，而是将人看作没有厚度的长方形模型（很多资料都是建立这样的模型），则上式中的 $b=0$，人在雨中以不同速度走完全程，身体接受的雨水总量变为 hcs，是常量，这就是说，不论人慢慢行走还是快速奔跑，雨中走完确定长度的路程，身体被雨水淋湿的程度是一样的.

再看有风的情形. 有风天气，雨滴下落方向不同，人被淋湿的情况也不尽相同，我们分析两种特殊情形——风向与人行走方向相同和相反的情形（侧向刮风，雨滴下落角度会随风向的变化而改变，人被淋湿的情况较为复杂，我们不再探究）.

如图 5.17，设风向向右，人以 $v_人$ 的速度在雨中匀速向左逆风行走，若雨滴相对地面的下落速度为 $v_雨$，下落轨迹与铅直线夹角为 β，$v_合$ 是雨滴相对于人的速度，α 为 $v_合$ 与铅直线的夹角，由图 5.17 可知

$$\sin\alpha = \frac{v_雨\sin\beta + v_人}{v_合}, \cos\alpha = \frac{v_雨\cos\beta}{v_合}$$

所以，人在雨中逆风而行，走完确定的路程 s 所接受的雨水总量为

$$(h\sin\alpha + b\cos\alpha)cv_合 \cdot t =$$
$$\left[\frac{(v_雨\sin\beta + v_人)h}{v_合} + \frac{v_雨(\cos\beta)b}{v_合}\right]cv_合 \cdot \frac{s}{v_人} =$$
$$(v_雨 h\sin\beta + v_人 h + v_雨 b\cos\beta)c \cdot \frac{s}{v_人} =$$
$$\left[\frac{v_雨}{v_人}(h\sin\beta + b\cos\beta) + h\right]cs$$

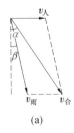
(a)

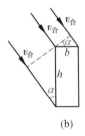
(b)

图 5.17

上式中，除人行走的速度 $v_人$ 为变量外，其余各量均为常量，由该式可以看出，$v_人$ 越大，式子 $\left[\frac{v_雨}{v_人}(h\sin\beta + b\cos\beta) + h\right]cs$ 的值越小，所以，下雨天逆风而行时，人走得越快，通过同样的路程，身体接受的雨水总量会越少（不计人的前后厚度，上式中 $b=0$ 时，情况同样如此）.

下面，再看人顺风而行的情形：

（1）若人的行走速度大于风速，则仍感到风是迎面吹来，雨滴从人的前上方落向人体，

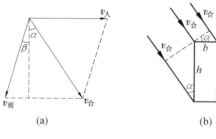

图 5.18

如图 5.18，$v_{合}$ 是雨滴相对于顺风行走人的下落速度，由图 5.18(a) 可知，$v_{合}$ 方向与铅直线的夹角 α 满足

$$\sin\alpha = \frac{v_{人} - v_{雨}\sin\beta}{v_{合}}, \cos\alpha = \frac{v_{雨}\cos\beta}{v_{合}}$$

所以，人走完确定的路程 s 身体接收的雨水总量为

$$(h\sin\alpha + b\cos\alpha)cv_{合} \cdot t =$$
$$\left[\frac{(v_{人} - v_{雨}\sin\beta)h}{v_{合}} + \frac{(v_{雨}\cos\beta)b}{v_{合}}\right]cv_{合} \cdot \frac{s}{v_{人}} =$$
$$(v_{人}h - v_{雨}h\sin\beta + v_{雨}b\cos\beta)c \cdot \frac{s}{v_{人}} =$$
$$\left[h + \frac{v_{雨}}{v_{人}}(b\cos\beta - h\sin\beta)\right]cs, v_{人} > v_{雨}\sin\beta$$

式子 $\left[h + \frac{v_{雨}}{v_{人}}(b\cos\beta - h\sin\beta)\right]cs$ 中，除人行走的速度 $v_{人}$ 为变量外，其余各量均为常量，该解析式的值随 $v_{人}$ 做怎样的变化，取决于 $(b\cos\beta - h\sin\beta)$ 的正负情况，易知，当 $(b\cos\beta - h\sin\beta) > 0$，即 $\beta > \arctan\frac{b}{h}$ 时，雨中的行人，走得越快，同样的路程内接收的雨水总量会越少；而 $\beta < \arctan\frac{b}{h}$ 时，$(b\cos\beta - h\sin\beta) < 0$，人走得越快，走完同样的路程，接收的雨水总量会越多；当 $\beta = \arctan\frac{b}{h}$ 时，$(b\cos\beta - h\sin\beta) = 0$，所以，$\left[h + \frac{v_{雨}}{v_{1}}(b\cos\beta - h\sin\beta)\right]cs = hcs$，为常量，此时，不论是慢走还是快跑，在确定长度的路程内，人被雨水淋湿的程度一样。

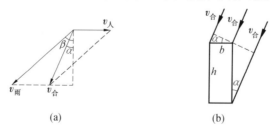

图 5.19

(2) 若人的行走速度小于风速，则雨滴从人的后背落向人体，如图 5.19 所示，风向和人的运动方向均向左，设雨滴的下落方向与铅直线的夹角为 β，雨滴相对于行人的速度 $v_{合}$ 与铅直线的夹角为 α，则有

$$\sin\alpha = \frac{v_{雨}\sin\beta - v_{人}}{v_{合}}$$

$$\cos\alpha = \frac{v_{雨}\cos\beta}{v_{合}}$$

所以,人在雨中走完路程 s,身体接受的雨水总量为

$$(h\sin\alpha + b\cos\alpha)cv_{合} \cdot t =$$

$$\left[\frac{(v_{雨}\sin\beta - v_{人})h}{v_{合}} + \frac{v_{雨}(\cos\beta)b}{v_{合}}\right]cv_{合} \cdot \frac{s}{v_{人}} =$$

$$(v_{雨}h\sin\beta - v_{人}h + v_{雨}b\cos\beta)c \cdot \frac{s}{v_{人}} =$$

$$\left[\frac{v_{雨}}{v_{人}}(b\cos\beta + h\sin\beta) - h\right]cs, v_{人} < v_{雨}\sin\beta$$

由上式可知,人走得越快,$v_{人}$ 越大,$\left[\frac{v_{雨}}{v_{人}}(b\cos\beta + h\sin\beta) - h\right]cs$ 的值越小,人所接收的雨水总量越少.

需要说明的是,为了方便讨论,以上诸多情况,我们都是将人看作长方体模型,实际上,人属于不规则的"几何体",而且,人的行走并非是在雨中平移,双腿和两臂在不停的前后摆动,身体上下晃动的同时,还在不断地扭动,因此,实际问题中的雨中行人,走完同样的路程,人被雨水淋湿的程度远比我们上面的讨论复杂得多,当风向与人的前进方向成任意角度时,问题将会变得更为复杂,在此就不探讨了.

5.4　层次(或阶段)分析

人们在日常生活中常常要做各种各样的决策. 决策活动是人们进行选择或判断的一种思维活动. 有的决策比较简单,而很多决策面临的常常是一个由相互关联,相互制约的众多因素构成的复杂系统,很难完全用定量的数学模型解决. 根据人的思维规律,面对复杂的选择问题,人们往往是将问题分解成各个组成因素,又将这些因素按支配关系分组形成递阶层次结构,通过两两比较的方式确定层次诸因素的相对重要性,然后综合决策者的判断,确定决策方案相对重要性的总的排序,从而做出选择和判断,这一思维过程的关键是层次(或阶段)的划分,权重的确定和排序的并合规则.

层次(或阶段)分析法建模,是一种无结构的多准则决策建模方法,它将定性分析和定量分析相结合,把人们的思维过程层次化和数量化,在目标(因素)结构复杂且缺乏必要的数据情况下建模尤为实用.

5.4.1　公园游览路线问题

当人们在公园游览时或在行走一定的路线去几个地点时,都想走最短的路程而将所想去的地点都走遍.

下面是一个公园的示意图. 其中①,②,③,④ 是四个重要景点或想要去的地点,其间的距离用字母表示如下[50]

$DL = EF = HI = CK = 0.75 \text{ km}$

$IC = 0.5 \text{ km}, HM = 0.25 \text{ km}$
$AL = FG = KB = 0.5 \text{ km}$
$PC = 0.2 \text{ km}, MK = 0.25 \text{ km}$
$DE = AG = 0.5 \text{ km}$
$IF = 1.5 \text{ km}, IG = 2 \text{ km}$
$EC = GB = 1 \text{ km}, IP = 0.3 \text{ km}, NP = 0.1 \text{ km}$
北门至①$= 0.4 \text{ km}$, 东门至$A = 0.5 \text{ km}$.
南门至$K = 0.1 \text{ km}$, 西门至$E = 0.5 \text{ km}$.
进一步地, 由①,②,③,④的最短距离得图5.21(单位:km).

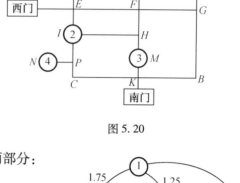

图 5.20

为了不失一般性的考虑,这里的计算分为两部分:
甲从北门进,又从北门离开.
乙从西门进,又从东门离开.
得到最短路径:
甲从北门进,又从北门离开
① → ② → ④ → ③ → ①
① → ③ → ④ → ② → ①
乙从西门进,又从东门离开:
② → ④ → ③ → ①

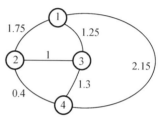

图 5.21

下面建立简单的多阶段决策的数学模型说明此结论.

首先需要说明的是,根据生活常识,最短路线有一个重要特征,如图5.22所示,若起点A经点P而达到终点Q的路线是一条最短路线,则由点P出发的这段路线对于从点P出发到达终点的所有可能选择的路线来说,必定是最短路线. 因为若不是这样,则从点P到终点Q的另一条距离更短的路线存在,把它和原来路线中由A到P的那部分连接起来,就会得到一条由A到Q新路线,它比原来那条最短路线的长度还要短些,这与假设相矛盾.

下面进行模型说明:

(1) 按照从起点到终点的顺序,将所求目标图分为若干个阶段. 用k表示阶段变量.

(2) 当游人处于第一个目标时称其为初始状态,显然第一阶段有一个初始状态A,设有n条可选择的支路$A_1, A_2, \cdots, A_n$, 第二个阶段有n个初始状态, 它们

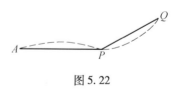

图 5.22

又各有m个可选择的支路……最终到达终点Z, 应用$D_k(X_k, X_{k+1})$表示从第k阶段的初始状态X_k到下阶段初始状态X_{k+1}的支路距离;用$F_k(X_k)$表示从D_k阶段的初始状态X_k到终点Z的最短距离;用$U_k(x)$表示决策变量, X表示当前状态.

(3) 根据最短路线的特征,寻找最短路线的方法是从最后一段开始,用由后向前逐步递推的方法,由终点到始点一个阶段一个阶段的逆推. 为了进行计算证明,现列出数表5.3.

表 5.3

距离	1	2	3	4
1		1.75	1.25	2.15
2	1.75		1	0.4
3	1.25	1		1.3
4	2.15	0.4	1.3	

路线甲的计算证明.

设游人由北门进入,先游览的第一个景点即图中的①. 设 $F_1(1,\{2,3,4\})$ 表示从①出发,经过②,③,④ 然后回到① 的最短路线,则

$$F_1(1,\{2,3,4\}) = \min\{[D_1(1,2) + F_2(2,\{3,4\})],$$
$$[D_1(1,3) + F_2(3,\{2,4\})], [D_1(1,4) + F_2(4,\{2,3\})]\}$$

同样 $F_2(2,\{3,4\})$ 表示从②出发经过③④ 各一次最后回到① 的最短路程,则

$$F_2(2,\{3,4\}) = \min\{[D_2(2,3) + F_3(3,\{4\})], [D_2(2,4) + F_3(4,\{3\})]\}$$

$F_3(3,\{4\})$ 表示从③出发,经过④再回到① 的最短路程,$F_4(4,\varphi)$ 表示从④出发,不经过任何地方直接到① 的路程

$$F_3(3,\{4\}) = D_3(3,4) + F_4(4,\varphi)$$

下面开始解决问题.

(1) 从最后一个阶段开始逆推,此时 $k=4$,即

$$F_4(2,\varphi) = D_4(2,1) = 1.75$$
$$F_4(3,\varphi) = D_4(3,1) = 1.25$$
$$F_4(4,\varphi) = D_4(4,1) = 2.15$$

实际上分别表示从 ②,③,④ 直接到① 的距离.

(2) 对于 $k=3$,即

$$F_3(2,\{3\}) = D_3(2,3) + F_4(3,\varphi) = 1 + 1.25 = 2.25$$
$$F_3(2,\{4\}) = D_3(2,4) + F_4(4,\varphi) = 0.4 + 2.15 = 2.55$$
$$F_3(3,\{2\}) = D_3(3,2) + F_4(2,\varphi) = 1 + 1.75 = 2.75$$
$$F_3(3,\{4\}) = D_3(3,4) + F_4(4,\varphi) = 1.3 + 2.15 = 3.45$$
$$F_3(4,\{2\}) = D_3(4,2) + F_4(2,\varphi) = 0.4 + 1.75 = 2.15$$
$$F_3(4,\{3\}) = D_3(4,3) + F_4(3,\varphi) = 1.3 + 1.25 = 2.55$$

(3) 对于 $k=2$,有

(i) $\quad F_2(2,\{3,4\}) = \min\{[D_2(2,3) + F_3(3,\{4\})]\} = 2.95$

所以最短路线为 ② → ④ → ③.

(ii) $\quad F_2(3,\{2,4\}) = \min\{[D_2(3,2) + F_3(2,\{4\})]$
$$[D_2(3,4) + F_3(4,\{2\})]\} = \min\{1 + 2.55, 1.3 + 2.15\} = 3.45$$

所以最短路线为:(3) → (4) → (2).

(iii) $\quad F_2(4,\{2,3\}) = \min\{[D_3(4,2) + F_3(2,\{3\})]$
$$[D_2(4,3) + F_3(3,\{2\})]\} = \min\{0.4 + 2.25, 1.3 + 2.75\} = 2.65$$

所以最短路线为 ② → ③ → ④.

(4) 对于 $k=1$,有
$$F_1(1,\{2,3,4\}) = \min\{[D_1(1,2) + F_2(2,\{3,4\})],$$
$$[D_1(1,3) + F_2(3,\{2,4\})],$$
$$[D_1(1,4) + F_2(4,\{2,3\})]\} =$$
$$\min\{1.75+2.95, 1.25+3.45, 2.15+2.65\} = 4.70$$

所以最短路线为 ①→②→④→③→①,或 ①→③→④→②→①,总共距离 $= 4.70 + 0.4 \times 2 = 5.50$.

路线乙的计算证明.

假设从西门进,东门出. 这样就必须经过从西门到 ② 的 1 km 与从 ① 到东门的 0.5 km. 这样就把问题简化为图 5.23 的形式.

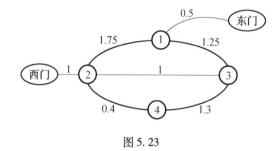

图 5.23

并把模型简化为由 ② 开始,经过所有的地方,最后从 ① 离开.

解 第三阶段 $k=3$.
$$F_3(3) = 1.25, F_3(4) = 1.75 + 0.4 = 2.15$$

第二阶段 $k=2$.

我们用 $D_2(a,b,c)$ 表示点 a 到点 b,点 a 到点 c 的距离和假设全过程最短的第二阶段由 ③ 起始,有
$$F_2(3) = \min\{[D_2(3,2,4) + F_3(4)], [D_2(3,4) + F_3(4)]\} =$$
$$\min\{1+1.3+2.15, 1.3+2.15\} = 2.25$$
$$U_2(4) = 3$$

由 ③ 到 ① 的最短路程为 ③→④→①.

假设全过程最短的第二阶段由 ④ 起始
$$F_2(4) = \min\{[D_2(4,2,3) + F_3(3)], [D_2(4,3) + F_3(3)]\} =$$
$$\min\{0.4+1.3+1.25, 1.3+1.25\} = 2.55$$
$$U_2(4) = 3$$

由 ④ 到 ① 的最短路径为 ④→③→①.

第一阶段 $k=1$.
$$F_1(2) = \min\{[D_1(2,3) + F_2(3)], [D_1(2,4) + F_2(4)]\} =$$
$$\min\{1+2.55, 0.4+2.55\} = 2.95$$
$$U_1(2) = 4$$

最短路径为 ②→④→③→①.

总共距离等于 $2.95 + 1 + 0.5 = 4.45$.

5.4.2 公交线路查询问题

城市规模越来越大,公交系统随之越来越复杂. 大中型城市有几百条公交线路,这些复杂公共交通网络在给市民带来很多方便的同时,也给城市居民特别是外地游客的乘车路线的选择带来困惑. 如何乘车成为市民的一件麻烦事. 虽然网络上可以获得一些查询信息,比如每一线路的车经过的站点都可以查到,从某个站点到终点不需要转车时也可以有查询信息. 但是,各查询方案都是把所有可能的路线都提供出来,不能给出最经济和最快速的乘车方案,因此,构造一个基于道路最短的智能公交查询系统具有现实意义.

为了建立有效的公交查询系统的数学模型,我们做如下的几个假设:

（1）同一公交线路分上行线路和下行线路,考虑到大城市中有部分线路的上下行线路会不同,因此我们把上下行线路作为不同线路来研究,因此在数学模型中,公交网络图是一个有向图.

（2）假设道路是畅通无阻的,交通堵塞、道路维护等状况,在理想数学模型中不考虑.

为了刻画数学模型,先对一些名称和符号加以说明.

站点 是指公交线路的停靠点;假设城市共有 n 个站点,站点分别编号为 $1,2,\cdots,n$,在数学模型中,把站点当作公交网络模型图的顶点,因此记为 $V=\{1,2,\cdots,n\}$.

线路 是指一条公共汽车线路,假设城市中共有 m 条线路,记为 $\{l_1,l_2,\cdots,l_m\}$,设线路 l_k 共有 m_k 个经过的停站点依次为 $\{l_k^1,l_k^2,\cdots,l_k^{m_k}\}$,其中 $\{l_k^1,l_k^2,\cdots,l_k^{m_k}\}$ 是站点集 $V=\{1,2,\cdots,n\}$ 的子集.

边 在公交网络图中,两个站如果属于同一条公交线路点,我们用一条直线连接,并称为边. 边的构建是这样的,当站点 i 与站点 j 是同一条公交线路上行线或下行线的两个站点时,在这两个站点连接一条边,记为 $<i,j>$,边是有方向的,边 $<i,j>$ 表示站点 i 到站点 j. 公交网络图中的边的集合记为 E.

权值 在公交网络图中,边基于某个优化目标时有一个值,我们称为边的权值. 在基于道路最短的公交查询系统数学模型中,边 $<i,j>$ 的权值为公交线路从站点 i 到站点 j 道路长度.

路径 公交网络图中的一个站点序列 $v_1,v_2,\cdots,v_k$,其中 $<v_i,v_{i+1}>\in E$ 是图的一条边 ($i=1,2,\cdots,k-1$). 路径 $v_1,v_2,\cdots,v_k$ 的长度就是该路径所经过的边的权值之和,即路径长度 $w=\sum_{i=1}^{k-1}w_{v_i\cdot v_{i+1}}$.

起点站 用户需查询的乘车开始站点,记为 st.

终点站 用户需查询的乘车终点站点,记为 end.

下面首先根据城市的站点分布、公交线路和站点距离建立城市公交网络图,再简化成一个标准的图,我们称为公交图,然后在此基础上建立基于道路最短的公交线路查询数学模型. 在建立城市公交网络图时,根据站点地理分布情况,把站点作为网络图的顶点画在地图上,不需要精确位置分布,只要把相应位置的拓扑结构标出就可以了. 对每条线路 l_k,根据站点 $\{l_k^1,l_k^2,\cdots,l_k^{m_k}\}$ 次序,依次连接 $m_k\times(m_k-1)$ 条边 $<l_k^i,l_k^j>$,$i=1,2,\cdots,m_k-1,j=i+1,\cdots,m_k$,边的权值为线路 l_k 从站点 l_k^i 到站点 l_k^j 的道路长度. 对每条边 $<i,j>$,按上述建立的方法会有多条边,在优化目标的数据模型中,我们只需要权值最小的一条边,因此简化的公交图中,边的权值设计是道路最短值.

示例 假设某个城市共有 10 个站点和 4 条公交线路,站点名为 1,2,3,4,5,6,7,8,9,10,公交线路名为 L_1,L_2,L_3,L_4,公交线路通过的站点如下(假设上行、下行线一样):

线路	站点1	站点2	站点3	站点4	站点5	站点6
L_1	1	2	3	4	10	
L_2	1	2	5	6	7	9
L_3	8	5	6	4	10	
L_4	8	5	6	3	2	1

公交线路原始图:

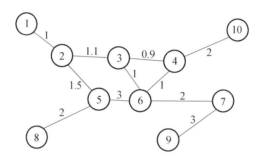

图 5.24

下面采用三元组 $<i,j,w_{i,j}>$ 表示一条边,其中 i 表示起点站点,j 表示终点站点,$w_{i,j}$ 表示权值. 公交线路 L_1,L_2,L_3,L_4 分别可以构成 100 条边,比如:

L_1 上行线构成的边: $<1,2,1>$,$<1,3,2.1>$,$<1,4,3>$,$<1,10,5>$,$<2,3,1.1>$,$<2,4,2>$,$<2,10,4>$,$<3,4,0.9>$,$<3,10,2.9>$,$<4,10,2>$.

L_4 下行线构成的边: $<1,2,1>$,$<1,3,2.1>$,$<1,6,3.1>$,$<1,5,6.1>$,$<1,8,8.1>$,$<2,3,1.1>$,$<2,6,2.1>$,$<2,5,5.1>$,$<2,8,7.1>$,$<3,6,1>$,$<3,5,4>$,$<3,8,6>$,$<6,5,3>$,$<6,8,3>$,$<5,8,2>$.

在由公交线路 L_1,L_2,L_3 构成的 100 条边中,在同样的起点和终点上有多条边而且边权值可能不一样. 根据简化原则,当由公交线路构成的原始边中,$<i,j>$ 上有多条边时,取边值最少的. 如此简化之后,我们得到该简化公交图还有 80 条边. 一般讲来,公交线路越复杂,被简化掉的边越多,假设某城市每个站点的平均公车数为 k,那么被简化掉的边约为 $\frac{k-1}{k}$,简化公交图的边为数原来的 $\frac{1}{k}$.

根据上述方法,我们得到如下的数学模型:

设 $G=(V,E)$ 是由上述方法构建的公交图,其中 $V=\{1,2,\cdots,n\}$ 为顶点集合,$E=\{<i,j,w_{i,j}>$ 由简化原则得到的边$\}$,给定起始站 st 和终点站 end,求出起点站到终点站的道路最短公交线路就是,求图 $G=(V,E)$ 中起点 st 到终点 end 的最短路径,即求路径 $p_0=(v_1^0,v_2^0,\cdots,v_k^0)$,使

$$\sum_{i=1}^{k_0-1} w_{v_i^0,v_{i+1}^0} = \min\{\sum_{i=1}^{k-1} w_{v_i,v_{i+1}} \mid p = (v_1, v_2, \cdots, v_k) \text{ 是 st 到 end 的任意路径}\}$$

说明：

（1）本模型采用站点之间的距离为边的权值，所以求出的最短路为乘车路线中的道路最短线路．根据我的调查研究，国内几乎所有的城市中，使用 dijkstra 算法求出的道路最短线路同时也是转乘次数最少线路、站点数最少线路和时间最快线路．

（2）本模型比较灵活，易于扩充，如果需要其他优化目标，只需改变边的权值为相应优化目标值就可以．例如，如果令所有边的权值为1，那么最短路为转乘次数最少的公交线路．

（3）为了方便求出最佳路径，我们把图 G 进行简化，简化的方法如下，在图 G 中，当顶点 v_i 到 v_j 有多条边，我们只取权值最少的一条边．这样，我就从 $G = (V, E)$ 中得到一个简化图 $G' = (V, E')$，与原模型图相比，顶点都是一样的，但在 G' 中顶点 v_i 到 v_j 只有一条边．在使用 dijkstra 算法时，由于每次选择是在邻接边中求最小值，因此，在 $G' = (V, E')$ 中得到一个顶点到另一个顶点的最短路径也是原图 $G = (V, E)$ 中的一条路径．这可以保证我们求出的最短路是原始公交图的最短路径．

为了具体得到结果，需要进行软件系统设计，该系统要有以下几个模型：

（1）城市公交信息更新维护模块：该模块主要提供给公交信息管理员使用，提供站点、线路等基本信息，信息录入、编辑、修改等功能，供管理员完善数据库中的数据．

（2）公共交通地图管理模块：提供一个城市的公共交通地图电子版查询，供用户查询交通站点的物理位置．

（3）城市公交咨询查询模块：提供点到点最优乘车线路查询和打印，线路的查询和打印等功能．

根据上述模型，为方便算法设计，我们采用关系数据库保存数据，该数据库的核心表有：停站点表（表1）：有3个字段，序号、编号和站点名，其中序号为顺序号；公交线路表（表2）：有若干个字段，序号、站点数、线路名称和若干个站点序号．每条记录保存一条公交线路，包括线路名、站点数和按顺序的各站点序号．每条记录保存一条公交线路，包括线路名、站点数和按顺序的各站点（仅保存序号）；站点联通表（表3）：该表4个字段，站点1，站点2，线路序号和权值．该表按站点1排序，相同时按站点2排序、如站点1，2均相同按权值排序；站点简化表（表4）：与站点联通表相同，每对站点1与站点2只一条记录．上述表都是有序表，按查询关键字进行排序的．

基于咨询系统的算法主要有3个核心算法：

第一个是查询算法，查询主要集中在上述4个表中，由于是有序表，因此我们使用二分查询算法来实现；

第二个是线路更新算法，当增加、减少一条线路，或线路有变化时，数据库中的数据需要更新．该算法就是线路变化时的数据更新算法；

第三个是点对点最短路算法，在用户输入起点站和终点站之后，求出最优乘车线路的算法．

下面是点对点最短路程算法的描述：

输入：起点站 st，终点站 end．

输出：$(v_1, v_2, l_1), (v_2, v_3, l_2), \cdots, (v_{t-1}, v_t, l_{t-1}), (v_i, v_{i+1}, l_i)$ 表示从站点 v_i 乘 l_i 公交线路

到站点 v_{i+1}.

第一步：把表4转化为图的邻接矩阵，各站点为图的顶点.

第二步：用 dijkstra 算法求出从顶点 st 到顶点 end 的最短路径 $(v_1, v_2, \cdots, v_t)$.

第三步：对每对 (v_i, v_{i+1}) 在表3中，找出所有可能的乘车线路.

第四步：按界面要求输出 $(v_1, v_2, l_1), (v_2, v_3, l_2), \cdots, (v_{t-1}, v_t, l_{t-1})$，结束.

5.4.3 住宅选择问题

消费者购买商品房时，在确定购买何种价位的房屋后，一般应考虑以下问题：房屋的地段、质量、房型面积、周边生活环境等. 其中房屋的土建质量是个很专业的问题，一般消费者无法判断，需请业内专业人士帮忙验看. 但在实际购房中，也可由开发商的资质、信用、业绩等因素体现出来. 而周边生活环境则包括小区的绿化程度、物业管理的好坏、生活配套设施（小区派出所、学校、银行、交通等）及市政配套设施（水、电、煤气、供热、电信等）等. 由此，消费者考虑住宅选择问题的数学模型时，应运用层次分析法建模[51].

层次分析法建模的一般步骤为：

(1) 按照某种标准，对影响目标的元素进行分类，建立一个多层次结构，如图 5.25 所示.

其中"…"表示中间还有多个元素. 上一层的结点是一个变量，由下一层的几个变量决定.

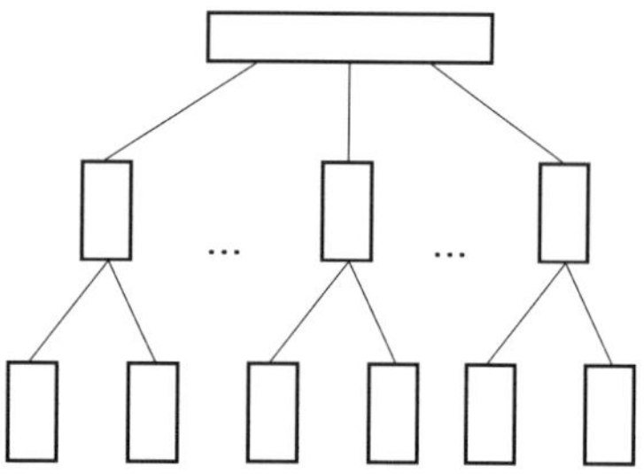

(2) 比较同一层中各个元素关于上一层中某一准则的相对重要性，构造出成对比较矩阵 $A = (x_i/x_j)_{n \times n}$，其中 x_i 表示第 i 个元素，按以下标准给 x_i/x_j 赋值

$x_i/x_j = 1$：x_i 与 x_j 贡献程序相同；

$x_i/x_j = 3$：x_i 比 x_j 的贡献略大；

$x_i/x_j = 5$：x_i 比 x_j 的贡献大；

$x_i/x_j = 7$：x_i 比 x_j 的贡献大很多；

$x_i/x_j = 9$：x_i 的贡献如此之大，x_j 不能与它相提并论；

$x_i/x_j = 2n(n = 1, 2, 3, 4)$：$x_i/x_j$ 介于 $2n - 1$ 和 $2n + 1$ 之间；

$x_j/x_i = 1/n(n = 1, 2, \cdots, 9)$：当且仅当 $x_i/x_j = n$.

图 5.25

(3) 计算成对比较矩阵 A 的最大特征值 $\lambda_{\max}$ 及对应的特征向量 $\overline{w}$，将规范化后的向量称为单位特征向量即权向量 w，它表示同一层元素对上一层影响的权重.

当一致性指标 $CR = \dfrac{CI}{RI} < 0.1$ 时，矩阵 A 是一致的即结果是有效的. 其中

$$CI = \frac{\lambda_{\max} - n}{n - 1}$$

RI 是已知的随机一致性指标，其值为

n	1	2	3	4	5	6	7	8	9	10
RI	0	0	0.58	0.90	1.12	1.24	1.32	1.41	1.45	1.49

(4) 计算各层元素对系统目标的总排序权重,可得到最后的结果.

利用上述方法,建立如图 5.26 所示的住宅选择模型.

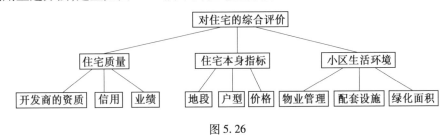

图 5.26

经过广泛的调查发现,购房时人们首先关心的是房屋的户型和质量,其次考虑房屋所处的地段和居住环境等其他问题. 还有,价格是一个参考,但在同等条件上,价格低自然成为首选. 由此得到以下成对比较结果.

首先,进行第二层条件的成对比较,成对比较矩阵如下:

	住宅的质量	住宅本身指标	小区生活环境
住宅的质量	1	1/4	3
住宅本身指标	4	1	5
小区生活环境	1/3	1/5	1

用 Mathmatica 软件计算可得,上述矩阵的最大特征值为 $\lambda_{max} = 3.0858$,一致性指标
$$CR = 0.074 < 0.1$$
结果有效. 最大特征值对应的单位特征向量即三个因素的权重向量为
$$w = (0.2255, 0.6738, 0.1007)$$

然后,以第二层的条件为基准,对第三层的条件进行成对比较,比较矩阵及相应结果如下:

	资质	信用	业绩
资质	1	1/4	3
信用	4	1	6
业绩	1/3	1/6	1

$$\lambda_{max} = 3.0536, CR = 0.046 < 0.1$$
$$w_1 = (0.2177, 0.6909, 0.0914)$$

	地段	户型	价格
地段	1	1/2	3
户型	2	1	4
价格	1/3	1/4	1

$$\lambda_{max} = 3.018, CR = 0.015 < 0.1$$
$$w_2 = (0.32, 0.558, 0.122)$$

	物业管理	配套设施	绿化面积
物业管理	1	1/3	1
配套设施	3	1	4
绿化面积	1	1/4	1

$$\lambda_{\max} = 3.009, CR = 0.002 < 0.1,$$
$$w_3 = (0.192, 0.634, 0.174)$$

由此可得第三层各因素对综合目的(即住宅的综合评价)的权重分别为

$$v_1 = 0.2177 \times 0.2255 = 0.0491$$
$$v_2 = 0.6909 \times 0.2255 = 0.1558$$
$$v_3 = 0.0914 \times 0.2255 = 0.0206$$
$$v_4 = 0.32 \times 0.6738 = 0.2156$$
$$v_5 = 0.558 \times 0.6738 = 0.3760$$
$$v_6 = 0.122 \times 0.6738 = 0.0822$$
$$v_7 = 0.192 \times 0.1007 = 0.0193$$
$$v_8 = 0.634 \times 0.1007 = 0.0638$$
$$v_9 = 0.174 \times 0.1007 = 0.0175$$

由以上数据看出,住宅的户型最重要.

若用 y 表示综合评价的得分, $x_i(i = 1,2,\cdots,9)$ 分别表示第三层各因素的得分(同样的分值下),则相应的综合评价公式为

$$y = \sum_{i=1}^{9} v_i x_i$$

如果准备购一套商品房,在现有的经济条件下,通过实地考查,确定了三种方案:

(1) 开发商 A:国家二级资质,公司成立不久,先后建成两处住宅小区.现房地处市中心繁华地段,总用地面积49 930 m^2,有中心娱乐广场和花园,绿化率25.8%,智能化物业管理.

(2) 开发商 B:国家一级资质,成立较早,先后开发大中型住宅小区 18 个.现房地处市郊,交通便利,占地面积35 万 m^2,大规模园林绿化,有健身设施和运动广场,配套设施齐全.

(3) 开发商 C:国家一级资质,注册资金5 000 万,定位于经济适用住房,先后累计开发面积180 万 m^2.现房交通方便,占地面积85 万 m^2,大规模园林绿化,配套设施齐全,现代化封闭式物业管理.

通过广泛咨询,采用十分制打分,三个方案得分如下:

	x_1	x_2	x_3	x_4	x_5	x_6	x_7	x_8	x_9
1	7	7	6	9	8	6.5	7	7	7
2	9	8	7	7	7	7	7	7.5	8
3	9	9	7.5	6.5	8	8	6.5	7	8

按综合评价公式分别求出得分为

$$y_1 = 7.448, y_2 = 7.3027, y_3 = 7.7776$$

所以,可以选择第三个方案.

当然,针对不同消费者,在打分时因人而异,使得最终选择结果也不同,这也正体现了该模型的实用性.

5.4.4 合理使用企业留成问题

某工厂在企业改造中,厂领导考虑合理地使用企业留成的利润,可供选择的方案有:发奖金;扩建集体福利设施;开办职工技校;建图书馆;引进新技术等.领导在决策时,需要考虑到调动职工劳动生产积极性,提高职工文化水平和改善职工物质文化生活状况等方面.要做决策,必须对这些方案的优劣性进行排序,或者说必须决定每个方案在多目标下的权重,要处理这类复杂的决策问题,首先要对问题所涉及的因素分类,构造一个各因素之间相互联结的层次结构模型.[9]

在上述问题中,因此可分为三类:第一类是目标类,即合理地使用今年企业留利××万元;第二类是准则类,这是衡量目标能否实现的标准,如调动职工劳动积极性、提高企业的生产技术水平等;第三类是措施类,指实现目标的方案、方法、手段等.按目标到措施自上而下地将各类因素之间的直接影响关系排列于不同层次,构成目标层A,准则层B,措施层C的层次结构图,如图 5.27 所示.

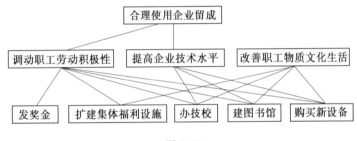

图 5.27

此时,余下的工作就是通过成对比较的方法确定每一层的各因素的相对重要性的权重,直至计算出措施层各方案的相对权重,从而给出各方案的优劣次序.

5.4.5 学习知识层次问题

学习、知识与创造的关系,是一个极为复杂而又很有意义的问题.在这个问题上有两种不同的看法:一种是"广博派",主张知识越多越好,知识越丰富越能引起联想,越能适应各种变化,越能有所创造;另一种是"专一派",认为掌握的知识应该有目的性和专一性,学海无涯,生命有限,掌握知识应当有所限制,否则什么创造也做不出来.这两种互相对立的观点又有互相渗透的地方:广博派赞成要有一定的专一,专一派也同意要有一定的广博.

我们认为,这两种观点都不够深刻,不够全面,我们试图通过建立知识层次模型理论来说明我们在这个问题上的看法.

首先,我们讨论一下问题的背景,即知识与创造的关系.

知识对于创造是极为重要的.从某种意义上说,所谓创造,无非是旧有知识的新联系.创造需要知识,一点知识也没有是无法创造的.一个连分子、原子都不懂的人不可能成为一个优秀的化学家,一个连一元一次方程解法都不清楚的人很难在高次方程的研究中做出什么创造……当前,我们正处在一个"知识爆炸""信息爆炸"的时代,大量的知识像潮水般涌来,一个人要想掌握所有的知识是不可能的. 因此,在当今这个特定的时代环境里,掌握正确的学习方法,了解知识的层次问题,把握好知识与创造的关系,是极有意义的.

从创造工程学和心理学的角度来说,创造有两个重要的原则:用新知识分析旧事物,用旧知识分析新事物. 在前人司空见惯的旧事物面前,要想做出前人没有的新发现,就应该运用新知识,从新的角度、新的起点去观察旧事物,用新的技术、新的知识去分析旧事物,这样才容易有所发现,有所创造;而对于从未有过的新事物、新问题、新现象,一般则应先用已知的各种知识去分析它,实在不行再想其他方法,这样就容易成功.

长期以来,人们总是认为,创造需要的知识是很多的. 实际上,这种观念是很模糊的,有时,真正的创造所需要的知识并不是很多,创造一般可分两步:第一步是得到创造性思维,即想出新办法,得到新的设想;第二步是通过实验等方法完成新设想,验证新设想,以完成创造. 心理学的研究认为,创造性思维不同于一般思维活动的重要之点是想象,特别是创造想象的参与,想象往往需要启发,即从其他事物中看出解决问题的途径. 而起了启发作用的事物叫作原型. 所以,在创造过程中,要得到新的设想,就要善于寻找原型,就需要了解较多的事物,懂得较多的知识;而新设想本身只不过是解决问题的一条新的途径,并不需要很多的知识. 同样,完成新的设想,完成创造所需要的知识也是不多的.

例如,有个日本人叫中田,他在发明一种新的圆珠笔时,并试图解决圆珠笔中最令人头痛的漏油问题. 冥思苦想了好久,终于他想出了一个好办法:圆珠笔漏油一般发生在写了两万字以后,那么,造一种写了两万字就用完了的圆珠笔,问题不就解决了吗? 新式圆珠笔制造出来以后果然很受欢迎. 想出这个新办法本身并不需要太多知识,完成这个新设想,也不需要太多知识. 又例如,巴斯德曾观察到了葡萄酒变酸是由于发酵液体中细菌所引起的,当时他面对的问题是如何消灭细菌而不至于同时影响酒的质量. 他试用了几种抗菌化学药品,但都无结果. 后来他突然想到把酒加温到不同温度 —— 试验成功了. 把酒加温到华氏一百三十一度后,他发现酒的质量可以保持不变,而此时却消除了细菌的毒害. 这就是普遍采用的被称为巴斯德消毒法的创造过程. 可是回想这个过程本身并不需要太多知识. 就像我们要解决某个问题,需要想出各种各样的办法,最后找到一个最好的办法,在想出各种各样的办法时需要各种各样的知识,这样才能做出各种各样的联想. 但是最好的解决问题的本身,却不需要太多的知识. 从某种意义上说,创造就是用旧有知识的新联系,真正组成创造的联系的知识是很少的,但要找到这种组成创造联系的知识,却需要多次碰撞,反复试验、筛选和联想,在这选择的过程中需要比较多的知识,有各种各样的比较多的知识作"后盾",才有进行多次筛选的可能. 但筛选后找到的最佳办法本身,即真正的有效的创造性思维本身和完成创造本身,并不需要太多的知识,弄清这一点,对于理解建立知识层次模型和运用知识层次模型理论是重要的.

下面,我们建立知识层次模型.

人的学习过程和接受知识、贮存知识的过程是复杂的,但是也有一定的规律. 从心理学的角度来说,知识是有层次的,这就是说,各种知识的记忆程度和理解程度是不同的. 我们试图建立如下的一个知识层次模型,如图 5.28 所示.

这是人脑接受外界信息,变为记忆,变为知识的模型.

模型说明,一个外来信息,通过感官,主要是通过阅读和耳闻目见等手段进入大脑,即形成记忆,形成知识,知识是有层次的,随着学习的反复和深入,记忆不断地加强,知识不断地强化,知识的程度和级别也就不断地升高.

A 级知识系同心圆最外层那一圈,指那些信息刺激次数并不很多,还没有经过反复学习,在大脑中印象还不很深刻的知识(但它们已经在大脑里留下了一定的记忆痕迹).

B 级知识系同心圆中间的那一圈,指那些已经经过一定的重复刺激和反复学习,在大脑中留下了比较深刻的印象的知识. B 级知识是在 A 级知识的基础上,反复学习加深理解强化而成.

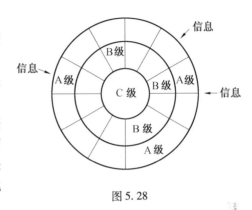

图 5.28

C 级知识系同心圆中央的那一圈,指大脑中记得最深刻最牢固,掌握最熟练,随时都可以灵活运用的知识. 它是在 B 级知识的基础上,反复学习加深理解强化而成.

知识从 A 级到 B 级到 C 级,随着记忆和理解的加深,级别不断升高,掌握的程度也不断地加强. 从模型上可以看到,C 级知识的特点是处于知识层次的中心区,它中间没有线条分割,表示 C 级知识之间具有丰富的联系,可以灵活运用. B 级知识和 A 级知识处于知识层次的外周区(A 级知识又处于最外周),它们被许多的线条所分割(实际上还应在模型中画上更多的线条). 这表示 B 级知识和 A 级知识的特点是:它们都是一个个的"独立王国",同级知识与知识之间、记忆与记忆之间一般没有什么联系. B 级知识和 A 级知识都是由许许多多彼此没有什么联系的"知识小区"所组成的. 就是说,我们把那些学习不多,记忆和理解不够深刻,彼此难以互相沟通的知识定义为 A 级和 B 级;把那些记忆理解深刻,互相高度融合,可以灵活运用的知识定义为 C 级. 显而易见,知识的级别越高,记忆和理解的程度越深,要掌握它所花费的时间与精力就越多.

在此,我们讨论一下知识层次模型对于指导实践的意义.

上述模型给我们的启示,用一句话概括即为:多掌握 A 级知识,精通 C 级知识,少掌握 B 级知识!

对于个人来说,我们所掌握的知识总和中,A 级知识、B 级知识、C 级知识所占的比例是各不相同的. 被专业限制得比较死的人,一般掌握的 C 级知识比较多,C 级知识在他们的知识总和中占的比例比较大;而另外有的人呢,对于 A 级 B 级知识掌握得比较多,C 级知识却比较少. 这两种人往往都不能做出很多创造. 从知识层次模型理论来说,我们应该多掌握 A 级 C 级知识,少掌握 B 级知识.

A 级知识,也可以把它称为"微弱信息". 它有什么好处呢? 首先是因为掌握它不需要太多的时间与精力,其次是因为它对创造有利,前者是容易理解的,A 级知识既然是记忆理解并不很深刻,学习次数不多的知识,掌握它当然不需要太多的时间和精力. 为什么它对创造有利呢? 因为它有助于联想,它是启发联想的原型,联想可以导致创造,只有联想才能有所创造. 另外,每个人都应该具有一定的 C 级知识,这 C 级知识应该是围绕着他的专业,围绕着他的创造目标. 在这个前提下,A 级知识越多,就越能够引起联想. 因为尽管 A 级知识与 A 级知识之间联系很少,但 A 级知识却可以和 C 级知识相联系,一旦我们在联想中发现哪些 A 级知识对创造有利,我们就可以深入学习,进一步强化它,使它升级为 C 级知识而完成创造.

从知识层次模型来说,"泛读"就有了理论根据. 因为 A 级知识越多,越能够产生联想,对创造越有利. 当然, 泛读也要讲究一定的针对性和目的性, 不能产生联想的死知识最好不要去学习. 搞量子力学的人没有必要去背杨万里的生卒年月, 搞数论的人没有必要去了解谷氨酸的生理意义. 值得指出的是, 在泛读中, 不仅要掌握知识, 重要的是要掌握科学思维, 抓住本身, 抓住思想方法. 各门学科都有各门学科的思想方法, 都有它们的奇妙之处, 各种知识都有其关键性、实质性的东西, 掌握它们对于启发灵感, 产生联想, 触类旁通, 举一反三极有好处. 在泛读中, 并不一定要求对各种知识掌握得很深、很全面, 主要是要求掌握那些实质性的东西, 掌握那些对自己的创造可能有用东西, 掌握那些自己感兴趣、印象深刻的东西, 掌握科学方法和思想本质, 其他枝节的东西可以一带而过, 这样可以节约大量的时间与精力. 有了关键性的东西和思想本质, 我们就可以产生联想, 一旦发现它对自己的创造目标有用, 我们可以回过头来补充学习, 使 A 级知识升为 C 级知识, 完成创造.

B 级知识为什么要少掌握一些呢? 我们知道, B 级知识由无数的知识小区所组成, B 级知识与 B 级知识之间没有什么联系. B 级知识和 A 级知识一样, 也可以和 C 级知识联系, 也可以产生联想, 有助于创造. 但是, 掌握 B 级知识比起掌握 A 级知识来, 需要花费多上几倍甚至几十倍的时间和精力. 并且 B 级知识产生联想的能力并不见得比 A 级知识好多少. 因为对于创造来说, 只要能够引起联想就够了, 一旦发现这种联想可能对创造有用, 我们完全可以回过头有针对性地补充学习 (这种学习效率极高).

前面我们论述过: 真正创造本身所需要的知识 (即 C 级知识) 并不很多. A 级、B 级知识是贮存性的, 仅是为了引起联想, 提供选择和碰撞的可能性, 还不知道它是否真正有用. 既然 A 级知识可以产生联想了, 为什么还要花费大量的时间与精力去使 A 级知识升级为 B 级知识呢? 要知道它是否真正对创造有用还很难说呢!

另外, 从心理学的角度来说, A 级、C 级信息不容易干扰其他信息, 而 B 级信息容易被其他信息所抑制, 也容易抑制其他信息.

"一种学习的巩固程度很低, 它内部的联系很薄弱, 对其他学习难于产生干扰; 一种学习程度很高, 内部分化加强了, 也不易干扰其他学习." (曹日昌, 等. 普通心理学. 上册. P251)

在"学习巩固程度很低的时候, 倒摄抑制 (指后学习的材料对保持或回忆先学习材料的干扰现象) 较小, 随着学习巩固程度的提高, 倒摄抑制的效果就逐渐增大, 到了学习巩固程度很高时, 倒摄抑制的效果又逐步降低了."

这样, 我们这个模型就获得了心理学理论的支持. 既然 B 级知识对别的知识有较大的干扰抑制作用, 而 A 级、C 级知识这种干扰作用比较小, 我们就更应该多掌握 A 级、C 级知识, 少掌握 B 级知识.

C 级知识是真正创造本身所需要的知识, 我们应当重点掌握. 与自己的专业或创造目标有直接关系的经典著作或教材要精读, 达到熟练掌握, 灵活运用, 建立丰富联系的地步, 这样才有利于创造. 另外, 因为 C 级知识的熟练程度很高, 随时可以灵活运用. 掌握了一定量的 C 级知识可以直接应用于生产, 解决生产问题, 为生产服务.

在学校应试教育中, 提倡学生死记硬背, 一味讲究分数, "以考试定乾坤", 其实质就是迫使学生去掌握大量的 B 级知识 (因为 A 级知识不够考试之用, B 级知识多就可以考出好成绩. 而创造所需的 C 级知识, 需要熟练地掌握和灵活运用, 应有相当的深度, 又远非现在的教科书所能满足), 因此, 往往有些因为掌握了大量 B 级知识而考试成绩很优秀的学生, 一旦进入实际工作时,没有什么创造,其原因也可能就在于此,在今天,从应试教育向素质教育转轨的过程中,这种现象应该有个根本改变.

在我们的知识总和中,应该让我们的知识要么处在 A 级,要么处在 C 级. 一旦发现哪些 A 级知识对创造有用,就应该让它尽快升级,越过 B 级达到 C 级. 意义不大的 A 级知识就让其停留在 A 级上,不必升级. 这样我们的学习都是高效率的,可以节约大量的时间与精力.

从知识层次模型理论来说,就没有什么"广博派"与"专一派"之争了,要精读(以更好地掌握 C 级知识),也要泛读(以更多掌握 A 级知识). A 级知识可以引起创造性思维,C 级知识可以完成创造性思维,有了足够的 C 级知识作基础,A 级知识越多,越能够产生各种各样的联想,提供广泛筛选的余地,找到许许多多解决问题的办法,因而使得我们易于创新,易于出成果.

5.4.6 语言符号的树形图层次模型

在汉语中,由于层次组合不同而产生歧义的情况是比较多的. 如"咬死了猎人的狗",一种层次结构是"咬死了 猎人的狗"为述宾结构,一种层次结构是"咬死了猎人的 狗"为偏正结构;又如"雨来的小朋友铁头和小黑",一种层次结构是"雨来的小朋友 铁头和小黑"为同位结构,一种层次结构是"雨来的小朋友铁头 和小黑"为联合结构. 诸如这些例子说明,在语言的线性符号序列的内部,还隐藏着一个非线性的层次结构[40].

一般地说,如果要判断两个语言片段 $A = a_1 a_2 \cdots a_n$ 和 $B = b_1 b_2 \cdots b_m$ 是否具有同一性,至少应该满足如下 3 个条件:

(1) A 和 B 中对应的词形相同,词数相同,即有 $a_1 = b_1, a_2 = b_2, \cdots, a_n = b_m$,且 $n = m$;

(2) A 和 B 中的词序相同,即如果 $a_1 < a_2, \cdots, a_{n-1} < a_n$,那么则有 $b_1 < b_2, \cdots, b_{m-1} < b_m$,其中"<"表示"前于关系";

(3) A 和 B 中各个词之间的层次结构相同.

前面所举的例子比较简单,层次结构不十分复杂,而我们使用的句子一般都不会这样简单,有的句子的层次可以分为若干层,这时,就要建立树形图模型才能把这种层次清楚地表示出来. 例如,英语中 They are flying planes 这个句子有两个不同的意思,这两个不同的意思是由于这个句子的线性序列的表层之下,隐藏着两个层次不同的树形图而造成的.

当其意思为"它们是正在飞的飞机"时,其树形图为图 5.29(a). 此图中,S 表示句子,NP 表示名词短语,VP 表示动词短语,V 表示变位动词,Ving 表示词尾为 -ing 的动词,N 表示名词. 这时,flying 是 planes 的定语,flying planes 构成一个名词词组.

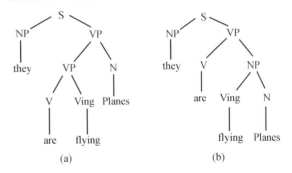

图 5.29

当其意思是"他们正在驾驶飞机"时,其树形图如图 5.29(b) 所示. 其中,are 和 flying 构成动词的现在进行时,planes 作动词的直接宾语.

任何一个句子的线性序列的表层之下,都隐藏着一个层次分明的树形图. 当一个句子的线性序列之下隐藏着两个或两个以上的树形图时,这个句子就会产生歧义,就会得到不同的解释.

由此可见,树形图是表示语言符号的层次性的一种很直观的形式,它可以把语言在句法结构上的层次差异揭示无余.

5.5 图解分析

图形在传递信息时是很有用的,因为人们可以从图形中运用他们的几何直觉去推断出结论. 当在讨论某些问题时,如果可用的信息不多,或这些信息是以颇不精确的形式给出的,运用图解分析往往是合适的. 此时,图形可以同时说明几个随时间变化或随其他什么因素变化的局内变量的定性的性状,这就可以帮助人们对一个复杂模拟模型的性状取得定性的印象.

在研究稳定性问题、最优化问题等问题中,局部的和大范围的稳定性理论、最优化理论等不容易用解析方法处理,所以,当有可能提出,或许还需证明这些问题的结果时,我们常常运用图解分析.

5.5.1 生产安排问题

某小镇一家冰淇淋食品生产店生产 A,B 两种冰淇淋,幸运的位置使得它能卖完所有生产出来的冰淇淋. 冰淇淋 A 每个卖 0.75 元,冰淇淋 B 每个卖 0.60 元. 每个冰淇淋 A 需要水果混合物 4 g 和胡桃 2 g,而冰淇淋 B 需要水果混合物 6 g 和胡桃 1 g. 但是生产店每分钟只能生产水果混合物 96 g 及被碾碎的胡核 24 g. 为使每分钟的销售收入达到最大,每分钟这两种冰淇淋的生产量应怎样安排.

这类优化问题建模的关键是借助于图形表示决策变量、目标函数和约束条件.

决策应是问题要求确定的量 —— 各产品的产量,即设 x,y 分别表示每分钟生产的冰淇淋 A,B 两个品种的个数.

目标函数显然应是总利润,即

$$Z = 0.75x + 0.6y$$

原料及需求量等的限制构成了约束条件:即可用的水果量的限制 $4x + 6y \leq 96$,可用的胡桃量的限制 $2x + y \leq 24$.

因此,上述问题归结为在条件

$$\begin{cases} 4x + 6y \leq 96 \\ 2x + y \leq 24 \\ x \geq 0 \\ y \geq 0 \end{cases}$$

的限制下,求 $Z = 0.75x + 0.6y$(实际上 x,y 为非负整数,这里暂不强调这一点) 的最大值.

因为只有两个变量,可作出如上约束条件所表示的图形区域:在平面直角坐标系中,作直线 $l_1:4x + 6y = 96$(即 $2x + 3y = 48$),$l_2:2x + y = 24, x = 0, y = 0$ 所围成的区域以图 5.30 中阴影部分表示,此时,区域内的每一点的坐标 (x,y) 均满足限制条件,且都对应着 Z 的一个值.

为了找到 Z 的最大值,我们令 Z 任取一个值,例如取 $Z = 5$,得直线 l:$0.75x + 0.6y = 5$. 当 Z 增大时,这条直线以与它自身平行的方式远离原点而去,当 $Z = 11.7$ 时,直线与阴影区域相交于点 $P(6,12)$. 显然 $x = 6$,$y = 12$ 即为所求.

假定可供使用的水果量和胡桃量分别为 101 g 和 22.5 g,那么可得出 $x = 6.5$,$y = 12.5$,这样似乎不合题意(x,y 为非负整数). 这时可以认为每两分钟分别生产 13 个 A 和 25 个 B. 一般地,按上述方式有时可得整数解.

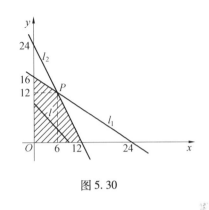

图 5.30

像图 5.30 中点 P 这样的两条直线的交点称为角点. 右阴影部分为凸多边形(或凸区域),可能看出最值一定在角点处取得,凡只涉及两个变量的类似于比例的优化问题均可这样建模求解.

5.5.2 导弹核武器竞赛问题

冷战期间,美国和苏联都深感自己需要一定数量的洲际弹道导弹,以对付对方的"核讹诈". 其基本想法是当自己在遭到对方的突然袭击后能有足够的导弹幸存下来,以便给予对方以"致命打击".[10]

为此,双方展开了一场竞争,方法有:

(1) 努力增加自己的核武器,从数量上压倒对方,但这样做下去双方都感到负担过重;

(2) 引进反弹道导弹和多弹头导弹;

(3) 加固导弹库或建造核潜艇来保护导弹,使之不易受到攻击.

究竟采用什么方法好,在对方来取不同的策略时,自己又将如何对付? 为此展开了一场激烈的军备竞赛. 由于核武器种类繁多,性能各异,问题比较复杂,所知信息又少. 因此,可运用图解分析建立一个简单的图解模型,以便帮助阐明其中某些问题.

我们把讨论的两国称为甲方和乙方.

用 x,y 分别表示甲方和乙方拥有的导弹数. 由于 x,y 很大,我们把 x 和 y 看作实数.

假设两方拥有的导弹相同,而且具有同等的防护能力.

甲方为了安全,其拥有的核弹头数 x 要随乙方的弹头数 y 的增长而增长. 可以假设存在增函数 f,当 $x > f(y)$ 时甲方才感到安全,$x = f(y)$ 称为甲方的安全线. 同样 $y = g(x)$ 是乙方安全线,即当 $y > g(x)$ 时乙方才感到安全.

由图 5.31,可知甲方的安全区和乙方的安全区. 二者的公共部分双方都感到安全,即军备竞赛的稳定区域(阴影部分). 两条安全线的交点 $A(x_m, y_m)$ 即竞争的平稳点.

问题在于当一次打击不可能摧毁对方的假定下,这样的稳定区存在吗? 换言之,两条单调增加的曲线 $x = f(y)$ 和 $y = g(x)$ 相交吗? 这要求证明并进而讨论,当反导弹和多弹头导弹这类武器出现时对于平衡点 $A(x_m, y_m)$ 将产生什么影响?

为了证明 $x = f(y)$ 和 $y = g(x)$ 相交,我们来用如下方法:证明从原点出发的任一直线 $y = kx(k > 0)$ 必与曲线 $x = f(y)$ 相交,其中 $x = f(y)$ 从 $(x_0, 0)$ 开始,以递增到无穷的斜率向上弯曲.

因为不论乙方拥有的核弹头数 y 是甲方的多少倍(如 k 倍,k 可以充分大),都不能一次毁灭甲方,也就是说在乙方 $y=kx$ 枚核弹头的袭击下,甲方一枚弹头保存下来的概率 $P(k)$ 仍然大于零(尽管可以很小),那么甲方只须拥有
$$X_k = \min\{x \mid xp(k) > x_0\}$$
枚弹头,就可以感到安全,x_k 正是直线 $y=kx$ 和曲线 $x=f(y)$ 交点的横坐标,所以 $y=kx$ 与甲方安全线 $x=f(y)$ 相交.

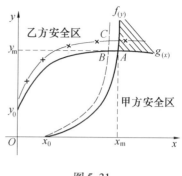

图 5.31

同理,$y=kx$ 与曲线 $y=g(x)$ 相交.$y=g(x)$ 从 $(0,y_0)$ 开始,其斜率递减到零.这样曲线 $x=f(y)$ 与 $y=g(x)$ 相交于点 $A(x_m,y_m)$,这是 x 和 y 的最小稳定值.

下面我们要讨论,如果某一方使用加固导弹库,及弹道导弹或其他一些手段,两条安全曲线和稳定点 $A(x_m,y_m)$ 将如何变化呢?

如果甲方由于使用加固导弹库,及弹道导弹或其他一些手段,则它的导弹更不容易遭受突然袭击,这将使甲方任一枚导弹逃脱突然袭击的概率 $P(k)$ 增大,所以曲线 $f(y)$ 向左移动,在图 5.32 中用虚线表示.点 x_0 不变,此时曲线的形状稍有改变,为了保持稳定,双方只须更少的导弹,稳定点为 B.

如果甲方用某种设施,例如反弹道导弹来防护它的城市,这时乙方要对甲方进行致命的打击,就需要比 y_0 更多的导弹,于是 $g(x)$ 向上

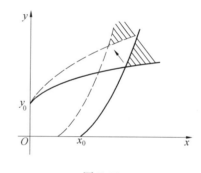

图 5.32

移动,在图 5.31 中用"—×—×—"线表示.我们可以看出,要保持稳定,双方都需要更多的导弹,稳定点为 C.

如果使用多弹头导弹,此时情况将变得更加复杂.例如,甲方将它的每枚导弹的单弹头改装为 N 个弹头,那么它所需要的能逃脱偷袭的导弹数可以更少些(需要的数大约是 $\frac{N_0}{N}$),这样 $x=f(y)$ 就向左移动,乙方在一次被偷袭中将面临 N 倍之多的弹头,所以从乙方的观点看来,x 轴的比例尺变化了一个因子 N,如图 5.32 所示.看来乙方将需要更多的导弹,而甲方需要得少些.但是,这要取决于曲线形状的细节.此时应该用概率模型代替图解模型,或把二者结合起来,这就要求我们对导弹的效能做出更精确的假设,在此,我们就不做讨论了.

另外,在上面的讨论中,我们假定了一切导弹都同样,这也是不现实的.如果去掉这一假设,各方都将改变它的策略,用不同数量的导弹去瞄准敌人的各式导弹,这种模型也不讨论了.

5.5.3 市场平衡问题

市场供求关系是非常复杂的问题,我们假定市场受自由竞争的供求关系所调节来讨论

市场平衡问题. 站在消费者的角度,如果市场上某种商品价格低就愿意多买,反则就少买. 然而站在生产者角度,价格低利润少就少生产. 这样就造成市场上商品缺乏,价格上涨,对有利可图的商品各厂家又竞相增加生产,这样下去又会出现商品过剩,物价下跌. 因此在市场上会出现价格忽高忽低,商品时多时少的现象,那么什么情况下市场趋于平衡? 什么情况下市场出现波动,政府应该采取什么措施制止这种状态继续蔓延? 问题是相当复杂的,这里只做定性讨论.[3]

设 Q 表示产品数量,P 表示产品价格. 由消费者所确定的需求曲线 D 是单调下降的. 由生产者所确定的供应曲线 E 是单调增加的,如图 5.33 所示.

我们要讨论的是:在什么情况下,市场的供求关系平衡?

设从供应曲线 E 上任一点 a 出发,按需求曲线 D 成交的价格应是 P_1(消费者认为,东西多,价格应便宜),即 $a \to b$,而一旦价格降到 P_1,生产者就要将产量由 q_1 降到 q_2,即 $c \to d$(因价格低,生产者认为利润太少而减少产量),如此下去有 $d \to e \to f \to g \to \cdots$,显然供求关系将趋向于曲线 E 与曲线 D 的交点——平衡点 A.

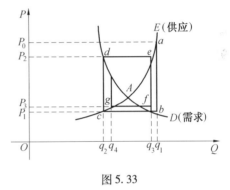

图 5.33

但是,如果供应曲线 E 与需求曲线 D 如图 5.34(a) 那样,那么市场供求关系变化的结果不趋向于平衡点,而是越来越偏离它. 当然,也有可能产生供求关系循环的现象,如图 5.34(b) 所示.

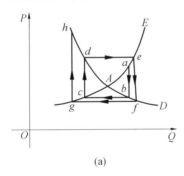

(a)

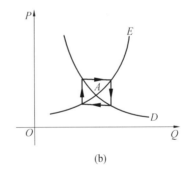

(b)

图 5.34

由上可知,供求关系有时趋向于平衡点,有时偏离平衡点. 那么,供求关系趋向于平衡点还是偏离于平衡点有何规律,主要由什么因素决定呢?

由图 5.33 和图 5.34(a) 可以看出,当需求曲线 D 的斜率的绝对值小于供应曲线 E 的斜率时,市场趋于平衡,反之则不衡.

通常,由于原料价格比较稳定,设备使用时间较长,大生产比较稳定等各方面的原因,供应曲线 E 的变化是不太大的,而需求曲线 D 会有改变(价格便宜,顾客多买,价格昂贵,顾客少买). 要使供应关系趋向于平衡,就要求曲线 D 平坦一些. 从直观上看,D 平坦就表示消费者对市场很敏感(价格降低一点,就购买许多商品). 为了使供求关系趋于平衡,有时需要政府一定的干预,采取通货紧缩,限制消费者手中不能有太多的钱.

如果产品的成本增加了,那么增加这部分成本是由生产者承担? 还是由顾客承担呢?

我们先介绍边际成本这个概念,多生产一件产品需要增添的成本称为边际成本. 增添的收入称为边际收入.

如果边际成本增加了,将有多少转嫁给用户为好呢? 在图 5.35 中虚线表示边际成本增加后的供应曲线 E_1(边际成本曲线). 当需求曲线比较平坦时(如需求曲线 D_1),生产者所需负担的成本增加部分要大些,如图 5.27 所示. 此时,生产者负担 $\overline{P_1P_3}$,用户负担 $\overline{P_3P_0}$. 平坦的需求曲线表

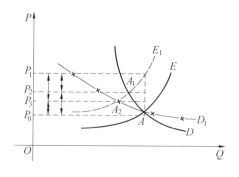

图 5.35

示用户对价格非常敏感. 如果用户对价格不敏感(需求曲线比较陡峻,如曲线 D),此时生产者可以少负担一部分费用($\overline{P_1P_0}$ 部分),而把大部分增加的费用转嫁给用户($\overline{P_2P_0}$ 部分).

由上述几例可知,有许多问题比较复杂,开始我们对其所知信息甚少. 此时可用图解分析做定性讨论,摸出一些规律,获取新的信息. 然后在此基础上,进一步研究研究,掌握更多的资料,使问题的讨论往数量化方向发展,有时定性和定量讨论可同时进行,以帮助我们分析,建立精确的模型来准确、深刻地认识问题.

5.5.4 横渡大江大河的最佳路线问题

横渡大江大河,是我们喜爱的一种群众性体育活动. 如果是确定起点与终点抢渡大江大河的比赛,那么选择正确的渡江渡河路线是影响成绩的关键.

为选择正确的渡水路线建立数学模型之前,先讨论一下简单的渡河问题[52].

如图 5.36,设人的速度为向量 $v_人$,水流速度为 $v_水$,河宽为 $|a|$,起点 O 到终点 B 的水平位移为 $|b|$,渡河时间为 t,向量 $v_人$ 与 x 轴正半轴的夹角为 θ.

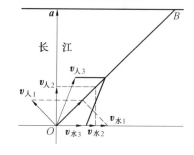

图 5.36

可以看到,为了顺利到达终点,随着 $v_人$,$v_水$ 间量的大小关系:$v_人$ 的方向应该随之变化. 所以,研究时应对其分类讨论. 为了简便过程,我们便想到了将其放入直角坐标系中,并分别设 $v_人$ 的坐标为 (x,y),$v_水$ 的坐标为 $(m,0)$,如图 5.37 所示.

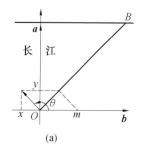
(a)

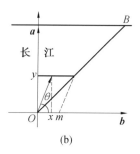
(b)

图 5.37

在图 5.37(a),(b) 两种不同情况下,根据平面向量知识,都可得

$$|v_人| = \sqrt{x^2 + y^2} \qquad ①$$
$$yt = |a| \qquad ②$$
$$(m+x)t = |b| \qquad ③$$
$$\cos\theta = \frac{x}{|v_人|} \qquad ④$$

下面简化渡江问题、建立数学模型.

具体渡江时需了解当天的水流速度、江宽等数据. 现假设江中四个水域水流的速度,且忽略水温、漩涡和风向影响,而把江面分成 4 段,如图 5.38 所示. 设江面宽 900 m,起点与终点的水平距离为 900 m.

由于第一段与第三段的水流速度相同,为了简化计算,我们把水速为 1.85 m/s 的两条水域合并起来,并将其放在直角坐标系中讨论,如图 5.39 所示.

设人在三段不同水流速度中,人的速度即

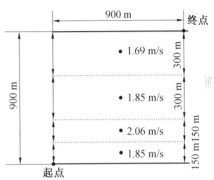

图 5.38 江西四段及各段水流速度示意图

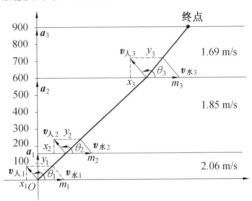

图 5.39

$v_人 = (x_1, y_1), (x_2, y_2), (x_3, y_3)$,其速度与 x 轴正半轴的夹角为 $\theta_1, \theta_2, \theta_3$,渡过三段的时间分别为 t_1, t_2, t_3,水流速度分别为 $(m_1, 0), (m_2, 0), (m_3, 0)$,三段横向的位移分别为 a_1, a_2, a_3.
根据①,②,③,④,不难得出

$$(m_1 + x_1)t_1 + (m_2 + x_2)t_2 + (m_3 + x_3)t_3 = 900$$
$$t_1 y_1 = |a_1|, t_2 y_2 = |a_2|, t_3 y_3 = |a_3|$$

则
$$T = t_1 + t_2 + t_3 = \frac{|a_1|}{y_1} + \frac{|a_2|}{y_2} + \frac{|a_3|}{y_3} =$$
$$\frac{150}{\sqrt{|v_人|^2 - x_1^2}} + \frac{450}{\sqrt{|v_人|^2 - x_2^2}} + \frac{300}{\sqrt{|v_人|^2 - x_3^2}} \qquad ⑤$$

$$\theta_1 = \arccos\frac{y_1}{|v_人|}$$

$$\theta_2 = \arccos \frac{y_2}{|v_\curlywedge|}$$

$$\theta_3 = \arccos \frac{y_3}{|v_\curlywedge|}$$

根据条件可得

$$m_1 = 2.06, m_2 = 1.85, m_3 = 1.69, |a_1| = 150, |a_2| = 450, |a_3| = 300$$

代入数据,经整理得

$$900 = (2.06 + x_1) \frac{150}{|v_\curlywedge|^2 - x_1^2} + (1.85 + x_2) \frac{150}{\sqrt{|v_\curlywedge|^2 - x_2^2}} +$$

$$(1.69 + x_3) \frac{30}{\sqrt{|v_\curlywedge|^2 - x_3^2}} \qquad ⑥$$

在⑥的限制条件下,⑤中函数 T 被三个自变量所唯一确定,这是一个理想的数学结论. 为了近似找到 T 的最小值,则可将以上式子编成计算机程序,采用多次试值的方法进行计算.

5.6 实验分析

为了研究某个问题,也常常从实验着手,尽量收集有关资料,对资料进行仔细的分析,经过对比、类比、推理、计算等推演以后,思想便会发生一个飞跃,得出初步的结论. 历史上一些著名的实验,例如测定光速的实验、测定电子电荷的密立根实验、迈克耳孙 - 莫雷否定以太存在的实验、列别捷夫证明光具有压力的实验,等等,这些实验为科学的发展做出了划时代的贡献.

在数学建模中,实验方法也不失为一种有效的方法.

5.6.1 原子的有核模型的建立

20 世纪以前,人们关于原子结构的认识,提出了多种不同的假说,例如,罗伦兹曾经提出过一种看法,认为原子内存在着具有弹性联系的电子. 但是,原子内正电荷是什么东西,他没有说明;同时,原子内的电子运动是什么状态和性质也不知道,所以这种认识未产生什么实际效果,后来就被别的见解所否定了. 另外,伦纳德也曾在研究阴极射线时,证明高速的阴极射线,能够通过数千个原子,他揭示出一个原子的体积,大部分是未被占住的空间、面实心的物质,仅为其全部的 10^{-9}cm 而已,他设想这些实心的物质是一些阳电与阴电合成的成对的东西所组成的,并散处于原子内的空间中. 他的这种假设,虽然解释了原子内阻电的存在方式,但难以使人接受,此后,约·汤姆逊(1857—1940) 提出了比较完整的、成思想体系的、并且有一定影响的原子结构见解. 他于 1903 年做了一个关于原子结构图景的描述. 他假定原子是个半径为 10^{-9}cm 的球体,正电荷均匀地分布在这个球体内,而电子是一粒粒地浸在这个球里边的正电荷中间,电子处在不同的位置上,并且按已知的库仑定律与球的各个部分相互作用. 如果球内只有一个电子(如氢的原子),则此电子位于球心上,在球心附近做很小位移的摆动. 如果原子的电子多,则这些电子处在球内一定的对称图形的角上,保持平衡,并在自己的位置附近振动,这就是汤姆逊的原子"均匀"模型. 这个模型实际上是继承了洛伦兹提出的类似弹力的存在. 这一模型具有明显的人为性,它自相矛盾,它给予正电荷是在体积内连续地分布,而给予负电荷则以粒子(电子)形式存在. 同时,为了解释正电荷处在库仑斥力下为什么不至分散,它又假定必须有库仑力之外的某种力或者认为正电间不相互作用,很显然,汤姆逊的原子结构假说是不符合实际的,与实验结果相矛盾,是一种错误的见解,应该被否定,但是,由于汤姆逊在科学界的名望地位,一些人像尊重他的声誉一样,把他的错误见解当成正确的东西而接受下来,加之他容不得不同的意见和异议,所以,这种错误见解流行了一时,它束缚着人们的头脑,阻碍着人们对原子真实结构的探索.

英籍新西兰物理学家厄·卢瑟福(1871—1937)看到了汤姆逊原子模型的人为性质,他不满意这个模型,坚持科学实验,决心进行新的探索,他反复实验和研究了1909年盖革和马斯登曾最先发现的α粒子散射现象,也发现当使高能α粒子(即氦元素的离子,带有两个正电荷,是从放射性元素的原子核中放射出来的高能粒子)流穿过薄金属膜(金、银或铜等)而撞击原子时,大多数α粒子都保持原方向做直线运动,似乎穿过了一个很空旷的空间,没有遇到任何障碍. 但是,也发现少数α粒子会改变原运动方向而发生很大偏转,像遇到什么东西挡道似的,其中有少数的偏离角很大,甚至有的向相反方向撞回. 通过荧光闪烁实验可以观测到这种现象和记录出偏转的粒子数. 为什么会出现这种情况呢? 卢瑟福通过这一实验,分析了散射原因,从而形成了他的原子有核模型见解. 他认为:α粒子的偏转,只有在很大的推斥力作用下,才有可能,造成这个推斥力的,可能具有等于或大于α粒子的质量. 因为,电子的质量很小,不可能造成这么大的作用. 因此,与α粒子相互作用的只可能是极其接近原子内部的很小的荷电体产生的. 这荷电体一定荷正电、质量大、体积小,它构成了α散射的"散射中心",在距这个中心很近时,库仑定律仍然有效,α粒子就会受斥偏转,越近偏离原方向越大,他认为这个中心就是原子的原子核,他还认为,原子内部的空间是很大的,根据α散射实验可以看出,α通过原子,发生偏转的并不多,偏转角度较大的只有约万分之一. 绝大多数α粒子与中心体碰不上. 这就表明这个中心体(即原子核)和原子的整体容积比起来是极其微小的. 原子内部并不像汤姆逊所设想的那样是一个什么正电均匀分布,充实其间的固体,好似一个有球心而无球壳的空心球,而是恰恰相反,此外,卢瑟福还核对了理论计算与实验测定,否定了那种认为α散射是由于电子对α粒子多次碰撞而积累造成的猜测,实验测定表明与一次(中心)碰撞的计算相符合. 这就进一步验证了卢瑟福原子模型的正确性. 1911年他直接地提出了原子有核结构模型的见解,大胆地否定了汤姆逊的均匀模型. 由于卢瑟福的有核模型不仅科学地说明了α粒子散射现象,而且能够很好地解释低压下气体发出光谱的产生与结构、分子的性质以及化学元素结构等科学事实,表明它比以往一切原子模型都更趋近客观实际. 所以,原子的有核模型被科学界所接受,汤姆逊的假说则逐渐消沉,最后被人们抛弃了.

如果说电子的发现,只是对原子的传统观念的致命打击,那么,卢瑟福的原子有核的发现和原子的核模型的确立,则是对形而上学旧原子观念的彻底摧毁.

虽然卢瑟福的原子有核模型受到当时科学水平的限制,有其本身的局限性,但它仍然是经典性的理论. 在科学发展的新事实面前,逐渐显露出其理论的不足和运用上的困难. 到1913年以后,恩·波尔和索菲末等人在卢瑟福原子的有核模型基础上,引进量子理论,进一步丰富和发展了原子结构理论,尽管如此,卢瑟福的原子有核模型的建立,仍然称得上是物理学发展中的一次革命性事件.

5.6.2 浴霸的取暖效果问题

在寒冷的天气洗澡时,常利用浴霸来取暖.浴霸工作时会发出强光,也许这会损失一部分能量,但这并不是问题的要害,因为光只有很少一部分会射到室外,其中很大部分会转变为内能,所以能量损失主要在于墙壁及地面吸热,那么,浴霸的发热效率究竟为多少呢?(在这里效率是指有用的热量占总耗能的比例).

2004 年,安徽太湖中学的吕帅同学采用实验分析法建模探讨了这个问题[53].

他在距离浴霸 2.15 m,1.75 m,1.55 m 处各放一支温度计,编号为 ①②③. 先打开两个浴霸的灯泡(每个灯泡的功率为 275 W),测得每个高度处温度的变化;然后关闭灯泡,打开门窗,待恢复室温后再关闭门窗,打开四个灯泡,测量各个高度温度的变化. 测得数据表5.4(打开两个灯泡时温度的变化),5.5(打开四个灯泡时温度的变化).

表 5.4

温度计 T/℃ 序号 \ 开灯时间 /min	0	5	10	15
①	6.9	7.5	8.0	8.0
②	7.0	7.8	8.5	8.8
③	6.5	7.2	7.8	8.3

表 5.5

温度计 T/℃ 序号 \ 开灯时间 /min	0	5	10	15
①	6.5	8.0	9.0	9.5
②	7.0	9.0	9.5	10.2
③	6.5	8.5	9.0	9.8

从图 5.40 可知,打开两个灯泡时,温度变化速度较慢,因此下面采用打开四个灯泡时测得的数据来进行分析,如图 5.41 所示.

又由于 5～15 min 时受偶然因素(如风)的影响,温度增长速度明显减慢,因此采用 0～5 min 时测得的数据来进行分析. 在坐标系中,三个点难以模拟一条曲线,因此,他又补测了几个高度在 0～5 min 内温度的变化值. 在离浴霸 0.1 m 处,ΔT 为 17.8 ℃;0.2 m 处,ΔT 为 10.6 ℃;0.8 m 处,ΔT 为 3.5 ℃;1 m 处,ΔT 为 3 ℃. 下面将各点表示于同一坐标系中,如图 5.42 所示.

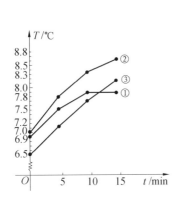

图 5.40　打开两个灯泡时(550 W)

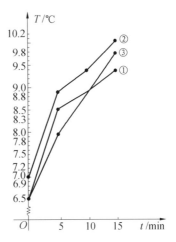

图 5.41　打开四个灯泡时(1 100 W)

观察发现：这几点很像在双曲线的一支上，也很像在同一幂函数的图像上，但是没有一条双曲线的图像能与这几点都很接近，所以他就转而求幂函数，设 $\Delta T = bh^a$，将 $\Delta T = 17.8$，$h = 0.1$，以及 $\Delta T = 1.5$，$h = 2.15$ 代入，得方程组

$$\begin{cases} 17.8 = b \times 0.1^a & ① \\ 1.5 = B \times 2.15^a & ② \end{cases}$$

② ÷ ①，得

$$21.5^\alpha = 0.084\ 27$$

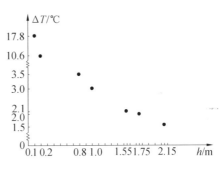

图 5.42　0 ~ 5 min 内温度变化图

则 $\alpha = -0.806\ 28$.

将 ③ 代入 ①，得 $b = 2.78$.

模拟函数为

$$\Delta T = 2.78 \cdot h^{-0.806\ 28}$$

人洗澡时，脚动得很少，大约在以浴霸的中心为中心，半径为 0.7 m 的圆内运动. 所说的效率也就是在这个圆柱体里空气吸收的热量占总耗能的比例(因为在这个圆柱体里吸收的热量是有用的).

圆柱体的横截面积 $S = \pi r^2 = \pi \times (0.7)^2 = 1.54\ (m)^2$，质量为 m，在圆柱体横截面上任取一个极薄的平面，厚度为 Δx，5 min 内温度升高 Δt，如图 5.42 所示，共有无数个这样的平面，质量分别为 $m_1, m_2, \cdots, m_n, \cdots$，5 min 内温度升高分别为 $\Delta t_1, \Delta t_2, \cdots, \Delta t_n, \cdots$，则

$$Q = cm_1\Delta t_1 + cm_2\Delta t_2 + \cdots + cm_n\Delta t_n + \cdots = c\rho S(\Delta t_1 \Delta x_1 + \Delta t_2 \Delta x_2 + \cdots + \Delta t_n \Delta x_n + \cdots)$$

由定积分知，括号内的数据等于函数图像下面的面积. 可是，函数图像向 h 轴、ΔT 轴正方向无限延伸，于是给它加一个界限，在浴霸顶端，即 $h = 0$ m 时测得 5 min 后 ΔT 为 30 ℃. 按函数表达式算得 $h = 2.65$ m 时(即在浴室地表面)，$\Delta T = 1.27$ ℃. 现在就是求下面坐标系中阴影部分的面积了.

先求出 a，使得 $2.78a^{-0.806\ 28} = 30$. 用计算器算得 $a = 0.052\ 325$，于是

$$S_{阴} = 30a + \int_{a}^{2.65} 2.78 h^{-0.80628} dh = 30a + \frac{2.78}{1-0.80628} h^{1-0.80628} \Big|_{a}^{2.65} =$$

$$30a + \frac{2.78}{0.19372} h^{0.19372} \Big|_{a}^{2.65} = 30a + 14.35 \times (2.65^{0.19372} - a^{0.19372}) =$$

$$10.79866 \approx 10.8$$

空气的比热容为 $C = 1\,008\ \text{J}/(\text{kg} \cdot ℃)$,空气的密度 $\rho = 1.293\ \text{kg/m}^3$,则

$$Q/\text{J} = 1\,008 \times 1.293 \times 1.54 \times 10.8 = 21\,677.2$$

总耗能

$$Q_{耗}/\text{J} = P_t = 1\,100 \times 5 \times 60 = 330\,000$$

$$\eta = \frac{Q}{Q_{耗}} = \frac{21\,677.2}{330\,000} \times 100\% = 6.6\%$$

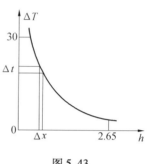

图 5.43

有用的热量占总耗能之比仅为 6.6%,大部分能量白白浪费了,实在令人惋惜.能不能设计一种新型的浴霸,使得能源的利用率提高呢?

不难发现:洗完澡后,浴室的墙壁、地面及各种物品的温度都会升高.这些物品密度大,比热容大,升高温度耗能多;而空气密度小,比热容小,升高温度耗能少,所以这一个圆柱体空气升温所需能量占总耗能的 6.6% 也不足为奇.这样一分析就能发现:节能的关键是防止热量散失到这些墙壁、各种物品及离人较远的空气中.

  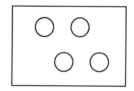

图 5.44 浴霸顶端平面图   图 5.45 浴霸下部侧面展开图

他所设计的浴霸包含两个独立的部分:上部是一个一端开口的空心圆柱,在圆柱内部顶端有一个 60 W 的灯泡,下部是一个两端都开口的空心圆柱体,圆柱体侧面有一个可开可关的小门,供人进出;还在侧面安装四个 40 W 的灯泡.上部与下部用三根支柱连接起来.浴霸上部的内部顶端中间为灯泡如图 5.44 所示,下部分展开图如图 5.45 所示,四个小圆为灯泡;浴霸的整体结构图如图 5.46 所示.浴霸的圆筒外壳及支柱用绝缘的高强度的绝热材料制成,圆柱板内部通电线连接灯泡,上部与下部的电线在三根支柱中接口.灯泡外壳用绝缘的高强度的防水材料制成,与现在浴霸中灯泡的材料相同.浴霸下部固定在地面上,上部与下部的间隔,即支柱的长度必须不小于 0.5 m,以保证通气和淋浴的方便.圆柱的半

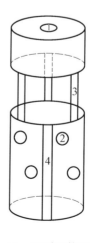

图 5.46 浴霸整体结构图

径为 0.4 m. 上下部都设计安装灯泡主要是为了使热量分布较均匀,使人上下身都感到十分暖和,因为人是站在整个圆筒内洗澡的. 这样,耗电量几乎为原来的 $\frac{1}{4}$, 节能效果显著, 但取暖效果如何呢?

如图 5.46, 1 为 60 W 的灯泡; 2 为 40 W 的灯泡; 3 为支柱; 4 为可开、关的门.

几个灯泡分布大抵均匀,因此,可以认为温度同步升高. 暂设上部圆柱高 0.3 m, 下部圆柱高 1.2 m, 支柱高 0.5 m, 热能损失大约为总热能的 $\frac{0.5}{2} = \frac{1}{4}$, 打开为 3 min 后, 耗能量为

$$Q_{耗}/\text{J} = (40 \times 4 + 60) \times 3 \times 60 = 39\,600$$

$$Q_{有用}/\text{J} = \eta Q_{耗} = \frac{3}{4} \times 39\,600$$

$$\Delta T = \frac{Q_{有用}}{c\rho\pi r^2 h} = \frac{29\,700}{1\,008 \times 1.293 \times \pi \times 0.4^2 \times 2}℃ = 22.7℃$$

上面算出的 ΔT 是理想状态, 实际上热能损失可能会多一些, 尽管如此, 该型浴霸的取暖效果也是很好的.

5.7 比 较 分 析

通过比较, 不仅可以识别出论及对象之间或涉及的范围的共同点和差异点, 而且还可以建立问题最优化的数学建模.

5.7.1 洗衣服的问题

我们知道, 洗衣服的过程也就是弄脏水的过程. 起初衣服上的脏物进入水中, 衣服越来越干净, 水则越来越脏, 不过这个过程不会持续下去, 一段时间之后水与衣服便一样脏了, 这时洗涤已经充分了, 于是还需进入下一轮洗涤. 但是为了节约用水, 应怎样安排洗涤? 例如, 给你一桶水, 洗一件脏衣服, 有两种洗涤方法可供选择: 一是直接将衣服放入水中就洗; 再是将水分成相同的两份, 先在其中一份中洗涤, 然后在另一份中清洗, 哪种安排好呢? 答案不言而喻, 当然是后一种洗法. 这能建立数学模型加以解释吗?[33]

设那桶水的体积为 u, 衣服的体积为 v, 而衣服上脏物的体积为 w, 这里 w 非常小, 与 u,v 相比可以忽略不计, 如此, 若按第一种洗法, 衣服上残留的脏物为

$$\frac{wv}{u+v}$$

按第二种洗法: 第一次洗后衣服上残留的脏物为

$$\frac{wv}{\frac{u}{2}+v}$$

第二次洗后衣服上残留的脏物为

$$\frac{wv^2}{(\frac{u}{2}+v)^2}$$

显然有

$$\frac{wv}{u+v} > \frac{wv^2}{\left(\frac{u}{2}+v\right)^2}$$

这就说明了第二种洗法效果好一些!

一般地,是不是一桶水的等份愈多,衣服洗得愈干净呢? 考虑将它等分 k 份与等分 $k+1$ 份的情况,只需证明

$$w\left[\frac{v}{\frac{u}{k}+v}\right]^k > w\left[\frac{v}{\frac{u}{k+1}+v}\right]^{k+1}$$

即

$$\left(\frac{u}{k+1}+v\right)^{k+1} > v\left(\frac{u}{k}+v\right)^k$$

亦即

$$\left(1+\frac{\frac{u}{v}}{k+1}\right)^{k+1} > \left(1+\frac{\frac{u}{v}}{k}\right)^k$$

亦即

$$\left(1+\frac{\rho}{k+1}\right)^{k+1} > \left(1+\frac{\rho}{k}\right)^k$$

其中 $\rho = \frac{u}{v}$ 是常数.

事实上,由平均值不等式

$$\left(1+\frac{\rho}{k}\right)^k = 1 \cdot \left(1+\frac{\rho}{k}\right) \cdots \left(1+\frac{\rho}{k}\right) \leqslant$$

$$\left(\frac{1+\left(1+\frac{\rho}{k}\right)+\cdots+\left(1+\frac{\rho}{k}\right)}{k+1}\right)^{k+1} =$$

$$\left(1+\frac{\rho}{k+1}\right)^{k+1}$$

如此,上述问题在理论上得到了肯定的回答. 其实讨论尚可继续下去,由于

$$w\left(\frac{v}{\frac{u}{k}+v}\right)^k = \frac{k}{\left(1+\frac{\rho}{k}\right)^k} = \frac{w}{\left(\left(1+\frac{\rho}{k}\right)^{\frac{k}{\rho}}\right)^\rho} \to \frac{w}{e^\rho}$$

这表明即使将那桶水分成无穷等份,衣服上残留的脏物也还有 $\frac{w}{e^\rho}$. 我们知道 $\left(1+\frac{\rho}{k}\right)^k$,当 k 增大时收敛得很快,这就意味着 k 取得太大并无必要,只要将水分成不多的几份,可以洗去的脏物就差不多能被洗去了. 我们通常只将水分成两至三份,其实并不仅仅是因为怕麻烦!

现在将问题再深入一步:如果当初那桶水被分成的两份并不相同,那第二种方法还是好一些吗?

设分成两份分别是 u_1 和 u_2,即 $u_1 + u_2 = u$,只须证明

$$\frac{wv}{u+v} > \frac{wv^2}{(u_1+v)(u_2+v)}$$

亦即证明

$$(u_1+v)(u_2+v) > v(u+v)$$

而 $u_1u_2 + (u_1+u_2)v + v^2 > uv + v^2$ 显然成立.

再将问题一般化,是不是不管你怎样去分,分 k 份总不如 $k+1$ 份效果好? 这要证明不等式

$$\frac{wv^k}{(u_1+v)(u_2+v)\cdots(u_k+v)} > \frac{wv^{k+1}}{(u'_1+v)(u'_2+v)\cdots(u'_{k+1}+v)}$$

其中 $u_1 + u_2 + \cdots + u_k = u'_1 + u'_2 + \cdots + u'_{k+1} = u$

若取 $\sigma_i = \dfrac{u_i}{v}, i = 1,2,\cdots,k, y_j = \dfrac{u'_j}{v}, j = 1,2,\cdots,k+1$. 原式变为

$$(1+y_1)(1+y_2)\cdots(1+y_{k+1}) > (1+\sigma_1)(1+\sigma_2)\cdots(1+\sigma_k)$$

这里 σ_i 与 y_j 均为正数,且 $y_1 + y_2 + \cdots + y_{k+1} = \sigma_1 + \sigma_2 + \cdots + \sigma_k = \dfrac{u}{v}$ 为常数(设为 ρ).

遗憾的是,上述不等式并不总成立.

事实上,将 $y_1, y_2, \cdots, y_k$ 取得非常接近于 0,相应地 y_{k+1} 便非常接近于 ρ,不等式左端差不多就是 $1+\rho$. 另一方面,$\sigma_1 = \sigma_2 = \cdots = \sigma_k = \dfrac{\rho}{k}$,右端为 $\left(1+\dfrac{\rho}{k}\right)^k$,右 > 左,或者干脆看具体反例

$$\left(1+\frac{1}{10}\right)\left(1+\frac{1}{10}\right)\left(1+\frac{8}{10}\right) < \left(1+\frac{1}{2}\right)\left(1+\frac{1}{2}\right)$$

接下来转向另一个问题:k 给定,如果只分成 k 份,那么究竟怎样分才能使洗涤效果最好? 这相当于问:当 $u_1 + u_2 + \cdots + u_k = u$ 为定值时,何时

$$\frac{wv^k}{(u_1+v)(u_2+v)\cdots(u_k+v)}$$

最小?

作变换 $\dfrac{u_i}{v} = x_i, i = 1, 2, \cdots, k$,则

$$原式 = \frac{w}{(1+x_1)(1+x_2)\cdots(1+x_k)}$$

其中 $x_1 + x_2 + \cdots + x_k = \dfrac{u}{v} = \rho$ 为定值.

易知当 $x_1 = x_2 = \cdots = x_k$ 时,上式值最小.

至此,问题已经完全清楚了,为了把一件衣服洗干净,在节约用水的条件下,即给定一桶水,应考虑多洗几次. 如果洗涤的次数已经确定,则每次的用水量应当平均分配,这个结论,也是与常识相符的.

5.7.2 灌溉问题

一个喷灌系统由一个带轮子的长水管(图 5.46 中的 PQ)和在长水管上等间距安排的喷头 $A_1, A_2, \cdots, A_n$ 所组成. PQ 平行于长方形地块的一边,并以匀速推进(可多次往复运动). 田地的大小如图 5.47 所示. 假设水压稳定,每个

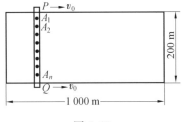

图 5.47

喷头 A_i 将水均匀地喷淋在以喷头为中心半径为 20 m 的圆内. 问怎样确定相邻喷头的间距, 才能使土地各处受水最为均匀？[34]

这个问题, 首先要解决的是怎样刻画土地受水的均匀程度？我们较容易想到的是比较地块中受水量最大与最小的两处的情形, 即用受水量最大、最小两点受水量之差来刻画均匀. 差值最小便是最均匀, 并且我们只考虑喷头间距布置得较稀, 不造成地块中同一个点被三个喷头所喷时的情形.

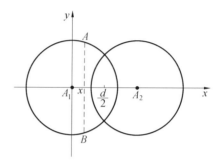

设相邻两喷头的间距为 d, 图 5.48 所画的两个圆是相邻的两个喷头 A_1, A_2 喷时区域, 在图 5.48 所示的坐标系下, $A_1(0,0), A_2(d,0)$.

图 5.48

由于长水管 PQ 是匀速运动的, 所以地块中垂直于 x 轴的直线上每一点的受水量是相同的. 它们的受水量与该直线段和喷淋圆所交的 AB（两圆重叠处为弦长 AB 的两倍）之长成正比, 以 AB 与 x 轴的交点的横坐标 x 为自变量, 上述弦长记为 $C(x)$, 则有

$$C(x) = \begin{cases} 2\sqrt{400 - x^2}, x \in [0, d-20] & \text{①} \\ 2(\sqrt{400 - x^2} + \sqrt{400 - (x-d)^2}), x \in [d-20, \dfrac{d}{2}] & \text{②} \end{cases}$$

注意到喷头间距相同, $C(x)$ 是周期变化的, 因此只考虑 $[0, \dfrac{d}{2}]$ 这段的情况就足够了.

按照我们对均匀的数量刻画, 就是要求出

$$f(d) = M(d) - m(d), 20 \leq d \leq 40 \quad \text{③}$$

的最小值点 d_0, 其中 $M(d), m(d)$ 分别表示 $C(x)$ 在 $[0, \dfrac{d}{2}]$ 上的最大和最小值. 下面分步求出 d_0.

（1）先求 $M(d)$. 设喷淋圆之半径 $R_0 = 20$ m, 由图 5.49 可知, $d = |A_1A_2| = \sqrt{3} R_0$ 时, $\triangle A_1 ST$ 是等边三角形. 此时 $C\left(\dfrac{d}{2}\right) = 2|ST| = 2R_0$, 故知当 $d \in [\sqrt{3} R_0, 2R_0]$ 时, $C\left(\dfrac{d}{2}\right) < 2R_0$, 故此时 $M(d) = C(0) = 2R_0$, 当 $d \in [R_0, \sqrt{3} R_0]$ 时, 我们要说明 $M(d) = C\left(\dfrac{d}{2}\right)$. 显然对 $x \in [0, d-20]$ 时, $C\left(\dfrac{d}{2}\right) > 2R_0 \geq C(x)$. 下面只须证明对 $x \in (d-20, \dfrac{d}{2})$ 仍有 $C\left(\dfrac{d}{2}\right) \geq C(x)$ 即可. 为此,

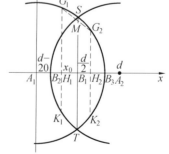

图 5.49

我们在 $(d-20, \dfrac{d}{2})$ 中任取一点 x_0, x_0 对应于 $B_1 B_2$ 上一点（图 5.49）, 设为 H_1, 在 x 轴上 H_1 关

于 $B_1(\frac{d}{2},0)$ 的对称点为 H_2,G_1K_1 与 G_2K_2 分别是过 H_1,H_2 与 x 轴垂直的线段,G_1,G_2,K_2 在 $\odot A_1$ 上,K_1 在 $\odot A_2$ 上,线段 G_1G_2 交 $\odot A_1$ 与 $\odot A_2$ 的公共弦 ST 于点 M,于是

$$C(x_0) = 2(|H_1G_1|+|H_1K_1|) = 2(|H_1G_1|+|H_2G_2|)$$

又直角梯形 $G_1G_2H_2H_1$ 的中位线是 B_1M,$|B_1M|<|B_1S|$,故有

$$C(x_0) = 4|B_1M| < 4|B_1S| = 2|ST| = C(\frac{d}{2})$$

这样我们就证明了当 $d \in [R_0,\sqrt{3}R_0]$ 时,$M(d) = C(\frac{d}{2})$.

(2) 再求 $m(d)$,我们可求得 $m(d) = C(d-20)$,$d \in [R_0, 2R_0]$.事实上,当 $x_0 \in (d-20,\frac{d}{2}]$ 时,设 x_0 对应于点 H_1,H_1 关于 $B_1(\frac{d}{2},0)$ 的对称点为 H_2,$P'Q'$ 是 $\odot A_1$ 的过 B_2 且与 x 轴垂直的弦,仿(1)中的推理过程并由图5.50易知

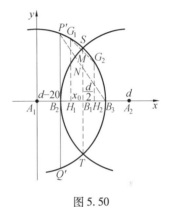

图5.50

$$C(x_0) = 4|B_1M|$$

又由三角形中位线定理知

$$C(d-20) = |PQ| = 4|B_1N| < 4|B_1M| = C(x_0)$$

又当 $x_0 \in [0, d-20]$ 时,显然有

$$C(d-20) < C(x)$$

故 $m(d) = C(d-20)$

(3) 再求 $f(d)$,由(1),(2)两步的推导知

$$f(d) = M(d) - m(d) = \begin{cases} 2R_0 - C(d-20), & d \in (\sqrt{3}R_0, 2R_0] \quad ④\\ C(\frac{d}{2}) - C(d-20), & d \in [R_0, \sqrt{3}R] \quad ⑤ \end{cases}$$

(4) 求 $f(d)$ 的最小值点 d_0,比较简单实用的办法是,根据公式①,②,④,⑤,借助计算机或计算器完成下面的数表5.6.

表5.6

d	$C(\frac{d}{2})$	$C(d-20)$	$f(d)$
21	68.09	39.95	28.14
22	66.81	39.8	27.01
23	65.45	39.55	25.9
24	64	39.19	24.81
25	62.45	38.73	23.72
26	60.79	38.16	22.64
27	59.03	37.47	21.56
28	57.13	36.66	20.47
29	55.1	35.72	19.38
30	52.92	34.64	18.27

续表 5.6

d	$C(\dfrac{d}{2})$	$C(d-20)$	$f(d)$
31	50.56	33.41	17.15
32	48	32	16
33	45.21	30.4	14.81
34	42.14	28.57	13.58
35	38.73	26.46	13.54
36	34.87	24	16
37	30.4	21.07	18.93
38	24.98	17.44	22.56
39	17.78	12.49	27.51

由表中各数据比较容易看出,当 $d_0 = 35$ m 时, $f(d_0)$ 相对于表中其他值为最小,故可认为 $d_0 = 35$ 是近似的最小值点. 若认为精度不够,可以在 35 附近取 $\Delta d = 0.1$,重新得出更精确的 $f(d)$ 的函数值表,从而找到更精确的 $d_0 = 34.6$ m.

也可以通过单调性分析确定 d_0,因

$$C(d - R_0) = 2\sqrt{R_0^2 - (d - R_0)^2} = 2\sqrt{2dR_0 - d^2}, d \in [R_0, 2R_0]$$

则 $C(d-R)$ 为 d 的减函数, $f(d) = 2R_0 - C(d - R_0)$ 在 $[\sqrt{3}R_0, 2R_0]$ 上为增函数

$$(f(d))_{\min} = f(\sqrt{3}R_0)$$

又因

$$C(\dfrac{d}{2}) - C(d - R_0) = 4\sqrt{R_0^2 - (\dfrac{d}{2})^2} - 2\sqrt{2dR_0 - d^2} =$$

$$\dfrac{4R_0(2R_0 - d)}{\sqrt{(2R_0)^2 - d^2} + \sqrt{2dR_0 - d^2}} = \dfrac{4R \cdot \sqrt{2R_0 - d}}{\sqrt{2R_0 + d} + \sqrt{d}}$$

当 $d \in [R_0, \sqrt{3}R_0]$ 时, $\sqrt{2R_0 - d}$ 与 $\dfrac{1}{\sqrt{2R_0 + d} + \sqrt{d}}$ 均为减函数,故知

$$f(d) = C(\dfrac{d}{2}) - C(d - R_0)$$

综上,知 $f(d)$ 在 $[R_0, 2R_0]$ 上的最小值为 $f(\sqrt{3}R_0)$,故 $d_0 = \sqrt{3}R_0 \approx 34.6$ m.

在上面的建模求解过程中,我们选取的"均匀"刻画函数是 $f(d) = M(d) - m(d)$. 其实,我们也可考虑用 $C(x)$ 在 $[0, \dfrac{d}{2}]$ 上的平均值 $\overline{C}$ 与 $C(x)$ 在 $[0, \dfrac{d}{2}]$ 上的最小值(或最大值)比较,用其差来刻画均匀程度, $\overline{C}$ 的取法不同,就可以得到不同的均匀刻画函数,如取"算术平均"

$$\overline{C}_1 = \dfrac{1}{2}[M(d) + m(d)]$$

得到

$$f_1(d) = \dfrac{1}{2}f(d)$$

再如取"积分平均"

$$\overline{C}_2 = \frac{2}{d}\int_0^{\frac{d}{2}} C(x)\,\mathrm{d}x = \frac{\pi R_0^2}{d}$$

得
$$f_2(d) = \overline{C}_2 - m(d) = \frac{\pi R_0^2}{d} - 2\sqrt{2dR_0 - R_0^2}$$

等. 甚至还可用统计抽样,在 $[0, \frac{d}{2}]$ 中取若干个代表点 $x_1, x_2, \cdots, x_m$,计算 $C(x_i), i=1, 2, \cdots, m$ 的均匀差来刻画"均匀程度". 当然刻画均匀的方式不同,相应得到的喷头安装间距也可能是不同的,总之,建立的数学模型不是唯一的.

5.7.3 合适的能源问题

现在使用天然气能源比较普遍,使用电能源也比较普遍. 但在具体使用时,究竟哪一种能源更实惠,更合适呢?

参考文献[54]探讨了使用煤气和电的能源问题,由于煤气接近于天然气,这里,引用该文将煤气换为天然气,用这样的建模方法来说明问题. 为了探讨上述问题,可采用烧水来做对比分析. 在室温25℃情况下取1L水,测得水温13℃,将水燃至沸腾,假设达水温100℃,则所需热量(Q)

$$Q/\mathrm{J} = 1.0 \times 10^3 \times (100-13) \times 4.2 = 3.654 \times 10^5$$

经过计算可列出表5.7.

表5.7

种类	所需热量	单位体积热量	所用体积	单位	总费用(元)
天然气	3.654×10^5 J	3.9×10^7 J	9.369×10^{-3} m^3	0.9 元/m^3	8.432×10^{-3}
用电	3.654×10^5 J	3.6×10^6 J/(kW·h)	1.015×10^{-1}/(kW·h)	0.38 元/(kW·h)	3.857×10^{-2}

由表5.7可知,用天然气比用电要合算,但这是从理论上推导出来的,实际情况又如何呢?

我们准备一个不锈钢锅,一个电火锅,按如下步骤进行实验:

(1)在室温25 ℃,气压为一个标准大气压下,用温度计可以测出自来水的温度为13℃.

(2)用量筒分别盛1L的水倒入不锈钢锅和电火锅中.

(3)先记下烧水前天燃气表与电表的度数.

(4)在水沸腾时分别关掉天然气与电火锅,并记下气表与电表的数字.

(5)计算出所用天然气和电的数量.

(6)反复以上步骤几次,求出平均用量.

(7)平均用量再乘以单价,便可算出最终费用.

三次实验结果的记录表略,把三次实验结果的三组数据平均值记录如下.

天然气用量的平均值为0.057 6 m^3,用电量的平均值为0.115 kW·h,它们的总费用分别为5.18×10^{-2}元和4.37×10^{-2}元.

很容易看出,用电在实际应用当中要比天然气省钱,这与理论推导出来的结果正好相反,那么这又是怎么一回事呢?

事实上天然气燃烧值为3.9×10^7J/m^3,而1 kW·h电的热量为3.6×10^6J,比值为10.83,

说明 1 m³ 天然气所含的热量相当于 10.83 kW·h 电所含的热量. 1m³ 天然气 0.9 元, 10.83 kW·h 电为 10.83×0.38=4.115 4(元), 约 4.12 元, 即 0.9 元天然气相当于 4.12 元的电, 应该说, 天然气比电实惠.

然而实验中, 用天然气的费用更多, 说明天然气燃烧产生的热量损失了很多, 而用电损失较少. 因此存在能源的利用率的问题, 分别计算出利用率 η(理论用量／实际用量), $\eta_{气}$ = 16.3%, $\eta_{电}$ = 88.26%. 显然电能利用率比天然气的利用率高很多, 这就是理论上使用天然气比使用电能合算, 而实际上使用电能比使用天然气合算的根本原因, 而能源的利用率与灶具或电器有关. 因此我们应采用节能灶具或电器以提高能源利用率.

因此用电或天然气的费用(W)应与热量需求量(Q)、单位电量(或单位体积天然气)的放热量(R)、灶具(或电器)的利用率(η)以及单价(P)来决定, 满足关系式

$$W = \frac{Q \cdot P}{R \cdot \eta}$$

$$\frac{W_{电}}{W_{气}} = \frac{Q \cdot P_{电}}{R_{气} \cdot \eta_{电}} \cdot \frac{R_{电} \cdot \eta_{气}}{Q \cdot P_{气}} = \frac{R_{电}}{R_{气}} \cdot \frac{\eta_{气}}{\eta_{电}} \cdot \frac{P_{电}}{P_{气}} = 10.83 \times \frac{\eta_{气}}{\eta_{电}} \cdot \frac{P_{电}}{P_{气}}$$

当 $\frac{W_{电}}{W_{气}} > 1$ 时, 则用天然气更实惠;

当 $\frac{W_{电}}{W_{气}} < 1$ 时, 则用电更实惠;

当 $\frac{W_{电}}{W_{气}} = 1$ 时, 则用电与用天然气费用相同.

在单价和电器利用率不变的情况下, 若要天然气更实惠, 则 $\frac{W_{电}}{W_{气}} > 1$, 即

$$10.83 \times \frac{\eta_{气}}{\eta_{电}} \cdot \frac{P_{电}}{P_{气}} > 1$$

$$\eta_{气} > \frac{P_{气} \cdot \eta_{电}}{10.83 P_{电}} = 19.29\%$$

只要灶具利用率提高到 19.29% 使用天然气就比使用电更实惠.

若在利用率都不变的情况下, 若要使用天然气更实惠, 则 $\frac{W_{电}}{W_{气}} > 1$, 即

$$10.83 \times \frac{\eta_{气}}{\eta_{电}} \cdot \frac{P_{电}}{P_{气}} > 1, \frac{P_{气}}{P_{电}} < \frac{10.83 \times \eta_{气}}{\eta_{电}} \approx 2$$

说明当天然气的单价与电的单价的比小于 2 时使用天然气更实惠.

从以上分析知: 天然气是很实惠的能源, 但仍需提高其利用率, 因此应购买节能灶具. 在能源利用率不变的情况下, 无论单价如何变化, 只要当天然气的单价与电的单价比小于 2 时, 使用天然气更实惠.

上面都是从费用方面来讨论用电与用天然气的优劣, 在别的方面他们也各有优劣. 用天然气比较容易掌握火候, 在需要很大火候(如炒菜)时就比较方便, 而电的应用范围很广泛, 是一种无污染、利用率高的节能能源.

5.7.4 设备选购决策问题

在生产投入中, 设备的投入占大部分, 因而设备的设置费和维护费用直接影响着企业的

经济利益,因此,设备的选购决策对企业的经济效益有着较大影响.

设备的设置费是一次性投资(又称非再现费用),对于自制设备,它主要包括研究费、设计费和制造费等;对于外购设备,它主要指设备的价格、运输费和安装调试费等.设备的维持费是指使用过程中与使用维修设备有关的所有人员、动力和物资等所消耗的费用(又称再现费用).设备寿命周期费用 LCC(Life Cycle Cost)是设备从规划设计到报废的整个寿命周期内消耗费用总和.它包括设备的设置费和维持费.

在购置设备、评价设备经济性时,常用寿命周期费用评价法和综合效率法等进行评价,其中寿命周期费用评价法可分为年费法的现值法(本文着重介绍年费法).所谓年费法是首先把购置设置一次性支出的设置费,依据设备的寿命周期,按着复利率计算,换算成相当于每年支出费用(即每年设置费),它等于购置设备一次性支出的设置费与资金回收系数的乘积.然后加上每年的维持费,得出不同设备的年总费用,即每年寿命周期费用当量,最后根据每年的费用当量多少来评价,选购最优设备.

现有两台设备可供选购,其中设备 A 的设置费为 10 000 元,每年支出的维持费为 2 700 元,设备 B 的设置费为 13 000 元,每年支出的维持费为 2 100 元,两台设备寿命周期均为 10 年,年复利率为 6%,请帮助决策一下,选购哪一种设备为佳.[55]

为此,首先求出资金回收系数.

不妨设 v_0 为现值(常理解为设备的设备费),v_n 为 n 年后的终值,n 为年数(通常指设备使用年限),i 为年复利率(通常指同期的银行复利率),每年等额支付费用为 R 元.由于,普通年金现值是一定时期内每期等额收付的复利现值之和,根据复利现值计算公式 $v_0 = \frac{1}{(1+i)^n} v_n$(其中 $\frac{1}{(1+i)^n}$ 为复利现值系数)得年金现值为

$$v_0 = \frac{1}{1+i}R + \frac{1}{(1+i)^2}R + \cdots + \frac{1}{(1+i)^n}R = \frac{(1+i)^n - 1}{i(1+i)^n}R$$

故

$$R = \frac{i(1+i)^n}{(1+i)^n - 1} v_0$$

从而得资金回收系数

$$r = \frac{i(1+i)^n}{(1+i)^n - 1}$$

当 $n = 10, i = 6\%$ 时,资金回收系数

$$r = \frac{i(1+i)^n}{(1+i)^n - 1} = \frac{0.06(1+0.06)^{10}}{(1+0.06)^{10} - 1} \approx 0.135\,87$$

再求每年费用当量.

利用公式:每年设置费等于设备的设置费与资金回收系数的乘积,每年寿命周期费用当量等于每年设置费与每年设备维持费之和.从而求得设备 A 和设备 B 的年寿命周期费用当量(见表 5.8),经比较可得出,选择设备 B 较好(因表 5.8 其年寿命周期费用当量少).

表 5.8

项目	设备 A	设备 B
每年设置费	10 000 × 0.135 87 ≈ 1 359	13 000 × 0.135 87 ≈ 1 766
每年设备维持费	2 700	2 100
每年寿命周期费用当量	1 359 + 2 700 = 4 059	1 766 + 2 100 = 3 866

(1) 假设回收系数为 r 时,两种设备的年寿命周期费用当量相等. 即
$$10\,000 \times r + 2\,700 = 13\,000 \times r + 2\,100$$

得 $r = 0.2$.

当 $i = 6\%$ 时,由 $r = \dfrac{i(1+i)^n}{(1+i)^n - 1}$ 得

$$n = \log_{(1+i)} \frac{r}{r-i} = \log_{1.06} \frac{0.2}{0.14} \approx 6.138$$

故当设备寿命周期为 6 年多(不到 6 年半)时,设备 A 和设备 B 的年寿命周期费用当量大约相同.

(2) 当年复利率 i 一定时,由

$$r = \frac{i(1+i)^n}{(1+i)^n - 1} = \frac{i}{1 - \dfrac{1}{(1+i)^n}}$$

可知,当 n 越大时,r 越小,从而每年设置费就越少;当 n 较小时,r 越大,从而每年设置费就越多.

当 $n = 6$ 时,$r = 0.202\,72$,设备 A 和设备 B 的年寿命周期费用当量见表 5.9.

表 5.9

项目	设备 A	设备 B
每年设置费	$10\,000 \times 0.202\,72 \approx 2\,027$	$13\,000 \times 0.202\,72 \approx 2\,635$
每年设备维持费	2 700	2 100
每年寿命周期费用当量	$2\,027 + 2\,700 = 4\,727$	$2\,635 + 2\,100 = 4\,735$

当 $n = 7$ 时,$r = 0.178\,67$,设备 A 和设备 B 的年寿命周期费用当量见表 5.10.

表 5.10

项目	设备 A	设备 B
每年设置费	$10\,000 \times 0.178\,67 \approx 1\,787$	$13\,000 \times 0.178\,67 \approx 2\,323$
每年设备维持费	2 700	2 100
每年寿命周期费用当量	$1\,787 + 2\,700 = 4\,487$	$2\,323 + 2\,100 = 4\,423$

综上,我们有

(1) 在年复利率一定时,当购置的设备使用期为 6 至 7 年时,两种设备可任选一种.

(2) 在年复利率一定时,当购置的设备使用期不足 6 年时,选购设备 A 比较好;当购置的设备使用期超过 7 年时,选购设备 B 比较好.

在此,我们还须指出的是:

(1) LCC(寿命周期费用)只是评价设备经济性的一个方面,有时还要考虑设备综合效率问题. 设备的综合效率指的是产量 P(Product)、质量 Q(Quality)、成本 C(Cost)、交货期 D(Delivery)、安全(包括卫生与环境)S(Safty) 及作业人员的士气 M(Morale). 我们追求的

是寿命周期费用低,综合效益高这两个目标.

(2)根据经验可知,设备从规划到设计、制造,其费用是递增的,运转阶段的寿命周期费用大体保持稳定,之后,其费用上升了,这表明设备已到了应进行修理、改造或更新阶段,因此,评价设备的经济性要研究设备一生的最佳费用.一方面,过分强调买便宜货,将可能在维持运行中耗掉巨资;另一方面,寿命周期费用中,能源消耗是一个大头,绝不能购置那些"电老虎""油老虎"等高能耗劣质设备.

5.7.5 选择题的分值设定问题

选择题是标准化试题中最常见、应用最广泛的试题.它固然有许多优点,却更存在一个严重缺陷,即无法除去"碰运气"的成分.如果有人毫无准备地参加考试单靠"好运气"也能碰上正确的答案,这就给我们提出了一个问题:怎样才能避免这种行为造成的不真实的成绩呢?

从科学的角度来看,显然让碰运气的人得不到分或者尽量少得分是最合理的,那么我们就先研究一下一般情况下靠运气选题的概率.[56]

在此,先假设:每道题目的正确答案只有一个(多个的情况在后面再讨论),并用下述字母表示有关量:

a:备选答案的个数.

n:题目总数.

m:随机(靠运气)选对的题目.

k:每题正确答案数的上限.

b:每题可选方案数.

我们把选对答案称作事件 A. 在 n 道题中选对 m 道题的概率表示为 $P_n(m)$. 在一道题中随机选择,答对的概率为 $P(A) = \frac{1}{a}$,不对的概率为 $P(\bar{A}) = 1 - \frac{1}{a}$.

如果要求在 n 道题中选对几道题的概率最大,则问题转化为:

独立重复进行 n 次实验,如果在每次实验中事件 A 出现的概率为 $P(A) = \frac{1}{a}$,不出现的概率为 $P(\bar{A}) = 1 - \frac{1}{a}$. 求 m 等于多少时事件 A 出现 m 次的概率 $P_n(m)$ 最大.

由伯努利公式

$$P_n(k) = C_n^k p^k q^{n-k}, q = 1 - p$$

则有

$$P_n(m) = C_n^m \left(\frac{1}{a}\right)^m \left(1 - \frac{1}{a}\right)^{n-m} \quad (*)$$

现在把 $n = 20, m = 0 \sim 20, a = 4$(某校英语考试里选择题的形式)和 $n = 10, m = 0 \sim 10, a = 4$(某校数学考试里选择题的形式)代入式(*)进行计算,并列表如后.

从表中可以看到当 $n = 20$ 和 $n = 10$ 时,m 分别取 5 和 2 可以使 $P_n(m)$ 最大.下面我们来计算一下.

设 $m = m'$ 时 $P_n(m)$ 最大,则有方程组

$$\begin{cases} P_n(m') \geqslant P_n(m'+1) \\ P_n(m') \geqslant P_n(m'-1) \end{cases}$$

解得
$$\frac{n+1}{a} - 1 \leqslant m' \leqslant \frac{n+1}{a}$$

取
$$m' = \left[\frac{n+1}{a}\right]$$

将 $n=20, a=4$ 与 $n=10, a=4$ 代入,所得 m' 值与列表相符.

所以当 $m=m'=\left[\frac{n+1}{a}\right]$ 时,$P_n(m)$ 有最大值,即在 n 道题中,选对 $\left[\frac{n+1}{a}\right]$ 道题的可能性最大.

表 5.11 中是 $n=20, a=4$ 时的情况.

表 5.11

选对的题数 m'	相对的概率 $P_n(m)$	选对的题数 m'	相对的概率 $P_n(m)$
0	0.003 2	11	0.003 0
1	0.021 1	12	0.000 7
2	0.066 9	13	0.000 2
3	0.133 9	14	0.000 03
4	0.189 7	15	小于 0.000 1
5	0.202 3(最大)	16	小于 0.000 1
6	0.168 2	17	小于 0.000 1
7	0.112 4	18	小于 0.000 1
8	0.060 8	19	小于 0.000 1
9	0.027 1	20	小于 0.000 1
10	0.009 9		

表 5.12 是 $n=10, a=4$ 的情况.

表 5.12

选对的题数 m'	相对的概率 $P_n(m)$	选对的题数 m'	相对的概率 $P_n(m)$
0	0.056 3	6	0.016 2
1	0.187 1	7	0.003 1
2	0.281 6(最大)	8	0.000 4
3	0.250 3	9	小于 0.000 1
4	0.146 0	10	小于 0.000 1
5	0.058 4		

我们认为答对 m' 道题的人是凭运气随机选择的可能性最大,所以我们尽量使答对 m' 道题的人少得分,显然地可以想到对于一份答对 m' 道题试卷设定反扣使得其答对所得的分与答错所扣的分相等,所以有

方案 1 设答对一题得 x 分,不答得 0 分,答错反扣 y 分,基础分 0 分. 则根据以上所述,

第五章 数学建模的机理分析方法

有

$$m'x = (n - m')y$$

则

$$\frac{x}{y} = \frac{n - m'}{m'}$$

这样,当 $n = 20, a = 4$ 时

$$m' = \left[\frac{21}{4}\right] = 5$$

$$\frac{x}{y} = \frac{20 - 5}{5} = 3$$

所以,对于总题数 20 道的四项单选题,可以设为:每题答对得 3 分,答错反扣 1 分,不答不得分.

评析 所得方案与现行单选给分方案比较,设置反扣可以得到更真实的成绩,同时缺点在于若答对题目少于 m' 的人(我们认为他是老老实实地自己做的)实际上得的分还是比凭运气选题的人得分低,这是不公平的.

如果能减少碰运气的成分,也可以保证成绩的真实性,于是有:

方案 2 我们观察式子 $m' = \left[\frac{n+1}{a}\right]$ 可知道,减少 m' 的方法有两种:一种是减小 n,这显然是不现实的;另一种是增大 a,这样我们可以考虑多项选择的方式. 实际上,在每题有 a 个备选答案时,我们设每题正确答案至少有一个,至多有 $k(k \le a)$ 个,则每题可选答案的方案数 $b = C_a^1 + C_a^2 + \cdots + C_a^k$.

设 $a = 4$,则当 $k = 1$(即单选题)时,$b = a = 4$;当 $k > 1$ 时,$b > a$. 这时,可用 b 代替 a,代入式($*$),则公式 $m' = \left[\frac{n+1}{a}\right]$ 变为 $m' = \left[\frac{n+1}{b}\right]$.

b 的值可根据 n 的大小来确定:我们希望 m' 尽量小,则 n 增大时,b 也应相应增大. 由于 b 是由 k 决定的,所以 b 增大即 k 增大,即当 a 不变时,总题数变大,每题至多可选答案数也相应增大. 例如,当 n 等于 10 时,使 $k = 4$,代入式($**$),则 $b = 15$,那么 $m' = \left[\frac{n+1}{b}\right]$ 中的 $\frac{n+1}{b} = \frac{10+1}{15} = \frac{11}{15}$,小于 1.

可以看出,因靠运气选对题数不大于 1,设置反扣已无必要. 且基本上可以让猜题的人得不到分. 这样,分值可以设定为答对一题得 t 分,少答、多答、错答都不得分,不答可适当给 1 分或不得分(我们应以鼓励诚实为基础).

评析 所得方案与现行多选给分方案比较,现行某些方案里将少选也给分(如上海市化学竞赛中,多项选择题的给分方案是答对得 3 分,有 2 个正确答案的只答一个给 1 分(每题四个选项,有 1~2 个正确答案),多答、错答不得分),显然,这样一来,靠运气每题选对一个正确答案的可能性就增大了许多,设置多选失去了意义. 但是,方案 2 的缺点在于增大了出题的难度,且有一定的局限性,即有些科目很难制成多选(如英语).

在实际答题过程中,很少有人是凭运气去做所有的单选题的,如在 20 道题内,一个人会做 15 道题,那么他决不会靠运气去猜题,只有他不会的 5 道题他才凭运气去做.

现在假设 n 道题中,n_1 道较容易,大部分人都会做(设他们都不是随机选的);n_2 道难,

大部分人都不会(我们认为他们都是随机选的)($n_1 + n_2 = n$). 那么每个人平均做对 $n_1 + \left[\dfrac{n_2+1}{a}\right]$ 道. 在 n_1 道中,并无必要设置反扣或多选,只要在 n_2 中设置就可以了.

5.8 公理化分析

在数学建模中,如果我们考虑在满足某些条件的情况下,我们能推出什么结论,或做出某些假设看看它导出什么结论,这就是数学建模的公理化方法.

科学中一个较早和最成功的运用公理化方法建模的例子,就是牛顿力学. 今天,这种方法已被运用到经济学、社会学等领域.

5.8.1 公平选举程序的可能性问题

选举问题是社会学研究的中心问题之一. 其中包括民意测验,选票分配等重要问题. 我们从著名的选举悖论谈起,为此,先简单谈谈什么叫悖论.

"悖论"这个词的含义比较丰富,它包括一切与人的直觉和日常经验相矛盾的结论. 悖论有三种主要形式:

(1) 一种论断看起来好像是错了,但实际上却是对的. 这是一种似非而是的论断(佯谬).

(2) 一种论断看起来好像是对的,但实际上却是错的. 这是一种似是而非的论断.

(3) 导致逻辑上自相矛盾的论断.

悖论具有重要的哲学意义和数学意义. 从古希腊的芝诺提出的悖论开始,一直到罗素的关于集合论的悖论,都对数学理论的发展起了巨大的推动作用.

下面,看一个简单的问题:

假定有张、王、李三个同学竞选学生会主席. 民意测验表明,两两比较,选举人中有 2/3 愿意选张不愿选王,有 2/3 愿意选王不愿选李. 问:关于张和李我们应该得出什么结论呢?是不是愿意选张而不愿选李的人多呢?

答案是:不一定!如果选举人按照表 5.13 那样对候选人进行排序,就会引起一个惊人的悖论.

表 5.13

	1	2	3
$\dfrac{1}{3}$	张	王	李
$\dfrac{1}{3}$	王	李	张
$\dfrac{1}{3}$	李	张	王

现在我们对他们进行两两的比较.

张和王的民间测验情况是:张有两次排在王的前面,而王只有一次排在张的前面,因而张可以说,选举人中有 2/3 人喜欢我.

王和李的民意测验情况是：王有两次排在李的前面，因而王可以说，选举人中有 2/3 人喜欢我.

李和张的民意测验情况是：王有两次排在张的前面，而张只有一次排在李的前面，因而李也可以说，选举人中有 2/3 人喜欢我.

这就出现了一个令人惊讶的悖论：多数选举人选张优于王，多数选举人选王优于李，还是多数选举人选李优于张.

在日常生活中，许多关系都是可以传递的. 例如，大小关系. $A>B, B>C$，就可以推出 $A>C$. 还有上下关系，前后关系，左右关系等. 所有这些关系都具有传递性. 这就使人们以为"好恶"关系也是可以传递的. 但事实上，"好恶"关系是不可以传递的.

这个悖论可追溯到 18 世纪，它是一个非传递关系的典型，这种关系在人们做两两对比选择时可能产生.

这条悖论有时称作阿洛悖论. 肯尼思·阿洛曾根据这条悖论和其他逻辑理由证明了，一个十全十美的民主选举系统是不可能实现的. 这就是说，不存在公平合理的选举系统. 这是一个非常深刻的结论，但更加有悖于常理：天下竟然无公！这个结论告诉我们，只有更公，没有最公. 阿洛因此分享了 1972 年的诺贝尔经济学奖.

假定有三个对象，而且具有三种可以比较的指数，将它们按各指标排好顺序，当我们进行两两比较时，就可能出现上述矛盾. 假定张、王、李是向一个姑娘求婚的三个人，表 5.13 所示的排列可解释为这个姑娘就三个方面比较这三个人的优劣次序，例如第一是学位，第二是容貌，第三是收入. 如果两两比较，这个可怜的姑娘就会发现她觉得张比王好，王比李好，李又比张好！

这个悖论还可以在产品检验中出现. 一个统计学家也许会发现，2/3 的年轻妇女喜欢润肤霜 A 超过 B，2/3 的年轻妇女喜欢润肤霜 B 超过 C. 化学公司得知这一结果后也许就将润肤霜 C 作为最不受欢迎的一种而降低产量. 殊不知，第三个统计可能会表明还有 2/3 的人喜欢 C 超过 A 呢.

选票分配问题属于民主政治的范畴. 选票分配是否合理是选民最关心的热点问题之一. 这一问题早就引起西方政治家与科学家的关注，并进行了大量深入地研究. 这项研究大量地使用了数学方法.

我们将运用公理化方法建立模型，说明不存在一种对几个候选人的公平选举方法[10].

首先我们需要说明的是：我们所指的公平选举程序是什么意思，那么先需说明什么是选举. 我们用字母 x, y 和 z 表示候选人，用字母 i 和 j 表示投票人，排队（也称排序）就是关系 $\supset$（读做"优先于"），它满足：

(1) 对于一切 x 和 $y, x \supset y, y \supset x$ 及 $x=y$（读作"x 与 y 相持"）中，恰有一种成立.

(2) 对于一切 $x, x=x$.

(3) 对于一切 x, y 和 z，如果 $x \supseteq y, y \supseteq z$，则 $x \supseteq z$，当且仅当 $x=y$，且 $y=z$ 时，$x=z$.

我们假设每个投票人都把所有候选人排了队，并用 $(x \supseteq y)_i$ 表示由投票人 i 排定的次序，一个选举程序是指一种法则，由这一法则可从所有投票人的排法中导出一种只用 $x \supseteq y$ 表示的次序. 注意，一次选举并不只是选出最优先的候选人，而是要定全部候选人的次序关系. 如果程序是公平的，那么我们就能按照一个给出首位候选人的程序，得出全部次序关系. 举例来说，为了求次序上居第二位的候选人，我们可通过把得胜者去掉后再应用求次序最先的候选人的程序来实现. 根据下列公理,这可形式地证明是合理的.

我们与其精确地列举公平选举程序如何组成,不如列出选举程序公平时所必须满足的某些条件(公理).你也许希望增加其他条件,但下列五条中的任何一条都是不容易去掉的.我们先列出它们,然后进行讨论.

(1) 所有投票人所想到的次序关系都是实际可能的.

(2) 如果对一切 i 有 $(x \supseteq y)_i$, 那么, 当且仅当对一切 i 有 $(x = y)_i$ 时, $x \supseteq y$ 才取等号.

(3) 如果在两次不同的选举过程中,每个投票人对 x 和 y 列出的次序相同,那么在 x 和 y 间的所有选举结果都相同;这就是说,如果对一切 i, 当且仅当 $(x \geqslant y)_i$ 时有 $(x \supseteq y)_i$, 那么当且仅当 $x \geqslant y$ 时才有 $x \supseteq y$. 这里 $>$ 表示另一次选举.

(4) 如果存在两次选举使 $(x \supseteq y)_i$ 蕴含对一切 $i(x \geqslant y)_i$, 又若 $x \supseteq y$ 时, 则 $x \geqslant y$.

(5) 不存在这样的 i, 使当且仅当 $(x \supseteq y)_i$ 时总有 $x \supseteq y$.

公理(1)说,选举程序必须能涉及所有情况. 公理(2)只不过是说选举程序尊重投票人的一致意愿. 公理(3)是说,两候选人在选举中相互间的次序关系如何,只取决于投票人如何排列这两候选人的相对次序,而与他们和其他候选人的相对次序关系无关. 因此插进其他的候选人不会改变在选举中 x 对于 y 的相对顺序关系. 公理(4)是说,如果 x 与 y 相比,由所有投票人在后一选举中所排次序关系至少与现在的相同,并在现在的选举中他击败 y, 那么他在后一选举中也必击败 y, 换言之,如果你在全体投票人的心目中的相对地位改善了,那么你在选举结果中的地位也将改善. 最后的假设是说,没有独裁者.

我们可用各种各样的方法处理这些公理以得出结论. 事实上,可以证明,公理(3)可由其余的公理推出(你也许乐于试证这一点). 我们感兴趣的是应用它们来建立下述模型(即不可能性定理): 没有一种多于二候选人的选举程序能满足公理(1)至(5). 因此,如果至少有三个候选人,那么公平的选举程序是不可能的.

事实上,我们首先来表明公理(1)至(4)蕴含存在一个独裁者. 注意,如果有一种可用于 N 个候选人的选举程序,那么就可得到用于 $N-1$ 个候选人的选举程序,这只要引进一个虚设的第 N 名候选人,而所有的投票人都把他的顺序排在最后一个位置上就行了. 容易证明,如果假设公理(1)至(4)对原程序成立,那么它们对这样导出的程序也成立.

投票人的集 V 称作对 x 及 y 是决定性的, 如果当集 V 中所有的投票人都同意 x 至少与 y 同等时, 那么不管其余投票人如何排列 x, y 的次序, 总有 $x \supseteq y$; 此外, 我们要求在这种情况下, $x = y$ 蕴含对 V 中一切 $i(x = y)_i$.

我们可以证明:至少存在一个对所有 x 及 y 是决定性的集. 事实上,据公理(1)和(2),全体投票人的集就是这样的决定性集. 注意,由公理(4)可以验证:如果集 V 是决定性的,那么恰能找到一种选举程序,使对一切 $i \in V, (x \supseteq y)_i$, 而对于一切 $i \notin V(x \subset y)_i$.

我们现在证明:对某个 x 和 y, 存在一个由唯一投票人组成的决定性集. 假若这不成立,设 V 是所有对两候选人的决定性集中的最小者,那么 V 至少含有两投票人,因而我们要以把 V 分解为两个非空不交的投票人集 V_1 和 V_2, 设 Z 是另一候选人. 并考虑这样的选举, 它满足

$$(x \supseteq y \supseteq z)_i, i \in V_1$$
$$(z \supseteq x \supseteq y)_i, i \in V_2 \quad (*)$$
$$(y \supseteq z \supseteq x)_i, i \notin V$$

如果 $x \supseteq z$, 那么 V_1 是对 x 及 z 的决定性集,这与 V 的极小性矛盾,因此 $z \supset x$. 因为 V 是

对 x 和 y 的决定性集,由式(*)推出 $x \supseteq y$,于是 $z \supset y$.因此 V_1 是对 z 和 y 的决定性集,这又和 V 的极小性矛盾(必须细心验证出现等号的情形,这里就不去讨论了,只希望了解这类推理的特色).于是 V 只含有唯一的投票人,比如说 i.

我们证明了,对于二候选人 x 和 y,$(x \supseteq y)_i$,那么 $x \supseteq y$.设 z 是第三候选人.现在设 $(x \supseteq y \supseteq z)_i$,考虑对一切 $j \neq i$,$(y \supset z \supset x)_i$ 的选举.由公理(2),$y \supset z$,又由于集是决定性的,所以 $x \supseteq y$,因此 $x \supset z$.由公理(3),我们可以不考虑 y,并注意到,如果对一切 $j \neq i$,$(x \supseteq z)_i$ 且 $(z \supset x)$,那么 $x \supset z$.因此,i 是对 x 和 z 的决定性集,设 w 是异于 x 和 z 的候选人,那么类似的讨论可证明 i 是对 w 和 z 的决定性集.这表明 i 对于每对候选人都是决定性的.这就是说,i 是独裁者.

这样便建立了如前所述模型(或证明了定理).

怎样在实际中应用这个模型呢?假定一位合同管理人把几份合同建议(候选人)送给专家们(投票人)评议,然后由管理人决定最后的排列次序(选举).虽然他不能平等地衡量这些专家的意见,但我们希望他的排列程序是公开的.上面的模型表明,这是不可能的.而合同管理人实际上可能并不知道这事实.他违背了什么公理?看来不大可能是公理(2)或公理(5).因为公理(3)可从其余的公理推出,所以他一定违背了公理(1)或(4).换言之,或者合同管理人不可能得到所有情况下的评议意见(由增设投票人可处理这种情况),或者其他方案的排列影响了他对方案 x 和 y 相互间的优劣次序的判定.

5.8.2 公平整分方法的存在性问题

什么是整分方法,我们用一个例子来说明.[57]

某大学有艺术与科学、工程、农学、商学、法学与建筑六个学院.成立学生会,其委员共 100 名,学生总数 20 000 人,问六学院各能获得几个委员名额?

现在各 p_i 便是各学院的学生数,容量 $h = 100$.而各学院的配额

$$q_i = \frac{hp_i}{p} = \frac{100p_i}{20\ 000} = \frac{p_i}{200}$$

将各 p_i 代入上式,得到的配额数正好就是表 5.14 中的准确百分比(即第三栏),而整分问题即要求选择六个整数 $a_1, a_2, a_3, a_4, a_5, a_6$,使其和为 100,同时要求各 a_i 尽量接近 q_i.

表 5.14

学院	学生数	百分比/%	百分比(简)	百分比(整)	调	整
艺术与科学	6 716	33.580	33.6	34	33.6	34
工　　程	4 836	24.160	24.2	24	24.1	24
农　　学	4 093	20.465	20.5	20	20.5	20
商　　学	3 211	16.055	16.1	16	16.0	16
法　　学	852	4.260	4.3	4	4.3	4
建　　筑	296	1.480	1.5	1	1.5	2
合　　计	20 000	100.00	100.2	99	100.0	100

由上例,我们可给出整分方法的定义:

假定我们有 n 个单位 $1,2,\cdots,i,\cdots,n$，和一个称之为容量的整数 h；现在分别给各单位安上基数（非负整数）

$$p_1,p_2,\cdots,p_i,\cdots,p_n$$

一个整分问题由 n 个非负整数组成，即

$$a_1,a_2,\cdots,a_i,\cdots,a_n$$

它们的和等于容量 h，即

$$h = a_1 + a_2 + \cdots + a_n$$

用这个数 h 给各单位分别安上由下面公式定义的分享数或配额数 q_i

$$q_i/h = p_i/p \text{ 或 } q_i = h(p_i/p)$$

这里 p 的意思是 $p = p_1 + p_2 + \cdots + p_n$. 于是整分问题的要求是：选择上述整数 a_i，使其和为 h，且使每一个 a_i 与配额（一般为分数）值 q_i "尽量靠近".

从公平性角度看，上表问题不少. 这张表的第三栏算出了各学院学生数的正确百分比，第四和第五栏算出了第三栏各小数的进位，用的是四舍五入法. 但在进位以后，第三及第四栏的小数合计分别变成 100.2 和 99. 在简化百分比中，实际上已在工程学院和商学院名下各剔去 0.1，在整个百分比中又在建筑学院名下加上 1，这样做是凑齐合计栏中的全数百分之百.

但是，这样凑齐百分比的标准是什么，在数学上是不明确的，也没有根据的.

整分的意思是：要求分配结果都必须是整数. 现在的问题是百分比的最后调整. 上例中处理百分比带有随意性，这就降低了公平性. 我们习惯上处理小数尾数的办法是"四舍五入"，但是"四舍五入"并不公平！

事实上此表并不是来自"四舍五入"原则，而是在一个著名的方法，称为哈密尔顿（Hamilton）方法，又称最大分数法，由两部分组成：首先，对一个学院 i，选安排 $[q_i]$ 个席位，这里 $[q_i]$ 的意思表示 q_i 的最大整数部分. 在我们的例子中，这六个数是 33,24,20,16,4,1.

因为去掉的六个小数部分之和正好是 2，这表示只得 98 个名额，还有两个名额需要补充. 其次，把这两个名额补充到配额包含有最大分数部分的学院去. 现在这两个学院应为第一和第六个，它们各得分数部分为 0.580 和 0.480. 因此我们最后的名额分配是 34,24,20,16,4,2. 要注意的是，第六个学院的配额数是 1.480，现在进位成 2，这里没有"四舍五入".

哈密尔顿方法因其直接，在美国国会中曾被沿用很长一段历史时期，直到碰到一个称之为阿拉巴马悖论的怪圈为止，它一直被认为是最好的.

我们现在以一个增加工资的实例来说明阿拉巴马悖论.

调资方案 1 某合资企业经理决定给 2 位工程师和 1 位工人调工资；该 3 位雇员原月薪分别为 4 310 元、4 215 元和 1 000 元. 经理的调资计划如下：

（1）每人增资约 5% 左右；

（2）提薪后三人总月薪为 10 000 元；

（3）调整后每人月薪都应以百元为单位.

用哈密尔顿法，即得出表 5.15（单位：元）.

表 5.15

成员	当前工资	拟调工资(+5%)	尾数:10 元	尾数:100 元
工程师甲	4 310	4 525.5	4 520	4 500
工程师乙	4 215	4 425.7	4 430	4 400
工 人	1 000	1 050	1 050	1 100
合 计	9 525	10 001.2	10 000	10 000

这个方案并不能令人满意. 因为实际上两位工程师增资不足 5%, 而工人实际上却增加了 10%. 经理决定再造一个方案, 要求增资额为 6% 左右, 总额为 10 100 元.

仍然用了哈密尔顿方法, 我们得表 5.16.

调资方案 2 得表 5.16.

表 5.16

成员	原工资	拟调工资(+5%)	尾数:10 元	尾数:100 元
工程师甲	4 310	4 568.6	4 570	4 600
工程师乙	4 215	4 467.9	4 470	4 500
工 人	1 000	1 060	1 060	1 000
合 计	9 525	10 096.5	10 100	10 100

现在情况更糟:增资率提高到 6%, 工资总额提高到 10 100 元, 但工人的工资又从 1 100 元降低到 1 000 元.

数学家后来很快在理论上弄清楚了:出现这个被称为阿拉巴马悖论的怪圈, 是不可避免的! 这就再一次暗示了整分技巧的复杂性.

除了哈密尔顿方法外, 还有好多处理整分问题的方法. 通常这类方法称之为除数方法, 其中有三个最常用的除数方法是前美国总统建议的杰弗逊(Jefferson)方法, 数学家建议的韦柏和韦尔考克斯(Webster-Wilcox)方法和经济学家建议的亚当斯(Adams)方法, 它们之间最大差别就在于处理分数部分.

正因为在西方社会中, 议会分给某党派的席位数目 q 的多少, 是个相当敏感的社会问题, 整分方法也就显得特别重要. 例如, 某常派在全国大选中获得 41.23% 选票, 那么它在由 120 人组成的议会中, 应该分得的配额 Q 可以用下面方法来计算, 即

$$Q/120 = 41.23\%$$

或

$$Q = (120) \cdot (0.412\ 3) = 49.476(席)$$

于是到底是给 49 席还是给 50 席, 就需要用到严格的整分方法了. 上面提到的四种方法已被应用到各个时期的大选中. 令人更为困惑的是, 上面种种方法的无论哪一种, 在实施时总会碰到阿拉巴马悖论那样的一些怪圈, 因而矛盾百出. 因此自然会问:在已有的方法中, 究竟哪一种方法更好一些? 是不是存在一种最公平的方法呢? 美国数学家贝林斯基(M. L. Balinski)和杨(H. P. Young)于 1972 年发表了一个令世人瞩目的结果, 回答了这个问题.

公平整分不可能性定理:完全公平的整分方法是不存在的.

贝林斯基和杨甚至证明, 任何一种可能的整分方法, 不管是否已经发现, 一定会在某些

情况下产生不可能避免的矛盾.他们的证明方法与我们讨论选举问题 5.8.1 中公平的选举程序不可能性定理十分相似,但更简单:列出三个在任何一种公平的整分方法中都应该成立的性质,再证明不可能存在任何整分方法能同时满足这三个条件.因此,公平整分不可能定理清楚地解释了为什么美国国会或参议院的席位问题,在经过近二百年的争论后仍然回到起点上!

思 考 题

1. 某家庭计划全家去外地旅游,经过咨询知:甲旅行社答复是:如果户主(父亲)买全票一张,其余人可享受半价优待;乙旅行社答复是:全家旅行算团体票,每人按原价的 $\frac{2}{3}$ 优惠.据悉甲、乙两旅行社的报价和所提供的服务是完全一样的.试分析该家庭投入哪家旅行社组团旅游更实惠呢?

2. 有环形排列的 A,B,C,D,E 五个房间,住的人数分别为 17,9,14,16,4 人.现欲使各房间住的人数都相同,但调整时,只能向相邻的左右房间搬动,并使搬动的总人数最少.求其各房间向左右搬动的人数.

3. 老张想至多投资 50 000 元到两种股票 X,Y 上,股票 X 被认为是保守的(即股价较稳定但回报率低),股票 Y 被认为是投机的(即股价波动较大,但回报率高).老张认为股 X 至多投资 40 000 元.而股 Y 至少投资 6 000 元.假设对 100 元的投资,股 X 要求回报为 8 元,股 Y 要求回报 10 元,且法律要求投机性大的股票投资额不得超过保守股票的三分之一,问股票 X,Y 上应各投资多少元能使投资回报最大?

4. 某公司计划在今年独家推出夜莺牌智能型电子琴.该琴的总成本是 2 460 元/架.试售情况如下:销售价为 3 280 元/架可售出 1 720 架,销售价为 3 310 元/架可售出 1 695 架,销售售价为 3 600 元/架可售出 1 398 架,销售价为 4 000 元/架可销售 1 000 架.试问:

(1) 为在今年内能获得最大利润,销售价应定为多少?

(2) 年最大利润是多少? 获得最大利润时的销售量是多少?

5. 设河宽为 S_0,水流速度为 v_0,船在静水中的速度为 v',问船以怎样的方向渡河才能保证:

(1) 所走路程最短?

(2) 所用时间最少?

6. 某村一农民承包了 100 亩(1 亩 = 667 m^2)(中低产) 地.土地租用费 50 元/年亩,农业税 10 元/年亩;根据当地气候条件,可以种植小麦、玉米和花生,其种植周期是:10 月份(秋天) 收玉米后可种冬小麦,第二年 6 月(夏天) 收割小麦,6 月份收割小麦后可种玉米;4 月份种花生,10 月份收割花生,收割花生后可种冬小麦.有关冬小麦、花生、玉米三种作物的收支价格及产量如表 1 所示.

表1

项目 \ 作物	冬小麦	夏播玉米	春播花生
耕地/(元·亩$^{-1}$)	14	14	14
播种/(元·亩$^{-1}$)	10	10	10
浇水/(元·亩$^{-1}$)	66	0	0
收割/(元·亩$^{-1}$)	45	45	8
化肥/(元·亩$^{-1}$)	111	81	78
农药植保/(元·亩$^{-1}$)	2	1	4
种子/(元·亩$^{-1}$)	30	9	56
中耕/(元·亩$^{-1}$)	0	10	0
亩产/(元·亩$^{-1}$)	300	400	250
售价/(元·亩$^{-1}$)	1.68	1.23	3.10

这位农民每年必须完成 20 000 kg 小麦外售粮,每年留足全家 1 000 kg 小麦作口粮.另外根据市场预测承包后的下一年花生种植面积不宜超过 20 亩,再下一年不宜再种花生.试问:这位农民应如何安排从某年承包后的 10 月份秋种至下两年后的 10 月秋收的两年生产计划,使他既能完成外售粮合同任务,又能留够口粮,并且在 100 亩土地上取得最大收益?

7. 1997 年 11 月 8 日中央电视台播放了十分壮观的长沙三峡工程大江截流的实况. 截流从 8:55 开始,当地龙口的水面宽 40 m,水流 60 m. 11:50 时,播音员报告宽为 34.4 m, 到 13:00 时,播音员又报告水面宽为 31 m. 这时,电视机旁的小明说,现在可以估算下午几点合龙. 从 8:55 到 11:50,进展的速度每小时宽度减少 1.9 m,从 11:50 到 13:00,每小时宽度减少 2.9 m,小明认为回填速度是越来越快的,近似地每小时速度加快 1 m. 从下午 1 点起,大约要 5 个多小时,即到下午 6 点多才能合龙. 但到了下午 3:28 时,电视里传来了振奋人心的消息:大江截流成功! 小明后来想明白了,他估算的方法不好. 现在请你根据上面的数据,设计一种较为合理的估算方案,进行计算,使你的计算结果更切合实际.

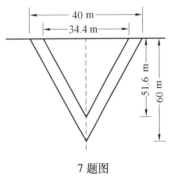

7 题图

8. 小明和小英要从家里到火车站乘火车. 已知家到火车站的距离是 26 km,他们的步行速度是每小时 5 km,火车到站时间是 8 点整,停站 5 min 后继续开车. 现在的时间是 7 点整,为了赶上火车,家人打算用摩托车送他们. 已知摩托车的速度是 65 km/h,且行驶时,除了驾驶员外只能携带一人. 问小明和小英是否能赶上火车? 如果能,应采取怎样的行路方案?

9. 某家庭今年一月份、二月份和三月份,煤气用量和支付费用如表 2 所示:

表2

月份 项目	一	二	三
用气量	4 m³	25 m³	35 m³
煤气量	4元	14元	19元

该市煤气收费方法是:煤气费 = 基本费 + 超额费 + 保险费.

若每月用气量不超过最低额度 A m³ 时,只付基本费3元和每户每月定额保险费 C 元;若用气量超过 A m³,超过部分每立方米付 B 元,并知保险费 C 不超过 5 元. 根据上面的表格求 A,B,C.

10. 2003年8月长江三峡电厂四台机组开始发电,每台机组日最大发电量为0.168亿度(1度=1 kW·h),每度电输送成本为0.32元,与此同时长江葛洲坝电厂有8台机组发电,每台机组日最大发电量为0.12亿度,每度电输送成本为0.35元. 由于高温和工业生产需要,江浙地区用电量增大,日增需求量至少1.35亿度.

(1) 假设你是一位电力调度总指挥. 请你设计两大电厂每天各机组发电输送方案.

(2) 设电力调度总指挥安排三峡电厂有 x 台机组发电,葛洲坝电厂有 y 台机组发电,输送江浙地区,长江电力公司电力输送成本为 z 亿元. 写出 x,y 应满足的条件以及 z 与 x,y 之间的函数关系式.

(3) 假设你是长江电力公司总经理,为使公司电力输送成本最小,每天如何安排两大电厂的机组数,可以满足江浙地区用电日增需求量.

11. 发电厂主控制室的工作人员,主要是根据仪表的数据变化加以操作控制的,若仪表高 m m,底边距地面 n m,工作人员坐在椅子上眼睛距地面的高度一般为 1.2 m ($n>1.2$),问工作人员坐在什么位置看得最清楚?

12. 站在陡峭的山崖边射箭,陡崖的高为 H,发箭的方向与水平面的夹角为 α,初速度值等于 V. 问箭射出后经过多少时间 T,箭落到距地面 h 的高度上?

13. 水库排放的水流从溢流坝下泄,一般用挑流的方法来消除水流的部分功能,以保护水库的坝基及下流堤坝的安全,水流挑离坝基愈远,对安全愈有利,现在有一水库用鼻坝挑流的方法来消除水的部分动能. 如图所示,已知鼻坝的挑角为30°,水库的水位至鼻坝的落差为9 m,鼻坝下流基底较鼻坝低18 m,试计算出水流离坝基的水平距离. 并以此构建一般模型.

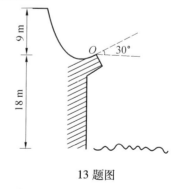

13题图

14. 轮船每小时使用的燃料费和轮船速度的立方成正比. 已知某轮船的最大船速是18 km/h,当速度是 10 km/h,它燃料费用是每小时30元,其余费用(不论速度如何)都是每小时480元. 如果甲、乙两地相距1 000 km,求轮船从甲地行驶到乙地,所需的总费用与船速的函数关系,并问船速为多少时,总费用最低?

15. 某公司每年需要某种计算机元件8 000个,在一年内连续作业组装成整机卖出(每天需同样多的元件用于组装,并随时运出整机至市场),该元件向外购进货,每次(不论购买多少件)需花手续费 500 元,如一次进货,可少花手续费,但 8 000 个元件的保管费很高. 如多次进货,手续费多了,但可节省保管费,请你帮该公司出个主意,每年进货几次为宜. 该公司的库存保管费可按下述方法计算:每个元件每年 2 元,并可按比例折算成更短的时间:如每个元件保管一天的费用为 $\frac{2}{360}$ 元(一年按 360 天计算),每个元件的买价、运输费及其他费用假设为一常数.

16. 某厂试制新产品,为生产此项产品需增加某些设备,若购置这些设备需一次付款 25 万元,若租赁这些设备每年初付租金 3.3 万元,若银行复利年利率为 9.8%,试讨论哪种方案收益更大(设备寿命为 10 年).

17. 某股份公司公开发行 4 170 万股股票,现共有 1 652 158 人申购,每人申购 1 000 股,现由计算机按申购先后次序给每个申购者一个编号,并在公证处监督下摇号决定中签号码,若申购者的编号的末位数(或末几位数)与中签号相同者可以购买股票. 问应摇出几个不同的一位数,几个不同的二位数,……,几个不同的七位数?

18. 已知一台设备原价值(购进价格)为 a 元,且设备每年折旧率相同;设备维修及燃料和动力等消耗(称为设备的低劣化)每年以 k 元增加,且设备经过使用之后的残值(也称余值)为零. 求这台设备更新最佳年限是多少?

19. 某机场为了提高服务质量,而进行下面的调查发现:

当还未开放安检通道时,一部分旅客已经在排队等候通过安检,并且排队旅客按一定的速度增加,安全检查的速度一定,当开放一个安检通道时,40 min 后就不会出现排队现象. 若同时开放两个安检通道时,15 min 后就不会出现排队现象.

希望能够解决以下问题:

(1) 若要求 8 min 后不出现排队现象,则至少需要同时开放几个安检通道?

(2) 机场管理部门对旅客做出承诺,每个旅客等待的时间不超过 25 min,问:当只开放一个通道时,能否实现做出的承诺?

(3) 现增加了安检的范围而影响安检的速度,安检的速度变为原来的 $\frac{4}{5}$,同时还要提高服务质量,每个旅客通过安检的时间不超过 10 min,请你给出一种安检方案,既能保证承诺实现,又能节约成本.

20. 某开发公司拟为一企业承包新产品的研制与开发任务,但为得到合同必须参加投标. 已知投标的准备费用为 4 万元,中标的可能性是 40%. 如果不中标,准备费用得不到补偿. 如果中标,可采用两种方法进行研制开发:方法 1 成功的可能性为 80%,费用为 26 万元;方法 2 成功的可能性为 50%,费用为 16 万元. 如果研制开发成功,该开发公司可得到 60 万元,如果合同中标,但未研制开发成功,则开发公司需赔偿 10 万元. 请你决策:

(1) 是否参加投标;

(2) 若中标了,采用哪种方法研制开发?

思考题参考解答

1. 全家出游,即父母两人和可能存在的孩子们一起出游. 出游人数主要取决于孩子人数. 因此该家庭付费情况受孩子数目决定.

设该家庭孩子数为 x,分别记甲、乙两家旅行社收费为 $y_甲, y_乙$ 和报价为 a. 则

$$y_甲 = a + \frac{1}{2}a(1+x) = \frac{3}{2}a + \frac{1}{2}ax, y_乙 = \frac{2}{3}a(2+x) = \frac{4}{3}a + \frac{2}{3}ax$$

$$y_甲 - y_乙 = (\frac{3}{2}a + \frac{1}{2}ax) - (\frac{4}{3}a + \frac{2}{3}ax) = \frac{1}{6}a(1-x)$$

当 $x = 0$ 时,$y_甲 > y_乙$;当 $x = 1$ 时,$y_甲 = y_乙$;当 $x \geq 2$ 时,$y_甲 < y_乙$.

由上知,对于新婚家庭来说投入乙旅行社实惠,对于多子女家庭来说投入甲旅行社实惠;而对于独生子女家庭来说投入甲、乙两家旅行社是一样的. 在计划生育国策深入人心的中国,绝大多数家庭是独生子女,两家旅行社的促销策略其实质是一样的.

2. 当各房间人数相等时,应为 $\frac{1}{5}(17 + 9 + 14 + 16 + 4) = 12(人)$. 设房间 A 搬入 B 的人数为 X_B,房间 B 搬入 C 的人数为 X_C,房间 C 搬入 D 的人数为 X_D,房间 D 搬入 E 的人数为 X_E,房间 E 搬入 A 的人数为 X_A,故有等式

$$9 + X_B - X_C = 14 + X_C - X_D = 16 + X_D - X_E = 4 + X_E - X_A = 17 + X_A - X_B = 12$$

用 X_B 表 X_C, X_D, X_E, X_A. 由上式变为 $X_C = X_B - 3, X_D = X_B - 1, X_E = X_B + 3, X_A = X_B - 5$;若使搬动人数最少,即

$$y = |X_A| + |X_B| + |X_C| + |X_D| + |X_E| = $$
$$|X_B - 5| + |X_B| + |X_B - 3| + |X_B - 1| + |X_B + 3|$$

取最小值.

当 $X_B < 1$ 时 y 降,当 $X_B > 1$ 时 y 升. 故当 $X_B = 1$ 时 y 取最小值. 由 $X_B = 1$,进而求得 $X_A = -4, X_B = 1, X_Z = -2, X_D = 0, X_E = 4$,也就是说,$A$ 迁入 B 1 人,C 迁入 B 2 人,D 迁入 E 4 人,A 迁入 E 4 人,搬动总人数最少是 $1 + 2 + 4 + 4 = 11(人)$.

最后的式子实质上就是在数轴上有点 $a_1, a_2, \cdots, a_n$,求当 x 取何值时,函数

$$y = f(x) = |x - a_1| + |x - a_2| + \cdots + |x - a_n|$$

取最小值的问题. 若有 $a_1 < a_2 < \cdots < a_n$,又当 $n = 2k - 1$ 时,则

$$y_{min} = f(a_k) = a_n + a_{n-1} + \cdots + a_{k+1} - a_{k-1} - \cdots - a_1$$

又当 $n = 2k$ 时

$$y_{min} = f(a_0) = a_n + b_{n-1} + \cdots + a_{k+1} - a_k - \cdots - a_1$$

其中 $a_0 \in [a_k, a_{k+1}]$,而在此例中

$$y = |x - 5| + |x - 3| + |x - 1| + |x| + |x + 3|$$

其中 $a_1 = -3, a_2 = 0, a_3 = 1, a_4 = 3, a_5 = 5$,故 $y_{min} = 11$.

3. 设在股票 X, Y 上各投资 x, y 美元,则在条件

$$\begin{cases} x + y \leq 5\ 000 \\ x \leq 40\ 000 \\ y \geq 6\ 000 \\ y \geq \frac{1}{3}x \\ x \geq 0 \\ y \geq 0 \end{cases}$$

限制下,求回报数 $z = 0.08x + 0.1y$ 的最大值.

作图像:$l_1: x+y=50\ 000$;$l_2: y=\dfrac{1}{3}x$;$l_3: y=6\ 000$;$l_4:$ $x=40\ 000$. 如图阴影部分内的点(x,y)满足条件. 角点为 $(18\ 000,6\ 000)$,$(40\ 000,6\ 000)$,$(40\ 000,10\ 000)$,$(37\ 500,$ $12\ 500)$,$z=0.08x+0.01y$ 在这些点的值分别是 $2\ 040$,$3\ 800$, $4\ 200$,$4\ 250$,其中最大者为 $4\ 250$,这时 $x=37\ 500$,$y=12\ 500$.

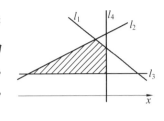

3 题图

4. 由题意知该电子琴处于垄断竞争市场,公司有权自己定价以谋求最大利润,但是,定价必须慎重. 作为经理必须明白,在这种情况下产品的需求曲线是一条向下倾斜的曲线. 并且随着价格的微小变化,销售量可能变化很大,因此定价的关键是确定(或估计)需求关系,求获得最大利润的价格的一般方法是:第一步,根据试销情况确定(或估计)需求关系;第二步,确定总利润与销售价之间的函数关系;第三步,用求函数最大(最小)值的方法,确定价格.

将试销所得的销售价与销售量的每对对应值用点 A,B,C,D 分别表示在坐标平面上,可以看出这些点大致成一直线 l(图略),所以所求的需求关系(近似)为一次函数. 为了保证所求的函数关系较为准确,选直线上距离较远的两点 $A(3\ 280,1\ 720)$,$D(4\ 000,1\ 000)$,当然也可尝试 B,C 两点来确定直线方程,或者用最小二乘法来确定. 设所求的直线方程是 $y=kx+b$,把点 A,D 的坐标代入得方程组,可解得 $k=-1$,$b=5\ 000$. 于是 y 与 x 之间的函数关系是 $y=-x+5\ 000$(x 是不大于 $5\ 000$ 的正整数). 设总利润为 z 元,则

$$z=(x-2\ 460)(-x+5\ 000)=-(x-3\ 730)^2+162\ 900, 0<x\leqslant 5\ 000, x\text{ 为正整数}$$

由试销情况可知 $2\ 460<x<5\ 000$,于是当 $x=3\ 730$ 时,z 取最大值(或用不等式方法求). 故

(1) 为在今年内能获最大利润,销售价应定为 $3\ 730$ 元/架;

(2) 年最大利润是 $161\ 290$ 元,获得最大利润时的销售量是 $1\ 270$ 架.

5. 如图,设船行方向与水流方向的夹角为 α,在水流作用下船实际行走的路线为 AB,AB 与水流方向的夹角为 β,由平行四边形法则,船的实际速度为 v.

在矢量 $\triangle v_0 v A$ 中,由正弦定理有

$$\dfrac{v'}{\sin\beta}=\dfrac{v_0}{\sin(\alpha-\beta)}$$

即
$$\cot\beta=\dfrac{v_0+v'\cos\alpha}{v'\sin\alpha}$$

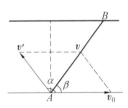

5 题图

船的实际路程
$$S=\dfrac{S_0}{\sin\beta}=S_0\sqrt{1+\cot^2\beta}=S_0\sqrt{1+\left(\dfrac{v_0+v'\cos\alpha}{v'\sin\alpha}\right)^2}$$

因此,要使 S 最小,必须 $\left(\dfrac{v_0+v'\cos\alpha}{v'\sin\alpha}\right)^2$ 最小,而 $0<\alpha<\pi$,$-1<\cos x<1$,因而

(i) 当 $v'>v_0$ 时,$v_0+v'\cos\alpha=0$,即 $\cos\alpha=-\dfrac{v_0}{v'}$,$\alpha=\pi-\arccos\dfrac{v_0}{v'}$ 时,S 最小时等于 S_0,此时,实际航线与河岸垂直;

(ii) 若 $v' < v_0$ 时,$v_0 + v'\cos \alpha$ 不可能等于零. 此时为求 $(\dfrac{v_0 + v'\cos \alpha}{v'\sin \alpha})^2$ 取最小值,令 $y = (\dfrac{v_0 + v'\cos \alpha}{v'\sin \alpha})^2$,化简得

$$(1 + y)v'^2 \cdot \cos^2\alpha + 2v_0 v'\cos \alpha + (v_0^2 - yv'^2) = 0$$

因 $0 < \alpha < \pi, -1 < \cos \alpha < 1$,此方程的判别式 $\Delta \geqslant 0$,即

$$(2v_0 v')^2 - 4(v_0^2 - yv'^2)(1 + y)v'^2 \geqslant 0$$

即 $y \geqslant \dfrac{v_0^2 - v'^2}{v'^2}$,当 $y_{\min} = \dfrac{v_0^2 - v'^2}{v'^2}$ 时,S 有最小值

$$S_{\min} = S_0 \sqrt{1 + \dfrac{v_0^2 - v'^2}{v'^2}} = v_0 \cdot \dfrac{S_0}{v'}$$

此时

$$\cos \alpha = -\dfrac{b}{2a} = -\dfrac{2v_0 v'}{2(1 + y_{\min})v'^2} = -\dfrac{v'}{v_0}$$

即

$$\alpha = \pi - \arccos \dfrac{v'}{v_0}$$

此时实际航行与河岸不垂直,与水流方向的夹角 $\beta = \dfrac{\pi}{2} - \arccos \dfrac{v'}{v_0}$;

(iii) 若 $v' = v_0$ 时,由

$$S = S_0 \cdot \sqrt{1 + (\dfrac{1 + \cos \alpha}{\sin \alpha})^2} = S_0 \sqrt{1 + \cot^2 \dfrac{\alpha}{2}}$$

及 $0 < \alpha < \pi$,而 $y = \cot \dfrac{\alpha}{2}$ 在 $(0,\pi)$ 内无极小值,故此时,不存在最短航程问题).

综上,当 $v' > v_0$ 时,航行方向与水流成 $\alpha = \pi - \arccos \dfrac{v_0}{v'}$,实际路程最小为 S_0;当 $v' < v_0$ 时,航行方向与水流成 $\alpha = \pi - \arccos \dfrac{v'}{v_0}$,实际路程为 $\dfrac{v_0 S_0}{v}$;当 $v' = v_0$ 时,不存在最短航程问题.

欲使船渡河所用时间 t 最少,即 $t = \dfrac{S}{t}$ 最小,由于 $S = \dfrac{S_0}{\sin \beta}$,所以 $t = \dfrac{S_0'}{v\sin \beta}$,又 $\sin \beta = \dfrac{v'\sin(180° - \alpha)}{v}$,从而,$t = \dfrac{S_0}{v' \cdot \sin \alpha}$,故当 $\alpha = 90°$ 即 $\sin \alpha = 1$ 时,$t_{最少} = \dfrac{s_0}{v'}$. 因此船渡河的最短时间与水流速度无关;当船沿着垂直河岸的方向渡河时所用的时间最少,并且等于船在静水中垂直行驶到对岸所用的时间即 $t_{最少} = \dfrac{S_0}{v'}$.

6. 为了便于计算,不妨假定这两年内各种价格不变,产量也不变,并且不计承包人自己的工资,假定卖合同粮价都相同.

(1)计算得承包两年土地需缴纳土地租用费等其他开支为 $2 \cdot (50 + 10) \cdot 100 = 12\,000(元)$.

(2)根据给定数据计算出每种作物收支费用如表3所示.

表 3

品种 收支	冬小麦	玉米	花生
毛收益	504	492	775
开 支	278	170	170
纯收益	226	322	605

(3) 两年内只能有以下两种种植模式:

(i) 秋种冬小麦 → 夏收完种玉米 → 秋收完再种冬小麦 → 夏收完再种玉米 → 秋收玉米;

(ii) 秋不种 → 春种花生 → 秋收后种冬小麦 → 夏收后再种玉米 → 秋收玉米.

(4) 设按模式(i) 种 x_1 亩,模式(ii) 种 x_2 亩,总收入应该为

$$y = f(x_1, x_2) = 1\,096x_1 + 1\,153x_2 - 12\,000 - 2 \times 1.68 \times 1\,000$$

其中 x_1 和 x_2 应受如下条件的限制:

(i) $x_1 \geq 0, x_2 \geq 0$;

(ii) $x_2 \leq 20$;

(iii) $x_1 + x_2 = 100$;

(iv) $300x_1 \geq 21\,000$(卖合同粮和口粮).

(5) 由于模式(ii) 获利多,所以在满足条件(iii) 和(iv) 的前提下应该尽量地采用模式(ii). 所以只要计算一下 $x_2 = 20$ 时,能否满足条件(iv) 即可. 因 $300 \times 80 > 21\,000$,令 $x_1 = 80, x_2 = 20$. 可取得最大收益

$$y_{max} = 1\,096 \times 80 + 1\,153 \times 20 - 12\,000 - 1\,680 \times 2 =$$
$$87\,680 + 23\,060 - 12\,000 - 1\,680 \times 2 = 95\,380(元)$$

7. 首先注意到回填速度应以每小时多少立方米填料计算才好,再注意到回填速度是在逐渐加快,水流截面越大,水越深,回填时填料被冲走的就越多,相应的进展速度就越慢,反之就越快. 因此对回填速度越来越快这一点应做出较合理的假设.

为简便计,回填体积可用龙口水流的截面面积代替,假设截面为等腰三角形,那么要回填的面积为

$$A_0/m^2 = \frac{40 \times 60}{2} = 1\,200$$

经 175 min 回填后,龙口宽为 34.4 m,设此时截面与原截面相似(如题目图),由此时的水深 h_1 满足 $\frac{17.2}{h_1} = \frac{20}{60} = \frac{1}{3}$. 故 $h_1 = 51.6$ m,此时尚待回填的面积

$$A_1/m^2 = 17.2 \times 51.6 = 887.52$$

回填平均速度为

$$\frac{(1\,200 - 887.52) \times 60}{175} = 107.136\ (m^2/h)$$

到 13:00 时尚待回填的面积

$$A_2/m^2 = 15.5 \times (15.5 \times 3) = 720.75$$

从 11:50 到 13:00 回填的平均速度为

$$\frac{(887.52 - 720.75) \times 60}{70} \approx 143 \ (\text{m}^2/\text{h})$$

比以前的速度加快了. 在回填过程中,回填速度是越来越快的,可建立各种模型进行计算,下面举出两种解法.

解法 1 假设回填速度加快的比为 $\frac{143}{107} = 1.336$,那么下午 1∶00 ~ 2∶00,回填面积为 $143 \times 1.336 = 191.048$;2∶00 ~ 3∶00 回填面积为 $143 \times 1.336^2 = 255.24$,此时,待填面积为

$$720.75 - (191.048 + 255.24) = 274.462$$

需要 $\frac{274.462}{143 \times 1.336^3} = 0.8 \ \text{h}$ 便能合龙,因此,自下午 1∶00 开始,再需 2.8 h,即在下午 3 点 48 分龙口即可合龙.

解法 2 假设回填速度 v 与水深 l 成反比. 因为水深与待填面积 S 的关系是 $\frac{2}{3}l^2 = S$,所以回填速度 v 与 $\sqrt{S}$ 成反比,即 $v \cdot \sqrt{S} = k$,k 为常数,k 值可按 12∶00 ~ 13∶00 的 v 和 S 的值求出. 那时

$$v/(\text{m}^2 \cdot \text{h}^{-1}) = 143$$

$$l/\text{m} = 51.6 \times \frac{6}{7} = 44.23$$

$$S/\text{m}^2 = \frac{2}{3} \times 44.23^2 = 1\,304.20$$

$$k = \sqrt{1\,304.20} \times 143 = 36.11 \times 143 = 5\,164.35$$

下午 1∶00 ~ 2∶00,回填速度为 $\frac{5\,164.35}{\sqrt{720.75}} = 192.36 \ \text{m}^2/\text{h}$,回填面积为 192 m². 2∶00 ~ 3∶00,回填速度

$$v/(\text{m}^2 \cdot \text{h}^{-1}) = \frac{5\,164.35}{\sqrt{720.75 - 192.36}} = \frac{5\,164.35}{\sqrt{528.39}} = 224.67$$

故回填面积为 224.67 m². 3∶00 ~ 4∶00,回填速度

$$v/(\text{m}^2 \cdot \text{h}^{-1}) = \frac{5\,164.35}{\sqrt{720.75 - 192.36 - 224.67}} = \frac{5\,164.35}{\sqrt{303.72}} = 296.33$$

故回填面积为 296.33 m². 所以到下午 4∶00,待填面积

$$S/\text{m}^2 = 720.75 - 192.36 - 224.67 - 296.33 = 7.39$$

可认为已经合龙,也就是说,按这一模型估算,下午 4 点龙口即可合龙.

8. 为了节省时间,必须充分多地用摩托车;当摩托车带一个人在行驶时,另一个人必须同时步行;小明和小英必须同时出发,且同时到达. 由此知,小明和小英在路上所花费的时间是一样多的;他俩步行的时间和摩托车的时间都是一样的. 于是可设想,小明先步行,小英乘摩托车,当把小英送到途中某地后,再回来接小明,此时小英继续步行,当摩托车把小明送到火车站时,小英也同时到达.

如图,设 A, B, C, D 分别代表家、火车站、小明上摩托车处和小英下摩托车处,则可设 $AC = DB = x, CD = 26 - 2x$.

由于小英步行 DB 的时间与摩托车在 D 处放下小英后赶往 C 处接小明且把小明送到 B 的时间是一样的,所以可建立方程

$$\frac{x}{5} = \frac{2(26-2x)+x}{65}$$

解得 $x = \dfrac{13}{4}$ km,路上共花费时间

$$t/\text{h} = \frac{DB}{5} + \frac{AD}{65} = \frac{\frac{13}{4}}{5} + \frac{26 - \frac{13}{4}}{65} = 1$$

所以小明、小英能赶上这班火车. 赶路方案是:其中的一个人先步行用摩托车将另一个人送至离火车站 3.25 km 处,让他继续步行,且立即返回接先步行的那个人,那么他们可在 8 点整到达火车站.

9. 设每月用气量为 x m³,支付费用为 y 元,根据题意知

$$y = \begin{cases} 3 + C, 0 \leq x \leq A & \text{①} \\ 3 + B(x-A) + C, x > A & \text{②} \end{cases}$$

由题意知 $C \leq 5$,因此 $3 + C \leq 8$,从表格中看出第二、三月份的费用均大于 8,故用气量 25 m³,35 m³ 均应大于最低额度 A m³,故而将 $x = 25, x = 35$ 分别代入②得

$$\begin{cases} 14 = 3 + B(25-A) + C & \text{③} \\ 19 = 3 + B(35-A) + C & \text{④} \end{cases}$$

由此得 $B = 0.5, A = 3 + 2C$.

再分析一月份的用气量是否超过最低额度,不妨假设 $4 > A$,设 $x = 4$ 代入②得 $4 = 3.5 - C + C$,这是矛盾的. 因此 $4 \leq A$. 此时付款方式应选式①,则有 $C = 1$,由此求得 $A = 5$.

10.(1)设计两大电厂每天各机组发电输送方案如表 4 所示.

表 4

方案	三峡电厂	葛洲坝电厂	日最大发电量/亿度
方案 1	4	8	1.632
方案 2	4	7	1.512
方案 3	4	6	1.392
方案 4	3	8	1.464

(2)
$$0.168x + 0.12y \geq 1.35$$
$$0 \leq x \leq 4, 0 \leq y \leq 8, x,y \in \mathbf{N}$$
$$z = 0.32 \times 0.168x + 0.35 \times 0.12y$$

(3) 解法 1 设安排三峡电厂有 x 台机组发电,葛洲坝电厂有 y 台机组发电输送江浙地区,可使公司电力输送成本最小,即

$$z = 0.32 \times 0.168x + 0.35 \times 0.12y = 0.053\ 76x + 0.042y$$

即 $\begin{cases} 0.168x + 0.12y \geqslant 1.35 \\ 0 \leqslant x \leqslant 4, x \in \mathbf{N} \\ 0 \leqslant y \leqslant 8, y \in \mathbf{N} \end{cases}$

$\begin{cases} 28x + 20y \geqslant 225 \\ 0 \leqslant x \leqslant 4, x \in \mathbf{N} \\ 0 \leqslant y \leqslant 8, y \in \mathbf{N} \end{cases}$

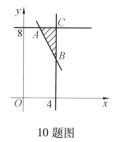

10 题图

如图,求得 $A(2.32, 8), B(4, 5.65), C(4, 8)$,所以

$$z_A = 0.460\ 72, z_B = 0.452\ 34, z_C = 0.551\ 04$$

由于 x, y 取整数,且由(1)知,考虑 $A(3, 8)$ 处, $z = 0.497\ 28$, $B(4, 6)$ 处,$z = 0.467\ 04$,故安排三峡电厂有4台机组发电,葛洲坝电厂有6台机组发电,输送江浙地区,可使公司电力输送成本最小.

解法2 由(1)知,满足条件的方案有4种,可以分别计算加以比较,如表5所示.

表5

方案	三峡电厂	葛洲坝电厂	输送成本/亿元	日最大发电量/亿度
方案1	4	8	0.551 04	1.632
方案2	4	7	0.509 04	1.512
方案3	4	6	0.467 04	1.392
方案4	3	8	0.497 28	1.464

由上表可知,安排三峡电厂有4台机组发电,葛洲坝电厂有6台机组发电输送江浙地区,可使公司电力输送成本最小.

11. 欲使仪表盘看得最清楚,也就是人眼 A 对盘面的视角 φ 达到最大. 如图,设 $AD = x$,$CD = p$,在 $\mathrm{Rt}\triangle ABD$ 中

$$\tan \alpha = \frac{BD}{AD} = \frac{m+p}{x}$$

在 $\mathrm{Rt}\triangle ACD$ 中,$\tan \beta = \dfrac{p}{x}$ 又

$$\tan \varphi = \tan(\alpha - \beta) = \frac{\tan \alpha - \tan \beta}{1 + \tan \alpha \cdot \tan \beta} = \frac{m}{x + \dfrac{p(m+p)}{x}}$$

上式中分子为常数,$\tan \varphi$ 的值取决于分母中两被加数 x 及 $\dfrac{p(m+p)}{x}$ 的和,当 $x = \dfrac{p(m+p)}{x}$ 时,即 $x = \sqrt{p(m+p)}$ 时,分母 $x + \dfrac{p(m+p)}{x}$ 达最小值.

另外,由 $0° < \varphi < 90°$,故当 $\tan \varphi$ 最大时,φ 亦达到最大值,又 $p = n - 1.2$,故工作人员看得最清楚的位置该为 $x = \sqrt{(n-1.2)(m+n-1.2)}$ (m).

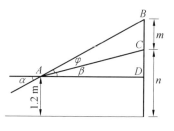

11 题图

12. 如图建立直角坐标系,箭于时间 t 时所在点的坐标为 $(vt\cos\alpha, vt\sin\alpha - \frac{1}{2}gt^2)$.

因此,所求的时间 T,也就是下面方程的非负根

$$vT\sin\alpha - \frac{1}{2}gT^2 = h - H$$

当 $h < H$ 时

$$T = \frac{1}{g}[v\sin\alpha + \sqrt{v^2\sin^2\alpha - 2g(h-H)}]$$

当 $h = H$ 且 $\alpha \leq 0$ 时,$T = 0$;

当 $h = H$ 且 $\alpha > 0$ 时,$T = \frac{1}{g}(v\sin\alpha \pm v\sin\alpha)$;

当 $H < h < H + \frac{v^2\sin^2\alpha}{2g}$ 且 $\alpha > 0$ 时,$T = \frac{1}{g}[v\sin\alpha \pm \sqrt{v^2\sin^2\alpha - 2g(h-H)}]$;

当 $h = H + \frac{v^2\sin^2\alpha}{2g}$ 且 $\alpha > 0$ 时,$T = \frac{v\sin\alpha}{g}$;

当 $h > H$ 且 $\alpha \leq 0$ 和当 $h > H + \frac{v^2\sin^2\alpha}{2g}$ 时,无解.

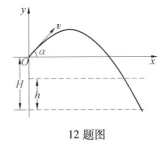

12 题图

13. 以鼻坝的出口处 O 为坐标原点,水平方向为 x 轴,建立直角坐标系 xOy,设鼻坝出口处水流质点的速度为 v,落差为 S,由 $S = \frac{1}{2}gt^2 = \frac{v^2}{2g}$ 和 $S = 9$ m 得 $v = \sqrt{2Sg} = \sqrt{18g}$.

在忽略空气阻力的条件下,如果不计重力,那么经过 t s 后水流质点应到达点 Q(如图(a)),有 $OQ = \sqrt{18g} \cdot t$. 但由于重力影响,水流质点实际位置在点 P,$PQ = \frac{1}{2}gt^2$,所以水流质点的垂直位移是

$$y = AP = AQ - PQ = \sqrt{18g} \cdot t \cdot \frac{1}{2} - \frac{1}{2}gt^2 = \frac{3}{2}\sqrt{2g}t - \frac{1}{2}gt^2$$

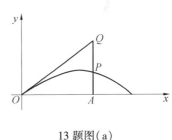

13 题图(a)

同时经过 t s 后,水流质点的水平位移是

$$x = OA = OQ \cdot \cos 30° = \frac{3}{2}\sqrt{6g}t$$

于是得水流曲线的参数方程为

$$\begin{cases} x = \frac{3}{2}\sqrt{6g}t \\ y = \frac{3}{2}\sqrt{2g}t + \frac{1}{2}gt^2 \end{cases}$$

其中 g 为重力加速度,时间 t 为参量. 消去 t 得 $y = -\frac{1}{27}x^2 + \frac{\sqrt{3}}{3}x$,当 $y = -18$ 时,得挑出水流离坝底的水平距离为 31.2 m,下面构建一般模型.

如图(b),设水库的水位至鼻坝的落差(即鼻坝的高度)为 h_1 m,鼻坝至坝基的高度为 h_2 m,水库大坝总高度为 H($H = h_1 + h_2$)m,鼻坝以下的大坝坡度为 l,在不考虑阻力的情况

下，我们认为水滴汇成水流从水库水位至鼻坝水流质点做自由落体运动，再经鼻坝的挑流后做倾角为 θ 的斜上抛运动（θ 为鼻坝与水平方向的夹角）.

以鼻坝出水口 O 为坐标原点，水平方向为 x 轴建立直角坐标系 xOy，并设鼻坝出水口处水流质点的速度为 v.

由于水流自水库水位至鼻坝水流质点做自由落体运动，故有

$$h_1 = \frac{v^2}{2g} \Rightarrow v = \sqrt{2gh_1}$$

13 题图(b)

在经过鼻坝挑流后，水流质点做倾角为 θ 的斜上抛运动，所以经过 t s 后，水流质点的坐标 (x, y) 应满足

$$\begin{cases} x = v\cos\theta \cdot t \\ y = v\sin\theta \cdot t - \frac{1}{2}gt^2 \end{cases}$$

①
②

当水流下落到坝基所在平面时，则 $y = -h_2$，所以有

$$v\sin\theta \cdot t - \frac{1}{2}gt^2 = -h_2 \Rightarrow gt^2 - 2v\sin\theta \cdot t - 2h_2 = 0 \Rightarrow$$

$$t = \frac{v\sin\theta + \sqrt{v^2\sin^2\theta + 2gh_2}}{g} \text{ 或}$$

$$t = \frac{v\sin\theta - \sqrt{v^2\sin^2\theta + 2gh_2}}{g} \text{（舍去）}$$

则

$$x = v\cos\theta \cdot \frac{v\sin\theta + \sqrt{v^2\sin^2\theta + 2gh_2}}{g} \Rightarrow gx - v^2\cos\theta \cdot \sin\theta =$$

$$v\cos\theta \cdot \sqrt{v^2\sin^2\theta + 2gh_2} \Rightarrow g^2x^2 - 2gxv^2\cos\theta \cdot \sin\theta + x^4\cos^2\theta\sin^2\theta =$$

$$v^4\cos^2\theta\sin^2\theta + 2gh_2v^2\cos^2\theta \Rightarrow$$

$$gx^2 - v^2x\sin 2\theta =$$

$$h_2v^2(1 + \cos 2\theta) \Rightarrow v^2(x\sin 2\theta + h_2\cos 2\theta) =$$

$$gx^2 - h_2v^2 \Rightarrow v^2\sqrt{x^2 + h_2^2}\sin(2\theta + \varphi) =$$

$$gx^2 - h_2v^2\sin(2\theta + \varphi) = \frac{gx^2 - h_2v^2}{v^2\sqrt{x^2 + h_2^2}} \Rightarrow \left|\frac{gx^2 - h_2v^2}{v^2\sqrt{x^2 + h_2^2}}\right| \leq 1 \Rightarrow$$

（其中 $\cos\varphi = \frac{x}{\sqrt{x^2 + h_2^2}}, \sin\varphi = \frac{h_2}{\sqrt{x^2 + h_2^2}}$）$\Rightarrow$

$$(gx^2 - h_2v^2)^2 \leq v^4(x^2 + h_2^2) \Rightarrow$$

$$g^2x^4 - 2gh_2v^2x^2 + h_2^2v^4 \leq v^4x^2 + v^4h_2^2 \Rightarrow$$

$$g^2x^2 \leq v^4 + 2gh_2v^2 \Rightarrow$$

$$x^2 \leq \frac{v^2(v^2 + 2gh_2)}{g_2} \Rightarrow x \leq \frac{v\sqrt{v^2 + 2gh_2}}{g}$$

"="当且仅当 $\sin(2\theta + \varphi) = 1$,即 $\theta = \dfrac{\pi}{4} - \dfrac{\varphi}{2}$ 时成立. 由于 x 取得最大值时,$x^2 = \dfrac{v^2(v^2 + 2gh_2)}{g^2}$,所以此时

$$\sin\varphi = \dfrac{h_2}{\sqrt{x^2 + h_2^2}} = \dfrac{gh_2}{v^2 + gh_2}$$

故当 $\theta = \dfrac{\pi}{4} - \dfrac{1}{2}\arcsin\dfrac{gh_2}{v^2 + gh_2}$ 时,水流经鼻坝挑流后,挑离距离最远. 为了确保坝基的安全,还必须使 $x_{\max} > \dfrac{h_2}{l}$,即

$$\dfrac{v\sqrt{v^2 + 2gh_2}}{g} > \dfrac{h_2}{l} \Rightarrow \left.\begin{array}{l} l^2v^4 + 2gh_2l^2v^2 - g^2h_2^2 > 0 \\ 又因 v^2 = 2gh_1 \end{array}\right\} \Rightarrow$$

$$4g^2l^2h_1^2 + 4g^2l^2h_2 \cdot h_1 - g^2h_2^2 > 0 \Rightarrow$$

$$4l^2h_1^2 + 4l^2h_2 \cdot h_1 - h_2^2 > 0 \Rightarrow$$

$$h_1 > \dfrac{-l + \sqrt{1 + l^2}}{2l}h_2 \text{ 或 } h_1 < \dfrac{-l - \sqrt{1 + l^2}}{2l}h_2(\text{舍去})$$

又因 $h_2 = H - h_1$,则

$$h_1 > \dfrac{-l + \sqrt{1 + l^2}}{2l}(H - h_1) \Rightarrow h_1 > \dfrac{\sqrt{1 + l^2} - l}{\sqrt{1 + l^2} + l}H$$

由以上求解结果可知,在保证挑角

$$\theta = \dfrac{\pi}{4} - \dfrac{1}{2}\arcsin\dfrac{gh_2}{v^2 + gh_2} = \dfrac{\pi}{4} - \dfrac{1}{2}\arcsin\dfrac{g(H - h_1)}{2gh_1 + g(H - h_1)} = \dfrac{\pi}{4} - \dfrac{1}{2}\arcsin\dfrac{H - h_1}{H + h_1}$$

的条件下,还应使鼻坝高度 $h_1 > \dfrac{\sqrt{1 + l^2} - l}{\sqrt{1 + l^2} + l}H$,这样才有可能有效地保护坝基.

最后,还须注意到:h_1 增大时,水流的动能随之增大,从而对鼻坝的冲击力也增大,因此 h_1 太大时仍不利于坝基的安全,故在确定鼻坝高度时,应综合考虑各因素的相互影响,在区间 $\left[\dfrac{\sqrt{1 + l^2} - l}{\sqrt{1 + l^2} + l}H, H\right]$ 内寻找一个较为理想的数值.

14. 设燃料费用每小时是 q 元,船速是 v 英里/h,总费用是 p 元. 那么全程所用的时间是 $\dfrac{1\,000}{v}$ h,按题意有 $q = kv^2$(k 为比例系数),将 $v = 10$ 时,$q = 30$ 代入得 $k = 0.03$. 故 $q = 0.03v^3$,$p = 0.03v^2 \cdot \dfrac{1\,000}{v} + 480 \cdot \dfrac{1\,000}{v} = 30v^2 + \dfrac{480\,000}{v}$,而当 $30v^2 = \dfrac{240\,000}{v}$ 即 $v = 20$ 英里/h,总费用 p 最小.

考虑到实际上该轮船根本达不到 20 英里/h 这个速度,因此,$q = 0.03v^3$ 中的 v 是有限制的:$0 \leqslant v \leqslant 18$. 所以 $p = 30v^2 + \dfrac{480\,000}{v}(0 < v \leqslant 18)$ 才是正确的关系式. 求此时 p 的最小值,可尝试用计算器算出一系列值,从中寻找对题意有帮助的信息,如表 6 所示.

表 6

v	≤ 1	2	4	6	8	10	12	14	16	18
p	>480 000	240 120	120 480	81 080	61 920	51 000	44 320	40 166	37 680	36 387

由此看来,开最大速度 18 英里／时,可使总费用最低.

15. 设购进 8 000 个元件的总费用为 F,一年总保管费为 E,手续费为 H,元件买价、运输费及其他费用为 C(C 为常数),则 $F = E + H + C$.

如果每年进货 n 次,则每次进货 $\dfrac{8\,000}{n}$ 个,用完这些元件的时间是 $\dfrac{1}{n}$ 年,进货后,因连续作业组装,一天后保管数量只有 $\dfrac{8\,000}{n} - a$(a 为一天所需元件),两天后只有 $\dfrac{8\,000}{n} - 2a$ 个,……,因此 $\dfrac{1}{n}$ 年中 $\dfrac{8\,000}{n}$ 个元件的保管费可按平均数计算,即相当于 $\dfrac{8\,000}{2n}$ 个保管了 $\dfrac{1}{n}$ 年,每个元件保管 $\dfrac{1}{n}$ 年需 $\dfrac{2}{n}$ 元,故这 $\dfrac{1}{n}$ 年中 $\dfrac{8\,000}{2n}$ 个元件的保管费为

$$E_n = \frac{8\,000}{2n} \cdot \frac{2}{n} = \frac{8\,000}{n^2}$$

每进货一次,花保管费 E_n 元,一共 n 次,故 $E = nE_n = \dfrac{8\,000}{n}$,$H = n \cdot 500$,从而

$$F = E + H + C = \frac{8\,000}{n} + n \cdot 500 + C \geq 4\,000 + C$$

当且仅当 $\dfrac{8\,000}{n} = n \cdot 500$ 即 $n = 4$ 时,总费用最少,故以每年进货 4 次为宜.

16. **解法 1** 从 10 年后的价值考虑,购置设备的 25 万元 10 年后的价值为

$$P_1 / 万元 = 25(1 + 9.8\%)^{10} = 63.674$$

每年初付租金 3.3 万元的 10 年后总价值为

$$P_2 / 万元 = 3.3(1 + 9.8\%)^{10} + 3.3(1 + 9.8\%)^9 + \cdots + 3.3(1 + 9.8\%) \approx 57.197$$

即租赁设备方案的收益较大.

解法 2 从现值来考虑,每年初付租金 3.3 万元的 10 年现值为

$$Q_2 / 万元 = 3.3 + 3.3(1 + 9.8\%)^{-1} + \cdots + 3.3(1 + 9.8\%)^{-9} \approx 22.457$$

这比购置设备一次付款 25 万元少即租赁设备方的收益较好.

17. 按 4 170 万股股票,每人 1 000 股计算,共可有 41 700 人购买此股票,由于中签率 $r = \dfrac{41\,700}{1\,652\,158} \approx 0.025$,所以摇出的中签号码至少是 2 位数(否则中签人数超过 41 700).当中签号码是某个两位数时,中签人数为 16 521 个或 16 522 个(当这个位数 $a \leq 58$ 时有 16 522 人中签,当 $a > 58$ 时,有 16 521 人中签).又由于 $\left[\dfrac{41\,700}{16\,522}\right] = 2$,所以可摇 2 个两位数,余下的可中签人数在 $41\,700 - 2 \cdot 16\,522 = 8\,656$ 至 $41\,700 - 2 \cdot 16\,521 = 8\,658$ 之间.当中签号码是某个三位数时,中签人数为 1 652 或 1 653 个,又由于 $\left[\dfrac{8\,658}{1\,653}\right] = 5$,所以可摇 5 个三位数.以此类推,顺次得到不同位数的中签号码和中签人数如表 7 所示.

表7

中签号码位数	中签人数	中签号码个数	中签号码总人数	累计总人数
1	165 215 ~ 165 216	0	0	0
2	16 521 ~ 16 522	2	33 042 ~ 33 044	33 042 ~ 33 044
3	1 652 ~ 1 653	5	8 200 ~ 8 265	41 302 ~ 41 309
4	165 ~ 166	2	330 ~ 332	41 632 ~ 41 641
5	11 ~ 17	3	48 ~ 51	41 680 ~ 41 692
6	1 ~ 2	9	9 ~ 18	41 689 ~ 41 710
7	0 ~ 1	1	0 ~ 1	41 689 ~ 41 711

18. 设这台设备使用 x 年后更新,而最佳更新年限应使设备总费用(设备的每年平均折旧费与每年低劣化平均值之和)为最小.

一方面,由于设备维修及燃料和动力等消耗(称为设备的低劣化)每年以 k 元增加,所以第 1 年的低劣化值为 k 元,第 2 年的低劣化值为 $2k$ 元,依此类推,第 x 年的低劣化值为 xk 元,因此,这台设备的年低劣化平均值为

$$(k + 2k + 3k + \cdots + xk) \div x = \frac{k(x+1)}{2}(\text{元})$$

另一方面,由条件知,设备每年折旧率相同,故设备每年分摊的设备费用为 $\frac{a}{x}$ 元.则平均每年的设备总费用为

$$y = \frac{k(1+x)}{2} + \frac{a}{x}(\text{元})$$

最佳更新年限 x 就使平均每年的设备总费用 y 取得最小值,因为

$$y = \frac{k(1+x)}{2} + \frac{a}{x} = \frac{k}{2} + \frac{kx}{2} + \frac{a}{x} \geq \frac{k}{2} + 2\sqrt{\frac{kx}{2} \cdot \frac{a}{x}} = \frac{k}{2} + \sqrt{2ka}$$

当且仅当 $\frac{kx}{2} = \frac{a}{x}$,即 $x = \sqrt{\frac{2a}{k}}$ 时等号成立,所以这台设备的最佳更新年限为 $x = \sqrt{\frac{2a}{k}}$ 年.

如当一台设备原价值(购进价格)为 $a = 98\,000$ 元,设备维修及燃料和动力等消耗(称为设备的低劣化)每年以 $k = 4\,000$ 元增加,则这台设备的最佳更新年限为

$$x/\text{年} = \sqrt{\frac{2a}{k}} = \sqrt{\frac{2 \times 98\,000}{4\,000}} = 7$$

19. (1) 设通道开放前等待的人数为 N,队伍每分钟增加人数为 M,每个通道每分钟通过安检的人数为 K;

设要同时开放 P 个通道才能满足要求,则

$$\begin{cases} N + 40M = 40K & \text{①} \\ N + 15M = 15K \cdot 2 & \text{②} \\ N + 8M \leq 8K \cdot P & \text{③} \end{cases}$$

由①,②得
$$\begin{cases} K = 2.5M \\ N = 60M \end{cases}$$

代入③得
$$60M + 8M \leq 8 \times 2.5M \cdot P$$

解得 $P \geq 3.4$,故至少同时开放 4 个通道才能满足要求.

(2) 设第 n 个旅客的等待时间为 t_n,当 $n \leq N$ 时,第 n 个旅客的等待时间为他前面的 $n-1$ 个旅客通过安检用去的时间,当 $n > N$ 时,第 n 个旅客的等待时间为他前面的 $n-1$ 个旅客通过安检用去的时间减去他在开放通道以后到来用去的时间,即

$$t_n = \begin{cases} \dfrac{n-1}{K}, & n \leq N \\ \dfrac{n-1}{K} - \dfrac{n-N}{M}, & n > N \end{cases}$$

当 $x \leq N$ 时,$n = N$ 时 t_n 取得最大值为

$$\frac{N-1}{k} = \frac{60M-1}{2.5M} = 24 - \frac{2}{5M}$$

当 $n > N$ 时,$n = N + 1$ 时,t_n 取得最大值为 $24 - \dfrac{1}{M}$.

故等待时间最长为 $24 - \dfrac{2}{5M} < 25$,说明能够实现承诺.

(3) 设现在的安检速度为 K_1,由(1) $K_1 = \dfrac{4}{5}K = 2M$ 可知安检速度比队伍增加速度快,由(2) 可知,当开始安检时,队伍的最后一个人等待时间最长,开始安检时排队等待的总人数 $N = 60M = 30K_1$.

假设只开放一个安检通道,则第 n 个人的等待时间为

$$t_n = \frac{n-1}{K_1}, n \leq N$$

令 $t_n \leq 10$,则

$$\frac{n-1}{K_1} \leq 10, n \leq 10K_1 + 1$$

提出下列一种方案:

在安检过程中的任何时刻,保证每个通道的排队人数不超过 $10K_1 + 1$,也就是安检速度的 10 倍加 1,并且每个通道尽量满负荷运转,就能实现目标.

因为等待总人数 $N = 60M = 30K_1$,当刚开始开放通道时,需要同时开放 3 个通道,当排队人数减少到 $20K_1$ 的时刻,可以只开放 2 个通道,当排队人数减少到 $10K_1$ 的时刻,可以只开放 1 个通道.

20. 此题中的决策,需多步决策,也就是说,某一步决策要取决于上一步的决策结果. 在这种情形下,采用"决策树"法就较为合适,此法的特点是便于操作,分析解决问题的过程简明、形象、直观.

所谓"决策树"就是将有关的方案、状态、结果、益损值和概率等用一些"节点"和"边"组成的"树"的图形表示出来. 它主要包括:

(1) 决策点,一般用方形节点"□"表示,从它引出的分枝称为方案分枝,边下面的数字为进行决策时的费用支出;

(2) 状态点(或叫方案节点),一般用圆表节点"○"表示,从它引出的分枝称为概率分枝,每条分枝边写有自然状态及相应的概率;

(3) 结果点(或称树梢),一般用有圆心的圆形节点"⊙"表示,位于树的末梢,它旁边的数字表示在该自然状态下的益损值.

下图就是本题的决策树.画出决策树后,可按下面的步骤进行决策:

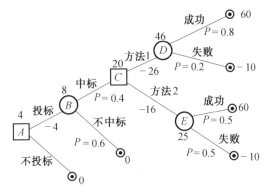

20 题图

第一步:从末梢开始,计算各状态点上的期望收益,并写在状态点的旁边. 如状态点 D 处的值为 $0.8 \times 60 + 0.2 \times (-10) = 46$(万元),点 E 处的值为 $0.5 \times 60 + 0.5 \times (-10) = 25$(万元).

第二步:剪枝,比较状态点旁的期望值,留下期望值最大的那一条方案分枝,删去其他的方案分枝,如在上图中,由于 $46 - 26 > 25 - 16$,故在点 C 处的决策为选择方法 1,画去方法 2 的边,并将费用值 20 万元注在点 C 的上边.

根据上述计算可知,该开发公司首先应参加投标,并在中标的情况下选择方法 1 进行开发研制,总期望收益为 4 万元.

第六章 数学建模的数据分析方法

我们的社会已进入信息时代,研究问题、处理问题离不开信息,信息是问题研究的基础,而许多信息是通过数据反映出来的.因此学会捕捉信息、搜集数据是我们的重要工作.

捕捉信息、搜集数据,首先要制订计划,明确目的、目标,这样可以少走弯路,避免无效劳动.其次要讲究方法,捕捉信息、搜集数据主要依赖于对所处环境、事物的留心观察.除了可以运用已有的诸如报纸、杂志、报表上刊登的信息、数据外,也可采用定点调查、个别访问及随机问卷抽查等,获取信息、数据;有些信息、数据还需通过实地测试及通过实验获得.最后,还要善于处理搜集来的信息、数据.这在数学建模中显得更为突出.下面介绍数学建模中常采用的几种数据分析方法.

6.1 数 字 分 析

根据已给(或实验)数据间的数量关系,直接寻找出其数值间的内在结构与联系称之为数字分析.

6.1.1 我国人口增长趋势问题

2001 年 3 月 28 日上午国家统计局、第五次全国人口普查领导小组公布了第五次全国人口普查的初步结果:大陆 126 583 万人,香港 678 万人,澳门 44 万人,台湾省(包括金门、妈祖等)2 228 万人.大陆人口中男性 65 333 万人,女性 61 228 万人,性别比为 106.74(女性为 100).过去 10 年人口平均增长率为 1.07%.

新中国成立以后,我们国家共进行了 5 次人口普查,祖国大陆人口历次普查情况如表 6.1 所示.

表 6.1

1953 年	第一次普查	总人口 5.82 亿	性别比为 107.6
1964 年	第二次普查	总人口 6.95 亿	性别比为 105.3
1982 年	第三次普查	总人口 10.08 亿	性别比为 106.3
1990 年	第四次普查	总人口 11.34 亿	性别比为 106.6
2000 年	第五次普查	总人口 12.658 3 亿	性别比为 106.7

请根据上述数据,分析我国人口增长趋势.

首先,可假设每相邻两次人口普查的间隔时间都为整数年,来计算出每相邻两次人口普查之间的祖国大陆的人口年平均增长率,看出哪段时间人口增长最快及增长趋势的比率.

设每相邻两次人口普查之间的人口增长率以 x 来计算(间隔时间以整年计).

1953 ~ 1964

$$5.82 \times (1+x)^{11} = 6.95$$

$$\lg 5.82 + 11\lg(1+x) = \lg 6.95$$

$$\lg(1+x) = \frac{\lg 6.95 - \lg 5.82}{11} = 0.007\,005\,619$$

$$1 + x = 1.016\,26$$

$$x = 0.016\,26 = 1.626\%$$

1964 ~ 1982 年

$$6.95 \times (1+x)^{18} = 10.08$$

$$\lg(1+x) = \frac{\lg 10.08 - \lg 6.95}{18} = 0.008\,971$$

$$1 + x = 1.020\,87$$

$$x = 0.020\,87 = 2.087\%$$

1982 ~ 1990 年

$$10.08 \times (1+x)^{8} = 11.34$$

$$\lg(1+x) = \frac{\lg 11.34 - \lg 10.08}{8} = 0.006\,394$$

$$1 + x = 1.014\,832$$

$$x = 0.014\,832 = 1.483\,2\%$$

1990 ~ 2000 年间的人口增长率在统计资料中已公布. 从上面的计算可以看出,1964 ~ 1982 年期间,大陆人口增长率最高. 这是当时的计划生育(特别是前期)没有很好开展所造成的结果,20 世纪 80 年代由于计划生育工作层层抓紧,措施落实,人口增长率就明显下降了. 到了 20 世纪 90 年代,这一成果就更加显著地表现出来,使我国进入了低生育国家的行列.

又从所公布的普查人口数字:1990 的 11.34 亿和 2000 的 12.658 3 亿来看,这 10 年的人口平均增长率比 1.07% 要高,这是为什么呢?

若按 1.07% 算,可设过去 10 年开始时大陆人口总数为 a 万人,由统计资料知

$$a(1 + 1.07\%)^{10} = 126\,583$$

两边取对数,得

$$\lg a + 10\lg 1.010\,7 = \lg 126\,583$$

可得 $a = 113\,802$(万人),又

$$(126\,583 - 113\,802) \div 10 = 1\,278.1(万人)$$

由上面计算可知,过去 10 年祖国大陆共增加了 12 781 万人,平均每年增加 1 278.1 万人. 而第四次人口普查时大陆实际人口为 113 400 万人,比过去 10 年初始人口少 402 万人,约占年均增加人口的 $\frac{1}{3}$. 因此,第四次与第五次全国人口普查实际间隔时间约为 10 年 4 个月.

在此,我们还须指出的是:若按 20 世纪 80 年代的人口增长率 1.483 25 计算,2000 年我国的人口可达

$$N = 11.34 \times (1 + 1.483\,2\%)^{10}$$

$$\lg N = \lg 11.34 + 10 \times \lg 1.014\,832 = 1.185\,5$$

$$N = 13.138\,8(亿人)$$

$$131\,388 - 126\,583 = 4\,805(万人)$$

故按20世纪80年代的人口增长率,祖国大陆可达131 388万人,要超出实际人口数4 805万人。

然后,我们作出人口年增长率的折线统计图,如图6.1所示。

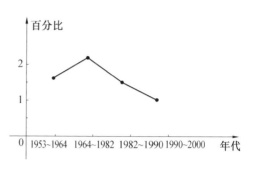

图6.1

6.1.2 砝码问题

一块质量为整数 n g 的砝码,分成 $k(k<n)$ 块,每块都是整数克,要使得用这 k 块砝码能称出 1 至 n 间的任意整数克的重物,问最小的 k 应为多少?每块的质量又各是多少?如果称物时,只许把砝码放在砝码盘(即不许在称物盘中附加砝码),则最小的 k 又应为多少?每块的质量又各是多少?

考虑到天平的两个盘分别称为砝码盘和称量盘,砝码盘上只放砝码,而称量盘除放重物外还可附加砝码,例如用一块 2 g 和一块 3 g 的砝码称一个 1 g 的重物,则可把 3 g 的砝码放在砝码盘上,把 2 g 的砝码放在称量盘上。假如有一组砝码 $A,B,C\cdots$,把它们适当地分放在两盘上能称出 1 到 n 的所有整数克重物,如果有一块新砝码 p,它的质量是 p g,超过原有的砝码总质量和 n g,若超过量为原有砝码质量的总和加 1,即 $p-n=n+1$,则
$$p = 2n + 1 \qquad\qquad ①$$
那么,把新砝码 p 加入原砝码组 $A,B,C\cdots$ 之后,就能称出从 1 至 $p+n=3n+1$ 的所有整数克重物。

这是由于原有砝码已能称 1 至 n g 重物,为了称出一个 $p+x$ g 的重物(x 表示 1 至 n 的任一整数),可把砝码 $A,B,C\cdots$ 分放在两个盘上,使砝码盘上的重量偏重 x g,然后再把新砝码 p 加入砝码盘,这时砝码盘上总偏重 $p+x$ g,便可称 $p+x$ g 的重物了。

根据上面的分析,若有一个 40 g 的大砝码,要分成最少的几块,每块质量均为整数,则知 A 必为 1 g,B 必为 3 g,这时便可称出 $1,2,3,4(n=4)$ g 重物;再选第三块砝码 C,它的质量根据式①应为 $C=2\times 4+1=9$ g,用 A,B,C 三块砝码就能称出 1 至 $C+4=13$ g 的所有整数克重物;最后,选第四块砝码 D,根据式①并注意此时 $n=B$,它的质量 $d=2\times 13+1=27$ g,这四块砝码便能称出 1 至 $d+13=40$ g 的所有重物。因而此时最小的 k 为 4,这四块砝码的质量分别为 1,3,9,27 g。

若有一个 22 g 的砝码呢,同上述分析,知最小的 k 也为 4,这四块砝码的质量分别为 1,3,9,9 g。

一般地,我们可建立如下模型:

(1) 当 n 是满足 $2n+1=3^k$(或 $n=1+3+\cdots+3^{k-1}=\dfrac{3^k-1}{2}$)型的正整数时,则求得最小的 $k=\log_3(2n+1)$,这 k 块砝码的质量分别为 $1,3,3^2,\cdots,3^{k-1}$。

(2) 当 n 不是满足 $2n+1=3^k$ 型的正整数时,则必存在某一正整数 k,使 n 满足不等式
$$3^{k-1} < 2n+1 < 3^k$$
这时
$$\dfrac{3^{k-1}-1}{2} < n < \dfrac{3^k-1}{2}$$

于是
$$1 + 3 + 3^2 + \cdots + 3^{k-2} < n < 1 + 3 + 3^2 + \cdots + 3^{k-1}$$
或
$$0 < n - \frac{3^{k-1} - 1}{2} < 3^{k-1}$$

因此,求得最小的 $k = [\log_3(2n + 1)] + 1$(其中[ ]表取整数部分),这 k 块砝码的质量分别为 $1, 3, 3^2, \cdots, 3^{k-2}, n - \frac{3^{k-1} - 1}{2}$.

如果称物时,只允许把砝码放入砝码盘,因此,可归结为把正整数 n 分成 k 个正整数 n_1, $n_2, \cdots, n_k$ 之和,使得从 1 至 n 之间的任何正整数,都可以由 $n_1, n_2, \cdots, n_k$ 中取出若干相加而得到. 此时,可设 $n_1 \le n_2 \cdots \le n_k$,由于 1 至 n 之间包含 1,所以必然 $n_1 = 1$,对于 n_2,可能取的值是 1 或 2,为使 k 最小,取 $n_2 = 2$,这时由 n_1 和 n_2 便可称出 1 至 $3 = 1 + 2$(g)之间的任意整数克重物. 继续上述分析,必然应取 $n_3 = 4 = 2^2$,这时便可用 n_1, n_2, n_3 称出从 1 至 $7 = 1 + 2 + 2^2$ g 之间的任意整数克重物. 如此类推至 $n_k = 2^{k-1}$,则可能出现以下两种情况:

(3) 如果
$$n = 2^k - 1 = 1 + 2 + 2^2 + \cdots + 2^{k-1}$$
则这时 $k = \log_2(1 + n)$,我们便得到 k 个小砝码 $n_1, n_2, \cdots, n_k$ 的质量为 $1, 2, 2^2, \cdots, 2^{k-1}$ g.

(4) 如果 n 是介于 $2^{k-1} - 1$ 和 $2^k - 1$ 两数之间,即
$$2^{k-1} - 1 = 1 + 2 + \cdots + 2^{k-2} < n < 1 + 2 + \cdots + 2^{k-1} = 2^k - 1$$
则由于 $0 < n - (2^k - 1) < 2^{k-1}$,所以应取 $k = [\log_2(1 + n)] + 1$,(其中[ ]同上),k 个小砝码质量为 $1, 2, 2^2, \cdots, 2^{k-2}, n - (2^{k-1} - 1)$ g.

6.1.3 货郎担问题

有一个串村走户的卖货郎,从某个村庄出发,通过另外三个村庄一次且仅一次,最后又回到原来出发的村庄. 四个村庄之间的路程由图 6.2 所示. 问应如何选择行走路线,总的行程最短.

我们记 d_{xy} 表示村庄 x 和 y 之间的距离,又记 $f_k(x, (y_1, \cdots, y_k))$ 表示从某一村庄出发经过 $k(k = 0, 1, 2, 3)$ 个村庄到达村庄 x 的最短距离.

下面,我们讨论从村庄 A 出发,则 $k = 0$ 时
$$f_0(B, (0)) = d_{AB} = 8, f_0(C, (0)) = d_{AC} = 5$$
$$f_0(D, (0)) = d_{AD} = 6$$

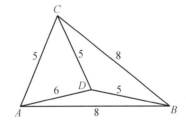

图 6.2

$k = 1$ 时
$$f_1(B, (C)) = f_0(C, (0)) + d_{CB} = 5 + 8 = 13$$
$$f_1(B, (D)) = f_0(D, (0)) + d_{DB} = 6 + 5 = 11$$
$$f_1(C, (B)) = f_0(B, (0)) + d_{BC} = 8 + 8 = 16$$
$$f_1(C, (D)) = f_0(D, (0)) + d_{DC} = 6 + 5 = 11$$
$$f_1(D, (B)) = f_0(B, (0)) + d_{BD} = 8 + 5 = 13$$
$$f_1(D, (C)) = f_0(C, (0)) + d_{CD} = 5 + 5 = 10$$

$k = 2$ 时
$$f_2(B, (C, D)) = \min[f_1(C, (D)) + d_{CB}, f_1(D, (C)) + d_{DB}] =$$

$$\min[11+8,10+5]=15$$

若记 $P_k(x,(y_1,\cdots,y_k))=y_i$ 表示以某一村庄 M 出发经过 k 个中间村庄 $(y_1,\cdots,y_k)$,到村庄 x 的线路上紧挨 x 的是 y_i,即 $M\to y_1\to\cdots\to y_i\to x$,则 $P_2(B,(C,D))=D$,即从村庄 A 出发,经过两个中间村庄 (C,D) 到村庄 B 的线路上紧挨村庄 B 的为 D,即 $A\to C\to D\to B$.

经 (B,D) 到达村庄 C 时
$$f_2(C,(B,D))=\min[f_1(B,(D))+d_{BC},f_1(D,(B))+d_{DC}]=$$
$$\min[11+8,13+5]=18$$

所以 $P_2(C,(B,D))=D$,即为 $A\to B\to D\to C$.

经 (B,C) 到村庄 D 时
$$f_2(D,(B,C))=\min[f_1(B,(C))+d_{BD},f_1(C,(B))+d_{CD}]=$$
$$\min[13+5,16+5]=18$$

所以 $P_2(D,(B,C))=B$,即为 $A\to C\to B\to D$.

当 $k=3$ 时,即从村庄 A 出发,中间三个村庄(顺序任意)回到村庄 A 的最短距离是
$$f_3(A,(B,C,D))=\min[f_2(B,(C,D))+d_{BA},f_2(C,(B,D))+d_{CA},f_2(D,(B,C))+d_{DA}]=$$
$$\min[15+8,18+5,18+6]=23$$

所以 $P_3(A,(B,C,D))=B$ 或 C.

由此可推知,卖货郎的最短农村走户路线是 $A\to C\to D\to B\to A$ 或 $A\to B\to D\to C\to A$.

在实际中很多问题都可以归结为上述卖货郎串村走户模型,如物质运输路线中,汽车应走怎样的路线使路程最短;城市里在一些地方铺设管道,管子应走怎样的路线使管子耗费最少等.

6.1.4 背包问题

第五届华罗庚金杯少年数学邀请赛有如下一道口试题:

给出如下 10 个自然数,6 907,73,769,3 043,19,1 480,373,41 321,21 768,178. 请你说出 25 758 是其中哪几个数之和?

用观察、心算凑数的方法很容易找出问题的答案:21 768 + 3 043 + 769 + 178 之和恰等于 25 758.

该题是由中国科学技术大学研究生院的裴定一教授提供的,他说:这个问题的实际背景是"背包问题".[58]

就一般情况来说,问题可以如下提出:

一只背包最多能装总质量为 M kg 的标本,现共有 n 件标本,每件的质量均为正整数 kg,它们是 $a_1,a_2,\cdots,a_n$(kg),而且 $a_1+a_2+\cdots+a_n>M$. 试问:能否从 n 件标本中选出若干件,使得被选出的标本的总质量恰为 M kg?

如果被选出的标本记为1,未被选中的记为0,也就相当于判定是否存在取值为0,1的二值数组 $(m_1,m_2,\cdots,m_n)$,使得
$$m_1a_1+m_2a_2+\cdots+m_na_n=M$$

因此,上述背包问题的数学模型是:

若 n 个正整数 $a_1,a_2,\cdots,a_n$ 和另一已知正整数 M,满足 $a_1,a_2,\cdots,a_n>M$. 问:是否存在一个二值数组 $(m_1,m_2,\cdots,m_n)$(其中 $m_i=0$ 或 $1,i=1,2,\cdots,n$),使得恰有 m_1a_1+

$m_2 a_2 + \cdots + m_n a_n = M$?

背包问题可能有解,也可能无解.虽然这个问题看来似乎很简单,可是当 n 很大时,$(m_1, m_2, \cdots, m_n)$ 的各种选法有 2^n 个,要确定是否有解,一般必须检验每种 $(m_1, m_2, \cdots, m_n)$ 所取的对应值

$$m_1 a_1 + m_2 a_2 + \cdots + m_n a_n$$

是否等于 M. 而 2^n 是随 n 指数增大的,当 n 相当大时,就是用最快的电子计算机去算也难以完成!

于是,人们选择了背包问题中的一种特殊情况加以研究,也就是当所给的 n 个正整数 $a_1, a_2, \cdots, a_n$ 满足条件

$$a_1 < a_2, a_1 + a_2 < a_3 \qquad (*)$$
$$a_1 + a_2 + a_3 < a_4, \cdots, a_1 + a_2 + \cdots + a_{n-1} < a_n$$

时,有一种快速寻求背包问题解答的程序.于是人们把满足条件 $(*)$ 的背包问题,称为简单背包问题.简单背包问题的解法程序是:

设所给 n 个正整数不妨由小到大排序就是

$$a_1 < a_2 < a_3 < \cdots < a_{n-1} < a_n$$

对所给正整数 M,先求适合 $a_k \leq M < a_{k+1}$ 的最大下标 k_1,再求适合条件 $a_{k_2} \leq M - a_{k_1} < a_{k_2+1}$ 的最大下标 k_2,如此继续下去,通过有限步之后,或者找到一个 k_l,使 $a_{k_l} = M - a_{k_1} - a_{k_2} - \cdots - a_{k_{l-1}}$,或者没有这样的 k_l.

如果是前者,问题有解,取 $mk_1 = mk_2 = \cdots = mk_l = 1$,其余的 $m_k = 0$,这就找到了二值数组 $(m_1, m_2, \cdots, m_n)$.

如果是后者,则问题无解.

对于前述试题,我们可将 10 个自然数由小到大排列,即 19,73,178,373,769,1 480,3 043,6 907,$(a_1)(a_2)(a_3)(a_4)(a_5)(a_6)(a_7)(a_8)$ 21 768,41 321 $(a_9)(a_{10})$,显然

$$19 < 73, 19 + 73 = 92 < 178$$
$$17 + 73 + 178 = 268 < 373$$
$$19 + 73 + 178 + 373 = 643 < 769$$
$$19 + 73 + 178 + 373 + 769 = 1\ 412 < 1\ 480, \cdots$$
$$19 + 73 + \cdots + 6\ 907 + 21\ 768 = 34\ 610 < 41\ 321$$

此题也是个简单背包问题.可以快速求解,即

$$M < 25\ 758$$

显然 $\qquad a_9 = 21\ 768 < 25\ 758 < 41\ 321 = a_{10}$
而 $\qquad 25\ 758 - 21\ 768 = 3\ 990 > 3\ 043 = a_7$
而 $\qquad 25\ 758 - 21\ 768 - 3\ 043 = 947 > 769 = a_5$
而 $\qquad 25\ 758 - 21\ 768 - 3\ 043 - 769 = 178 = a_3$
故 $\qquad 25\ 758 = 178 + 769 + 3\ 043 + 21\ 768$

也就是找到了二元数组

$$(0, 0, 1, 0, 1, 0, 1, 0, 1, 0)$$

使得 $\qquad 0 \times 19 + 0 \times 73 + 1 \times 178 + 0 \times 373 + 1 \times 769 + 0 \times 1\ 480 +$
$\qquad 1 \times 3\ 043 + 0 \times 6\ 907 + 1 \times 21\ 768 + 0 \times 41\ 321 = 25\ 758$

背包问题在公开密钥密码通信体制中有着广泛应用。

设通信的明文是一个长度为 n 的二元数组（即不是英文字母，而是已翻译成只有 $0,1$ 二值的数码序列）。这个 n 一般是很大的，少则上百，多则上万。太多时可以分段处理：以公开密钥 a 的长度为单位分段拍发，我们记为

$$P = (p_1, p_2, \cdots, p_n)$$

其中 $p_i = 0$ 或 1。

由于简单背包问题易解，而普通背包问题当 n 相当大时用高速的电子计算机解起来也很困难，很费时间，只要在保密时间段内别人解不出来，这样公开密解仍能保证电文的机密性。所以只要我们能将一个简单的背包问题通过一种变换转换为一种非简单背包问题，将非简单背包问题的序列 n 个数公布为公开密钥，发报方从公开密钥发报，收报方收到后再将它转换为自己掌握的那个简单背包问题求解，即可翻译出明文。

下面以一个简单例子说明这个过程。

设 X 是发报方，Y 是收报方，Y 方取一个简单的背包问题数列 $B = (1,3,5,10,21,41)$。由于 $1+3+5+10+21+41 = 81$，Y 可取一个大于 81 的自然数为 u，比如取 $u = 89$。另取一个小于 89 且与 89 互质的自然数 w，比如取 $w = 9$。$u = 89$，$w = 9$ 作为绝对机密，Y 方记在心中。

这时，通过寻求一个小于 89 的自然数 w^{-1}，使得 $w^{-1} \times w$ 被 89 除的余数恰为 1，容易求得 $w^{-1} = 10$。（因为 $10 \times 9 = 90$，恰被 89 除余 1）写出 $(1,3,5,10,21,41)$，乘以 $w(1 \times 9, 3 \times 9, 5 \times 9, 10 \times 9, 21 \times 9, 41 \times 9)$，即 $(9, 27, 45, 90, 189, 369)$。

取被 89 除的余数，可得 n 元数组 A

$$A = (9, 27, 45, 1, 11, 13)$$

这时 A 是一个非简单的背包问题。

Y 将 $A = (9, 27, 45, 1, 11, 13)$ 作为公开密钥公布，X 收到这个公开密钥，就可以向 Y 发信息了。

比如 X 想向 Y 发送的信息译为二元 $0,1$ 数组是密文 $P = (1,1,0,1,0,1)$。

X 利用 A 计算得：

$$1 \times 9 + 1 \times 27 + 0 \times 45 + 1 \times 1 + 0 \times 11 + 1 \times 13 = 50$$

X 将 50 发送给 Y，Y 收到 50 后，由

$$w^{-1} \times 50 = 10 \times 50 = 500$$

而 500 被 89 除余 55。

这时，Y 对 $B = (1,3,5,10,21,41)$ 解 $M = 55$ 时的简单背包问题。

$b_6 = 41 < 55$

$55 - 41 = 14 > 10 = b_4$

$55 - 41 - 10 = 4 > 3 = b_2$

$55 - 41 - 10 - 3 = 1 = b_1$

所以 $55 = 1 + 3 + 10 + 41 = b_1 + b_2 + b_4 + b_5$。

所以 $(1,1,0,1,0,1)$ 即为所求。

这样，Y 就知道了 X 发出的信息

$$P = (1,1,0,1,0,1)$$

例3只是为了说明道理的一个简单模拟例题,一般情况如下:

Y取一个简单背包$B=(b_1,b_2,\cdots,b_n)$作为解密时间,Y设法从B搞出一个非简单背包
$$A=(a_1,a_2,\cdots,a_n)$$
作为公开密钥.其办法是:选取两个整数(w,u)作为解密参数,使$b_1+b_2+\cdots+b_n<u,w<u$,且$(w,u)=1$.当然w,u两个参数选定后要严格保密.然后令$a_i\equiv wb_i(\bmod u)(i=1,2,\cdots,n)$,得$A=(a_1,a_2,\cdots,a_n)$是一个非简单背包,这样一个背包体制就完成了.$Y$方将$A$作为公开密钥向世界公布,$X$收到后,可依$A$向$Y$发送信息.

设X发送信息P给Y,$P=(p_1,p_2,\cdots,p_n)$.

第一步 X用Y的公开加密密钥
$$E_Y=A=(a_1,a_2,\cdots,a_n)$$
进行加密,得密文为C是
$$p_1a_1+p_2a_2+\cdots+p_na_n$$
C是一个位数相当多的正整数.

第二步 X将C发给Y.

第三步 Y收到C后,用(w,u)从C求出对应的简单背包$(b_1,b_2,\cdots,b_n)$的M值.

设自然数w^{-1},使得
$$w^{-1}\cdot w\equiv 1(\bmod u)$$
则
$$w^{-1}C\equiv M(\bmod u)$$
这样M可由C确定.

这时解对$M,(b_1,b_2,\cdots,b_n)$的简单背包问题,求得二元$0,1$数组$(p_1,p_2,\cdots,p_n)$,使得
$$p_1b_1+p_2b_2+\cdots+p_nb_n=M$$
则$(p_1,p_2,\cdots,p_n)$就是X发给Y的信息明文.

当n相当大时,就是他方截获密文C,也知道公开密钥,但要破译密文,即解一个n非常大的非简单背包问题,则是难以做到的.

6.1.5 猜数字问题

有一个魔术师给出了如下6张数表:

1	3	5	7
9	11	13	15
17	19	21	23
25	27	29	31
33	35	37	39
41	43	45	47
49	51	53	55
57	59	61	63

(1)

2	3	6	7
10	11	14	15
18	19	22	23
26	27	30	31
34	35	38	39
42	43	46	47
50	51	54	55
58	59	62	63

(2)

4	5	6	7
12	13	14	15
20	21	22	23
28	29	30	31
36	37	38	39
44	45	46	47
52	53	54	55
60	61	62	63

(3)

8	9	10	11
12	13	14	15
24	25	26	27
28	29	30	31
40	41	42	43
44	45	46	47
56	57	58	59
60	61	62	63

(4)

16	17	18	19
20	21	22	23
24	25	26	27
28	29	30	31
48	49	50	51
52	53	54	55
56	57	58	59
60	61	62	63

(5)

32	33	34	35
36	37	38	39
40	41	42	43
44	45	46	47
48	49	50	51
52	53	54	55
56	57	58	59
60	61	62	63

(6)

魔术师随便在看台上请出一名观众,让观众在 1 ~ 63 之间随便想一个数.

观众:(想了一个数字45)

魔术师:这时有 6 张卡片,上面印了许多数字,每一张上面印的数字都不一样,请挑出上面印有你心中数字的卡片.

观众:挑出了(1)(3)(4)(6) 四张牌.

魔术师:请把手放在这些卡片上,集中精神想着那一个数字,你的脑电波将会传递信息给我.(过了几秒) 魔术师说我感觉到了是45. 在场的观众都愣了,难道魔术师真的能感觉到别人的脑电波吗? 还是他有读心术,或是另有玄机? 下面我们就用数学知识来解读这一现象.

首先,我们有下面的:

命题 1 ~ 63 内的所有整数都可以表示成 $k_1 \cdot 1 + k_2 \cdot 2 + k_3 \cdot 4 + k_4 \cdot 8 + k_5 \cdot 16 + k_6 \cdot 32$ 的形式,其中 $k_i \in \{0,1\} (i = 1, \cdots, 6)$,并且表示方法唯一.

这一命题为真,留给读者证明.

下面我们就用此结论来解释一下这个魔术. 首先来看一下这 6 张牌构造的特殊性. 最先在每张牌的第一个位置分别填上 1,2,4,8,16,32,因为由命题可知 3 可以唯一的表示成 $3 = 1 \cdot 1 + 1 \cdot 2 + 0 \cdot 4 + 0 \cdot 8 + 0 \cdot 16 + 0 \cdot 32$,所以第一张牌和第二张牌的第二个位置都填上 3;因为 5 可以唯一的表示成 $5 = 1 \cdot 1 + 0 \cdot 2 + 1 \cdot 4 + 0 \cdot 8 + 0 \cdot 16 + 0 \cdot 32$,所以在第一张牌的第三个位置和第三张牌的第二个位置都填上 5,也就是说对于 1,2,4,8,16,32 谁的系数为 1,就把表示出来的数字填到那张牌上,依次类推,最后 63 可以唯一地表示成 $63 = 1 \cdot 1 + 1 \cdot 2 + 1 \cdot 4 + 1 \cdot 8 + 1 \cdot 16 + 1 \cdot 32$,所以在每张牌的最后一个位置都填上 63.

我们再回头看一下最初的一幕,观众想的数字是 45,因为 45 可以唯一的表示成 $45 = 1 \cdot 1 + 0 \cdot 2 + 1 \cdot 4 + 1 \cdot 8 + 0 \cdot 16 + 1 \cdot 32$,所以观众挑出了(1)(3)(4)(6) 四张牌,魔术师只需要想一下(1)(3)(4)(6) 张牌的第一个数字的和就行了,所以魔术师可以轻而易举地知道观众想的数字是 45,可见魔术师并不是真的能感觉到别人的脑电波,也不会什么读心术,他只是巧妙地运用了一个数学知识而已.

6.1.6 猜价格问题

在一个电视节目中有一个猜商品价格的游戏. 规则如下:给出一种商品让参赛者猜价格,主持人给出提示语"高了""低了". 例如参赛者猜某种商品价格为 100 元,主持说"高了". 参赛者又猜50元,主持人说"低了";参赛者再猜80元,主持人说"低了". 这样一直猜下去,直到猜中为止. 时间限制为1分钟,谁猜中的商品最多谁就获胜,并且商品归参赛者所有. 真是一个有趣的游戏.

通过这个游戏,很容易想到这样一个问题:如果参赛者通过估算得知某商品价格 x 为 $a \sim b$ 之间的某一整数($a, b \in \mathbf{N}$),即 $x \in \{a, a+1, a+2, \cdots, b\}$,但不知道其真正价格,什么样的方法才是最佳的猜价方法?

由于猜价者不知道商品价格 x 是集合 $\{a, a+1, a+2, \cdots, b\}$ 中的哪一个整数,集合中每一个元素都可能是商品的价格,针对的是集合 $\{a, a+1, a+2, \cdots, b\}$ 的任一个整数. 上述所说的最佳方法是指:任意给定 $\{a, a+1, a+2, \cdots, b\}$ 中的一个整数(不是确定的某一个整数),所需要的猜价次数与用其他方法去猜是最少次的方法.(这里的猜价次数是指用同一猜法去猜中集合中的任一整数所有次数的最大值)

也许有人认为只用1次就猜中才是最佳猜法.

的确,对于 $\{a, a+1, a+2, \cdots, b\}$ 的某一个确定整数,有可能碰巧1次猜中,但这是小概率事件;对于集合 $\{a, a+1, a+2, \cdots, b\}$ 的任意一个整数,谁能1次就将它猜中呢?

按黄金分割法去猜就是最佳猜法吗?

我们举例否定. 主持人说:有一种叫"天使"的商品,它的价格 x(元)是集合 $\{1, 2, 3, \cdots, 100\}$ 中的某一整数. 谁能在10秒钟内猜中它的价格(只有主持人知道"天使"商品的价格是1元. 按黄金分割法猜(每一次猜黄金数最接近的整数)应是:第一次62,第二次38,第三次23,第四次14,第五次8,第六次4,第七次2,第八次1. 需要8次才能猜中. 我们按对分法猜(每一次猜最接近中间的整数)应是:第一次50,第二次24,第三次11,第四次5,第五次2,第六次1. 只需6次就可猜中. 从概率的角度来说,黄金分割法肯定较优秀. 因为,将一个集合用黄金分割法分为两个元素不等的集合,商品的价格每一次都落在元素较多的集合中,这是小概率事件. 但是,实际猜价过程中小概率事件是不可避免的. 由于电视节目要求对 $\{1, 2, 3, \cdots, 100\}$ 中的任意一个整数,都不允许小概率事件发生. 那么,当商品的价格大于50元,第一次用黄金分割法猜较好;如果商品的价格小于50元,第一次用对分法猜较好. 所以,对于 $\{1, 2, 3, \cdots, 100\}$ 中的任意一个整数,每一次都用黄金分割法猜就不是最佳猜法,它可能发生小概率事件. 另外,在实际中因计算黄金分割数较慢,会增加两次猜价的时间差.)

我们这里所探讨的主要问题是:任意给定 $\{a, a+1, a+2, \cdots, b\}$ 中的一个整数,最多只需多少次就可猜中? 显然,用不同方法去猜所需的次数最大值不相同. 而用最佳猜法去猜,所需的次数的最大值是所有猜法对应的最大值中的最小值.

到底什么猜法最佳,首先对特殊情况进行探讨:

(1) 当 $x \in \{1\}$($1 = 2^1 - 1$)时,猜中价格所需次数最多为几次? 显然,最多只需一次就可猜中.

(2) 当 $x \in \{1, 2\}$($2 = 2^1$)时,最多几次就能猜中商品价格? 显然,最多只需2次就可猜中.

(3) 当 $x \in \{1, 2, 3\}$($3 = 2^2 - 1$)时,最多几次就能猜中商品价格?

如果第一次猜3,未猜中,则 $x \in \{1, 2\}$. 由(2)可知最多还需2次就可猜中.

如果第一次猜1,结论与第一次猜3相同.

当第一次猜2,如未猜中,如主持人说:"高了",则第二次猜1;如主持人说:"低了",则第二次就猜 3. (此猜法最佳).

可见,当 $x \in \{1,2,3\}$ 时,用最佳方法猜,最多只需二次就可猜中.

(4) 当 $x \in \{1,2,3,4\}$ 时,$(4 = 2^2)$.

如果第一次猜 4,未猜中,则 $x \in \{1,2,3\}$. 由(3)知最多还需二次才能猜中.(如第一次猜 1,结论与此同).

如第一次猜 3,若未猜中,则 $x \in \{4\}$(当主持人说:"低了";)或 $x \in \{1,2\}$(当主持人说:"高了"),由(1),(2)可知最多还需二次就可猜中.(如第一次猜 2,结论与此同).

可见,当 $x \in \{1,2,3,4\}$ 时,第一次猜 1 或 2 或 3 或 4,最多都只需三次就可猜中.

(5) 当 $x \in \{1,2,3,4,5\}$ 时,$(5 = 2^2 + 1)$.

如果第一次猜 5,未猜中,则 $x \in \{1,2,3,4\}$. 由(4)可知最多还需三次就能猜中. 如第一次猜 4,若未猜中,则 $x \in \{5\}$ 或 $x \in \{1,2,3\}$. 由(1),(3)知最多还需二次就能猜中.

如第一次猜 3,若未猜中,则 $x \in \{1,2\}$ 或 $x \in \{4,5\}$. 由(2)知最多还需三次就可猜中.

如第一次猜 1 或 2 分别与第一次猜 5 或 4 的结论相同.

可知,当 $x \in \{1,2,3,4,5\}$ 时,第一次猜 2 或 3 或 4 较佳,最多只需三次就可猜中.

(6) 当 $x \in \{1,2,3,4,5,6\}$ 时,$(6 = 2^2 + 2)$.

如果第一次猜 6,未猜中,则 $x \in \{1,2,3,4,5\}$. 由(5)可知最多还需三次就能猜中.

如第一次猜 5,未猜中,则 $x \in \{6\}$ 或 $x \in \{1,2,3,4\}$. 由(1)(4)知最多还需三次就能猜中.

如果第一次猜 4,若未猜中,则 $x \in \{5,6\}$ 或 $x \in \{1,2,3\}$. 由(2)(3)知最多还需二次就可猜中.(此猜法最佳).

如第一次猜 1,2,3 的结论与第一次猜 6,5,4 的结论相同.

可知,当 $x \in \{1,2,3,4,5,6\}$ 时,第一次猜 3 或 4 较佳,最多只需三次就可猜中.

(7) 当 $x \in \{1,2,3,4,5,6,7\}$ 时,$(7 = 2^3 - 1)$. 类似的可证明最多只需猜三次就可猜中(证明留给读者).

从上面这些特例的探讨我们可以看出:

当 $x \in \{1\}$ $(2^0 \leqslant 1 \leqslant 2^1 - 1)$,最多只需 1 次就可猜中

当 $x \in \{1,2,\cdots,a\}$ $(2^1 \leqslant a \leqslant 2^2 - 1, a \in \mathbf{N})$ 时,用最佳方法猜,最多只需二次就可猜中.

当 $x \in \{1,2,\cdots,a\}$ $(2^2 \leqslant a \leqslant 2^3 - 1, a \in \mathbf{N})$ 时,用最佳方法猜,最多只需三次就可猜中.

从上述规律我们可以猜想:

当 $x \in \{1,2,\cdots,a\}$ $(2^{n-1} \leqslant a \leqslant 2^n - 1, a \in \mathbf{N})$ 时,用最佳方法佳,最多只需 n 次就可猜中.

证明 (i)当 $n = 1,2,3$ 时,由前面的特殊探讨可知猜想成立.

(ii)假设当 $n = k$ 时猜想成立,即当 $x \in \{1,2,\cdots,a\}$ $(2^{k-1} \leqslant a \leqslant 2^k - 1, a \in \mathbf{N})$ 时,最多只需 k 次就可猜中.

那么,当 $n = k + 1$ 时,$x \in \{1,2,\cdots,a\}$ $(2^k \leqslant a \leqslant 2^{k+1} - 1, a \in \mathbf{N})$.

我们第一次猜价 2^k,如主持人说"高了",则 $x \in A = (1,2,\cdots k, 2^k - 1)$;如果主持人说"低了",则 $x \in B = (2^k + 1, 2^k + 2, \cdots, a)$ $(2^k \leqslant a \leqslant 2^{k+1} - 1, a \in \mathbf{N})$.

因 $0 \leq a - 2^k \leq 2^k - 1$,可见,$A,B$ 元素的个数最多为 $2^k - 1$ 个,由归纳假设可知最多还需 k 次就可猜中. 从而当 $n = k + 1$ 时猜想成立.

由(i),(ii)可知对于 $n \in \mathbf{N}$ 猜想都成立.

从上述特例和猜想的证明易看出:当商品价格 $x \in \{1,2,3,\cdots,2^n - 1\}$ 时,猜法如下:

$$2^{n-1} \quad \pm 2^{n-2} \quad \pm 2^{n-3} \quad \pm 2^{n-4} \quad \cdots\cdots \quad \pm 2^0$$
$$\text{第 1 次} \quad \text{第 2 次} \quad \text{第 3 次} \quad \text{第 4 次} \quad \text{第 } n \text{ 次}$$

说明:第一次猜价 2^{n-1},若主持人说"高了",第二次猜价 $2^{n-1} - 2^{n-2}$,若主持人说"低了",第三次就猜价 $2^{n-1} + 2^{n-2}$. 由这一方法,第 k 次的猜价只需在第 $k - 1$ 次的猜价上"加上或减去 2^{n-k}"($1 \leq k \leq n$,"加"或"减"由主持人提示语确定).

如果 $x \in \{1,2,3,\cdots,a\}$ ($2^{n-1} \leq a \leq 2^n - 1$) 时,则第一次猜价 2^{n-1},若主持人说"高了",第二次就猜价 $2^{n-1} - 2^{n-2}$;若主持人说"低了",则应对集合 $\{2^k + 1, 2^k + 2, \cdots, a\}$ ($2^k + 1 \leq a \leq 2^{k+1} - a, a \in \mathbf{N}$) 按上述方法猜价. 我们令 $a - 2^k \in [2^{k_1 - 1}, 2^{k_1} - 1]$,则第二次应猜价 $2^{k-1} + 2^{k_1 - 1}$;依此类推,就可以找出第三次、第四次 …… 的猜价,从而可猜出商品的真实价格.

例 1 某参赛者估算得知某商品价格为 1 ~ 15 元中的某一整数,但不知其真正价格,主持人让参赛者猜商品价格,问最多只需几次就可猜中商品价格?

解 设商品价格为 x 元,则

$$x \in \{1,2,\cdots,15\},且 \ 2^3 \leq 15 \leq 2^4 - 1$$

由前结论可知最多只需 4 次就可猜中商品价格.

例 2 某参赛者估算得知某商品价格为 50 ~ 90 元间的某一整数,但不知其真正价格,主持人让参赛者猜商品价格,问最多只需几次就可猜中? 假设商品真实价为 88 元,写出每一次的猜价.

解 设商品价格为 x 元,则 $x \in \{50, 51, 52, \cdots, 90\}$,于是 $x - 49 \in \{1, 2, 3, \cdots, 41\}$,且 $2^5 \leq 41 \leq 2^6 - 1$.

所以最多只需 6 次就可猜中商品价格.

如果 $x = 88$ 元. 我们第一次猜价 $49 + 2^5 = 81$(元);若主持人说"低了",则 $x \in \{81 + 1, 81 + 2, \cdots, 81 + 9\}$. 因 $9 \in [2^3, 2^4 - 1]$,所以第二次猜价 $81 + 2^3 = 89$(元);若主持人说"高了",第三次猜价 $89 - 2^2 = 85$(元);若主持人说"低了",第四次猜价 $85 + 2^1 = 87$(元);主持人说"低了",第五次猜价 $87 + 2^0 = 88$(元),从而 5 次就被猜中.

读者可以就 x 取其他数进行验证.

6.2 数 式 分 析

根据已给(或实验)数据间的数量关系,通过列式推导,寻找出其数值间的内在结构与联系称之为数式分析.

6.2.1 蔬菜批发中心调配蔬菜问题

城市郊区以向城市居民供应蔬菜为己任,其中大蒜是众多菜肴的佐料,是每天餐桌上不可少的种类. M 镇有 A,B 两村,它们每日的大蒜产量为 A 村 200 kg,B 村 250 kg,向 N 市甲、

乙、丙三个农贸市场供应. 根据人流和周边地区的供应情况, 以上三个农贸市场每日向两村的采购量为: 甲 100 kg, 乙 150 kg, 丙 200 kg, A 村到这三个农贸市场的距离依次为 9 km, 7 km, 10 km. B 村到这三个农贸市场的距离依次为 8 km, 6.5 km, 8 km, M 镇蔬菜批发中心为了协助政府做好工作, 让市民的菜篮子拎得更轻, 应尽量地合理搭配, 使得运输成本最小. 问 M 镇蔬菜批发中心如何调配最合理?

此问题涉及的数据很多, 为了让数据间关系明了, 可以列表 6.2 (各村大蒜产量和各农贸市场需求量表), 6.3 (各村到农贸市场的运输路程表).

表 6.2

村落	产量/(kg·日$^{-1}$)	农贸市场	需求量/(kg·日$^{-1}$)
A	200	甲	100
		乙	150
B	250	丙	200

表 6.3

路程/km　农贸市场 村落	甲	乙	丙
A	9	7	10
B	8	6.5	8

问题实质就是 M 镇蔬菜批发中心要求从两村调配大蒜到各农贸市场时运输成本最省, 即总千克千米数最小.

为此, 设 A 村供给三个农贸市场甲、乙、丙的大蒜量分别为 x_1, x_2, x_3 (kg/日); B 村供给三个农贸市场甲、乙、丙的大蒜量分别为 y_1, y_2, y_3 (kg/日). 按条件得不定方程组

$$\begin{cases} x_1 + y_1 = 100 & ① \\ x_2 + y_2 = 150 & ② \\ x_3 + y_3 = 200 & ③ \\ x_1 + x_2 + x_3 = 200 & ④ \\ y_1 + y_2 + y_3 = 250 & ⑤ \end{cases}$$

运输的总 kg/km 数为

$$u = 9x_1 + 7x_2 + 10x_3 + 8y_1 + 6.5y_2 + 8y_3 \qquad ⑥$$

在上述方程组中, 因为 ① + ② + ③ − ④ = ⑤, 所以构成方程组个数实质上只有四个, 而有六个未知数, 因此其中有两个自由量. 不妨令 $x_1 = t_1, x_2 = t_2$ (t_1, t_2 均为整数), 于是解方程组得通解

$$\begin{cases} x_1 = t_1 \\ x_2 = t_2 \\ x_3 = 200 - (t_1 + t_2) \\ y_1 = 100 - t_1 \\ y_2 = 150 - t_2 \\ y_3 = t_1 + t_2 \end{cases}$$

其非负整数解满足

$$\begin{cases} t_1 \geqslant 0 \\ t_2 \geqslant 0 \\ 200 - (t_1 + t_2) \geqslant 0 \\ 100 - t_1 \geqslant 0 \\ 150 - t_2 \geqslant 0 \\ t_1 + t_2 \geqslant 0 \end{cases}$$

解得

$$0 \leqslant t_1 + t_2 \leqslant 200 \qquad ⑦$$
$$0 \leqslant t_1 \leqslant 100 \qquad ⑧$$
$$0 \leqslant t_2 \leqslant 150 \qquad ⑨$$

将通解代入式 ⑥ 得

$$u = 9t_1 + 7t_2 + 10[200 - (t_1 + t_2)] + 8(100 - t_1) + 6.5(150 - t_2) + 8(t_1 + t_2) = $$
$$3\ 775 + t_1 + 0.5t_2 - 2(t_1 + t_2) = 3\ 775 - (t_1 + t_2) - 0.5t_2$$

欲使 u 取最小值,必须 $t_1 + t_2$ 取最大值 200. t_2 取最大值 150,于是 $t_1 = 50$,代入通解得

$$x_1 = 50, x_2 = 150, x_3 = 0; y_1 = 50, y_2 = 0, y_3 = 200$$

从而 M 镇蔬菜批发中心在调配大蒜时作如下安排能使运输成本最低:A,B 两村各向甲农贸市场供应 50 kg,A 村单独向乙农贸市场供应 150 kg,B 村单独向丙贸市场供应 200 kg.

6.2.2 开会问题

某单位要召开一个会议,宣读一些文件. 每个参加会议的人(会议主持人除外)听完其所关心的文件后便离开会场. 会议开始时,每个与会者都按时到达. 若共有 $n(n > 1)$ 个文件 $A_1, A_2, \cdots, A_n$ 要宣读,关心文件 A_i 的参会者的个数为 $a_i(a_i > 0)$,宣读文件 A_i 所需要的时间为 $t_i(t_i > 0)$,$i = 1, 2, \cdots, n$. 又每个参会者关心且只关心其中一个文件. 问:如何安排文件的宣读次序才能使参会者在会场逗留的时间总和最少(多)?[37]

我们只讨论前一个问题,后一个问题可类似讨论.

先假定 $i, j \in N_n = \{1, 2, \cdots, n\}$,且 $i \neq j$ 时,$\dfrac{t_i}{a_i} \neq \dfrac{t_j}{a_j}$. 设

$$A_{k_1}, A_{k_2}, \cdots, A_{k_n} \qquad ①$$

为 $A_1, A_2, \cdots, A_n$ 的任一排列. 考查排列

$$A_{k_1}, \cdots, A_{k_{i-1}}, A_{k_{i+1}}, A_{k_i}, A_{k_{i+2}}, \cdots, A_{k_n} \qquad ②$$

与排列 ① 的关系.

对排列①,关于文件 A_{k_r} 的参会者在会场逗留的时间总和应为

$$T(k_r) = (t_{k_1} + t_{k_2} + \cdots + t_{k_r})a_{k_r} \qquad ③$$

$$T(k_1, k_2, \cdots, k_n) = \sum_{r=1}^{n} T(k_r) \qquad ④$$

对于排列②,关心文件 A_{k_r} 的参会者在会场逗留的时间总和 $T_*(k_r)$ 应为

$$T_*(k_r) = \begin{cases} T(k_r), r < i \text{ 或 } r > i+1 \\ T(k_r) + t_{k_{i+1}} \cdot a_{k_i}, r = i \\ T(k_r) - t_{k_i} \cdot a_{k_{i+1}}, r = i+1 \end{cases} \qquad ⑤$$

则

$$T(k_1, \cdots, k_{i-1}, k_{i+1}, k_i, k_{i+2}, \cdots, k_n) = \sum_{r=1}^{n} T_*(k_r) =$$

$$\sum_{r=1}^{n} T(k_r) + t_{k_{i+1}} \cdot a_{k_i} - t_{k_i} \cdot a_{k_{i+1}} =$$

$$T(k_1, \cdots, k_{i-1}, k_i, k_{i+1}, k_{i+2}, \cdots, k_n) + t_{k_{i+1}} \cdot a_{k_i} - t_{k_i} \cdot a_{k_{i+1}} \qquad ⑥$$

由 ⑥ 知

$$T(k_1, \cdots, k_{i-1}, k_i, k_{i+1}, \cdots, k_n) \leqslant$$
$$T(k_1, \cdots, k_{i-1}, k_{i+1}, k_i, k_{i+2}, \cdots, k_n) \Leftrightarrow$$
$$t_{k_{i+1}} \cdot a_{k_i} - t_{k_i} \cdot a_{k_{i+1}} \geqslant 0 \Leftrightarrow$$
$$\frac{t_{k_i}}{a_{k_i}} \leqslant \frac{t_{k_{i+1}}}{a_{k_{i+1}}}, i = 1, 2, \cdots, n-1 \qquad ⑦$$

于是,当①为符合问题要求的排列时,必有⑦成立,亦即 $\frac{t_{k_1}}{a_{k_1}}, \frac{t_{k_2}}{a_{k_2}}, \cdots, \frac{t_{k_n}}{a_{k_n}}$ 为 $\frac{t_1}{a_1}, \frac{t_2}{a_2}, \cdots, \frac{t_n}{a_n}$ 的从小到大的一个排列. 因 $\frac{t_i}{a_i} \neq \frac{t_j}{a_j} (i \neq j, i, j \in N_n)$,所以这样的排列是唯一的.

又因 $T(k_1, k_2, \cdots, k_n)$ 的值是有限个,所以满足问题的排列①存在. 这就是说,在 $\frac{t_i}{a_i} = \frac{t_j}{a_j} (i, j \in N_n, i \neq j)$ 的前提下,对 $1, 2, \cdots, n$ 的任意排列 $k'_1, k'_2, \cdots, k'_n$,有

$$T(k_1, k_2, \cdots, k_n) \leqslant T(k'_1, k'_2, \cdots, k'_n) \qquad ⑧$$

因为⑧的两边都为 $t_1, t_2, \cdots, t_n$ 的连续函数,所以当某 $i, j \in N_n, i \neq j$ 满足 $\frac{t_i}{a_i} \neq \frac{t_j}{a_j}$ 时,⑧也成立.

由此,我们便有如下模型:将比值 $\frac{t_1}{a_1}, \frac{t_2}{a_2}, \cdots, \frac{t_n}{a_n}$ 从小到大排成一行 $\frac{t_{k_1}}{a_{k_1}}, \frac{t_{k_2}}{a_{k_2}}, \cdots, \frac{t_{k_n}}{a_{k_n}}$,则文件的宣读次序为 $A_{k_1}, A_{k_2}, \cdots, A_{k_n}$ 时,参会者在会场逗留的时间总和 $T(k_1, k_2, \cdots, k_n)$ 最少.

类似地,当文件的宣读次序为 $A_{k_n}, A_{k_{n-1}}, \cdots, A_{k_2}, A_{k_1}$ 时 $T(k_n, k_{n-1}, \cdots, k_2, k_1)$ 最多.

例如,设

$$\begin{bmatrix} t_1 & t_2 & t_3 & t_4 & t_5 \\ a_1 & a_2 & a_3 & a_4 & a_5 \end{bmatrix} = \begin{bmatrix} 10 & 8 & 20 & 10 & 12 \\ 10 & 15 & 25 & 12 & 8 \end{bmatrix}$$

由 $\frac{t_2}{a_2} < \frac{t_3}{a_3} < \frac{t_4}{a_4} < \frac{t_1}{a_1} < \frac{t_5}{a_5}$,知排列 A_2, A_3, A_4, A_1, A_5 为所求.

上述模型也适用于文艺晚会等,而宣读、文件、听依次理解为演出、节目、看等,上述模型有一定的实际意义.

6.2.3　产销周期中的最优化设计问题

每一个商品都有产销环节.一个产销周期中,与平均费用相关的量常有多个,如流水线的启动费用,每天生产和销售的产品数量,每个产品存储一夜的费用,开机生产和停机销售的天数等.

而每件产品的平均费用等于一次启动流水线的费用与产品的总存储费用之和除以产品的总数量,产品的总数量由开机生产的天数决定;总存储费用分为两部分,其一是开机生产的存储费用,它随着开机天数的增加而增加,而且依次成等差数列;其二是停机销售的存储费用,它随着销售天数的增加而减少,而且依次成等差数列.

现在,有如下一个问题[59]:某电器公司兼营生产和销售一种电子器件,该公司的生产流水线启动后每天生产 500 个产品,该公司每天可以销售 400 个这种产品,未售出的产品存入库房,每个产品在库房内每过一夜的存储费用为 0.2 元,该流水线在开机生产一段时间后将停机,待所有库存产品全部售完后再开机生产,每次启动流水线的费用与产品的数量无关,每次启动需要费用 1 000 元,依照开机生产——停机销售——产品售完的顺序构成了一个产销周期.为方便管理,该流水线的生产和停机时间均以天为单位计算,请为该公司设计一个最优的产销周期,即开机生产多少天,停机销售多少天,使得平均每件产品用于流水线启动和存储的费用最少.

在上述问题中,开机生产期间,产品的最高存储量与停机销售期间的总销售量相等,由于每天可以销售产品的数量为 500 个,所以,最后一天的销售数量可能为 100,200,300,400 个.

下面,我们建立数学模型来求解.根据前面的讨论,设在一个产销周期中,开机生产 m 天,停机销售 n 天,每天生产 p 个产品,在产品数量足够的情况下,每天销售 q 个产品($m, n, p, q \in \mathbf{N}^*$),最后一天销售 a 个产品,$a = 100, 200, 300, 400$,每个产品在库房内每过一夜的存储费用为 r 元.

又根据前面所述的相互关系,开机生产期间产品的存储费用为

$$s_1 = (p-q)r[1 + 2 + 3 + \cdots + (m-1) + m] = \frac{1}{2}(p-q)rm(m+1)$$

停机销售期间产品的存储费用为

$$s_2 = \{[(p-q)m - q] + [(p-q)m - 2q] + [(p-q)m - 3q] + \cdots + [(p-q)m - (n-1) \times q]\}r$$

其中依据题设中关系得

$$(p-q)m = q(n-1) + a$$

解得

$$n = \frac{p-q}{q}m + \frac{q-a}{q}$$

把 n 代入 s_2 计算得到停机销售期间产品的存储费用为

$$s_2 = \frac{1}{2q}[(p-q)m-a][(p-q)m-q+a]r$$

由此得到一个产销周期中的总存储费用为

$$s = \frac{1}{2}(p-q)rm(m+1) + \frac{1}{2q}[(p-q)m-a][(p-q)m-q+a]$$

一个产销周期的总费用为

$$c + s = c + \frac{(p-q)m^2pr}{2q} + \frac{(p-q)ar}{2q}$$

因为一个产销周期共生产 mp 个产品,所以每个产品平均费用为

$$y = \frac{c}{mp} + \frac{(p-q)mpr}{2pq} + \frac{(q-a)ar}{2pqm} = \frac{(p-q)r}{2q}m + \left[\frac{c}{p} + \frac{(q-a)ar}{2pq}\right]\frac{1}{m}, m, n \in \mathbf{N}^*$$

我们来求最优解:

在 y 的表达式中,令 $A = \frac{(p-q)r}{2q}, B = \frac{c}{p} + \frac{(q-a)ar}{2pq}$,则 $y = Am + \frac{B}{m}(m \in \mathbf{N}^*)$,由题设知 $p = 500, q = 400, r = 0.2, c = 1000$,代入计算得

$$A = \frac{1}{40}, B = 2 + \frac{(400-a)a \times 0.2}{400\,000} = 2 + \frac{(400-a)a}{2\,000\,000}$$

又由题设知 $a = 100,200,300,400$,所以当 $a = 100$ 时,$y = \frac{m}{40} + \frac{403}{200m}$;当 $a = 200$ 时,$y = \frac{m}{40} + \frac{101}{50m}$;当 $a = 300$ 时,$y = \frac{m}{40} + \frac{403}{200m}$;当 $a = 400$ 时,$y = \frac{m}{40} + \frac{2}{m}$.

为了求 y 的最小值,现在考查函数 $y = Ax + B/x(x > 0, A > 0, B > 0)$ 的最小值,y 的导数 $y' = A - B/x^2$,令 $y' = 0$,得 $x^2 = B/A$,则 $x_0 = \sqrt{B/A}$. 当 $0 < x < \sqrt{B/A}$ 时,$y' = A - B/x^2 < 0$,此时,函数 y 是单调减函数;当 $x > \sqrt{B/A}$ 时,$y' = A - B/x^2 > 0$,此时,函数 y 是单调增函数. 所以当 $x_0 = \sqrt{B/A}$ 时,$y_{\min} = \sqrt{AB} + B\sqrt{AB}/A = (B+A)\sqrt{AB}/A$.

在本问题中,因为 $m \in \mathbf{N}^*$,所以,函数 $y = Am + B/m$ 在 $x_0 = \sqrt{B/A}$ 的左侧或右侧的最近整数($m, n \in \mathbf{N}^*$)处取得最小值.

当 $a = 100$ 时,$y = \frac{x}{40} + \frac{403}{200x}$,此时 $x_0 = \sqrt{\frac{403 \times 40}{200}} \approx 8.98$,与 x_0 最近的整数为 8 和 9,但当 $m = 8$ 时,$n = \frac{1}{4}m + \frac{400-100}{400} = \frac{11}{4} \notin \mathbf{N}^*$,为使 $n \in \mathbf{N}^*$,取 $m = 5$ 即可,当 $m = 9$ 时,$n = \frac{1}{4}m + \frac{400-100}{400} = 3 \in \mathbf{N}^*$. 所以当 $m = 5$ 或 9 时,y 可能最小;当 $m = 9, n = 3$ 时,$y = 0.448$;当 $m = 5, n = 2$ 时,$y = 0.528$. 显然当 $m = 9, n = 3$ 时,$y_{\min} = 0.448$ 最小,即生产 9 天,停机销售 3 天平均费用最小.

6.2.4 控制中心室内观察者座位布局问题

在现代化管理中,建立了许多控制中心,在控制中心大厅内电子屏幕墙下有一排排观察者的座位,如何把这些座位安排得科学,使观察者的实际观察效果更好?

这里,我们引用文献[60]的研究讨论如上问题.

现设某控制中心大厅的平面图如图 6.3 所示，$AB = 8$ m 为电子屏幕墙的宽度. 为讨论方便，本数学建模问题讨论不涉及高度方面的因素，每个座位看成一个质点.

如图 6.4，我们以屏幕所在的一边为 x 轴，AB 的中点为坐标原点 O，建立平面直角坐标系 xOy，设 $|AB| = 2a = 8$ m.

以 AB 的垂直平分线 Oy 上的任一点 $C(0,c)(c>0)$ 为圆心，$|CA| = r$ 为半径作圆弧 $\overset{\frown}{APB}$. 根据平面几何知识知道，位于圆弧 $\overset{\frown}{APB}$ 上任一点的观察者观察屏幕的座位视角为一定角. 例如，在图 6.4 中，$\angle APB = \angle AP'B$，$\angle AMB = \angle AM'B$，$\angle ANB = \angle AN'B$. 显然，圆弧半径越小，视角越大. 这样，我们可得到一系列的"等视角线"，其方程为
$$x^2 + (y-c)^2 = a^2 + c^2, y > 0$$

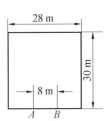

图 6.3

观察者的座位结合观察者的视觉眼力，基于等视角线来布置能构成最佳的选择吗？下面将进一步讨论并提供解决问题的最佳方案.

如图 6.5，作 $AA' \parallel Oy$，$BB' \parallel Oy$，$A(-a,0)$，$B(a,0)$. 设 $P(x,y)$ 为大厅内等视角线上任一点，观察者视角为 $\angle APB$. 由 $x^2 + (y-c)^2 = a^2 + c^2(y>0)$，得 $x^2 + y^2 = 2cy + a^2$. 因为 $c > 0$，所以，$x^2 + y^2 > a^2$. 又因为 $k_{PA} = \dfrac{y}{x+a}$，$k_{PB} = \dfrac{y}{x-a}$，所以

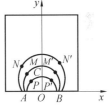

图 6.4

$$\tan \angle APB = \frac{k_{PB} - k_{PA}}{1 + k_{PB} \cdot k_{PA}} = \frac{\dfrac{y}{x-a} - \dfrac{y}{x+a}}{1 + \dfrac{y^2}{x^2 - a^2}} = \frac{\dfrac{2ay}{x^2 - a^2}}{1 + \dfrac{y^2}{x^2 - a^2}} = \frac{2ay}{x^2 - a^2 + y^2} > 0$$

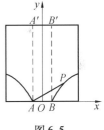

图 6.5

故

$$\tan \angle APB = \frac{2a}{\dfrac{x^2 - a^2}{y} + y} > 0 \qquad ①$$

(1) 当 $|x| > a$ 时，点 P 位于大厅内直线 AA'，BB' 两外侧. 此时 $x^2 > a^2$，故 $x^2 - a^2 > 0$.

(i) 若 x 不变，则 $x^2 - a^2$ 为定值. 此时，式①中分母 $\dfrac{x^2 - a^2}{y} + y \geq 2\sqrt{x^2 - a^2}$ 为定值，所以，当且仅当 $\dfrac{x^2 - a^2}{y} = y$，即 $y = \sqrt{x^2 - a^2}$ 时，上面不等式取等号. 所以，式①中，$0 < \tan \angle APB \leq \dfrac{2a}{2\sqrt{x^2 - a^2}}$. 所以，$y = \sqrt{x^2 - a^2}$ 时，视角 $\angle APB$ 有最大值. 这说明在直线 AA'，BB' 两侧，当 x 固定时，y 的最佳选择是 $y = \sqrt{x^2 - a^2}$. 即 x 不变且 $|x| > a$ 时，求出的最佳位置点 $P(x,y)$ 在等轴双曲线 $x^2 - y^2 = a^2$ 上.

(ii) 若 y 不变，当 $|x|$ 越接近于 a，即点 P 越靠近直线 AA'，BB' 时，式①中分母越小，

$\tan \angle APB$ 的值越大,视角 $\angle APB$ 越大.

(2) $|x| \leqslant a$ 时,点 P 位于矩形 $AA'B'B$ 内.

(i) 先讨论 y 不变的情形.

由 $|x| \leqslant a$,得 $a^2 - x^2 \geqslant 0$,为讨论方便,把式 ① 改写为

$$\tan \angle APB = \frac{2a}{y - \frac{a^2 - x^2}{y}} > 0 \qquad ②$$

类似于(1)(ii),若 y 不变,当 $|x|$ 越接近于 0,即点 P 越靠近 y 轴时,式 ① 中分母越小, $\tan \angle APB$ 的值越大,视角 $\angle APB$ 越大.

对于 $|x| < a$ 的情形. 因 $(a-x) + (a+x) = 2a$ 为定值 $(a - x > 0, a + x > 0)$,所以

$$2a = (a-x) + (a+x) \geqslant 2\sqrt{(a-x)(a+x)} = 2\sqrt{a^2 - x^2}$$

所以 $\sqrt{a^2 - x^2} \leqslant a$,即 $a^2 - x^2 \leqslant a^2$,所以

$$\tan \angle APB \leqslant \frac{2a}{y - \frac{a^2}{y}} \qquad ③$$

当且仅当 $a - x = a + x$,即 $x = 0$,$P(0, y)$ 时,式 ③ 取等号. 这说明在矩形 $AA'B'B$ 内,y 不变时,点 $P(0, y)$ 对应的视角最大.

(ii) 若 x 保持不变,显然 P 离屏幕越近,视角 $\angle APB$ 越大.

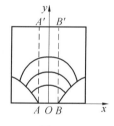

图 6.9

综合以上各种条件下的讨论,可以看出,一方面 $x^2 + (y-c)^2 = a^2 + c^2 (y > 0, a > 0, c > 0)$ 是等视角线;另一方面,从横的方向来讲,越靠近 y 轴视角越大,从纵的方向来讲,越靠近 x 轴视角越大. 所以,结合实际情况,设置观察者的座位布局如图 6.9 所示时的方案为最佳方案. 图 6.9 中的曲线分别为等轴双曲线 $x^2 - y^2 = a^2$ 和圆 $x^2 + (y-c)^2 = a^2 + c^2$. 即最佳方案是由图 6.9 中的等轴双曲线 $x^2 - y^2 = a^2$ 中间的圆弧段构成观察者的一排排座位,前排的座位视角大于后排的座位视角. 需要说明的是,图 6.9 给出的最佳方案是基于数学的理论论证而得出的结论. 实际的情况下,座位不可能离屏幕 AB 太近,不同视力的人的具体座位也有所选择.

6.2.5 分期付款中的一个问题

先看一道关于"分期付款"中的问题:

某人向银行贷款 30 万元用于购房. 贷款年利率为 5%,银行规定每年(同日)等额偿还,10 年还清本利.

(1) 若按复利计算,问该人每年(同日)应还款多少元?

(2) 若按单利计算,问该人每年(同日)应还款多少元?

(已知 $1.05^9 = 1.5513, 1.05^{10} = 1.6289$)

解 (1) 若按复利计息.

方法 1 设每年(同日)应还款 x 元,则由所借本金到期的本利和与还款的本利和相等得:

$$300\,000 \times (1 + 0.05)^{10} = x + x(1 + 0.05) + x(1 + 0.05)^2 + \cdots + x(1 + 0.05)^9$$

$$x = \frac{300\,000 \times 1.05^{10}}{1 + 1.05 + 1.05^2 + \cdots + 1.05^9} = \frac{300\,000 \times 1.05^{10} \times (1.05 - 1)}{1.05^{10} - 1} = 38\,850(元)$$

方法 2 设每年(同日)应还款 x 元,A_k 表示过 k 年还款(即第 k 次还款,以下类同)x 元对应归还的本金 ($1 \leq k \leq 10$),则 $x = A_k(1 + 5\%)^k$,所以 $A_k = \dfrac{x}{1.05^k}$. 因为贷款 $A_0 = 30$ 万元,由 $A_0 = A_1 + A_2 + \cdots + A_{10}$ 得:$300\,000 = \dfrac{x}{1.05} + \dfrac{x}{1.05^2} + \cdots + \dfrac{x}{1.05^{10}}$,所以 $x = \dfrac{300\,000 \times 1.05^{10}}{1 + 1.05 + 1.05^2 + \cdots + 1.05^9} = 38\,850(元)$.

以上两种解法求得结果相同.

(2) 若按单利计息.

方法 1 设每年(同日)应还款 x 元,则对应(1)的方法 1 得

$$300\,000 \times (1 + 10 \times 0.05) = x + x(1 + 0.05) + x(1 + 2 \times 0.05) + \cdots + x(1 + 9 \times 0.05).$$

解得 $x = \dfrac{300\,000 \times 1.5}{1 + 1.05 + 1.1 + \cdots + 1.45} = 36\,735(元)$.

方法 2 对应(1)的方法 2 可得 $A_k = \dfrac{x}{1 + k \times 5\%}$,所以 $300\,000 = \dfrac{x}{1.05} + \dfrac{x}{1.1} + \dfrac{x}{1.15} + \cdots + \dfrac{x}{1.5}$,得 $x = \dfrac{300\,000}{\dfrac{1}{1.05} + \dfrac{1}{1.1} + \cdots + \dfrac{1}{1.5}} = 37\,761(元)$.

以上两种解法求得结果不同,错在哪里?

为甄别以上题目两种解法的正误,我们定义一个"现价"的概念.

现价 某人从现在起的 n 年内,每过一年的同一天在银行存款若干元,按复利计算(或单利计算) 到第 $n + 1$ 年的同一天到期,结清所有存款的本利和. 若其中过 k 年($1 \leq k \leq n$)(即第 k 次) 存款数额 a_k 元,到期后的本利和恰与第一年初存款数额 A_k 元到期后的本利和相等,我们把 A_k 叫作第 k 次存款数额 a_k 的现价.

由"现价"的定义知,把本金 A 元,按年利率 r 存入银行 n 年,若按复利计算,n 年后本利和为 $A(1 + r)^n$;若按单利计算,n 年后本利和为 $A(1 + nr)$. 显然对于这两种特殊的情形(即 $n = k$),A 既是 $A(1 + r)^n$ 的"现价",A 也是 $A(1 + nr)$ 的"现价". 但在一般情况下是 $k < n$ 的,设 a_k 的现价是 A_k,依定义,当 $k \leq n$ 时,对于复利计算都有:$a_k(1 + r)^{n-k} = A_k(1 + r)^n$,所以 $a_k = A_k(1 + r)^k$;对于单利计算都有 $a_k[1 - (n - k)r] = A_k(1 + nr)$,所以 $a_k = \dfrac{A_k(1 + nr)}{1 + (n - k)r}$.

对于复利计算,任意 $1 \leq k \leq n$,都有 $A_k = \dfrac{a_k}{(1 + r)^k}$;

对于单利计算,当且仅当 $k = n$ 时,才有 $a_k = A_k(1 + kr)$. 即仅当 $n = k$ 时,$A_k = \dfrac{a_k}{1 + kr}$(这时也就是 $A_n = \dfrac{a_n}{1 + nr}$);在 $k < n$ 时,$A_k = \dfrac{a_k[1 + (n - k)r]}{1 + nr}$. 对于单利计算而言,若确定的第 k 年存款额 a_k 为常数,a_k 对应的现价 A_k 是一个 n 的函数. 因为 k 和 a_k 是常量时,$A_k = \dfrac{a_k[1 + (n - k)r]}{1 + nr}$ 是 n 的增函数,所以 n 越大则 A_k 也越大.

从以上分析知道,第(1)小题的两种解法都是正确的. 解法 1 是按存款 n 年后的本利和列式;解法 2 是按照每次还款数额对应的"现价"的和等于贷款总额列式. 第(2)小题的解法 2 错在当 $n < k$ 时,单利问题第 k 年存款 x,对应的现价并不是 $\dfrac{x}{1+k5\%}$,只能用现价 $A_k = \dfrac{a_k[1+(n-k)r]}{1+nr}$ 来求和,等于 300 000. 因为是等额付款,令 $a_k = x$,则

$$300\,000 = \dfrac{x(1+9\times 0.05)}{1+10\times 0.05} + \dfrac{x(1+8\times 0.05)}{1+10\times 0.05} + \cdots + \dfrac{x(1+0.05)}{1+10\times 0.05} + \dfrac{x}{1+10\times 0.05}.$$

所以 $300\,000(1+10\times 0.05) = x(1+9\times 0.05) + x(1+8\times 0.05) + \cdots + x(1+0.05) + x$,至此又回到解法 1 的列式. 事实上两种列式互为同解变形. 从侧面也印证了解法 2 是错的.

再看正误两种算法的差别. 因为 $\dfrac{1}{1+kr} \leqslant \dfrac{1+(n-k)r}{1+nr}$(当且仅当 $n=k$ 时取等号)所以

$$\dfrac{1}{1+0.05} + \dfrac{1}{1+2\times 0.05} + \cdots + \dfrac{1}{1+10\times 0.05} < \dfrac{1}{1+10\times 0.05} + \dfrac{1+0.05}{1+10\times 0.05} + \cdots + \dfrac{1+9\times 0.05}{1+10\times 0.05},\ \dfrac{300\,000}{\sum_{k=1}^{10}\dfrac{1}{1+k\times 0.05}} > \dfrac{300\,000}{\sum_{k=1}^{10}\dfrac{1+(10-k)\times 0.05}{1+10\times 0.05}},$$

从而,$x_2 > x_1$. 这里 x_1 和 x_2 分别表示解法 1 和解法 2 中的每年等额付款数. 可见错误算法导致贷款的人多给银行付了款.

6.2.6 探究日影运动轨迹问题

如图 6.6,在阳光下,地球上 A 地竖直物体(标杆)AH 在水平地面上的影子为 AF,标杆顶点 H 在地平面上的日影为点 F. 我们知道日影 F 的位置是不断变化的:(1) 一年中不同日期,地球在绕日公转轨道上的不同位置,地球球面上太阳直射点的位置相对于地球的方位(即太阳光线射入的角度或直射点的纬度)会发生改变,存在着冬半年、夏半年、两分日(春分、秋分)等差异;(2) 和观测地的地理纬度有关,存在着直射点纬度、直射点以北、直射点以南、极昼区、极点等差异;(3) 地球的自转运动会造成一天中太阳的东升西落,太阳高度不断变化,即与一天中太阳直射点的经度有关.

下面运用向量知识探讨地球上某地某日白天某时刻日影 F 在地平面上的具体位置以及某地某日白天的日影运动轨迹.[75]

为了讨论问题的方便,需要建立坐标系.

经线指示南北,北极点为最北,其四周均为南方;南极点为最南,其四周均为北方. 纬线指示东西,东西方向为无限方向. 在不考虑太阳光线在穿过大气层时的折射、太阳的视面角、高山阻

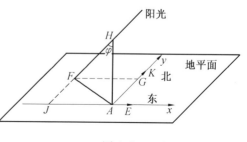

图 6.6

挡、海拔高度等因素的影响下,相对于地球而言太阳是一个面光源,照射到地球上的太阳光是一组平行光线,假设一天中太阳直射纬度不变(平太阳日). 地球上某地的水平地面是地

球球面上过该地的切面.

设向量 $\overrightarrow{AK}$ 是与过 A 处的经线相切且方向向北的单位向量,如图 6.7,$\overrightarrow{AK}$ 也是 A 处地平面内方向向北的单位向量;设向量 $\overrightarrow{AE}$ 是与过 A 处的纬线相切且方向向东的单位向量,$\overrightarrow{AE}$ 也是 A 处地平面内方向向东的单位向量;向量 $\overrightarrow{AK}$ 与 $\overrightarrow{AE}$ 确定 A 处地平面上建立平面直角坐标系 xAy,在坐标系 xAy 下设日影 $F(x,y)$.

如图 6.7,设地球 O 的球面上过 A 地的经线与赤道交于点 D,设某日某时太阳直射地球上 B 地,过 B 的经线与赤道交于点 C. 设地球半径为 R,$\angle AOD = \alpha$,$\angle BOC = \beta$,$\angle DOC = \theta$,$\angle AOB = \varphi$,则 α 为观测地 A 处的纬度数,$-90° \leq \alpha \leq 90°$,若 A 地在北半球,则 $\alpha > 0$,若 A 在南半球,则 $\alpha < 0$;β 为太阳直射点 B 地的纬度数,$-23°26' \leq \beta \leq 23°26'$;$\theta$ 为 A 地与太阳直射点 B 地的经度差,对于某日 A 地白昼 t 时刻(地方时,正午时刻为 12 时)有 $\theta = (12 - t) \times 15°(0 \leq t \leq 24)$.

又 φ 是太阳光线所对应的向量 $\overrightarrow{OB}$ 与 A 地水平地面的法向量 $\overrightarrow{OA}$(或 $\overrightarrow{AH}$)的夹角,图 6.8 是过 A,B 两地的大圆,因为 $\overrightarrow{HF} // \overrightarrow{BO}$(太阳光线是平行的),所以 $\angle AOB = \angle AHF = \varphi$,$90° - \varphi$ 即 A 地 t 时刻太阳高度角. 考虑太阳与地球的实际,对 A 地白昼时刻有 $|\alpha - \beta| \leq \varphi < 90°$.

如图 6.7,以 O 为原点,以 OD 所在直线为 x 轴,地轴 ON 所在直线为 z 轴建立空间直角坐标系 $O - xyz$,则 $\overrightarrow{AE} = (0,1,0)$,$\overrightarrow{AK} = (-\sin\alpha,0,\cos\alpha)$,$A(R\cos\alpha,0,R\sin\alpha)$,$B(R\cos\beta\cos\theta,R\cos\beta\sin\theta,R\sin\beta)$,$\cos\varphi = \cos\langle\overrightarrow{OA},\overrightarrow{OB}\rangle = \cos\alpha\cos\beta\cos\theta + \sin\alpha\sin\beta$.

下面来求日影坐标.

如图 6.8,在 $Rt\triangle AHF$ 中,$HF = \dfrac{AH}{\cos\varphi} = \dfrac{h}{\cos\varphi}$. 设 $\overrightarrow{HF}$ 与 $\overrightarrow{AE}$ 所成角为 δ,则 $\cos\delta = \cos\langle\overrightarrow{HF},\overrightarrow{AE}\rangle = \cos\langle\overrightarrow{BO},\overrightarrow{AE}\rangle = -\cos\beta\sin\theta$. 如图 1,对 HF 在 AE 上的正射影 AJ,有 $AJ = HF\cos\delta = \dfrac{\cos\delta}{\cos\varphi}h$,即点 F 的平面 xAy 上的横坐标 $x = AJ = \dfrac{-\cos\beta\sin\theta}{\cos\alpha\cos\beta\cos\theta - \sin\alpha\sin\beta}h$. 设 $\overrightarrow{HF}$ 与 $\overrightarrow{AK}$ 所成角为 γ,则 $\cos\gamma = \cos\langle\overrightarrow{HF},\overrightarrow{AK}\rangle = \cos\langle\overrightarrow{BO},\overrightarrow{AK}\rangle = \sin\alpha\cos\beta\cos\theta - \cos\alpha\sin\beta$.

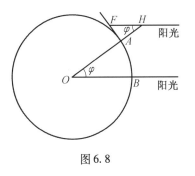

图 6.8

如图 6.8,对 HF 在 AK 上的正射影 AG,有 $AG = HF\cos\gamma = \dfrac{\cos\gamma}{\cos\varphi}h$,即点 F 在平面 xAy 上的纵坐标 $y = AG = \dfrac{\sin\alpha\cos\beta\cos\theta - \cos\alpha\sin\beta}{\cos\alpha\cos\beta\cos\theta + \sin\alpha\sin\beta}h$,故在平面 xAy 上,$F\left(\dfrac{-\cos\beta\sin\theta}{\cos\alpha\cos\beta\cos\theta + \sin\alpha\sin\beta}h, \dfrac{\sin\alpha\cos\beta\cos\theta - \cos\alpha\sin\beta}{\cos\alpha\cos\beta\cos\theta + \sin\alpha\sin\beta}h\right)$.

即给出标杆高度 h、观测地纬度 α、太阳直射点纬度 β,按上式可计算出白天任意时刻

t(换算出 θ)标杆顶在地平上的日影位置.

那么,日影点 F 的轨迹方程是什么呢?

由 $y = \dfrac{\sin\alpha\cos\beta\cos\theta - \cos\alpha\sin\beta}{\cos\alpha\cos\beta\cos\theta + \sin\alpha\sin\beta}h$,得

$$\cos\beta\cos\theta = \dfrac{y\sin\alpha\sin\beta + h\cos\alpha\sin\beta}{h\sin\alpha - y\cos\alpha} \qquad ①$$

代入 $x = \dfrac{-\cos\beta\sin\theta}{\cos\alpha\cos\beta\cos\theta + \sin\alpha\sin\beta}h$,得

$$-\cos\beta\sin\theta = \dfrac{x\sin\beta}{h\sin\alpha - y\cos\alpha} \qquad ②$$

将 ① 与 ② 两边平方消去 θ 得日影 F 在平面 xAy 上的轨迹方程

$$x^2\sin^2\beta - y^2\cos(\alpha+\beta)\cos(\alpha-\beta) + hy\sin 2\alpha - h^2\sin(\alpha+\beta)\sin(\alpha-\beta) = 0.$$

求出了轨迹方程,那么方程表示的曲线及地理意义是什么?

(1) 当 $\beta = 0$,即二分日时,方程为 $y = h\tan\alpha$,地球上除两极点外的任一线度上日影轨迹为一条正西东向的直线.

(2) 当 $\beta \neq 0$ 且 $\cos(\alpha+\beta)\cos(\alpha-\beta) \neq 0$ 时,轨迹方程可化为

$$\dfrac{\left(y - \dfrac{h\sin\alpha\cos\alpha}{\cos(\alpha+\beta)\cos(\alpha-\beta)}\right)^2}{\left(\dfrac{h\sin\beta\cos\beta}{\cos(\alpha+\beta)\cos(\alpha-\beta)}\right)^2} - \dfrac{x^2}{\dfrac{h^2\cos^2\beta}{\cos(\alpha+\beta)\cos(\alpha-\beta)}} = 1$$

(i) 当 $-90° + |\beta| < \alpha < 90° - |\beta|$,即 $-90° < \alpha + \beta < 90°$ 且 $-90° < \alpha - \beta < 90°$(非极昼区)时,$\cos(\alpha+\beta)\cos(\alpha-\beta) > 0$,方程表示双曲线.

下面求日影纵坐标的取值范围:

考虑太阳与地球的实际,对 A 地白昼时刻有 $|\alpha - \beta| \leq \varphi < 90°$,$0 < \cos\varphi \leq \cos(\alpha - \beta)$,即 $0 < \cos\alpha\cos\beta\cos\theta + \sin\alpha\sin\beta \leq \cos(\alpha - \beta)$,得

$$0 < \cos\theta + \tan\alpha\tan\beta \leq 1 + \tan\alpha\tan\beta, \dfrac{1}{\cos\theta + \tan\alpha\tan\beta} \geq \dfrac{1}{1 + \tan\alpha\tan\beta}.$$

当 $\beta > 0$,太阳直射北半球时,$\tan\beta > 0$,$y \leq h\left[\tan\alpha - \dfrac{\tan\beta(1 + \tan^2\alpha)}{1 + \tan\alpha\tan\beta}\right] = h\tan(\alpha - \beta)$,轨迹为双曲线的下支. 太阳自东北方升起,在西北方落下.

又有双曲线下支顶点坐标 $\left(0, \dfrac{h(\sin 2\alpha - \sin 2\beta)}{2\cos(\alpha+\beta)\cos(\alpha-\beta)}\right)$,即 $(0, h\tan(\alpha - \beta))$,故当 $\alpha > \beta$ 时,双曲线下支顶点在 $A(0,0)$ 上方,即观测点在太阳直射点以北,正午时日影在点 A 北方;当 $\alpha < \beta$ 时,双曲线下支顶点在 $A(0,0)$ 下方,即观测点在太阳直射点以南时,日影始终在点 A 南面;当 $\alpha = \beta$ 时,双曲线下支顶点与点 A 重合,即只有正午时分太阳直射点 A.

当 $\beta < 0$,太阳直射南半球时,$\tan\beta < 0$,$y \geq h\tan(\alpha - \beta)$,轨迹为双曲线的上支. 太阳自东南方升起,在西南方落下.

又有双曲线上支顶点坐标 $\left(0, \dfrac{h(\sin 2\alpha - \sin 2\beta)}{2\cos(\alpha+\beta)\cos(\alpha-\beta)}\right)$,即 $(0, h\tan(\alpha - \beta))$,故当 $\alpha < \beta$ 时,双曲线上支顶点在 $A(0,0)$ 上方,即观测点在太阳直射点以北时,正午始终在点 A 北面;当 $\alpha < \beta$ 时,双曲线上支顶点在 $A(0,0)$ 下方,即观测点在太阳直射点以南时,正午时日

影在点 A 南面;当 $\alpha = \beta$ 时,双曲线上支顶点与点 A 重合,即只有正午时分太阳直射点 A.

(ii) 当 $\beta > 0, 90° - \beta < \alpha < 90°$(北极圈内极昼区)时,$\cos(\alpha+\beta)\cos(\alpha-\beta) < 0$. 又因为 $(\frac{h\sin\beta\cos\beta}{\cos(\alpha+\beta)\cos(\alpha-\beta)})^2 - \frac{-h^2\cos^2\beta}{\cos(\alpha+\beta)\cos(\alpha-\beta)} = \frac{\cos^2\alpha\cos^2\beta}{\cos^2(\alpha+\beta)\cos^2(\alpha-\beta)}h^2 > 0$,且 $\frac{h\sin\beta\cos\beta}{\cos(\alpha+\beta)\cos(\alpha-\beta)} < 0$,日影轨迹为长轴在 y 轴、中心在点 A 南面的椭圆.

特殊地,当 $\alpha = 90°$,即南极点处时,日影轨迹方程为 $x^2 + y^2 = h^2\cot^2\beta$,为一圆,太阳始终悬在北方的天空上.

当 $\beta < 0, -90° < \alpha < -90° - \beta$(南极圈内极昼区)时,$\cos(\alpha+\beta)\cos(\alpha-\beta) < 0$,日影轨迹为长轴在 y 轴、中心在点 A 北面的椭圆.

特殊地,当 $\alpha = -90°$,即南极点处时,日影轨迹方程为 $x^2 + y^2 = h^2\cot^2\beta$,为一圆,太阳始终悬在北方的天空.

(3) 当 $\beta > 0, \alpha = 90° - \beta > 0$(北半球极昼区与非极昼区分界纬线上)时,$\cos(\alpha+\beta)\cos(\alpha-\beta) = 0$,方程为 $x^2\sin^2\beta + hy\sin 2\beta - h^2\cos 2\beta = 0$,日影轨迹为一条开口向南的抛物线.

当 $\beta < 0, \alpha = -90° - \beta < 0$(南半球极昼区与非极昼区分界纬线上)时,$\cos(\alpha+\beta)\cos(\alpha-\beta) = 0$,方程为 $x^2\sin^2\beta + hy\sin 2\beta + h^2\cos 2\beta = 0$,日影轨迹为一条开口向北的抛物线.

6.2.7 人、狗、鸡、米过河问题

问题:人、狗、鸡、米均要过河,船上除人划船外,最多还能运一物,而人不在场时,狗要吃鸡,鸡要吃米,问人,狗,鸡,米应如何过河?

假设人、狗、鸡、米要从河的南岸到河的北岸,由题意,在过河的过程中,两岸的状态要满足一定条件,所以该问题为有条件的状态转移问题.

下面,我们建立数学模型处理这个问题.

我们用 $(w(人), x(狗), y(鸡), z(米))$,$w, x, y, z = 0$ 或 1,1 表示南岸的状态. 例如 $(1,1,1,1)$ 表示它们都在南岸,$(0,1,1,0)$ 表示狗,鸡在南岸,人,米在北岸;很显然有些状态是允许的,有些状态是不允许的,用穷举法可列出全部 10 个允许状态向量:

$(1,1,1,1), (1,1,1,0), (1,1,0,1), (1,0,1,1), (1,0,1,0), (0,0,0,0), (0,0,0,1), (0,0,1,0), (0,1,0,0), (0,1,0,1)$.

我们将上述 10 个可取状态向量组成的集合记为 S,称 S 为允许状态集合

对于一次过河,可以看成一次状态转移,我们仍用向量来表示决策,例如 $(1,0,0,1)$ 表示人,米过河. 令 D 为允许决策集合

$$D = \{(1,x,y,z): x + y + z = 0 \text{ 或 } 1\}$$

另外,我们注意到过河有两种,奇数次的为从南岸到北岸,而偶数次的为北岸回到南岸,因此得到下述转移方程

$$S_{k+1} = S_k + (-1)_k d_k$$

$S_k = \{w_k, x_k, y_k, z_k\}$ 表示第 k 次状态,$d_k \in D$ 为决策向量.

（注意，左边的状态第一个元素为1，右边的状态第一个元素为0时，左右之间才可以转移.）

下面用状态转移图求解：

将10个允许状态用10个点表示，并且仅当某个允许状态经过一个允许决策仍为允许状态，则这两个允许状态间存在连线，而构成一个图，如图，在其中寻找一条从(1,1,1,1)到(0,0,0,0)的路径，这样的路径就是一个解，可得下述路径图：

```
                    (0,0,0,1)    (1,0,1,1)
                  ／         ＼／         ＼
(1,1,1,1) (0,1,0,1) (1,1,0,1) (0,0,1,0)  (0,0,0,0)
                  ＼         ／＼         ／
                    (0,1,0,0)    (1,1,1,0)
                                 (1,0,1,0)
```

（比方说，由 $(1,1,1,1) \to (0,1,0,1)$ 表示人，鸡过河）

由图，这两个解都是经过7次运算完成，均为最优解.

6.3 数表分析

根据已给（或实验）数据，按其相互关系置于一张数表中，借助于表中的网络关系，彻底弄清楚有关问题的内部数量关系结构称之为数表分析.

6.3.1 耕地减少的限额问题

某地现有耕地10 000平方千米（km²），计划10年后粮食单产比现在增加22%，人均粮食占有量比现在提高10%. 如果人口年增长率为1%，那么耕地平均每年至多只能减少多少平方千米（精确到1平方千米）？

上述问题中，由于有众多的相互制约关系，为此，我们分别记 t, m, a, P 表示为现在的粮食单产量、粮食总产量、人口总数、人均粮占有量，记 S, T, M, A, P 分别表示为十年后的耕地总面积、粮食单产量、粮食总产量、人口总数、人均粮占有量. 显然，粮食单产 = $\dfrac{总产量}{耕地面积}$，人均粮食占有量 = $\dfrac{总产量}{总人口数}$. 我们列出一张数表6.4以表示各制约因素关系结构.

表6.4

关系＼相关因素	耕地总面积	粮食单产量	粮食总产量	人口总数	人均粮占有量
现在的横向关系	$10\ 000\ (10\ 000 = \dfrac{m}{t})$	$t\ (t = \dfrac{m}{10\ 000})$ ①	$m\ (m = 10\ 000t = Pa)$	$a\ (a = \dfrac{m}{p} = \dfrac{10\ 000t}{p})$ ②	$p\ (p = \dfrac{m}{a})$
十年后发生的变化	十年总减少耕地 $10\ 000 - S$	⑤比现在增加22% $T = t(1+22\%)$		⑥人口年增长率为1% $A = a(1+1\%)^{10}$	⑦比现在提高 $P = p(1+10\%)$
十年后的横向关系	$S\ (S = \dfrac{M}{T} = \dfrac{PA}{T})$	$T\ (T = \dfrac{M}{S})$ ③	$M\ (M = PA)$ ④	$A\ (A = \dfrac{M}{P})$	$P\ (P = \dfrac{M}{A})$

在上表中，我们看到共有七种关系，即横向关系：现在、十年后各有两种关系；纵向（十年前后）关系：粮食单产量间的关系、人口总数间的关系及人均粮占有量间的关系. 在建模

时,我们只须在 t,m,a,p,T,M,A,P 中适当选取两个量,再加上 S(设为未知量),就可以建立该问题的模型.

下面,我们仍采取列表的办法,给出问题的两个求解模型,如表 6.5,6.6 所示.

表 6.5

相关因素\关系	耕地总面积	粮食单产量	粮食总产量	人口总数	人均粮占有量
现在	10 000	$\dfrac{m}{10\,000}$	m	a	$\dfrac{m}{a}$
十年后	$S = \dfrac{10^4(1+10\%)(1+1\%)^{10}}{1+22\%}$	$\dfrac{m}{10\,000}(1+22\%)$	$m(1+10\%)\cdot(1+1\%)^{10}$	$a(1+1\%)^{10}$	$\dfrac{m}{a}(1+10\%)$
关系	$S = \dfrac{M}{T}$	T	$M = AP$	A	P

这样,十年后耕地面积减少到

$$10\,000\left[1 - \dfrac{(1+10\%)(1+1\%)^{10}}{1+22\%}\right] < 10\,000\left[1 - \dfrac{1\cdot 1 \times 1.104\,5}{1.22}\right] \approx 41.1(平方千米)$$

故这十年中每年只能减少 $\dfrac{41.4}{10} \approx 4$(平方千米). 或

表 6.6

相关因素\关系	耕地总面积	粮食单产量	粮食总产量	人口总数	人均粮占有量
现在	$(*)\,10\,000 = \dfrac{ST}{(1+10\%)(1+1\%)^{10}} \cdot \dfrac{1+22\%}{T}$	$t = \dfrac{T}{1+22\%}$	$m = \dfrac{ST}{(1+10\%)(1+1\%)}$	$a = \dfrac{A}{(1+1\%)^{10}}$	$P = \dfrac{ST}{(1+10\%)A}$
十年后	S	T	ST	A	$\dfrac{ST}{A}$
关系	$S = \dfrac{M}{T}$	T	$M = AP$	A	P

由式(*)即可得

$$10\,000 = \dfrac{S\cdot(1+22\%)}{(1+10\%)(1+1\%)^{10}}$$

即

$$S = \dfrac{10^4(1+10\%)(1+1\%)^{10}}{1+22\%}$$

余下同前述解法(略).

当熟悉这种方法以后,只须设不同的未知数,就可建立不同模型求解.因而,我们有如下多种求解设法(每一种设法用一个三元数组表示):$(S,t,a),(S,t,p),(S,t,A),(S,t,P),(S,m,a),(S,m,p),(S,m,A),(S,m,P),(S,T,a),(S,T,p),(S,T,A),(S,T,P),(S,M,a),(S,M,p),(S,M,A),(S,M,P),(S,a,p),(S,a,P),(S,A,p),(S,A,P)$.

6.3.2 电梯问题

张思明老师探讨了电梯问题的建模,下面,我们介绍他的做法.[61]

某办公大楼有十一层高,办公室都安排在7,8,9,10,11层上.假设办公人员都乘电梯上楼,每层有60人办公,现有三台电梯A,B,C可使用,每层楼之间电梯的运行时间是3 s,最底层(一层)停留时间是20 s,其他各层若停留,则停留时间为10 s.每台电梯的最大的容量是10人,在上班前电梯只在7,8,9,10,11停留.为简单起见,假设早晨8:00以前办公人员已陆续到达一层,能保证每部电梯在底层的等待时间内(20 s)能达到电梯的最大容量,电梯在各层的相应的停留时间内工作人员能完成出入电梯.当无人使用电梯时,电梯应在底层待命.请问:

把这些人都送到相应的办公楼层,要用多少时间?
怎样调度电梯能使得办公人员到达相应楼层所需总的时间尽可能地少?
请给出一种具体实用的电梯运行方案.

这是一个"开放"型的问题,问题解决的方案可以有很多且各有利弊.

我们容易想到的一个基本的电梯运行方案为:

将$5 \times 60 = 300$(名)办公人员平均分配给三部电梯运送,每部电梯运100人,每趟运10人,需运10趟.每趟运行因有往返,故迎送人时间$20 + 5 \times 10 = 70(s)$,在途运行时间为$6 \times 10 = 60(s)$,总计一趟运行耗时130 s.由于三台电梯彼此独立运行,故将300人运完总耗时为:$10 \times 130 = 1\ 300\ (s)$,约为21.7 min.

这个电梯运行方案可进一步改进.

先推导一个一部电梯运行的耗时的计算公式,假设该电梯在第一层楼以外停留的次数是N,最高到达的层数是F,则其一趟运行耗时为

$$T/s = 20 + 6 \times (F - 1) + 10 \times N \qquad (*)$$

假设电梯A和B只上7,8,9层,而电梯C上10,11层.这样安排后,由公式(1),A,B电梯一趟运行耗时为

$$T/s = 20 + 6 \times (9 - 1) + 10 \times 3 = 98$$

C电梯一趟运行耗时为

$$T/s = 20 + 6 \times (11 - 1) + 10 \times 2 = 100$$

改进后的运行结构如表6.7(电梯运行配置方案2)所示.

表6.7

电梯代号	楼层选择	所运人数	所需趟数	每趟时间/s	总计时间/s
A和B	7,8,9	180	9×2	98	882
C	10,11	120	12	100	1 200

从表6.6中我们看到,改进后的方案比初始的方案所用时间减少了100 s,耗时20 min.这个方案的缺点是AB和C作业时间不均匀,C"拖了后腿".这提醒我们改进方案,使A,B,C的作业时间更均匀或更接近些.

模仿这种想法,我们还可以构造出其他的电梯运行方案,其中一个比较好的如表

6.8(电梯运行配置方案3)所示.

表6.8

电梯代号	楼层选择	所运人数	所需趟数	每趟时间/s	总计时间/s
A	7,8	120	12	82	984
B 和 C	9,10,11	180	9×2	110	990

这种方案把所有人运完仅需990 s,即 16.5 min.

电梯运行的目标层也可以有"重叠",请读者自己设计方案.

从公式(*)我们可以看到,要使电梯运行的时间 T 变小,关键是减少 N(即减少中途无谓的开门次数). 由此想到一种最极端的电梯运行方案:每部电梯每次运行只去某一特定的楼层,以保证中途仅开门一次. 为了保证电梯运行时间的均匀,三部电梯各去每层楼两趟. 依照这种方案,每部电梯赴 7,8,9,10,11 层分别用时为 66,72,78,84,90 s. 总计用时为

$$2(66+72+78+84+90)=780 \text{ (s)}=13 \text{ (min)}$$

这也许是最省时间的运行方案了. 同样是对这种电梯运行方案,具体的运行安排却可以是多种多样的,表6.9(电梯运行配置方案4),表6.10(电梯运行配置方案5)两种安排中你觉得哪一种更好一些?

表6.9

目标楼层＼运行序号 电梯代号	一	二	三	四	五	六	七	八	九	十	总计时间/s
A	7	7	8	8	9	9	10	10	11	11	780
B	7	7	8	8	9	9	10	10	11	11	780
C	7	7	8	8	9	9	10	10	11	11	780

表6.10

目标楼层＼运行序号 电梯代号	一	二	三	四	五	六	七	八	九	十	总计时间/s
A	7	8	9	10	11	7	8	9	10	11	780
B	9	10	11	7	8	9	10	11	7	8	780
C	11	7	8	9	10	11	7	8	9	10	780

我们可以看到方案4简单明确、便于操作,但是它使高层的办公人员等待时间较长,同时由于从下层到上层的运人,容易发生电梯等人(因为目标层的人员可能未到齐),或者对于较低楼层的办公人员由于稍来迟一点而没有电梯可乘. 方案5对这方面考虑的就好一些,它使各层人的平均等待的时间大体相当,并且目标层分布得比较均匀. 缺点是控制起来不甚方便.

在这个问题中,我们还可考虑到 300 人上班不大可能同时到达,通过一段时间的观察统计,你可以发现有多少人是按时上班的. 比如,如果你发现大约 73% 的工作人员是 8:00 以前到达一层电梯前的,那么你就知道,只有 220 人需要在 8:00 以前用电梯送走. 这样即使按第一种方案每部电梯也只须运行不超过 8 趟,可使时间减少到:$8 \times 130 = 1040$ (s),约为 17.3 min.

我们还可以借助于概率的考虑而不对电梯的运行加任何人为的限制. 我们假设每部电梯随机地"选择"十位乘客,先考虑几种理想的情况:

(i) 电梯上的 10 人都工作在同一楼层,这种情况发生概率为
$$P_1 = 5 \times C_{60}^{10}/C_{300}^{10} < 0.001$$

(ii) 电梯上的 10 人没有一个工作在 11 层,这种情况发生的概率为
$$P_2 = C_{240}^{10} \times C_{60}^{10}/C_{300}^{10} \approx 0.1$$

同理,电梯上的 10 人无一人工作在 10 层(9,8,7 层)的概率为 P_2.

(iii) 电梯上的 10 人均不来自 11 层和 10 层的概率为
$$P_3 = C_{180}^{10} \times C_{120}^{0} \times C_{300}^{10} = 0.005$$

同理,电梯上 10 人均不来自其他两层的概率也为 P_3.

……

可以认为,情况(i)、(iii)是在一天电梯的运行中几乎不可能发生的小概率事件,在我们的方案中可先不予考虑. 而情况(ii)意味着十趟运行中可能有一次发生,这样即使按方案 1 每部电梯至少可以节约 10 s(若是 11 层可节约 16 s). 最有可能的一种情况是,每部电梯的十次运行中有 5 次是每层都停的,有 5 次是少停一层的. 这样的情况计算出的一部电梯的运行时间将是

$$T = 5 \times 130 + 1 \times 114(\text{不停 11 层}) + 4 \times 124 = 1260 \text{ (s)} = 21 \text{ (min)}$$

如果把几种思考方案结合起来,还可以找到更多的电梯运行方案.

最后,我们顺便指出的是,还可以对原始问题作各种改进,使之"衍生"出更多新的问题. 如增、减办公楼的层数,改变每层办公人员的人数(可不使其相等),改变电梯的数量和电梯运行的参数,如运行速度、人多时有二次开关程序等. 更切合实际的考虑是应事先模拟办公人员到来的频率,用排除论的模型来求解.

6.4 回归分析

回归分析是"黑箱"建模中常用的方法,用于对函数 $f(x)$ 的一组观测值或实验数据 (x_i, f_i), $i = 1, 2, \cdots, m$,以确定函数的表示. 当然 $f(x)$ 不仅是一元的,也可以是多元的.

6.4.1 农药菊乐合酯对青虫的半致死量

青虫是叶菜的主要害虫,现在对付它的主要手段是喷洒农药菊乐合酯,而菊乐合酯有一定的残留量,对人体健康有害. 特别是配制农药时,质量分数越高虽然青虫致死率也越高,但对人体健康的危害也越大. 通常采用配制适当质量分数的农药,每次杀灭一半的在田害虫,反复多次喷洒达到控制害虫的目的. 因此,为摸清菊乐合酯对青虫的半致死量,现取五种质量分数的农药 $x_i (i = 1, 2, \cdots, 5)$ 做试验. 测得相应的死亡率 y_i 如表 6.11 所示.

表 6.11

x_i	0.176	0.477	0.778	1.079	1.380
$y_i/\%$	8.23	25.0	60.0	83.3	98.0

从这组数据中能否找到菊乐合酯对青虫的半致死量呢？为此，我们把这组数据分别作横、纵坐标，将点描在平面直角坐标系中，看它们有什么规律。从中找到半致死量。由图 6.10 中可发现这五个点很接近一条直线。这条直线的方程就是要求的 y 与 x 关系的经验公式。[36]

在精度要求不高时，从图像上可以找出对应于 $y = 50$ 的 x 是 0.75 左右，这 0.75 就是半致死量。

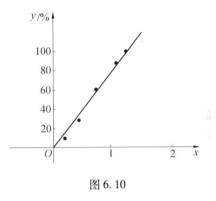

图 6.10

若某农药毒性很大，质量分数有千分之一的差别，毒性将数倍增加。在这种情况下，就不能通过在不精确的直线上查找青虫的半致死量，必须有更为精确的计算。我们可以如下计算：

设 n 次试验所得到的数据作为点的坐标 $(x_1, y_1), (x_2, y_2), \cdots, (x_n, y_n)$，与它们最为接近的直线方程是 $y = a + bx$。我们来寻求 a, b 与试验数据间的关系。

设直线方程 $y = a + bx$ 已求出，那么把任一个 x_i 代入求得一个 $y'_i = a + bx_i$，y'_i 往往不会完全等于试验数据 y_i。既然 $y'_i \neq y_i$，我们总希望 $y_i - y'_i$ 的差距总起来最小，即希望 $\sum (y_i - y'_i)^2 = \sum (y_i - a - bx_i)^2$ 最小。这就为求 a, b 提供了一个标准：求能使上式值最小的 a, b，事实上

$$\sum (y_i - a - bx_i)^2 = \sum (y_i^2 + a^2 + b^2 x_i^2 - 2ay_i - 2bx_i y_i + 2abx_i) =$$

$$\sum y_i^2 + na^2 + b^2 \sum x_i^2 - 2a(\sum y_i - b\sum x_i) - 2b\sum x_i y_i =$$

$$n\left(a^2 - 2a\frac{\sum y_i - b\sum x_i}{n} + \left(\frac{\sum y_i - b\sum x_i}{n}\right)^2\right) -$$

$$\frac{(\sum y_i - b\sum x_i)^2}{n} +$$

$$\sum y_i^2 + b^2 \sum x_i^2 - 2b\sum x_i y_i =$$

$$n\left(a - \frac{\sum y_i - b\sum x_i}{n}\right)^2 + \frac{n\sum x_i^2 - (\sum x_i)^2}{n} \cdot b^2 -$$

$$\frac{\sum x_i \sum y_i - n\sum x_i y_i}{n} \cdot 2b + \sum y_i^2 - \frac{(\sum y_i)^2}{n} =$$

$$n\left(a - \frac{\sum y_i - b\sum x_i}{n}\right)^2 + \frac{n\sum x_i^2 - (\sum x_i)^2}{n}.$$

$$\left(b - \frac{n\sum x_i y_i - \sum x_i \sum y_i}{n\sum x_i^2 - (\sum x_i)^2}\right)^2 -$$

$$\frac{(\sum x_i \sum y_i - n\sum x_i y_i)^2}{n(n\sum x_i^2 - (\sum x_i)^2)} + (\sum y_i)^2 - \frac{(\sum y_i)^2}{n}$$

因为 x_i, y_i 都是已知数,所以除去上式中前两个平方项之外都是常数. 又第二项平方前的系数可以证明是非负的,所以要使上式值最小,就必须使两个平方项为零,即

$$b = \frac{n\sum x_i y_i - \sum x_i \sum y_i}{n\sum x_i^2 - (\sum x_i)^2} = \frac{\sum x_i y_i - \frac{1}{n}\sum x_i \sum y_i}{\sum x_i^2 - \frac{1}{n}(\sum x_i)^2}$$

$$a = \frac{\sum y_i - b\sum x_i}{n}$$

在此例中的 $y = a + b$ 中的 a, b 的求法可列表 6.12 计算如下.

表 6.12

i	x_i	y_i	x_i^2	y_i^2	$x_i y_i$
1	0.176	8.23	0.030 976	67.732 9	1.448 48
2	0.477	25.0	0.227 529	625.00	11.925
3	0.778	60.0	0.605 284	3 600.00	46.68
4	1.078	83.3	1.164 241	6 938.89	89.880 7
5	1.380	98.0	1.904 40	9 604.00	135.24
$\sum$	3.889	274.53	3.932 43	20 835.622 9	285.174 18

从而

$$b = \frac{285.174\ 18 - \frac{1}{5} \times 3.889 \times 274.53}{3.932\ 43 - \frac{1}{5} \times (3.889)^2} = 79.016\ 611\ 3 \approx 79.016\ 6$$

$$a = \frac{274.53 - 79.016\ 611\ 3 \times 3.889}{5} \approx -6.568\ 9$$

由此可得 y, x 的经验公式为

$$y = 79.016\ 6x - 6.568\ 9$$

利用这个式子可以求出半致死量,即当 $y = 50$ 时

$$x = \frac{50 + 6.568\ 9}{79.016\ 6} = 0.715\ 911\ 593 \approx 0.716$$

根据实际情况对模型修改后,得到较为精确的半致死量为 0.716,与先前得到的 0.75 差别很大. 对于剧毒农药来说,这么大的差别可能置人于死地.

如上模型常称为线性(即 x 与 y 是线性关系)回归模型,其应用是比较广泛的. 其中 a, b 的求解方法常称为最小二乘法.

6.4.2 X射线的杀菌问题

为了检验 X 射线的杀菌作用,用 200 kV 的 X 射线来照射细菌,每次照射 6 min. 照射次数记为 t,共照射 15 次,各次照射所剩细菌数 y 如表 6.13 所示.

表 6.13

序号	1	2	3	4	5	6	7	8	9	10	11	12	13	14	15
t	1	2	3	4	5	6	7	8	9	10	11	12	13	14	15
y	352	211	197	160	142	106	104	60	56	38	36	32	21	19	15

从这组数据中能否找到 X 射线的杀菌规律? 为此,我们把这组数据分别作横、纵坐标,将点描在平面直角坐标系中,如图 6.11 所示,看看有什么规律. 从散点图的特点分析,可供考虑的曲线有:双曲线 $y = \dfrac{t}{at+b}$、抛物线(幂函数的变形) $y = at^2 + bt + c$ 和指数函数 $y = ae^{bt}$,其中最为接近的是指数函数. 另外,由以往经验知,细菌数 y 的对数应是照射次数 t 的线性函数,即

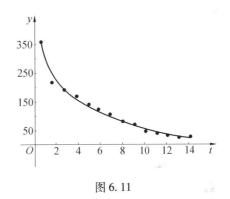

图 6.11

$$\ln y = \beta_0 + \beta_1 t, \quad y = ae^{\beta_1 t}$$

其中 $a = e^{\beta_0}$,令 $y^* = \ln y$,则有

$$y^* = \beta_0 + \beta_1 t$$

类似于前例,采用最小二乘法,可得 β_0, β_1 的估计值,从而有

$$y^* = 5.973\,16 - 0.218\,43t$$

或

$$y = e^{5.973\,16} \cdot e^{-0.218\,43t}$$

即

$$y = 392.745\,68 e^{-0.218\,43t}$$

这种负指数模型常用于生物生长、细菌繁殖和经济指标的增长等.

这个模型是非线性模型,或称非线性回归模型,有时也称曲线拟合模型.

6.5 矩 阵 分 析

长方形数表(即矩阵)是十分常见的数学现象,它能把头绪纷繁的事物或者数学对象按一定的规律排列表示出来,让人看上去一目了然. 对矩阵实施某些运算,则可表明这些事物或者数学对象之间蕴含的内在规律. 在数据分析建模中,矩阵分析占有重要的席位.

6.5.1 玩具的生产成本核算问题

制造一种有电子设备的玩具时,先要把三种不同的零件分组,然后把各组零件装配成玩具. 把这三种零件分别记作甲、乙、丙,那么零件甲、乙、丙的成本费用分别是 3,2,4 元. 3 个甲

数学建模尝试

种零件、4个乙种零件、3个丙种零件组成组件Ⅰ;2个甲、3个乙、5个丙组成组件Ⅱ,玩具 A 包含 3 个组件Ⅰ和 3 个组件Ⅱ,玩具 B 包含 2 个组件Ⅰ和 4 个组件Ⅱ,玩具 C 包含 3 个组件Ⅰ和 5 个组件Ⅱ. 若一天做 8 个玩具 A,5 个玩具 B 和 4 个玩具 C,共需成本费多少元?[38]

我们在核算成本费时,首先假定所购买的零件都是好的,没有废品或次品,在生产过程中也没有损坏,不把劳动力成本计算在内.

根据题意,可列出各类数表(即矩阵). 每种零件的单价矩阵

$$\begin{bmatrix} \text{零件甲} & \text{零件乙} & \text{零件丙} \\ 3 & 2 & 4 \end{bmatrix}$$

组件所含零件矩阵

$$\begin{array}{c} \\ \text{甲} \\ \text{乙} \\ \text{丙} \end{array} \begin{bmatrix} \text{组件 Ⅰ} & \text{组件 Ⅱ} \\ 3 & 2 \\ 4 & 3 \\ 3 & 5 \end{bmatrix}$$

各种玩具所含组件矩阵

$$\begin{array}{c} \\ \text{组件 Ⅰ} \\ \text{组件 Ⅱ} \end{array} \begin{bmatrix} \text{玩具 } A & \text{玩具 } B & \text{玩具 } C \\ 3 & 2 & 3 \\ 3 & 4 & 5 \end{bmatrix}$$

每天生产玩具数量矩阵

$$\begin{array}{c} A \\ B \\ C \end{array} \begin{bmatrix} 8 \\ 5 \\ 4 \end{bmatrix}$$

在这里,我们需要建立的是核算物品成本的算法模型. 因此涉及矩阵的乘法运算问题,注意到矩阵乘法

$$\boldsymbol{A} \times \boldsymbol{B} = (a_{ij})_{n \times m} \times (b_{ij})_{m \times k} = (C_{ij})_{n \times k} = \boldsymbol{C}$$

其中 $C_{ij} = a_{i1} \cdot b_{1j} + a_{i2} \cdot b_{2j} + \cdots + a_{im} \cdot b_{mj}$

以及须使得前一个矩阵各行上的项目与后一矩阵各列上的项目一致.

于是,我们计算总成本费用为

$$W/\text{元} = \begin{bmatrix} 3 & 2 & 4 \end{bmatrix} \cdot \begin{bmatrix} 3 & 2 \\ 4 & 3 \\ 3 & 5 \end{bmatrix} \cdot \begin{bmatrix} 3 & 2 & 3 \\ 3 & 4 & 5 \end{bmatrix} \cdot \begin{bmatrix} 8 \\ 5 \\ 4 \end{bmatrix} =$$

$$\begin{bmatrix} 9+8+12 & 6+6+20 \end{bmatrix} \cdot \begin{bmatrix} 3 & 2 & 3 \\ 3 & 4 & 5 \end{bmatrix} \cdot \begin{bmatrix} 8 \\ 5 \\ 4 \end{bmatrix} =$$

$$\begin{bmatrix} 29 \cdot 3 + 32 \cdot 3 & 29 \cdot 2 + 32 \cdot 4 & 29 \cdot 3 + 32 \cdot 5 \end{bmatrix} \cdot \begin{bmatrix} 8 \\ 5 \\ 4 \end{bmatrix} =$$

$$183 \cdot 8 + 186 \cdot 5 + 247 \cdot 4 = 3\,382$$

如上的算法模型在今天的市场经济中常被广泛地运用着.

6.5.2 最佳分工方案问题

某工厂生产一种产品,需 A,B,C,D 四件零件,一件成品需要 A,B,C,D 四种零件的件数比是 $1:2:3:5$,该厂有甲、乙、丙、丁四个班组,根据以往的资料,四个班组生产四种不同零件的生产能力即平均日产件数如下面矩阵表所示.

$$\begin{bmatrix} & 零件A & 零件B & 零件C & 零件D \\ 甲班组 & 100 & 200 & 300 & 500 \\ 乙班组 & 120 & 140 & 180 & 300 \\ 丙班组 & 160 & 180 & 210 & 400 \\ 丁班组 & 200 & 300 & 420 & 550 \end{bmatrix}$$

假定一天中一个班组只做一种零件,问怎样安排生产任务(即安排各班组的生产零件的种类),可使配套而得的成品最多?

由于此例中涉及各班组的生产能力或效率不同,为使配套最多而分工最全,首先应考虑在单位时间内完成各种任务的效果比率(即效率比),为此首先将所给生产能力表改造成如下的"配套能力"矩阵表.

$$M = \begin{matrix} & A零件\frac{日产量}{1} & B零件\frac{日产量}{2} & C零件\frac{日产量}{3} & D零件\frac{日产量}{5} \\ 甲班组 & 100 & 100 & 100 & 100 \\ 乙班组 & 120 & 70 & 60 & 60 \\ 丙班组 & 160 & 90 & 70 & 80 \\ 丁班组 & 200 & 150 & 140 & 110 \end{matrix}$$

可以看出,上表中的数字实际上是一种"效率比",它是表示某个班组生产某种零件用于成品配套的能力. 数字大的班组和零件种类的对应,在分工时将被优先考虑. 每一种分工方案可以看成取自如上矩阵 M 中不同行、不同列的四个元素(数据)所对应班组和零件的对应,我们用 a_{ij} 表示取自上述矩阵 M 中第 i 行第 j 列的元素. 于是 $x = (a_{21}, a_{12}, a_{33}, a_{44}) = (120, 100, 70, 110)$ 就是一个分工方案. 它表示:乙做 A 零件,甲做 B 零件,丙做 C 零件,丁做 D 零件. 相应的配套而得的成品数量:$T(x = \min\{120, 100, 70, 110\}) = 70$,也就是说,按照这种分工一天可配套出 70 件成品,我们的目标是,找出这样的分工方案 $x = (a_{?1}, a_{?2}, a_{?3}, a_{?4})$,使 $T(x)$ 最大.

由于在如上矩阵 M 中选取不同行、不同列的四个元素的方法很多(有 24 种),我们想到从反面入手——把较小的不会被选中的数依次划去,逐渐"逼"出所需结果. 先从如上矩阵 A 中划去"60",看能否从剩下的元素中选出来自不同行、不同列的四个元素 x_0. 显然. 这样的 x_0 存在.

我们再"胆子"大一点,划去"70"和"80",得如下矩阵

$$M_1 = \begin{bmatrix} 100 & 100 & 100 & 100 \\ 120 & 70 & 60 & 60 \\ 160 & 90 & 70 & 80 \\ 200 & 150 & 140 & 110 \end{bmatrix}$$

这时,从 A_1 中的不同行、不同列取四个元素的取法只有两种,它们分别对应的分工方案是

$$x_2 = (a_{21}, a_{32}, a_{13}, a_{44}) \to \overset{A}{\text{乙}} \quad \overset{B}{\text{丙}} \quad \overset{C}{\text{甲}} \quad \overset{D}{\text{丁}}$$

$$x_3 = (a_{21}, a_{32}, a_{43}, a_{14}) \to \text{乙} \quad \text{丙} \quad \text{丁} \quad \text{甲}$$

此时的配套而得的成品均为 $T(x_2) = T(x_3) = 90$(件).

当然也许你会想到,"90"还能划去吗?答案是否定的(此时矩阵 M_1 中有 3 列,每列各只有 2 个元素了,要从不同的行、不同的列选出四个元素不可能了). 现在,我们找到了最佳的分工方案,它们是

$$\begin{array}{c} \\ \text{方案 1} \\ \text{方案 2} \end{array} \begin{bmatrix} \text{甲班组} & \text{乙班组} & \text{丙班组} & \text{丁班组} \\ C(300) & A(120) & B(180) & D(550) \\ D(500) & A(120) & B(180) & D(420) \end{bmatrix}$$

此时,配套成品数分别是

方案 1:$\min\{120, 90, 110, 110\} = 90$.

方案 2:$\min\{120, 90, 140, 110\} = 90$.

6.5.3 服装综合评判的问题

在日常生活中,当要对某种东西做出好、较好、不好等评价时,常常感到不易判断,因为这是一个模糊的概念,同时涉及的因素很多. 如果运用模糊数学的方法,将可以较好地解决这个问题. 解决此类问题的方法叫综合评判. 下面我们讨论服装综合评判的数学模型.[3]

设因素集 $U = \{$花色式样,耐穿程度,价格费用$\}$

决断集 $V = \{$很欢迎,较欢迎,不太欢迎,不欢迎$\}$

这是一个多因素的评判问题. 先解决单因素评判,以花色式样为例,设有 20% 的人很欢迎,有 70% 的比较欢迎,10% 的人不太欢迎,没有人不欢迎,便可得出判断集

$$R_1 = \{0.2, 0.7, 0.1, 0\}$$

类似地,可设耐穿程度决断集

$$R_2 = \{0, 0.4, 0.5, 0.1\}$$

价格费用决断集

$$R_3 = \{0.2, 0.3, 0.4, 0.1\}$$

由以上三个单因素决断集构成一个矩阵

$$R = \begin{bmatrix} (\text{很}) & (\text{较}) & (\text{不太}) & (\text{不}) \\ 0.2 & 0.7 & 0.1 & 0 \\ 0 & 0.4 & 0.5 & 0.1 \\ 0.2 & 0.3 & 0.4 & 0.1 \end{bmatrix} \begin{array}{l}(\text{花})\\(\text{耐})\\(\text{价})\end{array}$$

不同的顾客,对各种因素考虑的权重也不相同,如年轻人注重花色样式,而中老年人则注重价格、耐穿程度,因此,要准确地对服装进行评判,应考虑权重问题.

设某类顾客对因素集的权重确定如下:花色式样,0.6;耐穿程度,0.5;价格费用,0.3;即 $a = (0.6, 0.5, 0.3)$(这里没有把三个的权重和取为 1,在许多情况下可取权重和为 1).

由此可得此类顾客对该服装的综合评判为

$$b = a \circ R = (0.2, 0.6, 0.5, 0.1)$$

归一化后

$$b = (0.143, 0.428, 0.357, 0.072)$$

在上面的运算中,用的是模糊向量的内积,例如
$$a = (0.8, 0.5, 0.3, 0.7)$$
$$b = (0.4, 0.7, 0.5, 0.2)$$

则 $a \circ b^T = (0.8, 0.5, 0.3, 0.7) \circ \begin{bmatrix} 0.4 \\ 0.7 \\ 0.5 \\ 0.2 \end{bmatrix} =$

$(0.8 \wedge 0.4) \vee (0.5 \wedge 0.7) \vee (0.3 \wedge 0.5) \vee (0.7 \wedge 0.2) =$
$0.4 \vee 0.5 \vee 0.3 \vee 0.2 = 0.5$

由 b 值知,顾客中很欢迎的占 14.3%,比较欢迎的占 42.8%,不太欢迎的占 35.7%,不欢迎的占 7.2%. 服装制造厂可根据顾客的态度来确定安排此类服装.

有时事先知道是 b 而不是 a(通过调查很容易掌握顾客对某种服装的态度),而不知道顾客对于服装的花色式样、耐穿程度和价格费用所取的权重,要由综合评价 b 反过来确定权重 a,这称为综合评判的逆问题. 设 $b = (0, 0.8, 0.2, 0)$,又设权重的选择有三种可能,其中 $a_1 = \{0.2, 0.5, 0.3\}$, $a_2 = \{0.5, 0.3, 0.2\}$, $a_3 = \{0.2, 0.3, 0.5\}$. 那么, a_1, a_2, a_3 中谁最接近顾客的意见呢? 为此,我们分别计算(用格贴近度)

$a_1 \circ R = (0.2, 0.4, 0.5, 0.1)$, $a_2 \circ R = (0.2, 0.5, 0.3, 0.1)$, $a_3 \circ R = (0.2, 0.3, 0.4, 0.1)$

再算
$$(a_1 \circ R, b) = 0.4 \wedge 0.9 = 0.4$$
$$(a_2 \circ R, b) = 0.5 \wedge 0.9 = 0.5 (较大)$$
$$(a_3 \circ R, b) = 0.3 \wedge 0.9 = 0.3$$

根据择近原则,取 a_2 比较接近此类顾客的意见.

在实际问题中,单因素的评判比较简单,困难的是多因素的综合评判,要对某事物进行综合评判,应先要知道该事物所涉及的主要因素的权重,而要确定权重,又往往需要预先知识综合评判,这就产生了循环. 不过,我们可做如下考虑:以服装为例,一类顾客的考虑方法 a,是这类顾客的一种固有属性,它运用于一类评判对象即各种不同类型的服装. 若能够从某种典型的(能获得可靠的综合评判的)服装上确定出考虑方式(逆正程) a,那么可将此考虑方式 a 及其他各种服装做出综合评判.

综合决策问题,尤其是逆问题,有普通的实际意义,著名的中医和有名的厨师等,他们的经验丰富、技术高超,很大程度上是因为他们头脑中对诸因素的权重取得合理. 在未对他们的经验进行科学总结时,常感到神秘,而他们自己也觉得难以言传. 我们相信,综合决策的数学模型,将大大地有助于这些经验的总结而造福人类.

6.6 时序分析

在某一时刻或时段随机过程中取得的试验数据是动态的相关数据. 在处理这些动态的相关数据以建立数学模型时,常运用时序分析方法.

6.6.1 伏尔特拉的鱼群生态模型

在 20 世纪 20 年代,意大利生物学家棣安考纳(U. D'Ancona)在研究鱼类的相互制约的情况时,意外地发现,在第一次世界大战期间,地中海各港口所捕获的鱼中,诸如鲨鱼、鳐鱼等掠鱼类所占的百分比显著增大,这些鱼都是以人类的食用鱼为食饵的,这使他感到吃惊,

表 6.14 是 1914～1923 年间,地中海某港口收购的鱼中,掠鱼类所占的百分比的情况.

表 6.14

年份	1914	1915	1916	1917	1918	1919	1920	1921	1922	1923
%	11.9	21.4	22.1	21.2	36.4	27.3	16.3	15.9	14.8	10.7

棣安考纳很想弄清楚产生这种现象的原因. 由于战争,造成了捕鱼业萧条,使捕鱼量锐减,这是客观原因. 但是这种捕鱼量的减少,为什么对掠鱼类更加有利,却十分令人费解. 棣安考纳尽管从生物学角度做了周密考虑,却始终未能寻得解释,于是便去求助于他的同事、著名的意大利数学家伏尔特拉(V. Volterra). 伏尔特拉从数学的角度考虑问题,将鱼分成两大类:一类是食用鱼(被食者、食饵),其总数记为 $x(t)$;另一类是掠鱼类(捕食者),其总数记为 $y(t)$,而 $x(t)$ 和 $y(t)$ 都是随时间而变化的,所以自变量 t 表示时间. 再设两者的变化速度分别为 $x'(t)$ 和 $y'(t)$,则从数学上说,它们分别是 $x(t)$ 和 $y(t)$ 对时间的导数. 为了建立起描述 $x(t)$ 和 $y(t)$ 之间关系的数学模型,伏尔特拉引入了一些假定:

(1) 食用鱼的食物很丰富,如果不被掠鱼类捕杀,它们会呈指数性增长,即 $x'(t) = ax(t)$,其中 a 是一个正的常数;

(2) 由于有掠鱼类存在,它们与食用鱼相遇的机会与乘积 $x(t) \cdot y(t)$ 成正比,所以实际有 $x'(t) = ax(t) - bx(t) \cdot y(t)$,其中 b 也是一个正的常数;

(3) 掠鱼类的自然减少率与 $y(t)$ 成正比,而增长率与乘积 $x(t) \cdot y(t)$ 成正比,即有
$$y'(t) = -cy(t) + d \cdot x(t) \cdot y(t)$$
其中 c 和 d 也都是正的常数;

(4) 再设捕鱼业对两者分别造成的减少率为 $\varepsilon x(t)$ 和 $\varepsilon y(t)$,其中 ε 表示捕鱼业的水平.

这样,伏尔特拉就于 1926 年获得了如下的鱼的生态数学模型
$$\begin{cases} x'(t) = x(t)[a - b \cdot y(t) - \varepsilon] \\ y'(t) = y(t)[-c + d \cdot x(t) - \varepsilon] \end{cases}$$

这是一个微分方程组,数学性质很简单. 在 $x(0) > 0, y(0) > 0$ 的条件下求解这个方程组,可发现它的解都是 xOy 平面上的封闭曲线,如图 6.12 所示,这说明 $x(t)$ 和 $y(t)$ 都是时间 t 的周期函数,而这些周期解 $x(t)$ 和 $y(t)$ 的平均值是

$$\bar{x} = \frac{c + \varepsilon}{d} \text{ 和 } \bar{y} = \frac{a - \varepsilon}{b}$$

这就告诉我们,食用鱼和掠鱼类都呈周期性消长;而当捕鱼业兴旺,即 ε 较大时,$\bar{x}$ 反而增

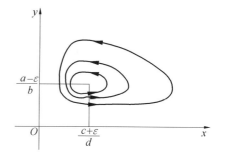

图 6.12

大,因而有利于食用鱼;相反,如果捕鱼业萧条,即 ε 较小时,则会导致 $\bar{y}$ 很大,因而有利于掠鱼类. 这样便从数学上回答了棣安考纳的问题,并且从根本上揭示了鱼类的消长规律.

伏尔特拉鱼群生态模型,是人类历史上的第一个通过数学方法建立起来的生态学关系模型,它除了在数学生态学的诞生中起了重要的促进作用外,还对人类的生产活动起了重要的指导作用. 它告诉人们,应当把捕鱼量保持在一定的水平之上,如果捕少了,则反而不利于

食用鱼的"休养生息",因而是不合算的赔本买卖;多捕一点,反而更有利食鱼群的增长,因而捕鱼业愈加兴旺发达. 更有趣的是,20世纪70年代前后,有人利用伏尔特拉这一鱼群生态模型,指导农林业中防治虫害工作,也获得了成功,在这一段时期内,各国普遍使用杀虫剂防治害虫,结果是杀虫剂毒性越来越大,害虫却依然未见减少,恰恰符合了伏尔特拉的理论. 事实上,每一种害虫都受到它的天敌的制约,自然界的生态平衡使得两者都保持在一定的平均水平上. 使用杀虫剂,不仅会杀死害虫,也会杀死它的天敌,其结果是两败俱伤. 就像捕鱼既会捕出食用鱼,也会捕出掠鱼一样,会使捕食者(掠鱼类)和食饵(食用鱼)双方都受到损失. 而在害虫及其天敌之间,天敌是捕食者,害虫是食饵,根据伏尔特拉的理论,我们知道,较高水平的捕杀,会更有利于食饵一方,而不利用捕食者一方. 因此,过多地使用杀虫剂,则反而会更加有利于害虫,而不利于害虫的天敌,收到事与愿违的效果. 许多地区的实践完全证实了这一点. 在一些滥用杀虫剂的地区,杀虫剂不仅没有杀灭害虫,反而导致了害虫的复苏而抑制了天敌的生长,恰恰被伏尔特拉所言中. 我们来看一个例子. 1968年,一种叫作吹棉蚧的害虫,偶然地由澳洲传入美国,给柑橘工业造成严重威胁. 当时,人们就又从澳洲引入了它的天敌——澳洲瓢虫. 这种昆虫使吹棉蚧减少到很低程度,成功地控制住了这种害虫的危害. 后来使用了滴滴涕,人们原想用它来进一步杀死这种害虫,但使用的结果,却反而使害虫增加了,完全违背了初衷,其原因便是求胜心切,对用量未作限制所致. 这个例子极好地印证了伏尔特拉的理论,对人类防治虫害的工作具有重要的参考价值.

伏尔特拉的鱼群生态模型的建立是生态学发展史上的惊人之举,标志着生态学问题步入数量化研究阶段的开始,具有重要的意义. 由于这个模型不仅适用于鱼类,而且也适用于由捕食者和食饵所组成的其他生态系统,人们已习惯地称它为"伏尔特拉捕食模型",而不再单纯地称作"伏尔特拉的鱼群生态模型"了.

6.6.2 阶梯式累进水价问题

我国有许多城市的水资源比较缺乏,因而,有不少城市采取了控水措施. 例如,《武汉晚报》2006年5月11日载:从5月1日起,武汉市将执行新的水价标准,其中居民水价(以下均指包含自来水价、水资源费和污水处理费的综合水价)由原来的 1.51 元/m³ 上调到 1.90 元/m³. 对使用1户1表,抄表到户的居民用水,实行阶梯式计量水价,即对家庭划分3个级别用水额度,第一级用水量的水价为 1.90 元/m³,第二级为 2.45 元/m³;第三级为 3.00 元/m³,用水越多水价越高. 居民用水量分级,根据家庭人口来确定:4人以内的家庭,第一级每月用水量在 25 m³ 以内(含),第二级每月 25 m³ ~ 33 m³(含),第三级每月 33 m³ 以上. 对于人口在5人以上的家庭,第一级用水量为每月人均不超过 6.25 m³(含),第二级为每月人均 6.25 至 8.25 m³(含),第三级为每月人均 8.25 m³ 以上,各级对应的水价标准和计费方式与4人以内的家庭相同.[62]

阶梯式累进水价的数学模型可用分段函数来表示:设用水量为 x m³,水费总额为 y 元,则对于水费 y 的函数:

(1) 4人以内的家庭

$$y = f(x) = \begin{cases} 1.90x, 0 \leq x \leq 25 \\ 1.90 \times 25 + 2.45 \times (x - 25), 25 < x \leq 33 \\ 1.90 \times 25 + 2.45 \times 8 + 3.00 \times (x - 33), x > 33 \end{cases}$$

即

$$y = f(x) = \begin{cases} 1.90x, 0 \leq x \leq 25 \\ 2.45x - 13.75, 25 < x \leq 33 \\ 3.00x - 31.90, x > 33 \end{cases}$$

(2)5 人以上的家庭(设 n 为该家庭的人口数($n \geq 5$))

$$y = f(x) = \begin{cases} 1.90x, 0 \leq x \leq 6.25n \\ 1.90 \times 6.25n + 2.45 \times (x - 6.25n), 6.25n < x \leq 8.25n \\ 1.90 \times 6.25n + 2.45 \times 2n + 3.00 \times (x - 8.25n), x > 8.25n \end{cases}$$

例如,若小海家现有 3 口人,5 月的用水量为 35 m³,可以根据新的水价标准分析该月水费的详细情况,并得出水价调整后的该月调价金额.

基本部分:$25 \times 1.90 = 47.50$(元);

超过部分:25 m³ ~ 33 m³ 之间的部分为$(33 - 25) \times 2.45 = 19.60$(元);超过 33 m³ 的部分为$(35 - 33) \times 3.00 = 6.00$(元);

该月合计水价为
$$47.50 + 19.60 + 6.00 = 73.10(元)$$
调价前的水费为 $\qquad 35 \times 1.51 = 52.85(元)$
调价额为 $\qquad 73.10 - 52.85 = 20.25(元)$

作为本节的结束,最后,我们还看一个综合运用数字分析、数式及数表分析等方法建模的一个例子.

6.6.3 砝码的称量及称量方案模型问题

现在有 $1,2,3,\cdots,n$ g 的砝码各一枚,问能称出哪几种质量?每种质量各有多少种称量方案?试建立一个数学模型表示.[39]

为了讨论问题的方便,不妨先看 $n = 3$ 时的情形,此时砝码的个数少.只须进行砝码搭配就很容易找到答案,为了完备,把不取砝码的特殊情况也作为一种称量方案,所称质量为 0 g. 此时,各种可能的称量情况见表 6.15.

表 6.15

拥有砝码情况	称量种数	称量方案		数学模型 1 $Q(x)$	数学模型 2 $Q(x,y,z)$
	可称质量种数 n	每种质量克数 m/g	每种质量方案数 p	实际称量方案(左重物 = 右砝码)		
3 枚 (1 g, 2 g, 3 g)	7	$m_1 = 0$	$p_1 = 1$		$(1+x)(1+x^2)$ $(1+x^3) =$ $1 + x + x^2 +$ $2x^3 + x^4 +$ $x^5 + x^6$	$(1+x)(1+y^2) \cdot$ $(1+z^3) = 1 + x + y^2 +$ $(z^3 + xy^2) +$ $xz^3 + y^2z^3 + xy^2z^3$
		$m_2 = 1$	$p_2 = 1$	1 g = 1 g		
		$m_3 = 2$	$p_3 = 1$	2 g = 2 g		
		$m_4 = 3$	$p_4 = 2$	3 g = $\begin{cases}(1+2) \text{ g} \\ 3 \text{ g}\end{cases}$		
		$m_5 = 4$	$p_5 = 1$	4 g = (1 + 3) g		
		$m_6 = 5$	$p_6 = 1$	5 g = (2 + 3) g		
		$m_7 = 6$	$p_7 = 1$	6 g = (1 + 2 + 3) g		

第六章 数学建模的数据分析方法

从上表知,答案由 3 个参数组成:一是可称质量的"种类"$n(7)$;二是这 n 种质量的实际"克数"$m = \{m_1, m_2, \cdots, m_7\}(0,1,2,3,4,5,6)$;三是各种质量的称量"方案数"$p = \{p_1, p_2, \cdots, p_7\}(1,1,1,2,1,1,1)$.

能否用一个数学式子(模型),将 $n, m = \{m_1, m_2, \cdots, m_7\}$ 和 $p = \{p_1, p_2, \cdots, p_n\}$ 这三个参数同时表示出来呢?

考虑仅拥有 1 枚 k_1 g 砝码的情形,显然,这时 $n = 2, m = \{m_1 = 0 \text{ g}, m_2 = k_1 \text{ g}\}, p = \{p_1 = 1, p_2 = 1\}$,搜索、联想各种数学结构式,容易发现二项式 $x^0 + x^{k_1} = 1 + x^{k_1}$ 的项数是 2,指数是 0 和 k_1,系数是 1 和 1,刚好与可称质量"种数"$n = 2$,可称质量的"克数"$m = \{0, k_1\}$,和每种质量的称量"方案数"$p = \{1,1\}$ 一一对应. 显然,给定 1 枚 k_1 g 重的砝码用此对应方法("种数"对应项数,"克数"对应指数,"方案数"对应系数)可以唯一地确定一个二项式 $1 + x^{k_1}$;反过来,任意给定一个形如 $1 + x^{k_1}(= x^0 + x^{k_1})$ 的二项式,用它的项数(2),指数(0,1) 和系数(1,1) 可以明确地表示出拥有 1 枚 k_1 g 砝码的各种称量情况. 这就是说 $1 + x^{k_1}$ 可以作为拥有 1 枚 k_1 g 重砝码的称重情况的数学模型.

如果拥有质量分别为 k_1 和 k_2 g 的 2 枚砝码,则称量情况是 k_1 g 砝码的可称质量$(0, k_1)$ 与 k_2 g 砝码的可称质量$(0, k_2)$ 的全部搭配结果,且每一种搭配方案的可称质量是搭配质量之和,即有 $0 + 0 = 0, k_1 + 0 = k_1, k_2 + 0 = k_2, k_1 + k_2$ 四种可称质量数. 注意到两个二项式相乘时,一个因式的每一项要乘遍另一个因式的每一项,且某两项相乘时系数相乘,指数相加的规律,则有 2 枚单一砝码$(k_1 \text{ g}, k_2 \text{ g})$ 对应的 2 个模型二项式之积

$$(1 + x^{k_1})(1 + x^{k_2}) = (1 + x^{k_1}) + (1 + x^{k_1})^{k_1} = 1 + x^{k_1} + x^{k_2} + x^{k_1 + k_2}$$

这刚好反映了拥有 k_1 和 k_2 两个砝码时可称质量的各种情况:可称 $0, k_1, k_2, k_1 + k_2$ g 4 种质量,且每种质量的称量方案为 1 种,因而认定 $(1 + x^{k_1})(1 + x^{k_2})$ 是拥有 k_1 g, k_2 g 2 枚砝码的称重问题的数学模型.

由此,即知拥有 1, 2, 3 g 的砝码 1 枚的模型为

$$(1 + x)(1 + x^2)(1 + x^3) = 1 + x + x^2 + 2x^3 + x^4 + x^5 + x^6$$

展开式显示:可称质量有 7 种:$0, 1, 2, \cdots, 6$ g;由于 x^3 的系数是 2,故称 3 g 的方案有 2 种,而称其余 6 种质量的方案均为 1 种.

如果拥有 $K_1, K_2, \cdots$ 一直到 K_{n-1} g 的 $n - 1$ 个砝码对应的数学模型已经确定,即

$$Q(x) = (1 + x^{k_1})(1 + x^{k_2}) \cdots (1 + x^{k_{n-1}}) \quad \text{①}$$

那么再增加 1 枚 K_{n+1} g 重的砝码,则可称质量数除原有 $n - 1$ 个砝码的可称质量外,还要增加在每一个原有质量上都加 K_n g 后所得的各种质量数. 显然对应的数学模型为

$$(1 + x^{k_1})(1 + x^{k_2}) \cdots (1 + x^{k_{n-1}}) + (1 + x^{k_1})(1 + x^{k_2}) \cdots (1 + x^{k_{n-1}})x^{k_n} = (1 + x^{k_1})(1 + x^{k_2}) \cdots (1 + x^{k_n})$$

$(1 + x^{k_1})(1 + x^{k_2}) \cdots (1 + x^{k_n})$ 作为拥有质量为 $K_1, K_2, \cdots, K_n$ g 的 n 个砝码的数学模型,虽然比较贴切地解决了称量"种数""克数"和"方案数"的问题,但其具体的称量方案没有反映出来,为了解决这一问题,可以调整模型:不同质量的砝码在上述模型中换用不同的变量表示,即

$$(1 + x_1^{k_1})(1 + x_2^{k_2}) \cdots (1 + x_n^{k_n}) \quad \text{②}$$

此时,新模型的展开式中各项的次数为可称质量的"克数"(同次克数只计算一次),所有项的不同次数的个数称为称量的"种数",同次项所包括的项数为其次数所标示质量的称

量"方案数",每一项各变量指数的相加式表示具体的"称量方案",如前述表中第5栏的实例模型2.

显然,模型2与模型1是同一个原型的两种不同的模型,而模型2多携带了一个信息,功能较优越,但拥有砝码的个数较多时,运算工作量很大. 至此,我们便有

结论1 若有 $1,2,\cdots,n$ g 砝码各1枚,则称量情况的数学模型为
$$(1+x)(1+x^2)\cdots(1+x^n)$$
或
$$(1+x_1)(1+x_2^2)\cdots(1+x_n^n)$$

结论2 若有 $K_1,K_2,\cdots,K_n$ g 的砝码各1枚,则称量情况的数学模型为
$$(1+x^{k_1})(1+x^{k_2})\cdots(1+x^{k_n})$$
或
$$(1+x_1^{k_1})(1+x_2^{k_2})\cdots(1+x_n^{k_n})$$

例如,若某船队有载质量为 1,2,4,8,16 百吨的货船客一只,为保证效益,使用船时必须满载,则在求解该船队的载货服务能力时,可由
$$(1+x)(1+x^2)(1+x^4)(1+x^8)(1+x^{16}) =$$
$$\frac{1-x^2}{1-x}\cdot\frac{1-x^4}{1-x^2}\cdot\frac{1-x^8}{1-x^4}\cdot\frac{1-x^{16}}{1-x^8}\cdot\frac{1-x^{32}}{1-x^{16}} = \frac{1-x^{32}}{1-x} =$$
$$1+x+x^2+x^3+\cdots+x^{30}+x^{31}$$

知该船队有 100 t,200 t 等量递增直到 3 100 t 共 31 种载货服务能力.

下面,我们再讨论出现砝码的质量有相同的情形.

若是 1 g 的砝码有 2 枚,要是按结论1的模型套用,则有
$$(1+x)(1+x) = 1+2x+x^2$$

展开式中 $2x$ 表明称量 1 g 的方案有2种,这与实际情况不符,因为取这两枚质量相同的砝码中的 1 枚,取这枚与取那枚称量效果是一样的,只能算作 1 种方案. 为了解决这个问题,再次调整模型的结构:凡是同相同质量的砝码称量同一质量时,只算作 1 种方案. 于是 1 g 砝码取 2 枚,称量情况的数学模型为 $1+x+x^2$. 由此,我们有

结论3 或 1 g 的砝码有 n 枚或有任意多枚时,则称量情况的数学模型分别为
$$1+x+x^2+\cdots+x^n, 1+x+x^2+\cdots$$

结论4 若 K g 的砝码有 n 枚或有任意多枚,则称量情况的数学模型分别为
$$1+x^k+x^{2k}+\cdots+x^{nk}, 1+x^k+x^{2k}+\cdots$$

结论5 若 $K_1,K_2,\cdots,K_t$ g 的砝码各有 $n_1,n_2,\cdots,n_t$ 枚或各有任意多枚时,则称量情况的数学模型分别为
$$(1+x^{k_1}+\cdots+x^{n_1k_1})\cdots(1+x^{k_t}+\cdots+x^{n_tk_t})$$
或
$$(1+x_1^{k_1}+\cdots+x_1^{n_1k_1})\cdots(1+x_t^{k_t}+\cdots+x_t^{n_tk_t})$$
$$(1+x^{k_1}+x^{2k_1}+\cdots)\cdots(1+x^{k_t}+x^{2k_t}+\cdots)$$
或
$$(1+x_1^{k_1}+x_1^{2k_1}+\cdots)\cdots(1+x_t^{k_t}+x_t^{2k_t}+\cdots)$$

例如,若有容量为 1 m³ 的货柜 3 个,2 m³ 的货柜 4 个,4 m³ 的货柜 2 个,在求解货柜的装载服务能力时,可由
$$(1+x+x^2+x^3)(1+x^2+x^4+x^6+x^8)(1+x^4+x^8) =$$
$$1+x+2x^2+2x^3+3x^4+3x^5+4x^6+4x^7+5x^8+5x^9+5x^{10}+$$
$$5x^{11}+4x^{12}+4x^{13}+3x^{14}+3x^{15}+2x^{16}+2x^{17}+x^{18}+x^{19}$$

知三个规格的 9 个货柜具有 1,2,3,…,18,19 m³ 共 19 种装载服务能力. 特别地,由 x^{15} 的系数已知,15 m³ 容量的货柜调度方案有 3 种.

思 考 题

1. 在排球运动中,为了使从某一位置和某一高度水平扣出的球既不触网、又不出界,扣球速度的取值范围应是多少? 已知网高 H,半场长 L,扣球点高 h,扣球点离网水平距离 s,求水平扣球速度 v 的取值范围.

2. 如图,足球比赛场地的宽为 a 米,球门宽为 b 米,在足球比赛中,甲方边锋从乙方球门附近带球过人,沿直线 l(贴近球场边线)向前推进. 试问,该边锋在距离乙方底线多远时起脚射门的命中角最大? (注:图中 AB 表示乙方所守球门,AB 所在直线为乙方底线,l 表示甲方边锋前进的直线).

2 题图

3. 如图,一位运动员在距篮下 4 米处投篮,球出手时离地面 2 米,以仰角 60° 做斜上抛运动,篮筐距地面 3.2 米,问出手时速度为多少刚好投进去. (设重力加速度 $g = 10$ m/s²,空气阻力忽略不计)

4. 排球场总长度为 18 m,网高为 2 m,运动员站在离网 3 m 远的 O 处,面对球网竖直跳起,将球向正前方水平击出,设排球在运动过程中与地面的距离为 y,离开击球点 A 的总的水平距离为 x m,若击球点 A 的高度为 h m,运动员将排球向前击出的速度为 v_0 m/s. (不计空气阻力,取重力加速度 $g = 10$ m/s²).

已知:平抛运动规律 $\begin{cases} x = v_0 t \\ y = h - \dfrac{1}{2}gt^2 \end{cases}$,$t$ 为时间(s).

3 题图

4 题图

(1) 在排球不触网的情况下,将 y 表示为 x 的函数;

(2) 试问 h 在什么范围内变化时,对于任意 $v_0 \in [9,12]$,排球既不触网也不出边界?

5. 家具公司制作木质的书桌和椅子,需要木工和漆工两道工序. 已知木工平均 4 h 做一把椅子,8 h 做一张书桌,该公司每星期木工最多有 8 000 个工时,漆工平均 2 h 漆一把椅子,1 个小时漆一张书桌,该公司每星期漆工最多有 1 300 个工时. 又知制作一把椅子和一张书桌的利润分别是 15 元和 20 元. 根据以上条件,怎样安排生产能获得最大利润?

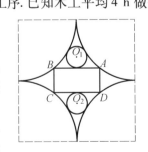

6 题图

6. 某铝制品厂在边长为 40 cm 的正方形铝板上割下四个半径为 20 cm 的圆形如图所示. 为节约铝材,该厂打算用余料制作底面直径和高相等的圆柱形包装盒(接缝用料忽略不计). 试问包装盒的最大直径是多少? (精确到 0.01 cm)

7. 一底面积为 S (dm)²,高为 H dm,质量为 M kg 的有盖圆标形容器,内盛液面高度为

h dm 的水. 设容器的质地是均匀的且薄厚相同(包括盖),问 h 为多少时使容器和水整体的重心最低?

8. 家具厂的沙发框架装配流水线可以把锯、刨好的木料装配成沙发框架,主要有四道工序:打磨抛光,喷涂保护层,装配,贴厂名标签. 按照工艺流程的要求,喷涂保护层不能安排在打磨抛光之前,而贴厂名标签必须在喷涂保护层之后进行. 已知:贴标签需要 1 min,抛光需要 5 min,但装配之后再抛光则只须 3 min;喷涂需要 8 min,但装配之后再喷涂只须 6 min;如果喷涂前装配需要 6 min,否则只须 4 min. 试为这条流水线安排一个加工顺序,使总加工时间最短.

9. 现有甲、乙两个服装厂生产同一种服装,甲厂每月产成衣 900 套,生产上衣和裤子的时间比是 2∶1,乙厂每月产成衣 1 200 套,生产上衣和裤子的时间比是 3∶2. 若两厂分工合作,请安排一生产方案,其产量超过原两工厂生产能力之和,求出每月生产多少套成衣?

10. 设有一居住地为一圆周,圆周内部不可居住. 在此地有 3 家商店,记为 1,2,3. 三家商店分别位于圆周上的 N,V,Z 三点,它们均出售有同一种商品,在三家商店中的价格各定为 P_1,P_2,P_3. 顾客选择某家商店根据此家商店出售此种商品的价格以及从顾客居住地到此家商店的来回交通费用总开销多少决定. 为简化此问题,假定顾客居住地在圆周上均匀分布. 现在要问:三家商店应怎样制定商品价格 P_1,P_2,P_3 以使可能获利最大?

11. 有编号为 1~7 的七个工件安排在同一台机床上加工,设各工件的加工时间为 14,6,24,12,6,18,12 min. 该机床一次只能加工一个工件,每一工件加工完毕即可运走投入下一工序.

(1) 试安排一个加工次序,使各工件的加工和等待时间之和最小并说明理由;

(2) 若工件 6,7 必须先于工件 2 加工,工件 1,2,4 必须先于工件 3 加工,工件 7 又必须先于工件 4 加工,工件 3 必须先于工件 5 加工. 试找出使各工件加工和等待时间总和为最短的加工次序.

12. 沿河有三城镇 1,2 和 3 按直线位置排列,且城 1 与城 2 相距 20 km,城 2 与城 3 相距 38 km. 其城市生活污水需经处理后方可排入河中. 用 Q 表示污水量(t/s),L 表示管道长度(km),按照经验公式,建污水处理厂的费用为 $P_1 = 73Q^{0.172}$(千元),铺设管道的费用为 $P_2 = 0.66Q^{0.51}L$(千元). 已知三城镇的污水量分别为 $Q_1 = 5, Q_2 = 3, Q_3 = 5$. 三城镇既可以单独建立污水处理厂,也可以联合建厂,用管道送污水集中处理只能由河流的上游城镇向下游城镇输送. 试问:

(1) 从节约总投资的角度出发,请给出一种最优的污水处理方案;

(2) 如果联合建厂,各城镇所分担的污水处理费用遵循下面建议:联合建厂费按污水量之比分担;管道费用根据谁用谁投资的原则,若联合使用则按污水量之比分担. 试计算在上述建议下,各城镇所分担的费用,并讨论其合理性;

(3) 请您试着给出一个分担污水处理费用的合理建议,并计算各城镇的费用.

13. 有大、中、小三个瓶(瓶上有刻度线),大瓶能且只能装油 10 kg,中瓶能且只能装油 7 kg,小瓶能且只能装油 3 kg,今大瓶中装满了 10 kg 油,问不准用其他量具,只准在三个瓶之间倒来倒去,能否将油等分成两份(每份 5 kg). 如果能,说出具体的办法;如果不能,说明理由.

14. 在当前市场经济条件下,在商店,尤其是私营个体商店中的商品,所标价格 a 与其实

际价值 b 之间,存在着相当大的差距. 对购物的消费者来说,总希望这个差距越小越好,即希望比值 $\lambda \to 1$,而商家则希望 $\lambda > 1$.

这样,就存在两个问题:第一,商家应如何根据商品的实际价值(或保本价)b 来确定其价格 a 才较为合理?第二,购物者根据商品定价,应如何与商家"讨价还价"?

15. 某食品店每天顾客需求 100,150,200,250,300 只蛋糕的可能性分别为 0.2,0.25,0.3,0.15 和 0.1,每个蛋糕的进货价为 2.5 元,销售价为 4 元,若当天不能售完,剩下的以每只 2 元的价格处理,问该店每天进货多少个蛋糕为宜(进货量必须是 50 的倍数)?

思考题参考解答

1. 假设运动员用速度 $v_{\max}$ 扣球时,球刚好不会出界,用速度 $v_{\min}$ 扣球时,球刚好不触网,从图中数量关系可得

$$v_{\max} = \frac{L+s}{\sqrt{\frac{2h}{g}}} = (L+s)\sqrt{\frac{g}{2h}}$$

$$v_{\min} = \frac{s}{\sqrt{\frac{2(h-H)}{g}}} = s\sqrt{\frac{g}{2(h-H)}}$$

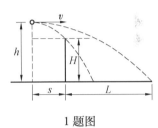

1 题图

实际扣球速度应在这两个值之间.

2. 以 l 和直线 AB 的交点 D 为原点,l 为 x 轴,DA 为 y 轴,建立如图所示的直角坐标系,设 AB 中点为 M,则

$$DA = DM + MA = \frac{a}{2} + \frac{b}{2} = \frac{a+b}{2}$$

$$DB = DM - BM = \frac{a}{2} - \frac{b}{2} = \frac{a-b}{2}$$

设动点 C(边锋起脚处)的坐标为 $(x,0)$,$x > 0$. $\angle ACO = \alpha$,$\angle BCO = \beta$,则 $\alpha, \beta \in \left(0, \frac{\pi}{2}\right)$,$\tan \angle ACB = \tan(\alpha - \beta) =$

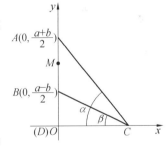

2 题图

$$\frac{\tan \alpha - \tan \beta}{1 + \tan \alpha \cdot \tan \beta} = \frac{\frac{a+b}{2x} - \frac{a-b}{2x}}{1 + \frac{a+b}{2x} \cdot \frac{a-b}{2x}} = \frac{b}{x + \frac{a^2 - b^2}{4x}} \leqslant \frac{b}{2\sqrt{x \cdot \frac{a^2 - b^2}{4x}}} = \frac{b}{\sqrt{a^2 - b^2}}.$$

由于正切函数在 $\left(0, \frac{\pi}{2}\right)$ 上是增函数,故当且仅当 $x = \frac{a^2 - b^2}{4x}$,即 $x = \frac{\sqrt{a^2 - b^2}}{2}$ 时,$\angle ACB$ 达到最大角,此时 $C\left(\frac{\sqrt{a^2 - b^2}}{2}, 0\right)$,即甲方边锋距乙方底线 $\frac{\sqrt{a^2 - b^2}}{2}$ 米处射门时命中角最大.

3. 设球出手后做初速度为 v 的斜上抛运动,$v_{水平} = v\cos 60° = \frac{1}{2}v$,$v_{竖直} = v\sin 60° = \frac{\sqrt{3}}{2}v$.

水平方向考虑:从球出手至进篮的时间 $t = \frac{4}{\frac{1}{2}v} = \frac{8}{v}$.

竖直方向考虑：到最高位置 A 时需

$$t = \frac{\frac{\sqrt{3}}{2}v}{10} = \frac{\sqrt{3}v}{20}$$

设球出手后到达最高位置 A 的相对高度为 h，则 $h = \frac{\sqrt{3}}{2}v \cdot \frac{\sqrt{3}v}{20} - \frac{1}{2} \times 10 \times \left(\frac{\sqrt{3}v}{20}\right)^2 = \frac{3}{40}v^2 - \frac{3}{80}v^2 = \frac{3}{80}v^2.$

故从最高位置 A 到篮筐的相对高度 $h' = \frac{3}{80}v^2 - (3.2 - 2) = \frac{3}{80}v^2 - 1.2.$

所以 $\frac{3}{80}v^2 - 1.2 = \frac{1}{2} \times 10 \times t_1^2$，解之得 $t_1 = \sqrt{\frac{\frac{3}{80}v^2 - 1.2}{5}}.$

故从竖直方向考查，从球出手到进篮筐所需时间为 $\frac{\sqrt{3}}{20}v + \sqrt{\frac{\frac{3}{80}v^2 - 1.2}{5}}.$

由题意得方程：$\frac{8}{v} = \frac{\sqrt{3}}{20}v + \sqrt{\frac{\frac{3}{80}v^2 - 1.2}{5}}$，解此方程可求得所需速度 v。

4.（1）因为 $\begin{cases} x = v_0 t, \\ y = h - \frac{1}{2}gt^2 \end{cases}$，$g = 10$，所以 $y = h - \frac{1}{2}g\left(\frac{x}{v_0}\right)^2 = h - \frac{5x^2}{v_0^2}.$

要不触网，需 $x = 3$ 时，$y > 2$，即 $h > 2 + \frac{45}{v_0^2}.$

又 $y \geq 0$，解得 $0 \leq x \leq \frac{\sqrt{5h}}{5}v_0.$

所以 $y = h - \frac{5x^2}{v_0^2}$（$0 \leq x \leq \frac{\sqrt{5h}}{5}v_0$，$h > 2 + \frac{45}{v_0^2}$）。

（2）由（1）知，不触网时 $h > 2 + \frac{45}{v_0^2}$①；球不出界，则 $x \leq 12$②。

对于任意 $v_0 \in [9, 12]$，排球既不触网又不出界，即对于任意 $v_0 \in [9, 12]$，①、②要恒成立。

因为 $\left(2 + \frac{45}{v_0^2}\right)_{\max} = 2 + \frac{45}{81} = \frac{23}{9}$，$x_{\min} = \frac{\sqrt{5h}}{5} \cdot 12.$

故由①，得 $h > \frac{23}{9}$；由②，得 $h \leq 5$，故 $h \in \left(\frac{23}{9}, 5\right]$。

5. 设每星期生产 x 把椅子，y 张书桌，那么利润为 $P = 15x + 20y$。其中 x, y 满足限制条件组：$4x + 8y \leq 8\,000, 2x + y \leq 1\,300, x \geq 0, y \geq 0$，即点 (x, y) 的允许区域为如图所示阴影部分，它们的边界为 $4x + 8y = 8\,000(AB), 2x + y = 1\,300(BC), x = 0(OA)$ 和 $y = 0(OC)$。

对于某一个确定的 $P = P_0$，满足 $P_0 = 15x + 20y$ 的且点 (x, y) 属阴影部分的解 x, y 就是一个能获得 P_0 元利润的生产方案。因此 P 在点 B 处取最大值，而 B 的坐标为 $B(200, 900)$，故获得最大利润为 21 000 元.

6. 若使圆柱底面直径最大,应按题中图所示剪裁. 并以 AC 与 BD 交点 O 为原点,平行于 CD 的直线为 x 轴建立直角坐标系. 设底面半径为 r,由于 $2r$ 为圆柱的高,故 $AD = 2r, AB = 2\pi r$,于是点 A 的坐标为 $(\pi r, r)$,直线 AC 的方程为 $y = \dfrac{1}{\pi}x$,$\odot O'$ 的方程为 $(x-20)^2 + (y-20)^2 = 20^2$,从而有 $(\pi y - 20)^2 + (y-20)^2 = 20^2$,求解得 $y_1 \approx 3.01 (\text{cm}), y_2 \approx 12.23 (\text{cm})$. 舍去 y_2,故

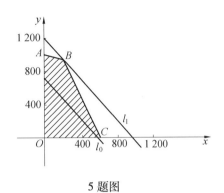

5 题图

$r \approx 3.01 (\text{cm})$. 于是 $O'(20,20)$, $O_2(0, 6.02)$, $|O'O_2| = \sqrt{20^2 + (20-6.02)^2} \approx 24.40 (\text{cm})$,而 $r + 20 = 23.01 < 24.41$,所以在截下矩形 $ABCD$ 后,可在余下部分裁下两个半径为 3.01 cm 的圆($\odot O_1$ 和 $\odot O_2$). 此时,每块余料做一圆柱形包装盒(直径与高相等),底面最大直径为 6.02 cm.

7. **解法 1** 容器质地均匀薄厚相同(包括盖),故其重心高度为 $\dfrac{1}{2}H$,容器中水的重心高度为 $\dfrac{1}{2}h$,水的质量为 sh,容器质量为 M.

设容器和水整体的重心高度为 x dm,则 x 满足以下方程
$$M\left(\dfrac{H}{2} - x\right) = Sh\left(x - \dfrac{1}{2}h\right)$$

即 $x = \dfrac{Sh^2 + MH}{2(Sh + M1)} = \dfrac{1}{2} \cdot \dfrac{h^2 + \dfrac{MH}{S}}{h + \dfrac{M}{S}} =$

$$\dfrac{1}{2} \cdot \dfrac{\left(h + \dfrac{M}{S}\right)^2 - 2\dfrac{M}{S}\left(h + \dfrac{M}{S}\right) + \dfrac{M^2 + MHS}{S^2}}{h + \dfrac{M}{S}} =$$

$$\dfrac{1}{2}\left[\left(h + \dfrac{M}{S}\right) + \dfrac{\dfrac{M^2 + MHS}{S^2}}{h + \dfrac{M}{S}}\right] - \dfrac{M}{S} \geqslant$$

$$\dfrac{\sqrt{M^2 + MHS}}{S} - \dfrac{M}{S}$$

当且仅当 $h + \dfrac{M}{S} = \dfrac{M^2 + MHS}{S^2} / \left(h + \dfrac{M}{S}\right)$ 时,x 有最小值 ($h \geqslant 0$),从而 $h = -\dfrac{M}{S} + \dfrac{\sqrt{M^2 + MHS}}{S}$ 时,x 达到最小值,它恰好等于水面高度 h.

解法 2 同解法 1 有
$$M\left(\dfrac{H}{2} - x\right) = Sh\left(x - \dfrac{1}{2}h\right)$$

即
$$Sh^2 - 2Shx + MH - 2Mx = 0$$
求得
$$h = \frac{1}{S}[xS - \sqrt{x^2S^2 - M(H-2x)}\,]$$
由于 $h \geq 0$,则
$$x^2S^2 - M(H-2x) \geq 0$$
使重心位置最低的 x 一定是使上述不等式成立的 x 的最小非负值,从而
$$x \geq -\frac{M}{S} + \frac{\sqrt{M^2 + MHS}}{S} \text{ 或 } x \leq -\frac{M}{S} - \frac{\sqrt{M^2 + MHS}}{S}$$
因此, x 的最小值为
$$x = -\frac{M}{S} + \frac{\sqrt{M^2 + MHS}}{S}$$
从而
$$h = -\frac{M}{S} + \frac{\sqrt{M^2 + MHS}}{S}$$

8. 用字母来表示工序:S—— 抛光,P—— 喷涂保护层,A—— 组装,N—— 贴厂名标签.

解法 1 按题目的工艺流程要求,全部可能的生产流程及所用的时间可由下图给出:

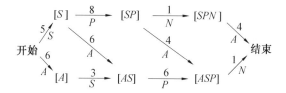

8 题图

图中箭头所示方向为工艺的流程,每个箭头下方的字母为所执行的工序,上方为该工序所用的时间,方括号内为已完成的工序.

所有可能的流程共四条:$ASPN,SAPN,SPAN,SPNA$,所用时间分别为 16 min,18 min,18 min,18 min. 生产流程 $ASPN$ 所用时间最少. 即为了使加工时间最短,应先组装,然后抛光,再喷涂保护层,最后贴各厂标签.

解法 2 将生产流程图画成"树"图(略).

解法 3 将工艺流程的要求,S,P,N 三个工序,只能有顺序 $S \to P \to N$,而 A 可以在这三者前后的任意位置上,于是就得到所有可能的生产流程:$A \to S \to P \to N, S \to A \to P \to N, S \to P \to A \to N, S \to P \to N \to A$. 计算各流程所用时间得最优流程.

9. 甲厂只生产上衣 1 350 件／月,甲厂只生产裤子 2 700 件／月;乙厂只生产上衣 2 000 件／月,乙厂只生产裤子 3 000 件／月. 从这些数据可以看出 $\frac{2\,000}{1\,350}$ 反映了乙厂生产上衣比甲厂生产上衣的优势,$\frac{3\,000}{2\,700}$ 反映了乙厂生产裤子比甲厂生产裤子的优势,前者较后者大. 我们的目的是设计一种方案使总产量超过原总产量 900 + 1 200 = 2 100. 发挥乙厂生产

上衣的优势,让乙厂全部生产上衣,共2 000件,让甲厂生产2 000件配套的裤子,仅须用全月时间的$\frac{2\,000}{2\,700}=\frac{20}{27}$.让甲厂在余下时间生产成套服装,共可生产$900\cdot\frac{7}{27}=233$(套).这样的生产方案可生产2 233套成衣,超过原总产量133套.

10. 设圆周的半径为a,以$\theta=\theta(A)$表示从ON(O为圆心)出发顺时针旋转到OA(A为圆周上一点)的角度,则$0\leqslant\theta\leqslant 2\pi$. 点$N,V,Z$将圆周分为三段弧$\overset{\frown}{NV},\overset{\frown}{VZ},\overset{\frown}{ZV}$. 一个自然的假设是位于每段弧中的顾客只可能到该段弧端点的两家商店去购买此种商品. 当然,具体到哪一家还需要由价格加上往返交通费用决定. 下设每单位距离的交通费用为C. 按照我们假设N,V,Z在圆周上的位置,$\theta(N)=0,\theta(V)=\frac{\pi}{3},\theta(Z)=\pi$. 对于弧$\overset{\frown}{NZ}$上的顾客$A$($\frac{3\pi}{2}\leqslant\theta(A)\leqslant 2\pi$),到$N,Z$购买商品的总开销为$P_1+2(2\pi-\theta)ac$及$P_3+2(\theta-\pi)ac$. 由于假设他不会到$V$购物,故应有

$$P_2+2(2\pi-\theta+\frac{\pi}{3})ac\geqslant P_1+2(2\pi-\theta)ac$$

$$P_2+2(\theta-\frac{\pi}{3})ac\geqslant P_3+2(\theta-\pi)ac$$

从而
$$P_1-P_2\leqslant\frac{2}{3}\pi ac,\ P_3-P_2\leqslant\frac{4}{3}\pi ac$$

类似地论证在$\overset{\frown}{NV},\overset{\frown}{VZ}$上的情形,我们可知$P_1,P_2,P_3$应满足如下条件

$$|P_1-P_2|\leqslant\frac{2}{3}\pi ac,\ |P_2-P_3|\leqslant\frac{4}{3}\pi ac,\ |P_1-P_3|\leqslant 2\pi ac \qquad(*)$$

我们假定价格P_1,P_2,P_3为有界量,满足$0\leqslant p_i\leqslant\alpha c, i=1,2,3$,其中$\alpha$为常数.

选择到商店N中购物的顾客由如下两部分组成:$0\leqslant\theta\leqslant\frac{\pi}{3}$,且$P_1+2ac\theta\leqslant P_2+2ac(\frac{\pi}{3}-\theta)$和$\pi\leqslant\theta\leqslant 2\pi$,且$P_1+2ac(2\pi-\theta)\leqslant P_3+2ac(\theta-\pi)$,由此可知

$$0\leqslant\theta\leqslant\frac{\pi}{6}+\frac{P_2-P_1}{4ac}$$

或
$$\frac{3\pi}{2}+\frac{P_1-P_3}{4ac}\leqslant\theta\leqslant 2\pi$$

对应于上述两部分之一中的每位顾客,商店1(即N)有赢利P_1(不讨论反复购物),因此在三家商店制定的价格满足式($*$)时,商店1的总赢利是(假设顾客在圆周上均匀分布)

$$P_1(\frac{\pi}{6}+\frac{P_2-P_1}{4ac}+2\pi-\frac{3\pi}{2}-\frac{P_1-P_3}{4ac})=2\pi(\frac{1}{3}+\frac{P_2-2P_1+P_3}{8\pi ac})P_1$$

令$\frac{P_1}{8\pi ac}=u,\frac{P_2}{8\pi ac}=v,\frac{P_3}{8\pi ac}=z$,我们可认为商店1的总赢利是

$$f_1(u,v,z)=P_1\cdot(\frac{1}{3}+\frac{P_2-2P_1+P_3}{8\pi ac})=8\pi ac\cdot u\cdot(\frac{1}{3}+v-2u+z)$$

类似地(在略去因子2π后),商店2,3的总赢利为

$$f_2(u,v,z)=8\pi ac\cdot v\cdot(\frac{1}{4}+u-2v+z)$$

$$f_3(u,v,z) = 8\pi ac \cdot z \cdot \left(\frac{5}{12} + u - 2z + v\right)$$

变量 u,v,z 可认为是各家商店制定的商品价格,其变化范围由前可求得为

$$D = \{(u,v,z) \mid 0 \leqslant u,v,z \leqslant \frac{\alpha}{8\pi a}, \mid u-v \mid \leqslant \frac{1}{12}, \mid v-z \mid \leqslant \frac{1}{6}, \mid u-z \mid \leqslant \frac{1}{4}\} =$$

$$\{(u,v,z) \mid 0 \leqslant u,v,z \leqslant \frac{\alpha}{8a\pi}, \mid u-v \mid < \frac{1}{12}, \mid v-z \mid \leqslant \frac{1}{6}\}$$

($\mid u-z \mid \leqslant \frac{1}{4}$ 可由其他条件推出)

在经过上述对原问题的数学处理之后,可以看到原问题的提法是不严格的. 因为一般地,我们不可能在 D 中找到一点使在此点上 f_1, f_2, f_3 分别都达到各自在 D 上的最大值. 即不可能找到一种价格体制 P_1, P_2, P_3 使三家商店各获最好利润.

11. (1) 因为加工及等待的总时间为 $T = \sum_{i=1}^{7}(8-i)T_i$,其中 T_i 为安排在第 i 位加工工件的加工时间,显然,T_i 当按递增顺序排列时总时间 T 最小(排序原理),所以合理的加工顺序为:$2 \to 5 \to 4 \to 7 \to 1 \to 6 \to 3$(其中 2 和 5,4 和 7 的顺序可以对换),最短时间为 288 min.

(2) 按照题设可以画出加工次序网络图如下,显然只须对工件 1,2,4,6,7 进行排序.

首先工序 7,2,4 可有 $7 \to 4 \to 2$ 和 $7 \to 2 \to 4$ 两种方案.
插入工序 6 共有 $6 \to 7 \to 4 \to 2, 7 \to 6 \to 4 \to 2, 6 \to 7 \to 2 \to 4, 7 \to 6 \to 2 \to 4, 7 \to 4 \to 6 \to 2$ 五种方案. 由于 $t_6 > t_7$,所以 $6 \to 7 \to 4 \to 2, 6 \to 7 \to 2 \to 4$ 可以不予考虑(分别劣于 $7 \to 6 \to 4 \to 2$ 和 $7 \to 6 \to 2 \to 4$). 同理因为 $t_4 > t_2$,故 $7 \to 6 \to 4 \to 2$ 可不考虑. 综上所述,安排 7,2,4,6 四个工序可有两种方案:$7 \to 4 \to 6 \to 2$ 和 $7 \to 6 \to 2 \to 4$.

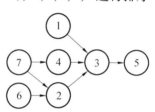

11 题图

再考虑工件 1 的安排(略),可得最佳方案为:$7 \to 4 \to 6 \to 2 \to 1 \to 3 \to 5$ 或 $7 \to 6 \to 2 \to 4 \to 1 \to 3 \to 5$,最短时间为 366 min.

12. 设 C_i 为城镇 $i(i=1,2,3)$ 单独建污水厂所需费用,则 $C_1 = 73 \times 5^{0.712} \approx 230$(千元),$C_2 = 73 \times 3^{0.712} \approx 160$(千元),$C_3 = C_1 \approx 230$(千元). 若城镇 i,j 合作在城镇 j 建厂,设 $C_{ij}(i<j)$ 为从城 i 到 j 铺设管道的费用$(i,j=1,2,3)$,则

$$C_{12}/\text{千元} = 73 \times (5+3)^{0.712} + 0.66 \times 5^{0.51} \times 20 \approx 350$$

$$C_{13}/\text{千元} = 73 \times (5+5)^{0.712} + 0.66 \times 5^{0.51} \times (20+38) = 463$$

$$C_{23}/\text{千元} = 73 \times (5+3)^{0.712} + 0.66 \times 3^{0.51} \times 38 \approx 365$$

(1) 按题设三城镇的污水处理只有 5 种方案.

方案 1 各城分别建厂处理污水,总费用为

$$(C_1 + C_2 + C_3)/\text{千元} = 230 + 160 + 230 = 620$$

方案 2 城1、城2 合作处理污水,城3 单独处理污水,总费用为

$$(C_{12} + C_3)/\text{千元} = 350 + 230 = 580$$

方案 3 城1、城3 合作处理污水,城2 单独处理污水,总费用为

$$(C_{13} + C_2)/\text{千元} = 463 + 160 = 623$$

方案 4 城2、城3 合作处理污水,城1 单独处理污水,总费用为

$$(C_{23} + C_1)/千元 = 365 + 230 = 595$$

方案 5 三厂合作在城 3 建厂,并铺设城 1 及城 2 到城 3 的管道,总费用为

$$73 \times (5 + 3 + 5)^{0.712} + 0.66 \times 5^{0.51} \times 20 + 0.66 \times (5 + 3)^{0.51} \times 1.38 \approx 555.8(千元)$$

方案 5 所用费用最少,三城合作在城 3 建厂并铺设管道是最优方案.

(2) 三城合作建污水厂费用为 $73 \times (5 + 3 + 5)^{0.712} \approx 453.4(千元)$. 按三城镇污水量的比例 5∶3∶5 来分担这一费用,城 1,城 2,城 3 应分别负担 174.4 千元($= 453.4 \times \frac{5}{5 + 3 + 5}$),104.6 千元($= 453.4 \times \frac{3}{13}$),174.4 千元. 城 1 到城 2 的管道费为 $0.66 \times 5^{0.51} \times 20 = 30(千元)$ 应由城 1 负担,城 2 到城 3 的管道费 $0.66 \times (5 + 3)^{0.51} \times 38 = 72.4(千元)$ 按城 1、城 2 污水量的比例 5∶3 由城 1,城 2 分别负担 42.25 千元($= 72.4 \times \frac{5}{8}$),27.15 千元($= 72.4 \times \frac{3}{8}$),因此城 1 负担费用为 $174.4 + 30 + 45.25 = 249.65(千元)$,城 2 负担费用为 $104.6 + 27.15 = 131.75(千元)$,城 3 负担费用为 174.4 千元,三城总负担费用共为 555.8 千元. 但由于 $249.65 > 230 = C_1$,即此时城 1 负担的费用比它单独建污水厂所付费用还多,这对城 1 是不公平的,分配方案有不合理之处.

(3) 这小题没有标准答案,答案是开放性的,比如把总费用 555.8 千元按 C_1, C_2, C_3 的比例分别负担等,只要能设计出"合理"的方案均可.

13. 设某一时刻,小、中、大瓶中的油量分别为 x, y, z(kg),则这一状态可用三维有序数组 (x, y, z) 来表示,其中 $0 \leq x \leq 3, 0 \leq y \leq 7, 0 \leq z \leq 10$,且 $x + y + z = 10$. 则本题就可化归为找出从初始状态 $(0, 0, 10)$ 到终点状态 $(0, 5, 5)$ 的路径.

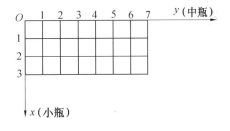

13 题图(a)

现用直角坐标平面内的点来表示各种可能状态. 在平面 xOy 内作一个 3×7 的矩形,如 10 题图(a)所示,x 轴上的整点表示小瓶里的油量,y 轴上的整点表示中瓶里的油量,而 $z = 10 - x - y$ 表示大瓶里的油量. 于是,这个矩形的边界上的整点就表示所有可能的状态(不会是矩形内的整点,因为瓶上没有刻度,倒油时只能倒满或倒完).

倒油允许进行的"运算"实验只有三种:

(1) 小瓶不动,大、中瓶互倒. 在图上应沿水平方向联结两个相隔 7 个单位的整点;

(2) 中瓶不动,大、小瓶互倒. 在图上应沿铅垂方向联结两个相隔 3 个单位的整点;

(3) 大瓶不动,中、小瓶互倒. 在图上应沿正方形对角线的方向联结 2 个边界上的整点.

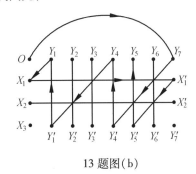

13 题图(b)

矩形边界上共有 20 个整点,现将边界上的各线段抹去,在每两个顶点间代之以弧线,成为一张由 20 个顶点及若干弧线组成的网络图如 10 题图(b) 所示. 这样,原问题的数学模型即

为在该网络图中,能否找到一条从出发点 O(代表起始状态)到点 Y_5(代表终点状态)的路径. 它也是一个一笔画问题,从网络图不难找到原问题的答案是:

$O(0,0,10) \to Y_7(0,7,3) \to Y'_4(3,4,3) \to Y_4(0,4,6) \to$
$Y'_1(3,1,6) \to Y_1(0,1,9) \to X_1(1,0,9) \to X'_1(1,7,2) \to$
$Y'_5(3,5,2) \to Y_5(0,5,5)$.

显然,原问题的答案不止一个.

14. 第一个问题,国家关于零售商品定价有相关规定,但在个体商家实际定价中,常用"黄金数"方法,即按实际价 b 定出的价格 a,使 $b:a \approx 0.618$. 虽然商品价值 b 位于商品价格 a 的黄金分割点上,考虑到消费者的"讨价还价",应该说,这样定价还是较为合理的.

对消费者来说,如何"讨价还价"才算合理呢? 一种常见的方法是"对半还价法":消费者第一次减去定价的一半,商家第一次讨价则加上二者差价的一半;消费者第二次还价再减去二者差价的一半;如此等. 直至达到双方都能接受的价格为止.

有人以为,这样讨价还价的结果,其理想的最终价格,将是原定价的黄金分割点.

其实不然,我们来定量分析一下上述"对半还价"的过程.

设原定价格为 a,各次讨价还价见表1.

表1

	消费者还价	商家讨价
第一次	$b_1 = \dfrac{a}{2}$	$c_1 = b_1 + [(a-b_1)/2] = (a/2) + (a/4)$
第二次	$b_2 = c_1 - \dfrac{1}{2}(c_1 - b_1) =$ $\dfrac{a}{2} + \dfrac{a}{4} - \dfrac{a}{8} \cdots$	$c_2 = b_2 + \dfrac{1}{2}(c_1 - b_2) =$ $\dfrac{a}{2} + \dfrac{a}{4} - \dfrac{a}{8} + \dfrac{a}{16} \cdots$

由此可见,b_k 和 c_k 是摆动数列

$$\{a_n\}: a_n = \frac{a}{2} + \frac{a}{4} - \frac{a}{8} + \cdots + \frac{(-1)^n}{2^n}a$$

的交错项. a_n 从第二项开始,是以 $(-1/2)$ 为公比的等比数列的 n 项部分和. 从而有

$$\lim_{n \to \infty} a_n = \frac{a}{2} + \frac{a}{4} \cdot \frac{1}{1+(1/2)} = \frac{a}{2} + \frac{a}{6} = \frac{2}{3}a$$

这就是 $\{b_n\}$ 和 $\{c_n\}$ 共同的极限值. 也就是说,对半讨价还价的最终结果,是原价的三分之二.

因为 $(2/3) - 0.618 \approx 0.049$,所以,即使商家按"黄金数"定价,如上讨价还价后,也还有接近 8% 的赚头. 这对双方来说,都是可以接受的.

15. **解法1** 从获利的角度看,我们应选择收益最大的一种进货方案. 针对不同的需求量以及不同的进货量,分别求出相应的利润(销售数) × (4 − 2.5) + 处理数 × (2 − 2.5) 再算出利润期望值加以比较即可.

例如,进货 250 只蛋糕时的期望利润为 $75 \times 0.2 + 175 \times 0.25 + 275 \times 0.3 + 375 \times 0.15 + 375 \times 0.1 = 235$(元).

据此我们可得到收益决策表(表2). 从表中不难看出,最大期望收益为 235 元,故进货

200 只或 250 只为最佳方案.

表 2

需求量	概率	进货量				
		100	150	200	250	300
100	0.2	150	125	100	75	50
150	0.25	150	225	200	175	150
200	0.3	150	225	300	275	250
250	0.15	150	225	300	375	350
300	0.1	150	225	300	375	450
利润期望值		150	205	235	235	220

解法 2 如果我们反过来进行思考,从损失的角度来分析,那么应该选择期望损失最小的决策方案. 如进货 200 只时的期望损失值为 $0.2 \times 50 + 0.25 \times 25 + 0.30 \times 0 + 0.15 \times 75 + 0.1 \times 150 = 42.5$.

由此可得到期望损失决策表(表 3). 故应选择最低期望损失值 42.5 所对应的方案,即进货数量 200 只或 250 只为宜.

表 3

需求量	概率	进货量				
		100	150	200	250	300
100	0.2	0	25	50	75	100
150	0.25	75	0	25	50	75
200	0.3	150	75	0	25	50
250	0.15	225	150	75	0	25
300	0.1	300	225	150	75	0
利润损失值		127.5	72.5	42.5	42.5	57.5

第七章 数学建模的学科知识方法

学科知识是一个个经典的模型,它们在建模中将发挥着重要作用.

7.1 数学学科各分支的知识

7.1.1 求解一类排列组合问题的线段染色模型

如图 7.1,用不同的五种颜色分别为 A,B,C,D,E 五部分着色,相邻部分不能用同一种颜色,但同一种颜色可以反复使用,也可不使用,则符合这种要求的不同着色的方法种数是_____.

在排列组合问题中,常遇到这类关于区域染色问题. 这类问题可以建立"线段染色模型"来处理.[70]

模型 1 一条线段上有 n 个点,用 m 种不同的颜色来染色,相邻的顶点所染的颜色不同,共有 $m(m-1)^{n-1}$ 种染色方法.

事实上,把染色过程分为 n 步,第一步有 m 种方法,第二步有 $m-1$ 种方法,……,第 n 步有 $m-1$ 种方法,故共有 $m(m-1)^{n-1}$ 种染色方法.

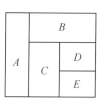

图 7.1

若我们把染色方法加强,得到:

模型 2 一条线段上有 n 个点,用 m 种不同的颜色来染色,相邻的顶点所染的颜色不同,两端点染色方法也不同,则共有 $(m-1)^n + (-1)^n(m-1)$ 种染色方法.

要确立模型 2,需要下面的引理.

引理 数列 $\{a_n\}$ 中,已知 a_1,且 $a_{n+1} = pa_n + q(p \neq 1)$,则数列 $\{a_n + q/(p-1)\}$ 是以 p 为公比的等比数列(请读者自证).

模型 2 的确立:设线段上有 k 个点时的染色方法有 a_k 种,显然 $k \geq 2$,$a_2 = m(m-1)$. 当线段上有 n 个点时,两端的染色有两类颜色相同和颜色不相同. 当颜色相同时,可以把其中一个点去掉,变成命题 2 中有 $n-1$ 个点的情形,故有 a_{n-1} 种染色方法;当颜色不相同时,依假设有 a_n 种. 由分类计数原理,不同染法种数一共有

$$a_n + a_{n-1} = m(m-1)^{n-1} \qquad ①$$

再设 $b_n(m-1)^n = a_n$,式 ① 可化为

$$(m-1)b_n + b_{n-1} = m$$

由引理可得

$$b_n = 1 - 1/(1-m)^{n-1}$$

从而得

$$a_n = (m-1)^n + (-1)^n(m-1)$$

下面,我们回到前面的具体问题,可以先着色 C,有五种方法,其他部分是模型 1 中

$m=4, n=4$ 情形,共有 4×3^3 种方法,故共有 $5\times 4\times 3^3=540$ 种方法.

应用模型 2,可处理下述问题:

某城市在中心广场建造一个花圃,花圃分为 6 个部分,如图 7.2 所示,现要栽种 4 种不同颜色的花,每部分栽一种,且相邻部分不能栽种同样颜色的花,不同的栽种方法有多少种?

我们也可以先栽种第一块,它栽种的花与其他五块都颜色不同,共有四种,余下五块是命题 2 中 $m=3, n=5$ 的情形,共有 $2^5-2=30$(种)栽种方法.

故共有 $4\times 30=120$(种).

如果将模型应用于传球问题,则有

模型 3 有 m 个人传球,从甲开始传,传了第 n 次后,回到甲的手中,共有 $((m-1)^n+(-1)^n(m-1))/m$ 种方法(m,n 均为大于 2 的正整数).

模型 4 有 m 个人传球,从甲开始传,传了第 m 次后,回到乙的手中,共有 $((m-1)^{n+1}+(-1)^{n+1}(m-1))/P_m^2$ 种方法(m,n 均为大于 2 的正整数).

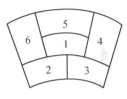

图 7.2

7.1.2 应聘的概率知识法决策

在竞争工作时,如何进行就业决策,是一个非常现实的问题.

现给出几种情况,介绍司志本先生所进行的探讨.[71]

情况 1 只有一个单位提供"优""良""可"三个职位供应聘者选择,每一位应聘者只能选择其中的一个职位参加面试.

如果应聘者被三个职位录用的概率相等,当然应该选择最好的"优"职位进行面试;如果应聘者被三个职位录用的概率不相等,例如,被"优""良""可"三个职位录用的概率分别为 0.2,0.3,0.4(不被任何职位录用的概率为 0.1),那么,应聘者应该选择哪一个职位进行面试呢? 这就看应聘者的心态了,如果应聘者只想选择最好的职位,甘愿冒不被录用的风险,那么应该参加"优"职位的面试;如果应聘者的心态是有个职位就行,不考虑待遇如何,当然应该参加被录用概率最大的"可"职位的面试.

情况 2 有两个单位分别提供"优""良""可"三个职位供应聘者选择,假设应聘者在参加第一个单位的任何一个职位的面试后,如果不被录用,还可以参加第二单位的任何一个职位的面试.这两个单位相应职位应聘的概率以及相应的待遇相同(表 7.1),对于这种情况,应聘者应该如何决策呢?

表 7.1

职位	优	良	可	不录用
录用概率	0.2	0.3	0.4	0.1
工 薪	20 000 元	10 000 元	5 000 元	0 元

应聘者有两种心态属于极端情形,第一种极端心态是只选择最好的职位,其决策是:先参加第一个单位的"优"职位的面试,如果不被录用,直接参加第二个单位的"优"职位的面试;第二种极端心态是有个职位就行,不考虑待遇如何,其决策是:从第一个单位"优"职位

开始,由好到差,逐个参加面试,直到第二个单位的"可"职位为止. 对于这两种极端情形,没有讨论的价值. 我们假设应聘者的心态是正常心态:既想找到一个职位,又想工薪尽量高点.

在实际面试过程中,应聘者首先遇到的问题是,当第一个单位的"优"职位落聘时,是选择该单位的"良"职位面试,还是去第二个单位,参加"优"职位的面试? 哪一种行为可以使应聘者的工薪期望值更高一点?

现在我们运用数学期望的知识,采用"逆推法"来讨论应聘者如何进行面试决策.

假设应聘者在没有接受第一个单位的任何职位的情况下,直接去参加第二个单位面试,此时,第二个单位提供的工薪期望值为

$$20\,000 \times 0.2 + 10\,000 \times 0.3 + 5\,000 \times 0.4 = 9\,000(元)$$

由此可以逆推,在参加第一个单位的面试时,如果接受"可"职位,工薪为 5 000 元,低于第二个单位的工薪期望值;如果接受"良"职位,工薪为 10 000 元,高于第二个单位面试的工薪期望值. 所以,在参加第一个单位的面试时,应该只接受"优"或"良"两个职位,否则,参加第二个单位的面试. 基本情况见表 7.2.

表 7.2

第一次面试	工薪期望值	概率
接受"优"	20 000 元	0.2
接受"良"	10 000 元	0.3
不接受"可"参加第二个单位面试	9 000 元	0.4
没工作参加第二个单位面试	9 000 元	0.1

这就是说,对于第二种情况,应聘者的决策是:接受第一个单位的"优"或"良"职位,若不被录用,则接受第二个单位的任何一个职位.

按照上面的决策,应聘者的工薪期望值为

$$20\,000 \times 0.2 + 10\,000 \times 0.3 + 9\,000 \times 0.4 + 9\,000 \times 0.1 = 11\,500(元)$$

情况 3 有三个单位分别提供"优""良""可"三个职位供应聘者选择,招聘办法、待遇及概率与情况 2 相同(表 7.1),应聘者应该如何决策?

可以仿照情况 2 进行讨论.

先考虑在没有接受前两个单位的任何职位的前提下,应聘者直接去参加第三个单位的面试. 第三个单位提供的工薪期望值为

$$20\,000 \times 0.2 + 10\,000 \times 0.3 + 5\,000 \times 0.4 + 0 \times 0.1 = 9\,000(元)$$

应聘者参加第二个单位面试的决策情况见表 7.3.

表 7.3

第二次面试	工薪期望值	概率
接受"优"	20 000 元	0.2
接受"良"	10 000 元	0.3
不接受"可"参加第三个单位面试	9 000 元	0.4
没工作参加第三个单位面试	9 000 元	0.1

即在参加第二个单位面试时,应该只接受"优"或"良"两个职位,此时,工薪期望值为
$$20\ 000 \times 0.2 + 10\ 000 \times 0.3 + 9\ 000 \times 0.4 + 9\ 000 \times 0.1 = 11\ 500(元)$$
进一步逆推可知,参加第一个单位面试时,接受"良"和"可"职位,工薪都小于 11 500 元,所以,应该只接受"优"职位,否则,参加下一个单位的面试.参加第一个单位面试的决策情况见表 7.4.

表 7.4

第一次面试	工薪期望值	概率
接受"优"	20 000 元	0.2
接受"良"	11 500 元	0.3
不接受"可"参加第二个单位面试	11 500 元	0.4
没工作参加第二个单位面试	11 500 元	0.1

这就是说,参加上述三个单位面试,应聘者的决策是:只接受第一个单位的"优"职位,若不被录用,则接受第二个单位的"优"或"良"职位,若仍不被录用,则接受第三个单位的任何职位.

按照这种决策参加三个单位的求职面试,应聘者的工薪期望值为
$$20\ 000 \times 0.2 + 11\ 500 \times (0.3 + 0.4 + 0.1) = 19\ 200(元)$$

不论招聘单位和招聘职位的多少,上述"逆推法"都可以运用.例如,现在我们假设三个招聘单位都只提供"优"和"良"两个职位,工薪待遇分别为 20 000 元和 10 000 元,应聘者被录用的概率分别为 0.3 和 0.6,不被录用的概率为 0.1,那么应聘者应该如何决策呢?

我们仍用"逆推法"考虑.先假设应聘者在没有接受前两个单位的任何职位的前提下,直接参加第三个单位的面试,其工薪期望值为
$$20\ 000 \times 0.3 + 10\ 000 \times 0.6 + 0 \times 0.1 = 12\ 000(元)$$
由此逆推可知,参加第二个单位的面试时,应该只接受"优"职位,这时,工薪期望值为
$$20\ 000 \times 0.3 + 12\ 000 \times (0.6 + 0.1) = 14\ 400(元)$$
显然,参加第一个单位的面试时,也应该只接受"优"职位.这时,工薪期望值为
$$20\ 000 \times 0.3 + 14\ 400 \times (0.6 + 0.1) = 16\ 080(元)$$

也就是说,应聘者参加这三个单位面试的决策是:只接受第一个单位的"优"职位,否则,参加第二个单位的面试,也只接受"优"职位,如果前两个单位的"优"职位都不录用,那么接受第三个单位的任何职位.

通过上述讨论可以看出,招聘单位越多,应聘者的就业机会也就越大,从而工薪的期望值也就越高.

7.1.3 足球联赛的理论保级分数问题

所谓理论保级分数就是指一般情况下,一个参赛球队只要达到了这个分数,无论别的球队的成绩如何,都能保证自己不会降级.这个分数无疑能给那些成绩不佳的球队一个有效的参考,帮助他们调整策略.

那么,这个理论保级分数应该如何计算呢?怎样找到一种普遍适用于各国足球联赛的

计算理论保级分数的方法呢？我们可以用建立数学模型的方法解决这个问题.[69]

要想研究理论保级分数，就必须研究每支球队在每场比赛中的成绩.通过观察各大联赛的比赛情况，我们可以知道，球队的实力对比赛结果有很大的影响.比如，实力差距比较大的两支球队比赛，实力强的一方获胜的希望比较大.所以，如果讨论联赛的积分情况，就不能回避球队实力的差异问题.

但是，球队的实力是一个很抽象的事物，不易计算和比较.为了能用数学语言描述它，可以为每个球队引入一个参数，能够较好地描述球队的实力的参数称为这个球队的实力数.我们可以定义随机变量 x 为一支球队在某一场比赛中的结果.它可能有三种情况，即胜(积 3 分)、平(积 1 分)、负(积 0 分).我们可以统计出每场比赛中两队的胜、平、负的频率(可近似地看成每种情况出现的概率) p，通过公式

$$x = p_1 x_1 + p_2 x_2 + p_3 x_3 + \cdots + p_n x_n$$

求出一支球队在每场比赛中的数学期望 X.将所有比赛的数学期望相加，就可以求出理论上这支球队的最后积分.另外，应该注意到主客场的差异对比赛结果的影响.所以，如果主客场情况不同，相应的胜、负、平频率也不同，数学期望值也就不同.

首先进行模型假设：

（1）假设参加某一联赛的所有球队的实力数由小(实力强)到大(实力弱)可构成一个等差数列，并且认为等差数列的首项为 1，公差为 1.由此，一个联赛中的各个球队可以分别用一个数字代替，即所有 n 支参赛球队按实力由强到弱排列，则依次为 $1, 2, 3, 4, \cdots, n$.这样每场比赛就有一个对应的实力数之差，如实力数为 3 和 7 的两支球队之间的比赛，实力差是 4.

（2）假设任何不可预知的因素与比赛结果无关，即比赛结果只与两支球队的实力差和主客场因素有关.如认为球队 3 主场与球队 8 的比赛，和球队 1 主场与球队 6 的比赛没有任何区别.

（3）假设得出的每个实力差值对应的比赛胜、负、平的频率等于在理论上这些情况出现的频率.

再定义变量：

T_i：一支球队在一场比赛中的数学期望值.

T_n：一支球队 i 在所有比赛中的数学期望值之和.

n：参加联赛的球队总数.

m：联赛结束后将要降级的球队数目.

s：一场比赛中实力较强的球队获胜的概率.

p：一场比赛中实力较强的球队战平的概率.

f：一场比赛中实力较强的球队失败的概率.

然后，看具体例子：

先统计随机变量 x 的分布.

选取英格兰足球超级联赛、德国足球甲级联赛、意大利足球甲级联赛、中国甲级联赛中 1999—2000 赛季的详细情况，并根据这些数据统计当实力数差分别为 $1, 2, 3, \cdots, 19$ 时，较强的一方获胜、战平、战败的频率，如表 7.5(单位:%)所示.

表7.5

实力差	主场			客场		
	胜	平	负	胜	平	负
1	53.03	21.21	25.76	24.63	36.92	38.46
2	47.54	21.31	31.15	26.23	39.34	34.43
3	42.63	19.30	28.07	22.22	39.34	34.43
4	60.38	16.98	22.64	37.25	31.37	31.37
5	38.00	22.00	10.00	38.00	26.00	36.00
6	38.00	12.00	20.00	34.00	28.00	38.00
7	60.95	14.63	24.39	36.59	36.59	26.83
8	71.05	10.53	18.42	34.29	34.29	31.43
9	72.73	15.15	12.12	41.18	26.47	32.35
10	73.33	3.37	20.00	40.00	30.00	30.00
11	88.00	0.00	12.00	12.31	30.77	26.92
12	86.36	1.55	9.09	40.91	13.64	45.45
13	88.24	0.00	11.76	31.11	11.11	27.78
14	85.71	0.00	14.29	71.13	21.43	7.14
15	90.91	0.00	9.09	54.55	36.36	9.09
16	75.00	12.50	12.50	70.00	10.00	20.00
17	60.00	40.00	0.00	60.00	0.00	40.00
18	100.00	0.00	0.00	100.00	0.00	0.00
19	100.00	0.00	0.00	100.00	0.00	0.00

再计算各队的理论积分.

有了这些数据之后,便可以根据求随机变量的数学期望公式

$$X = p_1 x_1 + p_2 x_2 + p_3 x_3 + \cdots + p_n x_n$$

求出一支球队在同比自己实力弱的球队比赛的数学期望,即

$$X_1 = 3 \times s + 1 \times p + 0 \times f = 3s + p$$

当一支球队和比自己实力强的球队比赛时,实力较强球队的战败概率就是实力较弱球队的获胜概率.即

$$X_2 = 3 \times f + 1 \times p + 0 \times s = 3f + p$$

这样一来,所有比赛的数学期望都能求出. 也就是说,对于每一支球队,其所有比赛数学期望值的和也能求出,我们用 □ 表示实力数 i 的球队所有数学期望值的和(理论积分),然后,将 $1 \sim n$ 支球队对应的 □ 值从大到小依次排列成数列{□}. 因为在世界各国的足球联赛中对降级球队数目的规定不同,有的是两支球队,有的是三支球队,根据不同的情况,只要求出数列中相应的项(保级球队中的最低分数)就是待求的理论保级分数值了.

根据这种思路,可以使用 VisualBasic 6.0 编制一个程序来计算理论保级分数.(略)

7.1.4 重复性赛制问题

在体育比赛中,如果以一局定胜负,由于随机因素的影响,不能较好地展示双方实力,也不能展现胜者风范,故这种赛制难以使观众和参赛者信服.因此,为了体现公平竞争的精神,比赛就应该让参赛者有多次表现的机会,这一精神体现在赛制中,即重复性赛制.例如球类比赛中常常采用"三局两胜"或"五局三胜"制来决定胜负.那么,这种赛制公平吗?对在一局比赛中获胜概率不同的选手,"三局两胜"制与"五局三胜"制有何差异呢?一般地,"$2n-1$ 局 n 胜"制公平吗?不同的 n,对于同一个选手有何差异呢?

关于三局两胜与五局三胜问题.

甲、乙两人参加比赛,设 p 表示每局比赛中甲胜的概率,A 表示一局比赛中甲胜这一事件.将一局比赛看作一次独立试验,那么三局(五局)比赛可看作三次(五次)重复独立试验.

在"三局两胜"制中,甲获胜当且仅当事件 A 恰好发生两次,即甲获胜包含样本点为 {(甲胜、甲胜),(甲胜、乙胜、甲胜),(乙胜、甲胜、甲胜)}.于是甲获胜的概率为

$$p_2 = p^2 + 2p^2(1-p) \quad ①$$

在"五局三胜"制中,甲获胜当且仅当事件 A 恰好发生三次,即甲获胜包含样本点:打满三局结束(一种),打满四局结束(三种),打满五局结束(六种).于是甲获胜的概率为

$$p_3 = p^3 + 3p^3(1-p) + 6p^3(1-p)^2 \quad ②$$

令 $p = 1/2$,由式(1),(2) 得

$$p_2 = 1/2, p_3 = 1/2 \quad ③$$

式③ 说明:当 $p = 1/2$ 时,无论是"三局两胜"制还是"五局三胜"制,甲、乙获胜的概率都是相同的,这也说明"三局两胜"制和"五局三胜"制都是公平的赛制.

要研究水平不同的两位选手在"三局两胜"制与"五局三胜"制下比赛结果的差异,就是要比较他们获胜概率的大小

$$p_3 - p_2 = 3p^2(1-p)^3(2p-1) \quad ④$$

当 $1/2 < p < 1$ 时,由式 ④ 显然有:$p_3 - p_2 > 0$.这表明,水平较高的甲选手在"五局三胜"制下比"三局两胜"制获胜的把握更大.

下面将上述问题加以推广.

关于"$2n-1$ 局 n 胜"制问题的数学模型.

设在甲、乙双方的一次比赛中,每局甲胜的概率为 p,乙胜的概率为 $q = 1-p$,谁先胜 n 局,谁获胜.显然最多会赛 $2n-1$ 局,我们常称此种赛制为 $2n-1$ 局 n 胜制,例如乒乓球比赛为七局四胜制.

这个问题的数学模型是第二节中问题的推广,设甲最终获胜的概率为 p_n,则

$p_1 = p_2$

$p_2 = p^2 + C_2^1 pqp = p^2(1 + C_2^1 q)$

$p_3 = p^3 + C_3^1 p^2 qp + C_4^2 p^2 q^2 p = p^3(1 + C_3^1 q + C_4^2 q^2)$

⋮

$$p_n = p^n + C_{n+1}^1 p^{n-1} qp + C_{n+2}^2 p^{n-1} q^2 p + \cdots + C_{2n-1}^{n-1} p^{n-1} q^{n-1} p = p^n \sum_{k=0}^{n-1} C_{n+k-1}^k q^k$$

下面引入关于组合数的引理 1,2 研究 p_n 的变化规律:

引理 1 $C_{n-1}^k + C_{n-1}^{k-1} = C_n^k$

证明 $C_{n-1}^k + C_{n-1}^{k-1} = \dfrac{(n-1)!}{k!(n-k-1)!} + \dfrac{(n-1)!}{(k-1)!(n-k)!} = \dfrac{n!}{k!(n-k)!} = C_n^k$

引理 2 $C_{2n}^n = 2 C_{2n-1}^n$

证明 $C_{2n}^n = \dfrac{(2n)!}{(n!)^2} = \dfrac{2n(2n-1)!}{n(n-1)!\, n!} = 2 \dfrac{(2n-1)!}{(n-1)!\, n!} = 2 C_{2n-1}^n$

定理 1 $p_{n+1} - p_n = (2p-1) C_{2n-1}^n p^n q^n$

证明
$$p_{n+1} - p_n = p^{n+1} \sum_{k=0}^{n} C_{n+k}^k q^k - p^n \sum_{k=0}^{n-1} C_{n+k-1}^k q^k =$$
$$p^n \Big((1-q) \sum_{k=0}^{n} C_{n+k}^k q^k - \sum_{k=0}^{n-1} C_{n+k-1}^k q^k \Big) =$$
$$p^n \Big(\sum_{k=0}^{n} C_{n+k}^k q^k - \sum_{k=0}^{n} C_{n+k}^k q^{k+1} - \sum_{k=0}^{n-1} C_{n+k-1}^k q^k \Big) =$$
$$p^n \Big(\sum_{k=0}^{n-1} (C_{n+k}^k - C_{n+k-1}^k) q^k - \sum_{k=0}^{n-1} C_{n+k}^k q^{k+1} + (1-q) C_{2n}^n q^n \Big) =$$
$$p^n \Big(\sum_{k=1}^{n-1} C_{n+k-1}^{k-1} q^k - \sum_{k=0}^{n-1} C_{n+k}^k q^{k+1} + (1-q) C_{2n}^n q^n \Big) =$$
$$p^n \big(- C_{2n-1}^{n-1} q^n + (1-q) C_{2n}^n q^n \big) =$$
$$p^n q^n \big(- C_{2n-1}^{n-1} + (1-q) C_{2n}^n \big) =$$
$$p^n q^n \big(C_{2n-1}^n - C_{2n}^n q \big) =$$
$$p^n q^n \big(C_{2n-1}^n - 2 C_{2n-1}^n q \big) = (2p-1) C_{2n-1}^n p^n q^n$$

由定理 1 易得:

(1) 当 $2p - 1 > 0$, 即 $p > 1/2$ 时, $p_{n+1} - p_n > 0$, 即 p_n 单调增加;

(2) 当 $2p - 1 < 0$, 即 $p < 1/2$ 时, $p_{n+1} - p_n < 0$, 即 p_n 单调减少;

(3) 当 $2p - 1 = 0$, 即 $p = 1/2$ 时, $p_{n+1} - p_n = 0$, 即 $p_{n+1} = p_n = \cdots = p_1 = p$.

综上所述,在"$2n-1$ 局 n 胜"制比赛中,无论 n 取几比赛都是公平的;并且比赛的局数越多,实力强的选手获胜的概率越大. 因此,综合考虑比赛的公平性、欣赏性和比赛结果的悬念性,比赛的局数不宜过多. 这也可能正是乒乓球世锦赛男子团体冠亚军决赛由九局五胜制改为五局三胜制的原因.

"$2n-1$ 局 n 胜"制问题的收敛性由定理 1 可知

$$p_n = (p_n - p_{n-1}) + (p_{n-1} - p_{n-2}) + \cdots + (p_2 - p_1) + p_1 = p + (2p-1) \sum_{k=1}^{n-1} C_{2k-1}^k p^k q^k$$

下面讨论 $\sum_{k=1}^{n-1} C_{2k-1}^k p^k q^k$ 当 $n \to \infty$ 时的收敛性.

令 $x = pq$,考查级数 $\sum_{n=1}^{\infty} C_{2n-1}^n x^n$,有下面的结果:

引理 3 级数 $\sum_{n=1}^{\infty} C_{2n-1}^n x^n$ 当 $|x| < \dfrac{1}{4}$ 时收敛于 $\dfrac{1}{2\sqrt{1-4x}} - \dfrac{1}{2}$.

证明 级数的收敛半径 $R = \lim\limits_{n\to\infty} \dfrac{C_{2n-1}^n}{C_{2n+1}^{n+1}} = \lim\limits_{n\to\infty} \dfrac{n(n+1)}{2n(2n+1)} = \dfrac{1}{4}$.

当 $|x| < \dfrac{1}{4}$ 时,级数 $\sum\limits_{n=1}^{\infty} C_{2n-1}^n x^n$ 收敛.

设 $f(x) = \dfrac{1}{2\sqrt{1-4x}} - \dfrac{1}{2}$,则

$$f^{(n)}(x) = \dfrac{1}{2}\left(-\dfrac{1}{2}\right)\left(-\dfrac{1}{2}-1\right)\cdots$$

$$\left[-\dfrac{1}{2}-(n-1)\right](-4)^n(1-4x)^{-\frac{1}{2}-n}$$

$$= (2n-1)!!\, 2^{n-1}(1-4x)^{-\frac{1}{2}-n}$$

$$= n!\, C_{2n-1}^n (1-4x)^{-\frac{1}{2}-n}$$

因此,$\sum\limits_{n=1}^{\infty} C_{2n-1}^n x^n = \dfrac{1}{2\sqrt{1-4x}} - \dfrac{1}{2}, |x| < \dfrac{1}{4}$.

从而有如下结论:

定理 2 $p_{\infty} = \begin{cases} 0, 0 \leqslant p < \dfrac{1}{2} \\ \dfrac{1}{2}, p = \dfrac{1}{2} \\ 1, \dfrac{1}{2} < p \leqslant 1 \end{cases}$

证明 当 $p = \dfrac{1}{2}$ 时,$p_{\infty} = \lim\limits_{n\to\infty} p_n = p_1 = p$. 当 $p \neq \dfrac{1}{2}$ 时,因为 $pq = p(1-p) = \dfrac{1}{4} - \left(\dfrac{1}{2}-p\right)^2 < \dfrac{1}{4}$,所以由引理 3

$$p_{\infty} = p + (2p-1)\sum_{n=1}^{\infty} C_{2n-1}^n p^n q^n =$$

$$p + (2p-1)\left(\dfrac{1}{2\sqrt{1-4pq}} - \dfrac{1}{2}\right) =$$

$$p + (2p-1)\left(\dfrac{1}{2\sqrt{1-4p(1-p)}} - \dfrac{1}{2}\right) =$$

$$p + (2p-1)\left(\dfrac{1}{2|2p-1|} - \dfrac{1}{2}\right) =$$

$$\begin{cases} 0, 0 \leqslant p < \dfrac{1}{2} \\ 1, \dfrac{1}{2} < p \leqslant 1 \end{cases}$$

定理 2 说明:在 $2n-1$ 局 n 胜制比赛中,当比赛的局数充分多时,实力强的选手可以接近于 1 的概率获胜,即几乎是必胜.

7.1.5 体育彩票问题

自从 20 世纪 90 年代国家施行体育彩票以来,体育彩票已经成为国家经济生活中的一种

产业,大家在下班后路过体育彩票销售点时,总能看到一些市民在购买体育彩票.那么彩民们购买体育彩票到底有多大收益,我们以中国体育彩票管理中心官方网站(www.lottery.gov.cn)上公布实施的几种主要彩型来进行研究.

1."排列3"型体育彩票

排列3型体育彩票的中奖规则:从000～999的数字中选取1个三位数为投注号进行投注,中奖分为"直选型""组选3型""组选6型"三种.例如:体育彩票"排列3"第09130期开奖号码为"062",那么:

"直选型"中奖号码一个,为062,奖金1 000元;

"组选3型"中奖号码有三个,为062,206,620,奖金320元;

"组选6型"中奖号码有六个,为062,026,620,602,206,260,奖金160元.

数学模型:随机变量的概率分布列与数学期望.

(1) 设"直选型"所中奖金为 $X, X = 0, 1\ 000$;

$$P(X = 0) = \frac{999}{1\ 000}; P(X = 1\ 000) = \frac{1}{1\ 000},$$

X	0	1 000
P	$\frac{999}{1\ 000}$	$\frac{1}{1\ 000}$

$E(X) = 1$,那么购买一注"排列3 直选型"体育彩票的收益为 $1 - 2 = -1$(元).

(2) 设"组选3型"所中奖金为 $Y, Y = 0, 320$;

$$P(Y = 0) = \frac{997}{1\ 000}; P(Y = 320) = \frac{3}{1\ 000};$$

Y	0	320
P	$\frac{997}{1\ 000}$	$\frac{3}{1\ 000}$

$E(Y) = 0.96$,那么购买一注"排列3 组选3型"体育彩票的收益为 $0.96 - 2 = -1.04$(元).

(3) 设"组选6型"所中奖金为 $Z, Z = 0, 160$;

$$P(Z = 0) = \frac{994}{1\ 000}; P(Z = 160) = \frac{6}{1\ 000};$$

Z	0	160
P	$\frac{994}{1\ 000}$	$\frac{6}{1\ 000}$

$E(Z) = 0.96$,那么购买一注"排列3 组选6型"体育彩票的收益为 $0.96 - 2 = -1.04$(元).

由此可见,对于排列3型的体育彩票应该是直选型的收益高.

2."排列5"型体育彩票

排列5型体育彩票中奖规则:从00 000 ~ 99 999 数字中选取1个5位数作为投注号码进行投注,如果与开奖号码完全相同则中奖,只设一个奖级,中奖金额为100 000元(税后80 000元),例如:体育彩票"排列5"第09130期开奖号码为06 205,那么本期中奖号码就为06205一个.

数学模型:古典概型的数学期望.

设购买排列5型体育彩票的中奖金额为X,则

$$P(X=0)=\frac{99\ 999}{100\ 000}$$

$$P(X=100\ 000)=\frac{1}{100\ 000}$$

X	0	80 000
P	$\dfrac{99\ 999}{100\ 000}$	$\dfrac{1}{100\ 000}$

$E(X)=0.8$,那么购买一注"排列5型"体育彩票的收益为$0.8-2=-1.2$(元).

3."七位数"型体育彩票

我们先来了解一下"七位数"型体育彩票的中奖规则:

五等奖:单注彩票号码连续2位数号码与中奖号码相同位置的连续2位数相同,中奖额为5元.

四等奖:单注彩票号码连续3位数号码与中奖号码相同位置的连续3位数相同,中奖额为20元.

三等奖:单注彩票号码连续4位数号码与中奖号码相同位置的连续4位数相同,中奖额为300元.

二等奖:单注彩票号码连续5位数号码与中奖号码相同位置的连续5位数相同,中奖额为5 000元.

一等奖:单注彩票号码连续6位数号码与中奖号码相同位置的连续6位数相同,中奖额为50 000元.

特等奖:单注彩票号码与中奖号码完全相同,中奖额为5 000 000元.

数学模型:随机变量的概率分布列,我们不妨设中奖的随机事件所对应的随机变量为ξ,由中奖规则得:$\xi=5,20,300,5\ 000$(税后为4 000元),$50\ 000$(税后为40 000元),$5\ 000\ 000$(税后为4 000 000元).

很明显,"七位数"型的体育彩票所对应的数学模型应该为古典概型的概率分布列,彩民的收益即为数学期望减去彩民购买彩票的投资费用.

我们以江苏省7位数第09070期开奖号码3780439为例,先来计算每个随机变量中奖的概率.

(1)特等奖号码仅有一个为3780439,则

$$P(\xi = 4\,000\,000) = \frac{1}{10^7};$$

(2) 一等奖号码有 2 类,378043X 有 9 个,X780439 有 9 个,共 18 个,则 $P(\xi = 40\,000) = \frac{18}{10^7}$;

(3) 二等奖号码有 2 类:

(i) 仅 5 个相邻号码相同,即 37804XX,X78043X,XX80439 型共有 3×9^2 个;

(ii) 有 6 个号码中奖号码相同但仅 5 个相邻号码相同,即 37804X9,3X780439 型共 9×2 个.

由此得,二等奖号码总共有 $3 \times 9^2 + 9 \times 2 = 261$(个),则 $P(\xi = 4\,000) = \frac{261}{10^7}$;

(4) 三等奖号码有 3 类:

(i) 仅 4 个相邻号码相同,即 3780XXX,X7804XX,XX8043X,XXX0439 型,共 4×9^3 个;

(ii) 有 5 个号码相同但其中仅有 4 个相邻号码,即 3780XYY 型有 2×9^2 个,X7804X9 型有 9^3 个,3X8043X 型有 9^2 个,YYX0439 型有 2×9^2 个,共有 6×9^2 个;

(iii) 有 6 个号码相同但其中仅有 4 个相邻号码,即 3780X39,37X0439 型共 18 个.

三等奖号码总共有 $4 \times 9^3 + 6 \times 9^2 + 18 = 3\,420$(个),则 $P(\xi = 300) = \frac{3\,420}{10^7}$;

(5) 四等奖号码有 4 类:

(i) 仅三个号码相同且相邻,即 378XXXX,X780XXX,XX804XX,XXX043X,XXXX439 型共有 5×9^4 个;

(ii) 有四个号码相同但其中仅三个相邻,即 378$XYYY$ 型有 3×9^3 个,X780XYY 型有 2×9^3 个,YX804XY 型有 2×9^3 个,YYX043X 型有 2×9^3 个,$YYYX$439 型有 3×9^3 个,合计有 12×9^3 个;

(iii) 有 5 个号码相同但其中仅有 3 个相邻,即 378$XYYY$ 型有 3×9^2 个,X780X39 型有 9^2 个,3X804X9 型有 9^2 个,37X043X 型有 9^2 个,$YYYX$439 型有 3×9^2 个,合计有 9×9^2 个;

(iv) 有 6 个号码相同但其中仅有 3 个相邻号码,即 378X439 型 9 个.

由此得,四等奖号码总共有 $5 \times 9^4 + 12 \times 9^3 + 9 \times 9^2 + 9 = 42\,291$(个),则 $P(\xi = 20) = \frac{42\,291}{10^7}$;

(6) 五等奖号码有 5 类:

(i) 仅两个号码相同且相邻,即 37XXXXX,X78XXXX,XX80XXX,XXX04XX,XXXX43X,XXXXX39 型共有 6×9^5 个;

(ii) 有 3 个号码相同但仅 2 个相邻,即 37$XYYYY$ 型有 4×9^4 个,X78$XYYY$ 型有 3×9^4 个,YX80XYY 型有 3×9^4 个,YYX04XY 型有 3×9^4 个,$YYYX$43X 型有 3×9^4 个,$YYYYX$39 型有 4×9^4 个,合计有 20×9^4 个;

(iii) 有 4 个号码相同但仅两个相邻,即 37$XYYYY$ 型有 3×9^3 个,X78X4Y9 型有 9^3 个,YX80XYY 型有 2×9^3 个,YYX04XY 型有 2×9^3 个,3X8X43X 型有 9^3 个,$YYYYX$39 型有 3×9^3 个,合计 12×9^3 个;

(iv) 有 4 个号码相同且两对相邻,即 37X04XX,37XX43X,37XXX39,X78X43X,

$X78XX39$,$XX80X39$ 型共有 $6×9^3$ 个;

(v) 有 5 个号码相同,即 $37X04X9$,$37X0X39$,$3X80X39$ 型共 $3×9^3$ 个.

由此得,五等奖号码总共有 $6×9^5+20×9^4+12×9^3+6×9^3+3×9^3=498\,879$(个),则 $P(\xi=20)=\dfrac{498\,879}{10^7}$.

综上,此数学模型对应的概率分布列为

ξ	0	5	20	300	4 000	40 000	4 000 000
P	$\dfrac{9\,455\,130}{10^7}$	$\dfrac{498\,879}{10^7}$	$\dfrac{42\,291}{10^7}$	$\dfrac{3\,420}{10^7}$	$\dfrac{261}{10^7}$	$\dfrac{18}{10^7}$	$\dfrac{1}{10^7}$

则彩民随机购买一个号码的中奖数学期望为

$$E(\xi)=0×\dfrac{9\,455\,130}{10^7}+5×\dfrac{498\,879}{10^7}+20×\dfrac{42\,291}{10^7}+300×\dfrac{3\,420}{10^7}+4\,000×\dfrac{261}{10^7}+$$

$40\,000×\dfrac{18}{10^7}+4\,000\,000×\dfrac{1}{10^7}≈1.16$(元),则彩民此时的收益应该为

$$E(\xi)-2=-0.84(元)$$

4."22 选 5"型体育彩票

"22 选 5 型"体育彩票中奖规则:从 01,02,03,…,22 这 22 个数字中选取 5 个号码后从小到大排列进行投注,奖项有三个,如果投注号码与开奖号码完全一致则中一等奖,奖金非固定,由销售的量决定最高为 5 000 000 元(根据开奖以来的数据平均下来,一般都为 15 000 元左右),如果投注号码中有 4 个与开奖号码一致则中二等奖,奖金为 50 元(固定奖),如果投注号码中有 3 个与开奖号码一致则中三等奖,奖金为 5 元(固定奖);例如:"22 选 5"体育彩票第 09131 期的开奖出球顺序为 02,21,12,16,09,那么开奖号码就为 02,09,12,16,21.

数学模型:古典概型的概率分布列,具体计算使用排列、组合的知识.

设购买"22 选 5"体育彩票一注的奖金所得为 X,$X=0,5,50,2\,000$(税后),则 $P(X=5)=\dfrac{C_5^3·C_{17}^2}{C_{22}^5}=\dfrac{1\,360}{26\,334}$;$P(X=50)=\dfrac{C_5^4·C_{17}^1}{C_{22}^5}=\dfrac{85}{26\,334}$;$P(X=12\,000)=\dfrac{1}{26\,334}$;$P(X=0)=\dfrac{24\,888}{26\,334}$;则

X	0	5	50	12 000
P	$\dfrac{24\,888}{26\,334}$	$\dfrac{1\,360}{26\,334}$	$\dfrac{85}{26\,334}$	$\dfrac{1}{26\,334}$

$E(X)=0.875$;那么购买"22 选 5"型体育彩票的收益为 $0.875-2=-1.125$(元).

5."超级大乐透"型体育彩票

"超级大乐透"体育彩票的中奖规则为:购买者从 01~35 个号码中选取 5 个号码按照从小到大的顺序排列作为前区号码,然后从 01~12 个号码中选取 2 个号码作为后区号码,这 7 个号码组合为一个投注号码进行投注,奖项有 8 个:

一等奖:选中5个前区号码和2个后区号码,奖金4 000 000元(税后);

二等奖:选中5个前区号码和2个后区号码中的任意一个,奖金一般为100 000元;

三等奖:选中5个前区号码,奖金一般为50 000元;

四等奖:选中4个前区号码和2个后区号码,奖金3 000元;

五等奖:选中4个前区号码和2个后区号码中的任意一个号码,奖金500元;

六等奖:选中4个前区号码或者3个前区号码与后区号码中的一个,奖金200元;

七等奖:选中3个前区号码和1个后区号码,或者选中2个前区号码和2个后区号码,奖金10元;

八等奖:选中3个前区号码,或者选中1个前区号码和2个后区号码,或者选中2个前区号码和1个后区号码,奖金5元.

例如,"超级大乐透"第09057期的出球号码顺序为:前区为06,30,22,27,15,后区为09,02,则开奖号码为:前区06,15,22,27,30,后区02,09.

数学模型:古典概型的概率分布列,不妨设购买一注"超级大乐透"的中奖金额为 ξ,则 $\xi = 4\,000\,000, 100\,000, 50\,000, 3\,000, 500, 200, 10, 5, 0$;

$$P(\xi = 4\,000\,000) = \frac{1}{C_{35}^5 \cdot C_{12}^2} = \frac{1}{21\,425\,712};$$

$$P(\xi = 100\,000) = \frac{C_{10}^1}{C_{35}^5 \cdot C_{12}^2} = \frac{20}{21\,425\,712};$$

$$P(\xi = 50\,000) = \frac{C_{10}^2}{C_{35}^5 \cdot C_{12}^2} = \frac{45}{21\,425\,712};$$

$$P(\xi = 3\,000) = \frac{C_5^4 \cdot C_{30}^1}{C_{35}^5 \cdot C_{12}^2} = \frac{150}{21\,425\,712};$$

$$P(\xi = 500) = \frac{C_5^4 \cdot C_{30}^1 \cdot C_2^1 \cdot C_{10}^1}{C_{35}^5 \cdot C_{12}^2} = \frac{3\,000}{21\,425\,712};$$

$$P(\xi = 200) = \frac{C_5^4 \cdot C_{30}^1 \cdot C_{10}^2 + C_5^3 \cdot C_{30}^2 \cdot C_2^1 \cdot C_{10}^1}{C_{35}^5 \cdot C_{12}^2} = \frac{93\,750}{21\,425\,712};$$

$$P(\xi = 10) = \frac{C_5^3 \cdot C_{30}^2 \cdot C_2^1 \cdot C_{10}^1 + C_5^2 C_{30}^3}{C_{35}^5 \cdot C_{12}^2} = \frac{127\,600}{21\,425\,712};$$

$$P(\xi = 5) = \frac{C_5^3 \cdot C_{30}^2 \cdot C_{10}^2 + C_5^1 \cdot C_{30}^4 + C_5^2 \cdot C_{30}^3 \cdot C_2^1 \cdot C_{10}^1}{C_{35}^5 \cdot C_{12}^2} = \frac{1\,144\,775}{21\,425\,712};$$

$$P(\xi = 0) = \frac{20\,056\,371}{21\,425\,712};$$

ξ	0	5	10	200	500
P	$\frac{20\,056\,371}{21\,425\,712}$	$\frac{1\,144\,775}{21\,425\,712}$	$\frac{127\,600}{21\,425\,712}$	$\frac{93\,750}{21\,425\,712}$	$\frac{3\,000}{21\,425\,712}$
ξ	3 000	50 000	100 000	4 000 000	
P	$\frac{150}{21\,425\,712}$	$\frac{45}{21\,425\,712}$	$\frac{20}{21\,425\,712}$	$\frac{1}{21\,425\,712}$	

$E(\xi) = 1.61$,因此,购买一注"超级大乐透"体育彩票的收益为 $1.61 - 2 = -0.39$(元).

好了,以上给读者分析计算了六种体育彩票的收益,罗列如下:

排列 3 直选收益为: -1 元,组选型收益: -1.04 元;

排列 5 型收益为: -1.2 元;

七位数型收益为: -0.84 元;

22 选 5 型收益为: -1.125 元;

超级大乐透型为: -0.39 元,很明显上述六种体育彩票收益最高的应该为"超级大乐透"型体育彩票.

7.1.6 自助沙拉问题

自助沙拉的消费规则是固定价钱的每份自助沙拉给一个圆形平底托盘,消费者自己动手摆沙拉,能摆多少享用多少,吃完不可添加. 这种消费类型的沙拉比较多见. "必胜客"的水果沙拉,即是其中之一. 因此,堆叠沙拉的体积最大化是几乎所有消费者的目标.

下面运用数学建模的方法探讨这个问题.

首先进行模型假设.

(1) 忽略各种材料的密度差异;

(2) 忽略材料之间的缝隙,各种材料之间不可避免地会有很多空隙. 虽然可以用葡萄干、玉米粒等小颗粒来填补,但仍然还会有不少空隙,这里将其忽略;

(3) 近似认为沙拉塔的外形是圆台体;

(4) 认为萝卜条是横截面为正方形的立方柱.

有了上述假设,我们可以建模并求解了.

在上述假设下,沙拉塔纵向截面图如图 7.3 所示.

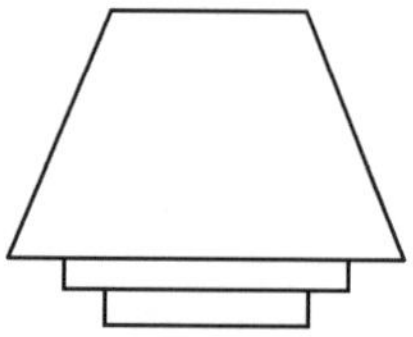

模型的目标是在托盘大小固定的情况下,使沙拉塔(圆台体)的体积最大化,目标函数为 max V.

将模型中需要的量标注出来,得到图 7.4.

在图 7.4 中,R 表示托盘的半径,R_1 表示圆台体上底的半径,R_2 表示圆台体下底的半径,H 表示圆台体的高,γ 表示所示的夹角. 根据圆台体的计算公式,有

$$V = \frac{\pi H}{3}(R_1^2 + R_1 R_2 + R_2^2) \qquad ①$$

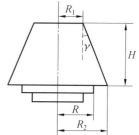

图 7.3 沙拉塔纵向截面图

图 7.4 沙拉塔的尺寸图

这就是所求圆台的体积. 从式 ① 可以看出,当 R_1, R_2, H 任一值增大,都会使 V 增大. 当 R_1 和 R_2 固定时,H 是一个线性因子,这和实际相符,即码放得越高(角 γ 越小),体积越大. 这种情况在理论上无需多讨论,关键还是取决于摆沙拉者的技术. 当 H 固定时,R_1 和 R_2 共有三种关系:

① $R_1 < R_2$(如图 7.5(a)),这种形状比较稳定,易于实现.

② $R_1 = R_2$(如图 7.5(b)),这种形状还算稳定,是 1) 的极限情况.

③ $R_1 > R_2$(如图 7.5(c)),这种形状不稳定,较难实现.

从实际操作的角度来讲,情况 ③ 实现的可能性较小,因此我们考虑 ① 和 ② 两种情况,

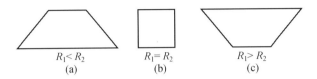

图 7.5 R_1 和 R_2 的三种关系的塔纵向截面图

即 $R_1 \leqslant R_2$. 由此可以看出,要使体积最大,关键在于如何使 R_2 极大. 以下着重讨论这种情况.

根据实际情况,可选的搭建材料有:萝卜条、菠萝块、黄桃块、苹果块、黄瓜片、沙拉酱、玉米粒等. 这里我们选用具有最大长度的萝卜条作为底层的搭建材料. 根据假设,我们认为萝卜条是横截面为正方形的立方柱(底面边长为 d,高为 L).

萝卜条如图 7.6(a) 所示呈放射状摆放,根部相接,外部探出托盘外沿一截,设探出长度与萝卜条长度比值为探出系数 $k(0 \leqslant k \leqslant 1)$,其中阴影部分放大图如图 7.6(b) 所示.

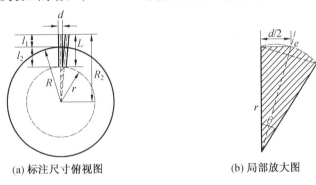

图 7.6 萝卜条摆放图

根据几何关系,有如下等式成立

$$\frac{d}{2} = r \cdot \tan \frac{\theta}{2} \qquad ②$$

$$e = r \cdot \theta \qquad ③$$

当 $\theta \to 0$ 时,可近似认为 $\tan \frac{\theta}{2} = \frac{\theta}{2}$,即得 $e = d$. 则可摆放的萝卜条的数量

$$N = \frac{2\pi r}{e} = \frac{2\pi r}{d} \qquad ④$$

而关于 r 有等式

$$R_2 = L + r = R + kL \qquad ⑤$$

式中 R 和 L 是定值,要使 R_2 最大,应使 k 最大. 但当 $k > 0.5$ 时,萝卜条会掉出托盘. 当然可以在 $k > 0.5$ 时,在萝卜条上压一些材料使其保持平衡,但这样操作的难度较大,不易成功. 我们更期望能找到一种容易操作的方法,故 $k > 0.5$ 的情况不考虑.

当 $k = 0.5$ 时,R_2 取得极大值为

$$(R_2)_{\max} = R + 0.5L \qquad ⑥$$

将 $k = 0.5$ 代入式 ⑤ 得 $r = R - 0.5L$,此时,底层萝卜条摆放数量为

$$N = \frac{2\pi}{d}(R - 0.5L) \qquad ⑦$$

最后,给出这个模型的验证和评价.

经过实地验证,我们得到必胜客的盘子和萝卜条尺寸为 $R = 8.4$ cm, $L = 5.5$ cm, $d = 0.8$ cm. 由于 k 取 0.5 是理论上的可行值,但实际操作起来仍然很困难,我们在实际操作中大约取 $k = \frac{1}{3}$,计算得到 $N \approx 37$ 根,实际操作也正好是 37 根,与理论值吻合. 通过模型分析和实地验证,我们建议用具有最大长度的材料以 $\left[\frac{1}{3}, \frac{1}{2}\right)$ 区间内的 k 按图 7.6(a) 所示搭建塔基,这样才能够使沙拉塔体积在最大程度上接近最大化.

这里的模型也有一定的局限性,当 $R_1 > R_2$ 和 $k > 0.5$ 的情况并非完全不可行,不论是实际操作还是理论计算都会存在较大的困难,故而忽略之.

7.2 物理、化学等其他学科的知识

7.2.1 广告效应问题

近些年来,特别是在临近春节的时候,电视中出现了"铺天盖地"的一些保健产品的广告,例如,现在老少皆知的"送礼只送"的脑白金. 这些广告的声波可谓传进了千家万户,那么,它的实际效果又是怎样呢? 是真的使得大家"送礼只送脑白金"了吗? 广告一定是做得越多越好吗? 是否可以将就这一经济效益问题应用数学模型方式进行解决呢? 北大附中的夏悑悑同学曾探讨了这个问题[68].

在这里,首先将销量速度 v 定义为:单位时间(一周)内的销售量. 将数据采样总时间设为 t.

然后进行分析,这时会感到:产品的销售是受到多方面因素的影响的. 如果我们将每种因素都纳入到研究范围内,问题的解决太复杂了. 因此只有忽略各种次要因素,抓住主要矛盾,我们才能较好地把握住方向. 试图找到一种广告量和销售量之间的对应关系,或是对销售量的某种影响. 为此,先做几点假设:

(1) 人们认识脑白金的途径各有不同,但总的来说都受到了广告效应的影响. 而且这种保健类产品的选择并没有明显的规律,基本上都是受到媒体的引导,而不同于一般实用或艺术类产品,往往受到价格、包装等多方面的影响. 为此,我们决定忽略次要因素,只考虑其最主要的一点:广告效应.

(2) 广告的宣传量在我们研究的这段时间内没有变化,即这一影响因素本身不发生变化.

(3) 假设广告的效应随时间的推移成正比例增长.

然后,再进行实地调查尝试做出销售量和时间之间的关系表. 调查某店结果如表 7.6 所示.

表 7.6

日期	11.27—12.3	12.4—12.10	12.11—12.17	12.18—12.24	12.25—12.31	1.1—1.7	1.8—1.14	1.15—1.21	1.22—1.28	1.29—2.4	2.5—2.11	2.12—2.18	2.19—2.25
时间/周	1	2	3	4	5	6	7	8	9	10	11	12	13
销售量/盒	1	3	5	6	6	10	13	14	15	17	18	19	19

根据如上调整表作出关系图如图 7.7 所示.

通过这一关系图,我们对其进行定性的分析,容易发现:在广告刚刚在媒体播出、时间不长的情形下,销售速度基本上是线性的;而随着广告播出时日的增长,这种增长趋势逐渐变缓,之后销售速度似乎趋近于一个定值. 这一现象使人联想到在生物中的一种生化反应规律,即酶促反应及其表述规律:米氏方程——研究酶

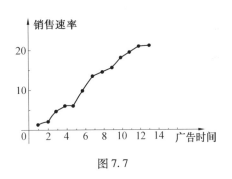

图 7.7

在酶促反应中的催化特性. 这给了我们一个意外的启发,广告不正像是一种销售活动中的酶吗? 它"催化"了一种商品所有者的转化,即从商家的手中转到购买者的手中. 而这一"反应"中的底物,可以看作是广告的效益. 因为我们假设广告效益正比于时间,所以底物的浓度也可用时间的长短来表示.

在讨论米氏方程时常涉及米氏常数 K_m.

米氏常数 K_m 反映了在酶浓度、pH 值、温度等条件固定不变的情况之下,底物浓度和反应速度的关系. 在底物浓度较低时,反应速度随底物浓度增加而升高,反应速率与底物浓度近乎成正比,此时符合一级反应如图 7.8 所示.

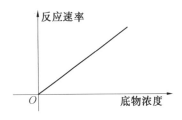

图 7.8

当底物浓度较高时,底物浓度增加,反应速率也随之增加,但不显著. 当底物浓度很大而达到一定限度时,反应速率则达到一最大值. 此时虽再增加底物浓度,反应速率也几乎不再改变. 此时符合零级反应,如图 7.9 所示,我们可以根据酶反应机理的中间产物学说推导出表示整个反应中底物浓度和反应速率的关系的公式. (略)

在任意时刻的反应速率表达式为:其中 K_m 表示了一种酶本身的特性,称为米氏常数(因其最早由 Michaelis 和 Menten 推导

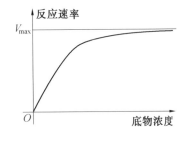

图 7.9

$$v = \frac{[S]}{K_m + [S]} V_{\max}$$

出来). 上式是米氏方程的一种形式.

根据米氏方程和米氏常数带来的启发,我们可以把商品的销售活动看成是一种化学反应,而广告正是这一反应的良好催化剂. 铺天盖地的广告可以看作是大量的底物,而销售量正反映了这一反应的速率. 而且,从图像上来看,这一关系和酶促反应中的图像也是十分吻合的. 现在的问题是,怎样估算这个"反应"的 K_m 和 V. 我们从公式的结构中发现,如果将 v 和 $[S]$ 变为 $1/v$ 和 $1/[S]$,则公式可以变形为

$$\frac{1}{v} = \frac{K_m}{V_{\max}} \cdot \frac{1}{[S]} + \frac{1}{V_{\max}}$$

这是我们熟悉的直线的解析式的形式,其 y 轴上的截距是 $1/V$,而 x 轴上的截距是 $-1/K_m$. 这样我们就能很容易地求出 V 和 K_m 了.

我们把采集到的数据做上述的处理,得到表 7.7.

表 7.7

时间/周	1	2	3	4	5	6	7	8	9	10	11	12	13
销售量/盒	1	3	5	6	6	10	13	14	15	17	18	19	19
$1/v$	1	1/3	1/5	1/6	1/6	1/10	1/13	1/14	1/15	1/17	1/18	1/19	1/19
$1/[S]$	1	1/2	1/3	1/4	1/5	1/6	1/7	1/8	1/9	1/10	1/11	1/12	1/13

由表 7.10 得到的图像如图 7.10 所示.

现在,我们可算得解析式

$$\frac{1}{v} = 0.31 \cdot \frac{1}{[S]} + 0.05$$

所以可以得到销售速率的最大值约为 20 盒每周. 可以看出,我们之前做出的进货量——广告时间的图像和酶浓度一定时,底物浓度 - 反应速率图像十分吻合.

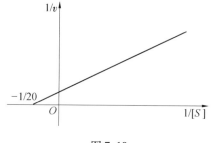

图 7.10

当然,销售这一过程绝不是和酶促反应完全一样的. 销售量也决不会一直保持在最大的速度上. 我们研究的只是在广告正常发挥效应时,在可预见的时间内的一种情况. 可以看到,在春节前后,脑白金的销售速度已经接近饱和了. 可以预想,如果脑白金的广告再狂轰滥炸下去,销售量也不会再有什么显著的提高,说不定反而会引起消费者的厌烦心理,反而卖不出去.

有了上面的结论,我们可以发现:广告并非越多越有效. 因此厂家希望通过广告效应来增加销售量的方法,也是有一定的技巧的. 我们要想在用较小支出的同时加大收益,就应当遵循数学规律. 另一方面,在商家进某种商品的货之前,也必须考虑到以后的销售情况,尤其是在销售过程中,要不断考虑以往的销售情况,注意销售量是否接近"饱和"了.

7.2.2 缉私追击问题

某缉私艇 O 在雷达屏幕上发现在南偏西 $20°$，5 km 以外的洋面 M 处有一条走私船，它正以每小时 20 km 的速度向南偏东 $40°$ 的方向逃窜，如图 7.7 所示. 已知缉私艇的最大航速为每小 30 km. 试确定一个比较理想的追击方案[67].

事实上，所谓比较理想的追击方案即为在最短的时间将走私船缉获，为此须先做出数学假设：

（1）海面上风平浪静；

（2）走私船逃窜时的航向不变；

（3）缉私艇的设备运转正常，不发生故障. 假设经过 t h 后在 N 处缉获走私船，走私船速度 $V_A = 20$ km，缉私艇的速度 $V_B = 30$ km.

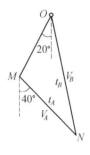

图 7.7

在 $\triangle OMN$ 中，$|OM| = 5$ km，$|MN| = V_A t = 20t$ km，$|ON| = 30t$ km，$\angle OMN = 120°$，由余弦定理知

$$900t^2 = 400t^2 + 25 - 2 \times 5 \times 20t\cos 120° = 400t^2 + 25 + 100t$$

解之得

$$t = \frac{1+\sqrt{6}}{10} \approx 0.345(\text{h})$$

由正弦定理得

$$\frac{|MN|}{\sin \angle MON} = \frac{|ON|}{\sin 120°}$$

所以

$$\sin \angle MON = \frac{|MN| \cdot \frac{\sqrt{3}}{2}}{|ON|} = \frac{20 \times 0.345 \times \frac{\sqrt{3}}{2}}{30 \times 0.345} \approx 0.5774$$

$$\angle MON = 30°15'$$

故缉私艇沿南偏东 $15°15'$ 的方向，经过 0.345 h（即约 20 min 42 s）可缉获走私船.

可将问题一般化，追击走私船问题一般有两种可能：

（1）走私船 M 对于缉私艇 O 的方位角与走私船逃窜的方位角反向. 如图 7.8 所示，走私船位于缉私艇的南偏西 $\theta \left(0 < \theta < \frac{\pi}{2}\right)$ 角，距 O 为 a km 的 M 处；而走私船沿南偏东方向 $\varphi\left(0 < \varphi < \frac{\pi}{2}\right)$ 角，以速度 V_A km/h 逃窜，缉私艇以速度 V_B km/h 追击；

（2）走私船 M 对于缉私艇 O 的方位角与走私船逃窜的方位角同向. 如图 7.8 所示，走私船位于缉私艇 O 的南偏西 $\theta\left(0 < \theta < \frac{\pi}{2}\right)$ 角，距 O 为 a km 的 M 处；而走私船沿南偏西方向 $\varphi\left(0 < \varphi < \frac{\pi}{2}\right)$ 角，以速度 V_A km/h 逃窜，缉私艇以速度 V_B km/h 追击.

根据上述两种情况试确定一较理想的追击方案.

此时,数学假设如前所述,且假设经过 t h 后于 N 处将走私船缉获.

(1) 在 $\triangle OMN$ 中
$$\angle OMN = \pi - (\theta + \varphi)$$
$$(V_B t)^2 = a^2 + (V_A t)^2 - 2aV_A t\cos[\pi - (\theta + \varphi)]$$
即
$$(V_B^2 - V_A^2) + t^2 + 2aV_A t\cos[\pi - (\theta + \varphi)] - a^2 = 0 \quad ①$$

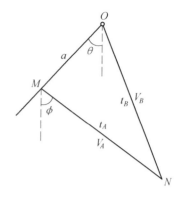

图 7.8

(i) 当 $V_A = V_B$ 时,式 ① 可化为
$$V_A t\cos[\pi - (\theta + \varphi)] = \frac{a}{2}$$

此式表示 $V_A t$ 在 OM 上的射影等于 $|OM| = a$ 的 $\frac{1}{2}$ 时,可缉获走私船. 故可得:

若 $\pi - (\theta + \varphi) \geq \frac{\pi}{2}$,即 $\theta + \varphi \leq \frac{\pi}{2}$,不可能缉获走私船;

若 $\theta + \varphi > \frac{\pi}{2}$,在 OM 的中垂线上的某处,经过 $t = \dfrac{a}{2V_A \cos[\pi - (\theta + \varphi)]}$ h 后,可缉获走私船,此时 $\angle MON = \pi - (\theta + \varphi)$.

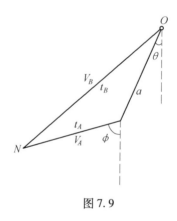

图 7.9

(ii) 当 $V_A \neq V_B$ 时,若 $\angle MON \geq \varphi + \theta$,不可能缉获走私船;

若 $\angle MON < \varphi + \theta$,方程 ① 有解,则必须
$$\Delta = 4a^2 V_A^2 \cos^2(\varphi + \theta) + 4a^2(V_B^2 - V_A^2) =$$
$$4a^2 [V_A^2 \cos^2(\varphi + \theta) + V_B^2 - V_A^2] =$$
$$4a^2 [V_B^2 - V_A^2 \cos^2(\theta + \varphi)] \geq 0$$

因此可得:当缉私艇的速度 $V_B \geq V_A \sin(\theta + \varphi)$ 时,有可能缉获走私船,其时间 t 由方程 ① 确定,缉私艇的追击方位角可由 $\sin \angle MON = \dfrac{V_A}{V_B} \sin(\varphi + \theta)$ 确定.

(2) 在 $\triangle OMN$ 中
$$\angle OMN = \pi - (\varphi - \theta)$$
$$(V_B t)^2 = a^2 + (V_A t)^2 - 2aV_B t\cos[\pi - (\varphi - \theta)]$$
即
$$(V_B^2 - V_A^2)t^2 + 2aV_A t\cos[\pi - (\varphi - \theta)] - a^2 = 0 \quad ②$$

(i) 当 $V_A = V_B$ 时,式 ② 可化为
$$V_A t\cos[\pi - (\varphi - \theta)] = \frac{a}{2}$$

此式表示 $V_A t$ 在 OM 上的射影等于 $|OM| = a$ 的 $\frac{1}{2}$ 时,可缉获走私船. 故可得:

若 $\pi - (\varphi - \theta) \geq \dfrac{\pi}{2}$，即 $\varphi - \theta \leq \dfrac{\pi}{2}$，不可能缉获走私船；

若 $\varphi - \theta > \dfrac{\pi}{2}$，在 OM 的中垂线上的某处，经过 $t = \dfrac{a}{2V_A \cos[\pi - (\varphi - \theta)]}$ h 后，可缉获走私船，此时
$$\angle MON = \pi - (\varphi - \theta), \varphi > \theta$$

(ii) 当 $V_A \neq V_B$ 时.

若 $0 < \varphi < \theta < \dfrac{\pi}{2}$，如图 7.10 所示，可仿照(1)讨论；

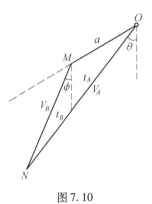

图 7.10

若 $\dfrac{\pi}{2} > \varphi > \theta > 0$ 且 $\angle MON \geq \varphi - \theta$，则不可能缉获走私船；

若 $\dfrac{\pi}{2} > \varphi > \theta > 0$，且 $\angle MON < \varphi - \theta$，方程 ② 有解，则必须
$$\begin{aligned}
\Delta &= 4a^2 V_A^2 \cos^2(\varphi - \theta) + 4a^2(V_B^2 - V_A^2) = \\
&\quad 4a^2[V_A^2 \cos^2(\varphi - \theta) + V_B^2 - V_A^2] = \\
&\quad 4a^2[V_B^2 - V_A^2 \sin^2(\varphi - \theta)] \geq 0
\end{aligned}$$

因此可得：

当缉私艇的速度 $V_B < V_A \sin(\varphi - \theta)$ 时，不可能缉获走私船；

当缉私艇的速度 $V_B \geq V_A \sin(\varphi - \theta)$ 时，有可能缉获走私船，其时间 t 由方程 ② 确定，缉私艇的追击方位角可由 $\sin \angle MON = \dfrac{V_A}{V_B} \sin(\varphi - \theta)$ 确定.

在实际操作时，建立的模型应随海上风浪的变化、走私船的航向改变等做出调整.

思 考 题

1. 个人住房贷款，根据中国人民银行颁布的《个人住房贷款管理办法》的规定，个人住房贷款的最长期限为 30 年，5 年（含 5 年）的年利率为 5.31‰（折合月利率为 4.425‰），5 年以上年利率为 5.58‰（折合月利率为 4.65‰）. 同时还规定了个人住房贷款的两种按月还本付息的办法. 第一种是等额本息还款法，即在贷款期间借款人以月均还款额偿还银行贷款本金和利息；第二种是等额本金还款法（又叫等本不等息还款法），即在贷款期间除了要还清当月贷款的利息外，还要以相等的额度偿还贷款的本金.

现若一借款人从银行得到贷款 40 万元，计划 20 年还清. 试以此为例说明借款人选择何种还款法更为合算？

从第几个月开始，第二种还款方法的还款负担低于第一种方法？

2. 在经济学中，用来描述一个经济量对另一个经济量的瞬时变化率的，收做边际. 某个经济量函数 $y = f(x)$ 的导数称为边际某某，记作 Mf.

例如，总利润 L 是产量 x 的函数 $L = L(x)$，则 $ML = L'(x)$ 称为边际利润.

一般地，产品的利润函数为
$$L(x) = \text{收入函数 } R(x) - \text{成本函数 } C(x) \tag{$*$}$$

(1) 由式（*）知，增加利润的第一条途径就是提高产量，增加收入. 但是，是不是产量越高，利润就越大呢？

(2) 由式（*）知，在其他条件不变的情况下，降低生产单位产品的成本，也可获取更多利润. 事实上，降低生产成本，不但增加利润，还可在保证赢利的前提下，降低产品的销售价格，从而刺激消费，促进生产，为专业化大生产提供了可能. 在此，请分析一下，专业化大生产是如何降低生产单位产品的成本的？

思考题参考解答

1. 首先，讨论等额本息还款法：

设贷款额（本金）为 p 元，贷款期限为 n 月，月利率为 r，月均还款额为 x 元，每月还款后的本利余额为 $a_i(i=1,2,3,\cdots,n)$.

模型 1 由已知得

$$a_1 = p(1+r) - x$$
$$a_2 = a_1(1+r) - x = p(1+x)^2 - x(1+r) - x$$
$$a_3 = a_2(1+r) - x = p(1+x)^3 - x(1+r)^2 - x(1+r) - x$$
$$\vdots$$
$$a_i = a_{i-1}(1+r) - x = p(1+r)^i - x(1+r)^{i-1} - x(1+r)^{i-2} - \cdots - x(1+r) - x$$
$$\vdots$$
$$a_n = a_{n-1}(1+r) - x = p(1+r)^n - x(1+r)^{n-1} - x(1+r)^{n-2} - \cdots - x(1+r) - x$$

由于第 n 个月将款还清，所以 $a_n = 0$，即

$$x[1 + (1+r) + (1+r)^2 + \cdots + (1+r)^{n-1}] = p(1+r)^n$$

故每月应还款

$$x = \frac{(1+r)^n \cdot r}{(1+r)^n - 1} p$$

总还款额为

$$nx = \frac{(1+r)^n \cdot r}{(1+r)^n - 1} np$$

利息负担总和为

$$nx - p = \frac{(1+r)^n \cdot r}{(1+r)^n - 1} np - p \qquad ①$$

模型 2 由个人住房贷款及等额本息还款法的本意，我们可以理解为：将贷款数 p 分成不等的 n 份，记为 $p_1, p_2, p_3, \cdots, p_n$，每月归还其中的一份本利和，且满足

$$p_1(1+r) = p_2(1+r)^2 = p_3(1+r)^3 = \cdots = p_n(1+r)^n = x$$

所以

$$p_1 = \frac{x}{1+r}, p_2 = \frac{x}{(1+r)^2}, p_3 = \frac{x}{(1+r)^3}, \cdots, p_n = \frac{x}{(1+r)^n}$$

于是

$$\frac{x}{1+r} + \frac{x}{(1+r)^2} + \frac{x}{(1+r)^3} + \cdots + \frac{x}{(1+r)^n} = p$$

则
$$x = \frac{(1+r)^n \cdot r}{(1+r)^n - 1} p$$

模型3 此问题还等价于借款人坚持 n 个月,每月存入 x 元,经过 n 个月后得款 $p(1+r)^n$. 而第一个月存进的 x 元,本利和为 $x(1+r)^{n-1}$,第二个月存进的 x 元本利和为 $x(1+r)^{n-1}$……从而得

$$x(1+r)^{n-1} + x(1+r)^{n-2} + x(1+r)^{n-3} + \cdots + x = (1+r)^n p$$

所以
$$x = \frac{(1+r)^n r}{(1+r)^n - 1} p$$

其次,讨论等额本金还款法:

设贷款额(本金)为 p 元,贷款期限为 n 月,月利率为 r,每月还款额为 a_i,每月利息额为 $b_i (i = 1, 2, 3, \cdots, n)$.

由题意,每月归还本金为 $\frac{p}{n}$ 元,则

$$b_1 = pr = \frac{p}{n} nr, a_1 = pr + \frac{p}{n} = \frac{p}{n} nr + \frac{p}{n}$$

$$b_2 = \left(p - \frac{p}{n}\right) r = \frac{p}{n}(n-1)r, a_2 = \frac{p}{n}(n-1)r + \frac{p}{n}$$

$$b_3 = \left(p - \frac{2}{n}p\right) r = \frac{p}{n}(n-2)r, a_3 = \frac{p}{n}(n-2)r + \frac{p}{n}$$

$$\vdots$$

$$b_n = \left(p - \frac{n-1}{n}p\right) r = \frac{p}{n}r, a_n = \frac{p}{n}r + \frac{p}{n}$$

所以利息总和

$$B = b_1 + b_2 + \cdots + b_n = \frac{p}{n} r(1 + 2 + 3 + \cdots + n) = \frac{n+1}{2} rp$$

还款总额为

$$A = a_1 + a_2 + \cdots + a_n = p + B = p + \frac{n+1}{2} rp \qquad ②$$

然后由已知 $p = 40$ 万元, $n = 240, r = 4.65‰ = 0.00465$.

根据等额本息还款法公式 ① 可得贷款人的月均还款额

$$x/\text{万元} = 0.27695$$

还款总额 $A/\text{万元} = 66.4717$

利息负担总和 $B/\text{万元} = 26.4717$

根据等额本金还款法公式 ② 可得还款总额

$$A/\text{万元} = 62.413$$

利息负担总和 $B/\text{万元} = 22.413$

因此采用第二种还款法更合算.

设第 k 个月开始第二种还款法的还款负担低于第一种还款法,则

$$a_k = \frac{p}{n} + \frac{p}{n}(n-k+1)r < 0.27696$$

即
$$\frac{40}{240}[1+(241-k)\times 0.00465] < 0.27696$$

解之得 $k > 98.69$，取 $k = 99$，因此，从 8 年后的第三个月开始，第二种还款方法的还款负担低于第一种还款法.

2.(1) 对于这个问题，我们可看一个具体模型：某企业生产某种产品，每天的总利润 L（单位：千元）与产量 x（单位：t）的函数关系为 $L(x) = 250x - 5x^2$.

(i) 看每天生产该产品 x t 时的边际利润；

(ii) 看每天生产 20 t,25 t,30 t 时的边际利润，再说明其经济意义.

事实上，(1) 每天生产 x t 产品的边际利润为
$$ML = L'(x) = 250 - 10x$$

(ii) 每天生产 20 t,25 t,30 t 的边际利润分别为
$$L'(20) = 250 - 200 = 50$$
$$L'(25) = 250 - 250 = 0$$
$$L'(30) = 250 - 300 = -50$$

上述式子的经济意义是：

$L'(20) = 50$ 表示当每天产量在 20 t 的基础上再增产 1 t 时，总利润将增加 5 万元.

$L'(25) = 0$ 表示当每天产量在 25 t 的基础上，再增产 1 t 时，利润不增也不减.

$L'(30) = -50$ 表示当每天产量在 30 t 的基础上，再增产 1 t 时，利润不仅不会增加，反而要减少 5 万元.

这就告诉我们，当某种产品的产量达到一定程度后，增加产量，利润不但不增加，反而下降. 因此，企业不能单纯依靠提高一种产品产量来提高利润. 搞得不好，还会造成生产越多，亏损越大的局面.

(2) 对于这个问题，可从一个具体模型谈起：某专业化厂家生产 x 件产品所需时间为 T，生产第一件产品所需时间为 t_0，则它们之间的关系由下列经验函数表示
$$T = t_0 x^{1-k}, 0 < k < 1$$

设生产效率为 y，它反比于每件产品的平均生产时间，故有
$$y = \frac{1}{(T/x)} = \frac{1}{t_0}x^k$$

因此，边际生产效率为
$$y' = \left(\frac{1}{t_0}x^k\right)' = \frac{k}{t_0}x^{k-1} > 0$$

由于其边际生产效率大于 0，说明在大规模专业化流水线生产中，随着生产量的增加，生产效率是不断提高的，生产效率越高，生产单位产品的成本就越低，从而达到获取更多利润的目的. 现在很多大股份有限公司，就选择了专业化大生产的发展模型.

因此，从利润最大化角度看，企业集团化和专业化是为同一目标而选择的两条路，都是有道理的、可行的. 当然，经济领域内的集团化与专业化并不是泾渭分明的. 集团化企业也会努力提高生产效率，降低生产成本；而专业化企业也会在本专业内开发多种型号的新产品.

参考文献

[1] 近藤次郎.数学模型[M].宫荣章,等译.北京:机械工业出版社,1985.
[2] 戴姆 C L,艾维 E S.数学构模原理[M].新华,译.北京:海洋出版社,1985.
[3] 任善强.数学模型[M].重庆:重庆大学出版社,1987.
[4] 李金平,苏淳.生物数学趣谈[M].上海:上海教育出版社,1988.
[5] 叶其孝.大学生数学建模辅导教材(一)[M].长沙:湖南教育出版社,1993.
[6] 叶其孝.大学生数学建模辅导教材(二)[M].长沙:湖南教育出版社,1997.
[7] 王梓坤.今日数学及其应用[J].数学通报,1994(7):1-7.
[8] 湛安琦.科技工程中的数学模型[M].北京:中国铁道出版社,1988.
[9] 齐欢.数学模型方法[M].武汉:华中理工大学出版社,1996.
[10] 本德 E A.数学模型引论[M].朱尧辰,等译.北京:科学普及出版社,1982.
[11] 齐民友.世纪之交话数学[J].中学数学(湖北),1998(1~2):1-4.
[12] 张永凤.数学模型抽象的过程与方法[J].数学通报,2003(3):15-17.
[13] 叶其孝.中学课程中的数学建模[J].数学通报,1996(2):29-32.
[14] 殷堰工.模型与解题[J].数学通报,1994(6):17-21.
[15] 史树中.经济数学与中学数学[J].数学通报,1994(2):12-16.
[16] 周春荔.建模与中学数学教育[J].数学教育学报,1996(2):28-30.
[17] HUTNLEY J D,JAMES D J G.数学建模[J].李玉琪,译.数学通报,1995(5):24-26.
[18] 曾文艺.数学建模在中学教育中的渗透[J].数学通报,1993(8):7-11.
[19] 张永凤.数学建模过程的心理过程[J].数学通报,1997(9):30-32.
[20] 张奠宙,戴再平.中学数学问题集[M].上海:华东师大出版社,1995.
[21] 姚云飞,邱国新.摸彩中的数学[J].数学通报,1998(1):39-40.
[22] 刘云章,赵雄辉.数学解题思维策略[M].长沙:湖南教育出版社,1992.
[23] 王仲春,等.数学思维与数学方法论[M].北京:高等教育出版社,1989.
[24] 尹斌庸.古今数学趣话[M].成都:四川科学技术出版社,1985.
[25] 郑毓信.数学方法论[M].南宁:广西教育出版社,1991.
[26] 张奠宙,邹一心.现代数学与中学数学[M].上海:上海教育出版社,1990.
[27] 蔡凤波.足球射门中的数学问题[J].数学通报,1997(10):26-27.
[28] 曾文艺.定点投篮中的数学问题[J].数学通报,1994(7):44-46.
[29] 21世纪中国数学教育展望课题组.21世纪中国数学教育展望(1)[M].北京:北京师范大学出版社,1993.
[30] 黄东平.兴趣·创新·人才[M].南宁:广西人民出版社,1984.
[31] 解恩译,等.在科学的征途上[M].北京:科学出版社,1979.
[32] 张国栋.数学·启迪智慧[M].北京:中国文史出版社,1990.
[33] 张承宇.怎样洗衣服干净[J].中学数学,1996(11):36-38.
[34] 张思明.灌溉问题[J].数学通报,1993(6):6-8.
[35] 赖观模.砝码问题——初等数学建模实例[J].数学通报,1996(5):28-30.

[36] 何跃先. 对校区中学生进行数学建模训练的尝试[J]. 数学通报,1997(7):43-46.
[37] 文家金. 开会问题[J]. 数学通报,1997(7):24-25.
[38] 徐稼红. "现值"与"终值"[J]. 中学数学,2000(10):23-25.
[39] 肖德开. 一个数学模型的教学设计[J]. 数学通报,1996(7):36-39.
[40] 冯志伟. 数学与语言[M]. 长沙:湖南教育出版社,1991.
[41] 沈翔等. 高中数学应用题200例[M]. 上海:华东师范大学出版社,1997.
[42] 第一届北京市高中数学知识应用竞赛初赛、复赛试题[J]. 中学数学,1998(3):35-40.
[43] 张思明. 分工、配套和效率比模型[J]. 中学生数学,1996(10):13-15.
[44] 孙联荣. 再谈"课题学习"中的课题[J]. 数学教学,1995(2):6-10.
[45] 曹勇. 牙膏出厂价的定价模型[J]. 数学通讯,2005(17):30.
[46] 杨益民. 超市保安的最少安排问题[J]. 数学通报,2004(7):14-15.
[47] 储炳南. 如何设计水库鼻坎的高度与排角[J]. 数学通讯,2002(19):16-17.
[48] 吴群. 行车颠簸问题的数学模型与分析[J]. 中学数学月刊,2002(10):18-19.
[49] 暴乐,周志亮. 谈人体运动之引体向上[J]. 中学生数学,2000(5):13-14.
[50] 马天骅,金擎昊. 公园游览路线的数学模型[J]. 中学生数学,1999(10):12-13.
[51] 闫峰. 住宅选择中的数学模型[J]. 数学通报,2006(11):60-61.
[52] 杨波,等. 抢渡长江最佳路线的探讨[J]. 数学通讯,2002(24):42-43.
[53] 吕帅. 浴霸中的问题[J]. 数学通讯,2004(12):19-20.
[54] 何棋,唐宇. 哪种能源更合算[J]. 中学数学教学,2001(4):14-15.
[55] 吴厚山. 设备选购决策中的数学模型[J]. 数学通讯,2002(1):21-22.
[56] 傅秋实,邱迪. 谈选择题的分值设定[J]. 中学生数学,1999(12):10-11.
[57] 盛立人. 数学家看公平分配[J]. 中学数学教学,2000(5):5-7.
[58] 周春荔,宁国然. 背包问题与公开密钥[J]. 中学数学,2000(1):26-28.
[59] 杜磊. 产销周期问题的最优化设计[J]. 中学数学教学,2003(3):14-15.
[60] 翁维明. 卫星控制中心室内座位布局引出的数学建模问题[J]. 中学数学教学,2002(5):14-15.
[61] 弓心月. 电梯问题[J]. 中学生数学,1997(6):16-17.
[62] 蔡军喜. 用数学的眼光看现实生活问题[J]. 中学数学教学参考,2006(8):32-33.
[63] 何棋. 排队问题[J]. 数学通讯,2002(9):16.
[64] 吴厚山. 设备更新的最佳年限的决策模型[J]. 数学通讯,2001(13):25.
[65] 袁美华. 讨价还价中的数学[J]. 中学数学教学,1999(1):30.
[66] 徐稼红. 风险决策[J]. 数学教学通讯,2001(1):47-49.
[67] 卜月华. 中学数学建模教与学[M]. 南京:东南大学出版社,2002.
[68] 张思明,白永潇. 数学理论学习的实践与探索[M]. 北京:高等教育出版社,2003.
[69] 葛帆. 数学的故事[M]. 哈尔滨:哈尔滨出版社,2007.
[70] 林敏燕. "线段染色模型"的有趣应用[J]. 数学通报,2006(9):51.
[71] 司志本. 概率论在就业决策中的一个应用[J]. 数学通讯,2005(17):28-29.
[72] 叶迎春. 经济数学中边际分析的意义和应用[J]. 中学数学教学,2000(4):9-10.
[73] 王伟民等. 慢走与快跑,淋湿的程度相同等[J]. 中学数学杂志,2014(5):61-62.
[74] 李继武. 分期付款中的一个问题[J]. 数学通讯,2013(2):40-41.
[75] 汪和平. 探究日影运动轨迹[J]. 中学数学月刊.2010(9):29-30.

[76] 杨飞.央视《幸运52》栏目猜价问题的数学探究[J].中学数学教学,2002(1):13-14.
[77] 沙峯,杨益民.重复性赛制中的数学问题[J].数学通报,2007(9):37-38.
[78] 从品.自助沙拉的堆叠方案分析[J].中学数学月刊,2011(5):25-26.
[79] 陈伟斌.中国体育彩票的数学期望研究初探[J].数学通讯,2009(10):20-22.
[80] 赵绎理.基于最短路程的城市公交咨询系统的数学模型[J].中学生数学,2008(12):31-33.

作者出版的相关书籍与发表的相关文章目录

[1] 数学建模[M].长沙:湖南师范大学出版社,1999,7.
[2] 解数学竞赛的数学模型方法[J].湖南数学通讯,1994(1):38-41.
[3] 从归纳推理到哥德巴赫猜想[J].科学启蒙,1999(2):30-31.
[4] 从类比推理到科学发现[J].科学启蒙,1999(3):20.
[5] 简析中学数学建模的教育性质[J].当代教育论坛,2002(10):91-92.
[6] 有趣的图论问题(一)[J].中学数学教学参考,1993(4):38-40.
[7] 有趣的图论问题(二)[J].中学数学教学参考,1993(5):29-31.
[8] 有趣的图论问题(三)[J].中学数学教学参考,1993(6):36-38.
[9] 有趣的图论问题(四)[J].中学数学教学参考,1993(7):34-35.
[10] 有趣的图论问题(五)[J].中学数学教学参考,1993(8):38-39.
[11] 有趣的图论问题(六)[J].中学数学教学参考,1993(9):46-47.
[12] 数学问题两则[J].数学通讯,1985(2):封三.
[13] 数学问题两则[J].数学通讯,1986(1):封三.
[14] 数学问题两则[J].数学通讯,1987(6):封四.
[15] 数学问题两则[J].数学通讯,1987(12):41.
[16] "1985"趣题选[J].中学数学,1985(2):43.
[17] 数学问题一则[J].中学数学,1987(5):42.
[18] 数学问题两则[J].中学数学,1986(7):43.
[19] 数学问题一则[J].中学数学研究,1987(7):11,1987(11):封三.
[20] 数学问题一则[J].中学数学研究,1990(5):20.
[21] 数学问题一趣[J].上海中学数学,1990(4):37.
[22] 新年趣题[J].国内外中学数学,1987(2):40.
[23] 新年趣题[J].中学数学教学,1988(1):37.
[24] 欢庆1986[J].中学数学教学,1986(1):46.
[25] 庆祝1989[J].中学数学教学,1989(1):22.
[26] 数学问题一则[J].数学教学,1985(2):33.
[27] 数学问题一则[J].数学教学,1985(4):封底.
[28] 问题征解[J].厦门数学通讯,1986(4):34.

编后语

沈文选先生是我多年的挚友,我又是这套书的策划编辑,所以有必要在这套书即将出版之际,说上两句.

有人说:"现在,书籍越来越多,过于垃圾,过于商业,过于功利,过于弱智,无书可读."

还有人说:"从前,出书难,总量少,好书就像沙滩上的鹅卵石一样显而易见;而现在,牙牙学语的都开始写书并学会签售了,如 6 岁就出书的豆蔻.书籍的总量在无限扩张,而佳作却无法迅速膨化,好书便如埋在沙砾里的金粉一样细屑不可寻,一读便上当.读一本坏书,就像饭里的沙粒一样硌得人牙龈发酸,败坏胃口.(无书可读的三种说法,侯虹斌《新周刊》,2003,总 166 期)

但凡事总有例外,摆在我面前的沈文选先生的大作便是一个小概率事件的结果.文如其人,作品即是人品,现在认认真真做学问,老老实实写著作的学者已不多见.沈先生算是其中一位,用书法大师教育家启功给北京师范大学所题的校训"学为人师,行为世范"来写照,恰如其分.沈先生"从一而终",从教近四十年,除偶有涉及 n 维空间上的单形研究外将全部精力都投入到初等数学的研究中.不可不谓执著,成果也是显著的,称其著作等身并不为过.

目前,国内高校也开始流传美国学界历来的说法"不发表则自毙(Publish or Perish)".于是大量应景之作迭出,但沈先生已退休,并无此压力,只是想将多年研究做个总结,可算封山之作.所以说这套丛书是无书可读时代的可读之书,选读此书可将读书的机会成本降至无穷小.这套书非考试之用,所以切不可抱功利之心去读.中国最可怕的事不是大众不读书,而是教师不读书,沈先生的书既是给学生读的,又是给教师读的.2001年陈丹青在上海《艺术世界》杂志开办专栏时,他采取读者提问他回答的互动方式.有一位读者直截了当地问:"你认为在艺术中能够得到什么?"陈丹青答道:"得到所谓'艺术':有时自以为得到了,有时发现并没得到."(陈丹青.与陈丹青交谈.上海文艺出版社,2007,第12页).读艺术如此读数学也如此,如果非要给自己一个读的理由,可以用一首诗来说服自己,曾有人将古代五言《神童诗》扩展成七言:

古今天子重英豪,学内文章教尔曹.

世上万般皆下品,人间唯有读书高.

沈先生的书涉猎极广,可以说只要对数学感兴趣的人都会开卷有益,可自学,可竞赛,可教学,可欣赏,可把玩,只是不宜远离.米兰·昆德拉在《小说的艺术》中说:"缺乏艺术细胞并不可怕,一个人完全可以不读普鲁斯特,不听舒伯特,而生活得很平和.但一个蔑视艺术的人不可能平和地生活."(米兰·昆德拉.小说的艺术.董强,译.上海译文出版社,2004,第169页)将艺术换以数学结论也成立.

本套丛书是旨在提高公众数学素养的书,打个比方说它不是药但是是营养素与维生素.缺少它短期似无大碍,长期缺乏必有大害.2007年9月初,法国中小学开学之际,法国总统尼古拉·萨科奇发表了长达32页的《致教育者的一封信》,其中他严肃指出:当前法国教育中的普通文化日渐衰退,而专业化学习经常过细、过早.他认为:"学者、工程师、技术员不能没有文学、艺术、哲学素养;作家、艺术家、哲学家不能没有科学、技术、数学素养."

最后我们祝沈老师退休生活愉快,为数学工作了一辈子,教了那么多学生,写了那么多论文和书,你太累了,也该歇歇了.

刘培杰

2018年3月1日

刘培杰数学工作室
已出版(即将出版)图书目录——初等数学

书 名	出版时间	定 价	编号
新编中学数学解题方法全书(高中版)上卷(第2版)	2018—08	58.00	951
新编中学数学解题方法全书(高中版)中卷(第2版)	2018—08	68.00	952
新编中学数学解题方法全书(高中版)下卷(一)(第2版)	2018—08	58.00	953
新编中学数学解题方法全书(高中版)下卷(二)(第2版)	2018—08	58.00	954
新编中学数学解题方法全书(高中版)下卷(三)(第2版)	2018—08	68.00	955
新编中学数学解题方法全书(初中版)上卷	2008—01	28.00	29
新编中学数学解题方法全书(初中版)中卷	2010—07	38.00	75
新编中学数学解题方法全书(高考复习卷)	2010—01	48.00	67
新编中学数学解题方法全书(高考真题卷)	2010—01	38.00	62
新编中学数学解题方法全书(高考精华卷)	2011—03	68.00	118
新编平面解析几何解题方法全书(专题讲座卷)	2010—01	18.00	61
新编中学数学解题方法全书(自主招生卷)	2013—08	88.00	261
数学奥林匹克与数学文化(第一辑)	2006—05	48.00	4
数学奥林匹克与数学文化(第二辑)(竞赛卷)	2008—01	48.00	19
数学奥林匹克与数学文化(第二辑)(文化卷)	2008—07	58.00	36'
数学奥林匹克与数学文化(第三辑)(竞赛卷)	2010—01	48.00	59
数学奥林匹克与数学文化(第四辑)(竞赛卷)	2011—08	58.00	87
数学奥林匹克与数学文化(第五辑)	2015—06	98.00	370
世界著名平面几何经典著作钩沉——几何作图专题卷(共3卷)	2022—01	198.00	1460
世界著名平面几何经典著作钩沉(民国平面几何老课本)	2011—03	38.00	113
世界著名平面几何经典著作钩沉(建国初期平面三角老课本)	2015—08	38.00	507
世界著名解析几何经典著作钩沉——平面解析几何卷	2014—01	38.00	264
世界著名数论经典著作钩沉(算术卷)	2012—01	28.00	125
世界著名数学经典著作钩沉——立体几何卷	2011—02	28.00	88
世界著名三角学经典著作钩沉(平面三角卷Ⅰ)	2010—06	28.00	69
世界著名三角学经典著作钩沉(平面三角卷Ⅱ)	2011—01	38.00	78
世界著名初等数论经典著作钩沉(理论和实用算术卷)	2011—07	38.00	126
发展你的空间想象力(第3版)	2021—01	98.00	1464
空间想象力进阶	2019—05	68.00	1062
走向国际数学奥林匹克的平面几何试题诠释.第1卷	2019—07	88.00	1043
走向国际数学奥林匹克的平面几何试题诠释.第2卷	2019—09	78.00	1044
走向国际数学奥林匹克的平面几何试题诠释.第3卷	2019—03	78.00	1045
走向国际数学奥林匹克的平面几何试题诠释.第4卷	2019—09	98.00	1046
平面几何证明方法全书	2007—08	35.00	1
平面几何证明方法全书习题解答(第2版)	2006—12	18.00	10
平面几何天天练上卷·基础篇(直线型)	2013—01	58.00	208
平面几何天天练中卷·基础篇(涉及圆)	2013—01	28.00	234
平面几何天天练下卷·提高篇	2013—01	58.00	237
平面几何专题研究	2013—07	98.00	258
平面几何解题之道.第1卷	2022—05	38.00	1494
几何学习题集	2020—10	48.00	1217
通过解题学习代数几何	2021—04	88.00	1301
圆锥曲线的奥秘	2022—06	88.00	1541

刘培杰数学工作室
已出版(即将出版)图书目录——初等数学

书　名	出版时间	定　价	编号
最新世界各国数学奥林匹克中的平面几何试题	2007—09	38.00	14
数学竞赛平面几何典型题及新颖解	2010—07	48.00	74
初等数学复习及研究(平面几何)	2008—09	68.00	38
初等数学复习及研究(立体几何)	2010—06	38.00	71
初等数学复习及研究(平面几何)习题解答	2009—01	58.00	42
几何学教程(平面几何卷)	2011—03	68.00	90
几何学教程(立体几何卷)	2011—07	68.00	130
几何变换与几何证题	2010—06	88.00	70
计算方法与几何证题	2011—06	28.00	129
立体几何技巧与方法	2014—04	88.00	293
几何瑰宝——平面几何500名题暨1500条定理(上、下)	2021—07	168.00	1358
三角形的解法与应用	2012—07	18.00	183
近代的三角形几何学	2012—07	48.00	184
一般折线几何学	2015—08	48.00	503
三角形的五心	2009—06	28.00	51
三角形的六心及其应用	2015—10	68.00	542
三角形趣谈	2012—08	28.00	212
解三角形	2014—01	28.00	265
探秘三角形:一次数学旅行	2021—10	68.00	1387
三角学专门教程	2014—09	28.00	387
图天下几何新题试卷.初中(第2版)	2017—11	58.00	855
圆锥曲线习题集(上册)	2013—06	68.00	255
圆锥曲线习题集(中册)	2015—01	78.00	434
圆锥曲线习题集(下册·第1卷)	2016—10	78.00	683
圆锥曲线习题集(下册·第2卷)	2018—01	98.00	853
圆锥曲线习题集(下册·第3卷)	2019—10	128.00	1113
圆锥曲线的思想方法	2021—08	48.00	1379
圆锥曲线的八个主要问题	2021—10	48.00	1415
论九点圆	2015—05	88.00	645
近代欧氏几何学	2012—03	48.00	162
罗巴切夫斯基几何学及几何基础概要	2012—07	28.00	188
罗巴切夫斯基几何学初步	2015—06	28.00	474
用三角、解析几何、复数、向量计算解数学竞赛几何题	2015—03	48.00	455
用解析法研究圆锥曲线的几何理论	2022—05	48.00	1495
美国中学几何教程	2015—04	88.00	458
三线坐标与三角形特征点	2015—04	98.00	460
坐标几何学基础.第1卷,笛卡儿坐标	2021—08	48.00	1398
坐标几何学基础.第2卷,三线坐标	2021—09	28.00	1399
平面解析几何方法与研究(第1卷)	2015—05	18.00	471
平面解析几何方法与研究(第2卷)	2015—06	18.00	472
平面解析几何方法与研究(第3卷)	2015—07	18.00	473
解析几何研究	2015—01	38.00	425
解析几何学教程.上	2016—01	38.00	574
解析几何学教程.下	2016—01	38.00	575
几何学基础	2016—01	58.00	581
初等几何研究	2015—02	58.00	444
十九和二十世纪欧氏几何学中的片段	2017—01	58.00	696
平面几何中考.高考.奥数一本通	2017—07	28.00	820
几何学简史	2017—08	28.00	833
四面体	2018—01	48.00	880
平面几何证明方法思路	2018—12	68.00	913

— 2 —

刘培杰数学工作室
已出版(即将出版)图书目录——初等数学

书　名	出版时间	定　价	编号
平面几何图形特性新析.上篇	2019—01	68.00	911
平面几何图形特性新析.下篇	2018—06	88.00	912
平面几何范例多解探究.上篇	2018—04	48.00	910
平面几何范例多解探究.下篇	2018—12	68.00	914
从分析解题过程学解题：竞赛中的几何问题研究	2018—07	68.00	946
从分析解题过程学解题：竞赛中的向量几何与不等式研究(全2册)	2019—06	138.00	1090
从分析解题过程学解题：竞赛中的不等式问题	2021—01	48.00	1249
二维、三维欧氏几何的对偶原理	2018—12	38.00	990
星形大观及闭折线论	2019—03	68.00	1020
立体几何的问题和方法	2019—11	58.00	1127
三角代换论	2021—05	58.00	1313
俄罗斯平面几何问题集	2009—08	88.00	55
俄罗斯立体几何问题集	2014—03	58.00	283
俄罗斯几何大师——沙雷金论数学及其他	2014—01	48.00	271
来自俄罗斯的5000道几何习题及解答	2011—03	58.00	89
俄罗斯初等数学问题集	2012—05	38.00	177
俄罗斯函数问题集	2011—03	38.00	103
俄罗斯组合分析问题集	2011—01	48.00	79
俄罗斯初等数学万题选——三角卷	2012—11	38.00	222
俄罗斯初等数学万题选——代数卷	2013—08	68.00	225
俄罗斯初等数学万题选——几何卷	2014—01	68.00	226
俄罗斯《量子》杂志数学征解问题100题选	2018—08	48.00	969
俄罗斯《量子》杂志数学征解问题又100题选	2018—08	48.00	970
俄罗斯《量子》杂志数学征解问题	2020—05	48.00	1138
463个俄罗斯几何老问题	2012—01	28.00	152
《量子》数学短文精粹	2018—09	38.00	972
用三角、解析几何等计算解来自俄罗斯的几何题	2019—11	88.00	1119
基谢廖夫平面几何	2022—01	48.00	1461
数学：代数、数学分析和几何(10—11年级)	2021—01	48.00	1250
立体几何.10—11年级	2022—01	58.00	1472
直观几何学：5—6年级	2022—04	58.00	1508
谈谈素数	2011—03	18.00	91
平方和	2011—03	18.00	92
整数论	2011—05	38.00	120
从整数谈起	2015—10	28.00	538
数与多项式	2016—01	38.00	558
谈谈不定方程	2011—05	28.00	119
质数漫谈	2022—07	68.00	1529
解析不等式新论	2009—06	68.00	48
建立不等式的方法	2011—03	98.00	104
数学奥林匹克不等式研究(第2版)	2020—02	68.00	1181
不等式研究(第二辑)	2012—02	68.00	153
不等式的秘密(第一卷)(第2版)	2014—02	38.00	286
不等式的秘密(第二卷)	2014—01	38.00	268
初等不等式的证明方法	2010—06	38.00	123
初等不等式的证明方法(第二版)	2014—11	38.00	407
不等式·理论·方法(基础卷)	2015—07	38.00	496
不等式·理论·方法(经典不等式卷)	2015—07	38.00	497
不等式·理论·方法(特殊类型不等式卷)	2015—07	48.00	498
不等式探究	2016—03	38.00	582
不等式探秘	2017—01	88.00	689
四面体不等式	2017—01	68.00	715
数学奥林匹克中常见重要不等式	2017—09	38.00	845

刘培杰数学工作室
已出版(即将出版)图书目录——初等数学

书　名	出版时间	定价	编号
三正弦不等式	2018—09	98.00	974
函数方程与不等式：解法与稳定性结果	2019—04	68.00	1058
数学不等式.第1卷,对称多项式不等式	2022—05	78.00	1455
数学不等式.第2卷,对称有理不等式与对称无理不等式	2022—05	88.00	1456
数学不等式.第3卷,循环不等式与非循环不等式	2022—05	88.00	1457
数学不等式.第4卷,Jensen不等式的扩展与加细	2022—05	88.00	1458
数学不等式.第5卷,创建不等式与解不等式的其他方法	2022—05	88.00	1459
同余理论	2012—05	38.00	163
$[x]$与$\{x\}$	2015—04	48.00	476
极值与最值.上卷	2015—06	28.00	486
极值与最值.中卷	2015—06	38.00	487
极值与最值.下卷	2015—06	28.00	488
整数的性质	2012—11	38.00	192
完全平方数及其应用	2015—08	78.00	506
多项式理论	2015—10	88.00	541
奇数、偶数、奇偶分析法	2018—01	98.00	876
不定方程及其应用.上	2018—12	58.00	992
不定方程及其应用.中	2019—01	78.00	993
不定方程及其应用.下	2019—02	98.00	994
Nesbitt不等式加强式的研究	2022—06	128.00	1527
历届美国中学生数学竞赛试题及解答(第一卷)1950—1954	2014—07	18.00	277
历届美国中学生数学竞赛试题及解答(第二卷)1955—1959	2014—04	18.00	278
历届美国中学生数学竞赛试题及解答(第三卷)1960—1964	2014—06	18.00	279
历届美国中学生数学竞赛试题及解答(第四卷)1965—1969	2014—04	28.00	280
历届美国中学生数学竞赛试题及解答(第五卷)1970—1972	2014—06	18.00	281
历届美国中学生数学竞赛试题及解答(第六卷)1973—1980	2017—07	18.00	768
历届美国中学生数学竞赛试题及解答(第七卷)1981—1986	2015—01	18.00	424
历届美国中学生数学竞赛试题及解答(第八卷)1987—1990	2017—05	18.00	769
历届中国数学奥林匹克试题集(第3版)	2021—10	58.00	1440
历届加拿大数学奥林匹克试题集	2012—08	38.00	215
历届美国数学奥林匹克试题集：1972～2019	2020—04	88.00	1135
历届波兰数学竞赛试题集.第1卷,1949～1963	2015—03	18.00	453
历届波兰数学竞赛试题集.第2卷,1964～1976	2015—03	18.00	454
历届巴尔干数学奥林匹克试题集	2015—05	38.00	466
保加利亚数学奥林匹克	2014—10	38.00	393
圣彼得堡数学奥林匹克试题集	2015—01	38.00	429
匈牙利奥林匹克数学竞赛题解.第1卷	2016—05	28.00	593
匈牙利奥林匹克数学竞赛题解.第2卷	2016—05	28.00	594
历届美国数学邀请赛试题集(第2版)	2017—10	78.00	851
普林斯顿大学数学竞赛	2016—06	38.00	669
亚太地区数学奥林匹克竞赛题	2015—07	18.00	492
日本历届(初级)广中杯数学竞赛试题及解答.第1卷(2000～2007)	2016—05	28.00	641
日本历届(初级)广中杯数学竞赛试题及解答.第2卷(2008～2015)	2016—05	38.00	642
越南数学奥林匹克题选：1962—2009	2021—07	48.00	1370
360个数学竞赛问题	2016—08	58.00	677
奥数最佳实战题.上卷	2017—06	38.00	760
奥数最佳实战题.下卷	2017—05	58.00	761
哈尔滨市早期中学数学竞赛试题汇编	2016—07	28.00	672
全国高中数学联赛试题及解答：1981—2019(第4版)	2020—07	138.00	1176
2022年全国高中数学联合竞赛模拟题集	2022—06	30.00	1521
20世纪50年代全国部分城市数学竞赛试题汇编	2017—07	28.00	797

刘培杰数学工作室
已出版(即将出版)图书目录——初等数学

书　名	出版时间	定　价	编号
国内外数学竞赛题及精解:2018~2019	2020—08	45.00	1192
国内外数学竞赛题及精解:2019~2020	2021—11	58.00	1439
许康华竞赛优学精选集.第一辑	2018—08	68.00	949
天问叶班数学问题征解100题.Ⅰ,2016—2018	2019—05	88.00	1075
天问叶班数学问题征解100题.Ⅱ,2017—2019	2020—07	98.00	1177
美国初中数学竞赛:AMC8准备(共6卷)	2019—07	138.00	1089
美国高中数学竞赛:AMC10准备(共6卷)	2019—08	158.00	1105
王连笑教你怎样学数学:高考选择题解题策略与客观题实用训练	2014—01	48.00	262
王连笑教你怎样学数学:高考数学高层次讲座	2015—02	48.00	432
高考数学的理论与实践	2009—08	38.00	53
高考数学核心题型解题方法与技巧	2010—01	28.00	86
高考思维新平台	2014—03	38.00	259
高考数学压轴题解题诀窍(上)(第2版)	2018—01	58.00	874
高考数学压轴题解题诀窍(下)(第2版)	2018—01	48.00	875
北京市五区文科数学三年高考模拟题详解:2013~2015	2015—08	48.00	500
北京市五区理科数学三年高考模拟题详解:2013~2015	2015—09	68.00	505
向量法巧解数学高考题	2009—08	28.00	54
高中数学课堂教学的实践与反思	2021—11	48.00	791
数学高考参考	2016—01	78.00	589
新课程标准高考数学解答题各种题型解法指导	2020—08	78.00	1196
全国及各省市高考数学试题审题要津与解法研究	2015—02	48.00	450
高中数学章节起始课的教学研究与案例设计	2019—05	28.00	1064
新课标高考数学——五年试题分章详解(2007~2011)(上、下)	2011—10	78.00	140,141
全国中考数学压轴题审题要津与解法研究	2013—04	78.00	248
新编全国及各省市中考数学压轴题审题要津与解法研究	2014—05	58.00	342
全国及各省市5年中考数学压轴题审题要津与解法研究(2015版)	2015—04	58.00	462
中考数学专题总复习	2007—04	28.00	6
中考数学较难题常考题型解题方法与技巧	2016—09	48.00	681
中考数学难题常考题型解题方法与技巧	2016—09	48.00	682
中考数学中档题常考题型解题方法与技巧	2017—08	68.00	835
中考数学选择填空压轴好题妙解365	2017—05	38.00	759
中考数学:三类重点考题的解法例析与习题	2020—04	48.00	1140
中小学数学的历史文化	2019—11	48.00	1124
初中平面几何百题多思创新解	2020—01	58.00	1125
初中数学中考备考	2020—01	58.00	1126
高考数学之九章演义	2019—08	68.00	1044
高考数学之难题谈笑间	2022—06	68.00	1519
化学可以这样学:高中化学知识方法智慧感悟疑难辨析	2019—07	58.00	1103
如何成为学习高手	2019—09	58.00	1107
高考数学:经典真题分类解析	2020—04	78.00	1134
高考数学解答题破解策略	2020—11	58.00	1221
从分析解题过程学解题:高考压轴题与竞赛题之关系探究	2020—08	88.00	1179
教学新思考:单元整体视角下的初中数学教学设计	2021—03	58.00	1278
思维再拓展:2020年经典几何题的多解探究与思考	即将出版		1279
中考数学小压轴汇编初讲	2017—07	48.00	788
中考数学大压轴专题微言	2017—09	48.00	846
怎么解中考平面几何探索题	2019—06	48.00	1093
北京中考数学压轴题解题方法突破(第7版)	2021—11	68.00	1442
助你高考成功的数学解题智慧:知识是智慧的基础	2016—01	58.00	596
助你高考成功的数学解题智慧:错误是智慧的试金石	2016—04	58.00	643
助你高考成功的数学解题智慧:方法是智慧的推手	2016—04	68.00	657
高考数学奇思妙解	2016—04	38.00	610
高考数学解题策略	2016—05	48.00	670
数学解题泄天机(第2版)	2017—10	48.00	850

刘培杰数学工作室
已出版(即将出版)图书目录——初等数学

书　名	出版时间	定　价	编号
高考物理压轴题全解	2017—04	58.00	746
高中物理经典问题25讲	2017—05	28.00	764
高中物理教学讲义	2018—01	48.00	871
高中物理教学讲义:全模块	2022—03	98.00	1492
高中物理答疑解惑65篇	2021—11	48.00	1462
中学物理基础问题解析	2020—08	48.00	1183
2016年高考文科数学真题研究	2017—04	58.00	754
2016年高考理科数学真题研究	2017—04	78.00	755
2017年高考理科数学真题研究	2018—01	58.00	867
2017年高考文科数学真题研究	2018—01	48.00	868
初中数学、高中数学脱节知识补缺教材	2017—06	48.00	766
高考数学小题抢分必练	2017—10	48.00	834
高考数学核心素养解读	2017—09	38.00	839
高考数学客观题解题方法和技巧	2017—10	38.00	847
十年高考数学精品试题审题要津与解法研究	2021—10	98.00	1427
中国历届高考数学试题及解答.1949—1979	2018—01	38.00	877
历届中国高考数学试题及解答.第二卷,1980—1989	2018—10	28.00	975
历届中国高考数学试题及解答.第三卷,1990—1999	2018—10	48.00	976
数学文化与高考研究	2018—03	48.00	882
跟我学解高中数学题	2018—07	58.00	926
中学数学研究的方法及案例	2018—05	58.00	869
高考数学抢分技能	2018—07	68.00	934
高一新生常用数学方法和重要数学思想提升教材	2018—06	38.00	921
2018年高考数学真题研究	2019—01	68.00	1000
2019年高考数学真题研究	2020—05	88.00	1137
高考数学全国卷六道解答题常考题型解题诀窍:理科(全2册)	2019—07	78.00	1101
高考数学全国卷16道选择、填空题常考题型解题诀窍.理科	2018—09	88.00	971
高考数学全国卷16道选择、填空题常考题型解题诀窍.文科	2020—01	88.00	1123
高中数学一题多解	2019—06	58.00	1087
历届中国高考数学试题及解答:1917—1999	2021—08	98.00	1371
2000～2003年全国及各省市高考数学试题及解答	2022—05	88.00	1499
2004年全国及各省市高考数学试题及解答	2022—07	78.00	1500
突破高原:高中数学解题思维探究	2021—08	48.00	1375
高考数学中的"取值范围"	2021—10	48.00	1429
新课程标准高中数学各种题型解法大全.必修一分册	2021—06	58.00	1315
新课程标准高中数学各种题型解法大全.必修二分册	2022—01	68.00	1471
高中数学各种题型解法大全.选择性必修一分册	2022—06	68.00	1525
新编640个世界著名数学智力趣题	2014—01	88.00	242
500个最新世界著名数学智力趣题	2008—06	48.00	3
400个最新世界著名数学最值问题	2008—09	48.00	36
500个世界著名数学征解问题	2009—06	48.00	52
400个中国最佳初等数学征解老问题	2010—01	48.00	60
500个俄罗斯数学经典老题	2011—01	28.00	81
1000个国外中学物理好题	2012—04	48.00	174
300个日本高考数学题	2012—05	38.00	142
700个早期日本高考数学试题	2017—02	88.00	752
500个前苏联早期高考数学试题及解答	2012—05	28.00	185
546个早期俄罗斯大学生数学竞赛题	2014—03	38.00	285
548个来自美苏的数学好问题	2014—11	28.00	396
20所苏联著名大学早期入学试题	2015—02	18.00	452
161道德国工科大学生必做的微分方程习题	2015—05	28.00	469
500个德国工科大学生必做的高数习题	2015—06	28.00	478
360个数学竞赛问题	2016—08	58.00	677
200个趣味数学故事	2018—02	48.00	857
470个数学奥林匹克中的最值问题	2018—10	88.00	985
德国讲义日本考题.微积分卷	2015—04	48.00	456
德国讲义日本考题.微分方程卷	2015—04	38.00	457
二十世纪中叶中、英、美、日、法、俄高考数学试题精选	2017—06	38.00	783

刘培杰数学工作室
已出版(即将出版)图书目录——初等数学

书　名	出版时间	定价	编号
中国初等数学研究　2009卷(第1辑)	2009—05	20.00	45
中国初等数学研究　2010卷(第2辑)	2010—05	30.00	68
中国初等数学研究　2011卷(第3辑)	2011—07	60.00	127
中国初等数学研究　2012卷(第4辑)	2012—07	48.00	190
中国初等数学研究　2014卷(第5辑)	2014—02	48.00	288
中国初等数学研究　2015卷(第6辑)	2015—06	68.00	493
中国初等数学研究　2016卷(第7辑)	2016—04	68.00	609
中国初等数学研究　2017卷(第8辑)	2017—01	98.00	712
初等数学研究在中国.第1辑	2019—03	158.00	1024
初等数学研究在中国.第2辑	2019—10	158.00	1116
初等数学研究在中国.第3辑	2021—05	158.00	1306
初等数学研究在中国.第4辑	2022—06	158.00	1520
几何变换(Ⅰ)	2014—07	28.00	353
几何变换(Ⅱ)	2015—06	28.00	354
几何变换(Ⅲ)	2015—01	38.00	355
几何变换(Ⅳ)	2015—12	38.00	356
初等数论难题集(第一卷)	2009—05	68.00	44
初等数论难题集(第二卷)(上、下)	2011—02	128.00	82,83
数论概貌	2011—03	18.00	93
代数数论(第二版)	2013—08	58.00	94
代数多项式	2014—06	38.00	289
初等数论的知识与问题	2011—02	28.00	95
超越数论基础	2011—03	28.00	96
数论初等教程	2011—03	28.00	97
数论基础	2011—03	18.00	98
数论基础与维诺格拉多夫	2014—03	18.00	292
解析数论基础	2012—08	28.00	216
解析数论基础(第二版)	2014—01	48.00	287
解析数论问题集(第二版)(原版引进)	2014—05	88.00	343
解析数论问题集(第二版)(中译本)	2016—04	88.00	607
解析数论基础(潘承洞,潘承彪著)	2016—07	98.00	673
解析数论导引	2016—07	58.00	674
数论入门	2011—03	38.00	99
代数数论入门	2015—03	38.00	448
数论开篇	2012—07	28.00	194
解析数论引论	2011—03	48.00	100
Barban Davenport Halberstam 均值和	2009—01	40.00	33
基础数论	2011—03	28.00	101
初等数论100例	2011—05	18.00	122
初等数论经典例题	2012—07	18.00	204
最新世界各国数学奥林匹克中的初等数论试题(上、下)	2012—01	138.00	144,145
初等数论(Ⅰ)	2012—01	18.00	156
初等数论(Ⅱ)	2012—01	18.00	157
初等数论(Ⅲ)	2012—01	28.00	158

刘培杰数学工作室
已出版(即将出版)图书目录——初等数学

书 名	出版时间	定 价	编号
平面几何与数论中未解决的新老问题	2013—01	68.00	229
代数数论简史	2014—11	28.00	408
代数数论	2015—09	88.00	532
代数、数论及分析习题集	2016—11	98.00	695
数论导引提要及习题解答	2016—01	48.00	559
素数定理的初等证明.第2版	2016—09	48.00	686
数论中的模函数与狄利克雷级数(第二版)	2017—11	78.00	837
数论:数学导引	2018—01	68.00	849
范氏大代数	2019—02	98.00	1016
解析数学讲义.第一卷,导来式及微分、积分、级数	2019—04	88.00	1021
解析数学讲义.第二卷,关于几何的应用	2019—04	68.00	1022
解析数学讲义.第三卷,解析函数论	2019—04	78.00	1023
分析·组合·数论纵横谈	2019—04	58.00	1039
Hall代数:民国时期的中学数学课本:英文	2019—08	88.00	1106
基谢廖夫初等代数	2022—07	38.00	1531
数学精神巡礼	2019—01	58.00	731
数学眼光透视(第2版)	2017—06	78.00	732
数学思想领悟(第2版)	2018—01	68.00	733
数学方法溯源(第2版)	2018—08	68.00	734
数学解题引论	2017—05	58.00	735
数学史话览胜(第2版)	2017—01	48.00	736
数学应用展观(第2版)	2017—08	68.00	737
数学建模尝试	2018—04	48.00	738
数学竞赛采风	2018—01	68.00	739
数学测评探营	2019—05	58.00	740
数学技能操握	2018—03	48.00	741
数学欣赏拾趣	2018—02	48.00	742
从毕达哥拉斯到怀尔斯	2007—10	48.00	9
从迪利克雷到维斯卡尔迪	2008—01	48.00	21
从哥德巴赫到陈景润	2008—05	98.00	35
从庞加莱到佩雷尔曼	2011—08	138.00	136
博弈论精粹	2008—03	58.00	30
博弈论精粹.第二版(精装)	2015—01	88.00	461
数学 我爱你	2008—01	28.00	20
精神的圣徒 别样的人生——60位中国数学家成长的历程	2008—09	48.00	39
数学史概论	2009—06	78.00	50
数学史概论(精装)	2013—03	158.00	272
数学史选讲	2016—01	48.00	544
斐波那契数列	2010—02	28.00	65
数学拼盘和斐波那契魔方	2010—07	38.00	72
斐波那契数列欣赏(第2版)	2018—08	58.00	948
Fibonacci数列中的明珠	2018—06	58.00	928
数学的创造	2011—02	48.00	85
数学美与创造力	2016—01	48.00	595
数海拾贝	2016—01	48.00	590
数学中的美(第2版)	2019—04	68.00	1057
数论中的美学	2014—12	38.00	351

刘培杰数学工作室
已出版(即将出版)图书目录——初等数学

书　　名	出版时间	定　价	编号
数学王者　科学巨人——高斯	2015—01	28.00	428
振兴祖国数学的圆梦之旅:中国初等数学研究史话	2015—06	98.00	490
二十世纪中国数学史料研究	2015—10	48.00	536
数字谜、数阵图与棋盘覆盖	2016—01	58.00	298
时间的形状	2016—01	38.00	556
数学发现的艺术:数学探索中的合情推理	2016—07	58.00	671
活跃在数学中的参数	2016—07	48.00	675
数海趣史	2021—05	98.00	1314
数学解题——靠数学思想给力(上)	2011—07	38.00	131
数学解题——靠数学思想给力(中)	2011—07	48.00	132
数学解题——靠数学思想给力(下)	2011—07	38.00	133
我怎样解题	2013—01	48.00	227
数学解题中的物理方法	2011—06	28.00	114
数学解题的特殊方法	2011—06	48.00	115
中学数学计算技巧(第2版)	2020—10	48.00	1220
中学数学证明方法	2012—01	58.00	117
数学趣题巧解	2012—03	28.00	128
高中数学教学通鉴	2015—05	58.00	479
和高中生漫谈:数学与哲学的故事	2014—08	28.00	369
算术问题集	2017—03	38.00	789
张教授讲数学	2018—07	38.00	933
陈永明实话实说数学教学	2020—04	68.00	1132
中学数学学科知识与教学能力	2020—06	58.00	1155
怎样把课讲好:大罕数学教学随笔	2022—03	58.00	1484
中国高考评价体系下高考数学探秘	2022—03	48.00	1487
自主招生考试中的参数方程问题	2015—01	28.00	435
自主招生考试中的极坐标问题	2015—01	28.00	463
近年全国重点大学自主招生数学试题全解及研究.华约卷	2015—02	38.00	441
近年全国重点大学自主招生数学试题全解及研究.北约卷	2016—05	38.00	619
自主招生数学解证宝典	2015—09	48.00	535
中国科学技术大学创新班数学真题解析	2022—03	48.00	1488
中国科学技术大学创新班物理真题解析	2022—03	58.00	1489
格点和面积	2012—07	18.00	191
射影几何趣谈	2012—04	28.00	175
斯潘纳尔引理——从一道加拿大数学奥林匹克试题谈起	2014—01	28.00	228
李普希兹条件——从几道近年高考数学试题谈起	2012—10	18.00	221
拉格朗日中值定理——从一道北京高考试题的解法谈起	2015—10	18.00	197
闵科夫斯基定理——从一道清华大学自主招生试题谈起	2014—01	28.00	198
哈尔测度——从一道冬令营试题的背景谈起	2012—08	28.00	202
切比雪夫逼近问题——从一道中国台北数学奥林匹克试题谈起	2013—04	38.00	238
伯恩斯坦多项式与贝齐尔曲面——从一道全国高中数学联赛试题谈起	2013—03	38.00	236
卡塔兰猜想——从一道普特南竞赛试题谈起	2013—06	18.00	256
麦卡锡函数和阿克曼函数——从一道前南斯拉夫数学奥林匹克试题谈起	2012—08	18.00	201
贝蒂定理与拉姆贝克莫斯尔定理——从一个栋克子游戏谈起	2012—08	18.00	217
皮亚诺曲线和豪斯道夫分球定理——从无限集谈起	2012—08	18.00	211
平面凸图形与凸多面体	2012—10	28.00	218
斯坦因豪斯问题——从一道二十五省市自治区中学数学竞赛试题谈起	2012—07	18.00	196

刘培杰数学工作室
已出版（即将出版）图书目录——初等数学

书 名	出版时间	定 价	编号
纽结理论中的亚历山大多项式与琼斯多项式——从一道北京市高一数学竞赛试题谈起	2012—07	28.00	195
原则与策略——从波利亚"解题表"谈起	2013—04	38.00	244
转化与化归——从三大尺规作图不能问题谈起	2012—08	28.00	214
代数几何中的贝祖定理（第一版）——从一道IMO试题的解法谈起	2013—08	18.00	193
成功连贯理论与约当块理论——从一道比利时数学竞赛试题谈起	2012—04	18.00	180
素数判定与大数分解	2014—08	18.00	199
置换多项式及其应用	2012—10	18.00	220
椭圆函数与模函数——从一道美国加州大学洛杉矶分校（UCLA）博士资格考题谈起	2012—10	28.00	219
差分方程的拉格朗日方法——从一道2011年全国高考理科试题的解法谈起	2012—08	28.00	200
力学在几何中的一些应用	2013—01	38.00	240
从根式解到伽罗华理论	2020—01	48.00	1121
康托洛维奇不等式——从一道全国高中联赛试题谈起	2013—03	28.00	337
西格尔引理——从一道第18届IMO试题的解法谈起	即将出版		
罗斯定理——从一道前苏联数学竞赛试题谈起	即将出版		
拉克斯定理和阿廷定理——从一道IMO试题的解法谈起	2014—01	58.00	246
毕卡大定理——从一道美国大学数学竞赛试题谈起	2014—07	18.00	350
贝齐尔曲线——从一道全国高中联赛试题谈起	即将出版		
拉格朗日乘子定理——从一道2005年全国高中联赛试题的高等数学解法谈起	2015—05	28.00	480
雅可比定理——从一道日本数学奥林匹克试题谈起	2013—04	48.00	249
李天岩—约克定理——从一道波兰数学竞赛试题谈起	2014—06	28.00	349
整系数多项式因式分解的一般方法——从克朗耐克算法谈起	即将出版		
布劳维不动点定理——从一道前苏联数学奥林匹克试题谈起	2014—01	38.00	273
伯恩赛德定理——从一道英国数学奥林匹克试题谈起	即将出版		
布查特-莫斯特定理——从一道上海市初中竞赛试题谈起	即将出版		
数论中的同余数问题——从一道普特南竞赛试题谈起	即将出版		
范·德蒙行列式——从一道美国数学奥林匹克试题谈起	即将出版		
中国剩余定理：总数法构建中国历史年表	2015—01	28.00	430
牛顿程序与方程求根——从一道全国高考试题解法谈起	即将出版		
库默尔定理——从一道IMO预选试题谈起	即将出版		
卢丁定理——从一道冬令营试题的解法谈起	即将出版		
沃斯滕霍姆定理——从一道IMO预选试题谈起	即将出版		
卡尔松不等式——从一道莫斯科数学奥林匹克试题谈起	即将出版		
信息论中的香农熵——从一道近年高考压轴题谈起	即将出版		
约当不等式——从一道希望杯竞赛试题谈起	即将出版		
拉比诺维奇定理			
刘维尔定理——从一道《美国数学月刊》征解问题的解法谈起	即将出版		
卡塔兰恒等式与级数求和——从一道IMO试题的解法谈起	即将出版		
勒让德猜想与素数分布——从一道爱尔兰竞赛试题谈起	即将出版		
天平称重与信息论——从一道基辅市数学奥林匹克试题谈起	即将出版		
哈密尔顿-凯莱定理：从一道高中数学联赛试题的解法谈起	2014—09	18.00	376
艾思特曼定理——从一道CMO试题的解法谈起	即将出版		

刘培杰数学工作室
已出版(即将出版)图书目录——初等数学

书 名	出版时间	定 价	编号
阿贝尔恒等式与经典不等式及应用	2018—06	98.00	923
迪利克雷除数问题	2018—07	48.00	930
幻方、幻立方与拉丁方	2019—08	48.00	1092
帕斯卡三角形	2014—03	18.00	294
蒲丰投针问题——从2009年清华大学的一道自主招生试题谈起	2014—01	38.00	295
斯图姆定理——从一道"华约"自主招生试题的解法谈起	2014—01	18.00	296
许瓦兹引理——从一道加利福尼亚大学伯克利分校数学系博士生试题谈起	2014—08	18.00	297
拉姆塞定理——从王诗宬院士的一个问题谈起	2016—04	48.00	299
坐标法	2013—12	28.00	332
数论三角形	2014—04	38.00	341
毕克定理	2014—07	18.00	352
数林掠影	2014—09	48.00	389
我们周围的概率	2014—10	38.00	390
凸函数最值定理:从一道华约自主招生题的解法谈起	2014—10	28.00	391
易学与数学奥林匹克	2014—10	38.00	392
生物数学趣谈	2015—01	18.00	409
反演	2015—01	28.00	420
因式分解与圆锥曲线	2015—01	18.00	426
轨迹	2015—01	28.00	427
面积原理:从常庚哲命的一道CMO试题的积分解法谈起	2015—01	48.00	431
形形色色的不动点定理:从一道28届IMO试题谈起	2015—01	38.00	439
柯西函数方程:从一道上海交大自主招生的试题谈起	2015—02	28.00	440
三角恒等式	2015—02	28.00	442
无理性判定:从一道2014年"北约"自主招生试题谈起	2015—01	38.00	443
数学归纳法	2015—03	18.00	451
极端原理与解题	2015—04	28.00	464
法雷级数	2014—08	18.00	367
摆线族	2015—01	38.00	438
函数方程及其解法	2015—05	38.00	470
含参数的方程和不等式	2012—09	28.00	213
希尔伯特第十问题	2016—01	38.00	543
无穷小量的求和	2016—01	28.00	545
切比雪夫多项式:从一道清华大学金秋营试题谈起	2016—01	38.00	583
泽肯多夫定理	2016—03	38.00	599
代数等式证题法	2016—01	28.00	600
三角等式证题法	2016—01	28.00	601
吴大任教授藏书中的一个因式分解公式:从一道美国数学邀请赛试题的解法谈起	2016—06	28.00	656
易卦——类万物的数学模型	2017—08	68.00	838
"不可思议"的数与数系可持续发展	2018—01	38.00	878
最短线	2018—01	38.00	879
幻方和魔方(第一卷)	2012—05	68.00	173
尘封的经典——初等数学经典文献选读(第一卷)	2012—07	48.00	205
尘封的经典——初等数学经典文献选读(第二卷)	2012—07	38.00	206
初级方程式论	2011—03	28.00	106
初等数学研究(Ⅰ)	2008—09	68.00	37
初等数学研究(Ⅱ)(上、下)	2009—05	118.00	46,47

刘培杰数学工作室
已出版(即将出版)图书目录——初等数学

书　名	出版时间	定　价	编号
趣味初等方程妙题集锦	2014—09	48.00	388
趣味初等数论选美与欣赏	2015—02	48.00	445
耕读笔记(上卷):一位农民数学爱好者的初数探索	2015—04	28.00	459
耕读笔记(中卷):一位农民数学爱好者的初数探索	2015—05	28.00	483
耕读笔记(下卷):一位农民数学爱好者的初数探索	2015—05	28.00	484
几何不等式研究与欣赏.上卷	2016—01	88.00	547
几何不等式研究与欣赏.下卷	2016—01	48.00	552
初等数列研究与欣赏·上	2016—01	48.00	570
初等数列研究与欣赏·下	2016—01	48.00	571
趣味初等函数研究与欣赏.上	2016—09	48.00	684
趣味初等函数研究与欣赏.下	2018—09	48.00	685
三角不等式研究与欣赏	2020—10	68.00	1197
新编平面解析几何解题方法研究与欣赏	2021—10	78.00	1426
火柴游戏(第2版)	2022—05	38.00	1493
智力解谜.第1卷	2017—07	38.00	613
智力解谜.第2卷	2017—07	38.00	614
故事智力	2016—07	48.00	615
名人们喜欢的智力问题	2020—01	48.00	616
数学大师的发现、创造与失误	2018—01	48.00	617
异曲同工	2018—09	48.00	618
数学的味道	2018—01	58.00	798
数学千字文	2018—10	68.00	977
数贝偶拾——高考数学题研究	2014—04	28.00	274
数贝偶拾——初等数学研究	2014—04	38.00	275
数贝偶拾——奥数题研究	2014—04	48.00	276
钱昌本教你快乐学数学(上)	2011—12	48.00	155
钱昌本教你快乐学数学(下)	2012—03	58.00	171
集合、函数与方程	2014—01	28.00	300
数列与不等式	2014—01	38.00	301
三角与平面向量	2014—01	28.00	302
平面解析几何	2014—01	38.00	303
立体几何与组合	2014—01	28.00	304
极限与导数、数学归纳法	2014—01	38.00	305
趣味数学	2014—03	28.00	306
教材教法	2014—04	68.00	307
自主招生	2014—05	58.00	308
高考压轴题(上)	2015—01	48.00	309
高考压轴题(下)	2014—10	68.00	310
从费马到怀尔斯——费马大定理的历史	2013—10	198.00	I
从庞加莱到佩雷尔曼——庞加莱猜想的历史	2013—10	298.00	II
从切比雪夫到爱尔特希(上)——素数定理的初等证明	2013—07	48.00	III
从切比雪夫到爱尔特希(下)——素数定理100年	2012—12	98.00	III
从高斯到盖尔方特——二次域的高斯猜想	2013—10	198.00	IV
从库默尔到朗兰兹——朗兰兹猜想的历史	2014—01	98.00	V
从比勃巴赫到德布朗斯——比勃巴赫猜想的历史	2014—02	298.00	VI
从麦比乌斯到陈省身——麦比乌斯变换与麦比乌斯带	2014—02	298.00	VII
从布尔到豪斯道夫——布尔方程与格论漫谈	2013—10	198.00	VIII
从开普勒到阿诺德——三体问题的历史	2014—05	298.00	IX
从华林到华罗庚——华林问题的历史	2013—10	298.00	X

刘培杰数学工作室
已出版（即将出版）图书目录——初等数学

书　　名	出版时间	定　价	编号
美国高中数学竞赛五十讲.第1卷(英文)	2014—08	28.00	357
美国高中数学竞赛五十讲.第2卷(英文)	2014—08	28.00	358
美国高中数学竞赛五十讲.第3卷(英文)	2014—09	28.00	359
美国高中数学竞赛五十讲.第4卷(英文)	2014—09	28.00	360
美国高中数学竞赛五十讲.第5卷(英文)	2014—10	28.00	361
美国高中数学竞赛五十讲.第6卷(英文)	2014—11	28.00	362
美国高中数学竞赛五十讲.第7卷(英文)	2014—12	28.00	363
美国高中数学竞赛五十讲.第8卷(英文)	2015—01	28.00	364
美国高中数学竞赛五十讲.第9卷(英文)	2015—01	28.00	365
美国高中数学竞赛五十讲.第10卷(英文)	2015—02	38.00	366
三角函数(第2版)	2017—04	38.00	626
不等式	2014—01	38.00	312
数列	2014—01	38.00	313
方程(第2版)	2017—04	38.00	624
排列和组合	2014—01	28.00	315
极限与导数(第2版)	2016—04	38.00	635
向量(第2版)	2018—08	58.00	627
复数及其应用	2014—08	28.00	318
函数	2014—01	38.00	319
集合	2020—01	48.00	320
直线与平面	2014—01	28.00	321
立体几何(第2版)	2016—04	38.00	629
解三角形	即将出版		323
直线与圆(第2版)	2016—11	38.00	631
圆锥曲线(第2版)	2016—09	48.00	632
解题通法(一)	2014—07	38.00	326
解题通法(二)	2014—07	38.00	327
解题通法(三)	2014—05	38.00	328
概率与统计	2014—01	28.00	329
信息迁移与算法	即将出版		330
IMO 50年.第1卷(1959—1963)	2014—11	28.00	377
IMO 50年.第2卷(1964—1968)	2014—11	28.00	378
IMO 50年.第3卷(1969—1973)	2014—09	28.00	379
IMO 50年.第4卷(1974—1978)	2016—04	38.00	380
IMO 50年.第5卷(1979—1984)	2015—04	38.00	381
IMO 50年.第6卷(1985—1989)	2015—04	58.00	382
IMO 50年.第7卷(1990—1994)	2016—01	48.00	383
IMO 50年.第8卷(1995—1999)	2016—06	38.00	384
IMO 50年.第9卷(2000—2004)	2015—04	58.00	385
IMO 50年.第10卷(2005—2009)	2016—01	48.00	386
IMO 50年.第11卷(2010—2015)	2017—03	48.00	646

刘培杰数学工作室
已出版(即将出版)图书目录——初等数学

书　　名	出版时间	定　价	编号
数学反思(2006—2007)	2020—09	88.00	915
数学反思(2008—2009)	2019—01	68.00	917
数学反思(2010—2011)	2018—05	58.00	916
数学反思(2012—2013)	2019—01	58.00	918
数学反思(2014—2015)	2019—03	78.00	919
数学反思(2016—2017)	2021—03	58.00	1286
历届美国大学生数学竞赛试题集.第一卷(1938—1949)	2015—01	28.00	397
历届美国大学生数学竞赛试题集.第二卷(1950—1959)	2015—01	28.00	398
历届美国大学生数学竞赛试题集.第三卷(1960—1969)	2015—01	28.00	399
历届美国大学生数学竞赛试题集.第四卷(1970—1979)	2015—01	18.00	400
历届美国大学生数学竞赛试题集.第五卷(1980—1989)	2015—01	28.00	401
历届美国大学生数学竞赛试题集.第六卷(1990—1999)	2015—01	28.00	402
历届美国大学生数学竞赛试题集.第七卷(2000—2009)	2015—08	18.00	403
历届美国大学生数学竞赛试题集.第八卷(2010—2012)	2015—01	18.00	404
新课标高考数学创新题解题诀窍:总论	2014—09	28.00	372
新课标高考数学创新题解题诀窍:必修 1～5 分册	2014—08	38.00	373
新课标高考数学创新题解题诀窍:选修 2—1,2—2,1—1, 1—2 分册	2014—09	38.00	374
新课标高考数学创新题解题诀窍:选修 2—3,4—4,4—5 分册	2014—09	18.00	375
全国重点大学自主招生英文数学试题全攻略:词汇卷	2015—07	48.00	410
全国重点大学自主招生英文数学试题全攻略:概念卷	2015—01	28.00	411
全国重点大学自主招生英文数学试题全攻略:文章选读卷(上)	2016—09	38.00	412
全国重点大学自主招生英文数学试题全攻略:文章选读卷(下)	2017—01	58.00	413
全国重点大学自主招生英文数学试题全攻略:试题卷	2015—07	38.00	414
全国重点大学自主招生英文数学试题全攻略:名著欣赏卷	2017—03	48.00	415
劳埃德数学趣题大全.题目卷.1:英文	2016—01	18.00	516
劳埃德数学趣题大全.题目卷.2:英文	2016—01	18.00	517
劳埃德数学趣题大全.题目卷.3:英文	2016—01	18.00	518
劳埃德数学趣题大全.题目卷.4:英文	2016—01	18.00	519
劳埃德数学趣题大全.题目卷.5:英文	2016—01	18.00	520
劳埃德数学趣题大全.答案卷:英文	2016—01	18.00	521
李成章教练奥数笔记.第 1 卷	2016—01	48.00	522
李成章教练奥数笔记.第 2 卷	2016—01	48.00	523
李成章教练奥数笔记.第 3 卷	2016—01	38.00	524
李成章教练奥数笔记.第 4 卷	2016—01	38.00	525
李成章教练奥数笔记.第 5 卷	2016—01	38.00	526
李成章教练奥数笔记.第 6 卷	2016—01	38.00	527
李成章教练奥数笔记.第 7 卷	2016—01	38.00	528
李成章教练奥数笔记.第 8 卷	2016—01	48.00	529
李成章教练奥数笔记.第 9 卷	2016—01	28.00	530

刘培杰数学工作室
已出版(即将出版)图书目录——初等数学

书 名	出版时间	定 价	编号
第19～23届"希望杯"全国数学邀请赛试题审题要津详细评注(初一版)	2014—03	28.00	333
第19～23届"希望杯"全国数学邀请赛试题审题要津详细评注(初二、初三版)	2014—03	38.00	334
第19～23届"希望杯"全国数学邀请赛试题审题要津详细评注(高一版)	2014—03	28.00	335
第19～23届"希望杯"全国数学邀请赛试题审题要津详细评注(高二版)	2014—03	38.00	336
第19～25届"希望杯"全国数学邀请赛试题审题要津详细评注(初一版)	2015—01	38.00	416
第19～25届"希望杯"全国数学邀请赛试题审题要津详细评注(初二、初三版)	2015—01	58.00	417
第19～25届"希望杯"全国数学邀请赛试题审题要津详细评注(高一版)	2015—01	48.00	418
第19～25届"希望杯"全国数学邀请赛试题审题要津详细评注(高二版)	2015—01	48.00	419
物理奥林匹克竞赛大题典——力学卷	2014—11	48.00	405
物理奥林匹克竞赛大题典——热学卷	2014—04	28.00	339
物理奥林匹克竞赛大题典——电磁学卷	2015—07	48.00	406
物理奥林匹克竞赛大题典——光学与近代物理卷	2014—06	28.00	345
历届中国东南地区数学奥林匹克试题集(2004～2012)	2014—06	18.00	346
历届中国西部地区数学奥林匹克试题集(2001～2012)	2014—07	18.00	347
历届中国女子数学奥林匹克试题集(2002～2012)	2014—08	18.00	348
数学奥林匹克在中国	2014—06	98.00	344
数学奥林匹克问题集	2014—01	38.00	267
数学奥林匹克不等式散论	2010—06	38.00	124
数学奥林匹克不等式欣赏	2011—09	38.00	138
数学奥林匹克超级题库(初中卷上)	2010—01	58.00	66
数学奥林匹克不等式证明方法和技巧(上、下)	2011—08	158.00	134,135
他们学什么:原民主德国中学数学课本	2016—09	38.00	658
他们学什么:英国中学数学课本	2016—09	38.00	659
他们学什么:法国中学数学课本.1	2016—09	38.00	660
他们学什么:法国中学数学课本.2	2016—09	28.00	661
他们学什么:法国中学数学课本.3	2016—09	38.00	662
他们学什么:苏联中学数学课本	2016—09	28.00	679
高中数学题典——集合与简易逻辑·函数	2016—07	48.00	647
高中数学题典——导数	2016—07	48.00	648
高中数学题典——三角函数·平面向量	2016—07	48.00	649
高中数学题典——数列	2016—07	58.00	650
高中数学题典——不等式·推理与证明	2016—07	38.00	651
高中数学题典——立体几何	2016—07	48.00	652
高中数学题典——平面解析几何	2016—07	78.00	653
高中数学题典——计数原理·统计·概率·复数	2016—07	48.00	654
高中数学题典——算法·平面几何·初等数论·组合数学·其他	2016—07	68.00	655

刘培杰数学工作室
已出版（即将出版）图书目录——初等数学

书 名	出版时间	定 价	编号
台湾地区奥林匹克数学竞赛试题.小学一年级	2017—03	38.00	722
台湾地区奥林匹克数学竞赛试题.小学二年级	2017—03	38.00	723
台湾地区奥林匹克数学竞赛试题.小学三年级	2017—03	38.00	724
台湾地区奥林匹克数学竞赛试题.小学四年级	2017—03	38.00	725
台湾地区奥林匹克数学竞赛试题.小学五年级	2017—03	38.00	726
台湾地区奥林匹克数学竞赛试题.小学六年级	2017—03	38.00	727
台湾地区奥林匹克数学竞赛试题.初中一年级	2017—03	38.00	728
台湾地区奥林匹克数学竞赛试题.初中二年级	2017—03	38.00	729
台湾地区奥林匹克数学竞赛试题.初中三年级	2017—03	28.00	730
不等式证题法	2017—04	28.00	747
平面几何培优教程	2019—08	88.00	748
奥数鼎级培优教程.高一分册	2018—09	88.00	749
奥数鼎级培优教程.高二分册.上	2018—04	68.00	750
奥数鼎级培优教程.高二分册.下	2018—04	68.00	751
高中数学竞赛冲刺宝典	2019—04	68.00	883
初中尖子生数学超级题典.实数	2017—07	58.00	792
初中尖子生数学超级题典.式、方程与不等式	2017—08	58.00	793
初中尖子生数学超级题典.圆、面积	2017—08	38.00	794
初中尖子生数学超级题典.函数、逻辑推理	2017—08	48.00	795
初中尖子生数学超级题典.角、线段、三角形与多边形	2017—07	58.00	796
数学王子——高斯	2018—01	48.00	858
坎坷奇星——阿贝尔	2018—01	48.00	859
闪烁奇星——伽罗瓦	2018—01	58.00	860
无穷统帅——康托尔	2018—01	48.00	861
科学公主——柯瓦列夫斯卡娅	2018—01	48.00	862
抽象代数之母——埃米·诺特	2018—01	48.00	863
电脑先驱——图灵	2018—01	58.00	864
昔日神童——维纳	2018—01	48.00	865
数坛怪侠——爱尔特希	2018—01	68.00	866
传奇数学家徐利治	2019—09	88.00	1110
当代世界中的数学.数学思想与数学基础	2019—01	38.00	892
当代世界中的数学.数学问题	2019—01	38.00	893
当代世界中的数学.应用数学与数学应用	2019—01	38.00	894
当代世界中的数学.数学王国的新疆域（一）	2019—01	38.00	895
当代世界中的数学.数学王国的新疆域（二）	2019—01	38.00	896
当代世界中的数学.数林撷英（一）	2019—01	38.00	897
当代世界中的数学.数林撷英（二）	2019—01	48.00	898
当代世界中的数学.数学之路	2019—01	38.00	899

刘培杰数学工作室
已出版(即将出版)图书目录——初等数学

书　名	出版时间	定　价	编号
105个代数问题:来自AwesomeMath夏季课程	2019—02	58.00	956
106个几何问题:来自AwesomeMath夏季课程	2020—07	58.00	957
107个几何问题:来自AwesomeMath全年课程	2020—07	58.00	958
108个代数问题:来自AwesomeMath全年课程	2019—01	68.00	959
109个不等式:来自AwesomeMath夏季课程	2019—04	58.00	960
国际数学奥林匹克中的110个几何问题	即将出版		961
111个代数和数论问题	2019—05	58.00	962
112个组合问题:来自AwesomeMath夏季课程	2019—05	58.00	963
113个几何不等式:来自AwesomeMath夏季课程	2020—08	58.00	964
114个指数和对数问题:来自AwesomeMath夏季课程	2019—09	48.00	965
115个三角问题:来自AwesomeMath夏季课程	2019—09	58.00	966
116个代数不等式:来自AwesomeMath全年课程	2019—04	58.00	967
117个多项式问题:来自AwesomeMath夏季课程	2021—09	58.00	1409
118个数学竞赛不等式	2022—08	78.00	1526
紫色彗星国际数学竞赛试题	2019—02	58.00	999
数学竞赛中的数学:为数学爱好者、父母、教师和教练准备的丰富资源.第一部	2020—04	58.00	1141
数学竞赛中的数学:为数学爱好者、父母、教师和教练准备的丰富资源.第二部	2020—07	48.00	1142
和与积	2020—10	38.00	1219
数论:概念和问题	2020—12	68.00	1257
初等数学问题研究	2021—03	48.00	1270
数学奥林匹克中的欧几里得几何	2021—10	68.00	1413
数学奥林匹克题解新编	2022—01	58.00	1430
澳大利亚中学数学竞赛试题及解答(初级卷)1978～1984	2019—02	28.00	1002
澳大利亚中学数学竞赛试题及解答(初级卷)1985～1991	2019—02	28.00	1003
澳大利亚中学数学竞赛试题及解答(初级卷)1992～1998	2019—02	28.00	1004
澳大利亚中学数学竞赛试题及解答(初级卷)1999～2005	2019—02	28.00	1005
澳大利亚中学数学竞赛试题及解答(中级卷)1978～1984	2019—03	28.00	1006
澳大利亚中学数学竞赛试题及解答(中级卷)1985～1991	2019—03	28.00	1007
澳大利亚中学数学竞赛试题及解答(中级卷)1992～1998	2019—03	28.00	1008
澳大利亚中学数学竞赛试题及解答(中级卷)1999～2005	2019—03	28.00	1009
澳大利亚中学数学竞赛试题及解答(高级卷)1978～1984	2019—05	28.00	1010
澳大利亚中学数学竞赛试题及解答(高级卷)1985～1991	2019—05	28.00	1011
澳大利亚中学数学竞赛试题及解答(高级卷)1992～1998	2019—05	28.00	1012
澳大利亚中学数学竞赛试题及解答(高级卷)1999～2005	2019—05	28.00	1013
天才中小学生智力测验题.第一卷	2019—03	38.00	1026
天才中小学生智力测验题.第二卷	2019—03	38.00	1027
天才中小学生智力测验题.第三卷	2019—03	38.00	1028
天才中小学生智力测验题.第四卷	2019—03	38.00	1029
天才中小学生智力测验题.第五卷	2019—03	38.00	1030
天才中小学生智力测验题.第六卷	2019—03	38.00	1031
天才中小学生智力测验题.第七卷	2019—03	38.00	1032
天才中小学生智力测验题.第八卷	2019—03	38.00	1033
天才中小学生智力测验题.第九卷	2019—03	38.00	1034
天才中小学生智力测验题.第十卷	2019—03	38.00	1035
天才中小学生智力测验题.第十一卷	2019—03	38.00	1036
天才中小学生智力测验题.第十二卷	2019—03	38.00	1037
天才中小学生智力测验题.第十三卷	2019—03	38.00	1038

刘培杰数学工作室
已出版(即将出版)图书目录——初等数学

书　　名	出版时间	定　价	编号
重点大学自主招生数学备考全书:函数	2020—05	48.00	1047
重点大学自主招生数学备考全书:导数	2020—08	48.00	1048
重点大学自主招生数学备考全书:数列与不等式	2019—10	78.00	1049
重点大学自主招生数学备考全书:三角函数与平面向量	2020—08	68.00	1050
重点大学自主招生数学备考全书:平面解析几何	2020—07	58.00	1051
重点大学自主招生数学备考全书:立体几何与平面几何	2019—08	48.00	1052
重点大学自主招生数学备考全书:排列组合·概率统计·复数	2019—09	48.00	1053
重点大学自主招生数学备考全书:初等数论与组合数学	2019—08	48.00	1054
重点大学自主招生数学备考全书:重点大学自主招生真题.上	2019—04	68.00	1055
重点大学自主招生数学备考全书:重点大学自主招生真题.下	2019—04	58.00	1056
高中数学竞赛培训教程:平面几何问题的求解方法与策略.上	2018—05	68.00	906
高中数学竞赛培训教程:平面几何问题的求解方法与策略.下	2018—06	78.00	907
高中数学竞赛培训教程:整除与同余以及不定方程	2018—01	88.00	908
高中数学竞赛培训教程:组合计数与组合极值	2018—04	48.00	909
高中数学竞赛培训教程:初等代数	2019—04	78.00	1042
高中数学讲座:数学竞赛基础教程(第一册)	2019—06	48.00	1094
高中数学讲座:数学竞赛基础教程(第二册)	即将出版		1095
高中数学讲座:数学竞赛基础教程(第三册)	即将出版		1096
高中数学讲座:数学竞赛基础教程(第四册)	即将出版		1097
新编中学数学解题方法1000招丛书.实数(初中版)	2022—05	58.00	1291
新编中学数学解题方法1000招丛书.式(初中版)	2022—05	48.00	1292
新编中学数学解题方法1000招丛书.方程与不等式(初中版)	2021—04	58.00	1293
新编中学数学解题方法1000招丛书.函数(初中版)	2022—05	38.00	1294
新编中学数学解题方法1000招丛书.角(初中版)	2022—05	48.00	1295
新编中学数学解题方法1000招丛书.线段(初中版)	2022—05	48.00	1296
新编中学数学解题方法1000招丛书.三角形与多边形(初中版)	2021—04	48.00	1297
新编中学数学解题方法1000招丛书.圆(初中版)	2022—05	48.00	1298
新编中学数学解题方法1000招丛书.面积(初中版)	2021—07	28.00	1299
新编中学数学解题方法1000招丛书.逻辑推理(初中版)	2022—06	48.00	1300
高中数学题典精编.第一辑.函数	2022—01	58.00	1444
高中数学题典精编.第一辑.导数	2022—01	68.00	1445
高中数学题典精编.第一辑.三角函数·平面向量	2022—01	68.00	1446
高中数学题典精编.第一辑.数列	2022—01	58.00	1447
高中数学题典精编.第一辑.不等式·推理与证明	2022—01	58.00	1448
高中数学题典精编.第一辑.立体几何	2022—01	58.00	1449
高中数学题典精编.第一辑.平面解析几何	2022—01	68.00	1450
高中数学题典精编.第一辑.统计·概率·平面几何	2022—01	58.00	1451
高中数学题典精编.第一辑.初等数论·组合数学·数学文化·解题方法	2022—01	58.00	1452

联系地址:哈尔滨市南岗区复华四道街10号　哈尔滨工业大学出版社刘培杰数学工作室
网　　址:http://lpj.hit.edu.cn/
邮　　编:150006
联系电话:0451—86281378　　13904613167
E-mail:lpj1378@163.com